压水堆核电厂系统与设备

于 涛 左国平 主编

中国原子能出版社

图书在版编目(CIP)数据

压水堆核电厂系统与设备 / 于涛，左国平主编.
—北京:中国原子能出版社,2016.8(2025.2 重印)
ISBN 978-7-5022-7473-3

Ⅰ.①压… Ⅱ.①于… ②左… Ⅲ.①压水型堆—核电厂—系统②压水型堆—核电厂—设备 Ⅳ.①TM623.91

中国版本图书馆 CIP 数据核字(2016)第 201978 号

内 容 简 介

本书以我国在运的压水反应堆和 AP1000 核电厂为依据。重点描述压水堆核电厂各种系统的功能、工作流程、主要设备结构及运行参数。全书共分 11 章。首先扼要介绍了核电的发展历程及相关的背景知识,然后依次详细描述压水堆核电厂一回路系统及设备、辅助系统、专设安全设施、检测控制和保护系统、三废处理系统、反应堆、汽轮机结构、二回路蒸汽系统、凝结水与给水系统、发电机及辅助系统、核岛机械操作系统和放射性废物处理系统等。

本书可作为高等院校核类及能源动力类相关专业师生作为教材使用,也适用于为核电厂运行、维修、技术支持等技术岗位基础培训。

压水堆核电厂系统与设备

出版发行 中国原子能出版社(北京市海淀区阜成路 43 号 100048)
责任编辑 左浚茹
装帧设计 崔 彤
责任校对 冯莲凤
责任印制 赵 明
印 刷 北京中科印刷有限公司
经 销 全国新华书店
开 本 787 mm×1092 mm 1/16
印 张 18.5
字 数 462 千字
版 次 2016 年 8 月第 1 版 2025 年 2 月第 5 次印刷
书 号 ISBN 978-7-5022-7473-3 **定 价** **68.00 元**

网址:http://www.aep.com.cn **E-mail:atomep123@126.com**
发行电话:010-68452845

《压水堆核电厂系统与设备》
编审委员会

主　　编　于　涛　左国平

副 主 编　何丽华　李小华　李志峰　宋英明　尹陈艳

参编人员　谢金森　刘紫静

前　言

“核电厂系统与设备”课程是核工程与核技术专业本科必修的理论基础课之一，也是核电厂运行、维修、技术支持等生产技本岗位培训过程中的一门重要课程。本书在编者多年的教学实践基础之上，以在运的压水反应堆核电厂为依据，同时兼顾了第三代核电 AP1000 核电厂的差异之处，重点描述压水堆型核电厂各种系统的功能、工作流程、主要设备结构及运行参数。在编写过程中，参阅了大量的在运核电厂的资料，同时也参阅了 AP1000 的相关技术文件，力求教材内容全面准确、重点突出，深入浅出、条理清晰。书中配有大量插图，便于读者更直观地理解本书内容。

全书共分 11 章。第 1、2 章扼要介绍了核电的发展历程及相关的背景知识，然后依次详细描述压水堆核电厂一回路系统及设备、辅助系统、专设安全设施、检测控制和保护系统、三废处理系统、反应堆、汽轮机结构、二回路蒸汽系统、凝结水与给水系统、发电机及辅助系统、核岛机械操作系统和放射性废物处理系统等。

本书可作为高等院校核类及能源动力类相关专业师生作为教材使用，也适用于为核电厂运行、维修、技术支持等技术岗位基础培训。

本书由南华大学于涛教授主编并参加了 1、2、4 章的编写，左国平负责统稿并承担了第 1、9 章的编写，李志峰承担了第 2、4、5、6 章的编写，何丽华承担了第 7、8、10 章的编写，李小华承担了第 3 章的编写，宋英明承担了第 11 章的编写，尹陈艳参加了书稿的审校工作。

本书在编写与出版过程中得到国家核电技术有限公司的大力支持，提供了大量素材和现场技术经验支持，在此对他们的关心和支持表示感谢。

由于编者知识水平所限，工程实践经验不足，书中出现疏漏和不当之处在所难免，恳切希望读者批评指正。

编者

2016 年 6 月于南华大学

目 录

第1章 绪 论

核电厂是利用核裂变或核聚变反应所释放的能量产生电能的热力发电厂。由于控制核聚变的技术障碍，目前商业运转中的核能发电厂都是利用核裂变反应而发电。其主要的子系统包括：反应堆系统（即人们常说的核岛），蒸汽动力系统（常规岛）和乏燃料处理系统。核电厂除了常规的发电功能之外，还可以用来供暖，提供科学实验平台和提供核燃料增殖（只有增殖快堆才有这个功能）等等。

核反应堆，又称为原子能反应堆或反应堆，装载了核燃料以实现大规模可控裂变链式反应的装置。不同于核武器爆炸瞬间所发生的失控链式反应，在反应堆之中，核变的速率可以得到精确的控制，其能量能够以较慢的速度向外释放，供人们利用。

1.1 核反应堆的分类

根据用途，核反应堆可以分为供科学研究所用的研究堆；生产可裂变材料^{239}Pu、^{233}U和氢同位素的生产堆；利用裂变释放出的能量发电、为舰船等提供动力、供热等的动力堆；以及特殊用途的反应堆。

根据燃料类型分为：

天然铀堆——采用天然铀作为核燃料；

浓缩铀堆——采用高富集铀或者钚-239；

钍堆——采用钍作为核燃料。

根据中子能量分为：

快中子堆——其裂变反应主要由快中子（能量超过 0.1 MeV）引起；

中能中子堆——其中裂变反应主要由超热中子（能量约为 1 eV—10 keV）引起；

热中子堆——其中裂变反应主要由热中子（能量小于 0.1 eV）引起。

根据冷却剂（载热剂）材料分为：

气冷堆——采用空气、CO_2、He、水蒸气等作为冷却剂；

水冷堆——采用水，重水作为冷却剂；

有机液冷堆——采用有机溶液作为冷却剂；

液态金属冷堆——采用钠、铅、铅铋合金作为冷却剂。

根据慢化剂分为

石墨堆——采用石墨作为慢化剂；

轻水堆——采用轻水作为慢化剂（包括压水堆和沸水堆）；

重水堆——采用重水作为慢化剂；

熔盐堆——采用熔盐作为慢化剂。

按燃料在堆内分布形式分为：

均匀堆——核燃料同慢化剂均匀混合；

非均匀堆——其中固体或液体核燃料同慢化剂不相混合。

按开发阶段分为：实验堆、原型堆及商业示范（验证）堆。

按空间位置分为：陆上堆、海上浮动堆、空间堆。

根据中子通量分为高通量堆和一般能量堆。

根据运行方式分为脉冲堆和稳态堆。

1.2 世界核电技术的发展概况

1.2.1 世界核电发展历程

世界核电技术经过几十年的发展，目前已经历了多次的更新换代。它们是：

（1）第一代核电。20 世纪中期建成了第一代原型核电厂，比较有代表性的有 CaldenHall-1（在役期 1956—2003 年），Drensden-1（在役期 1960—1978 年），Shippingport（在役期 1957—1982 年）等核电厂，至今只有两座第一代商业电厂在运行，它们是 Wylfa 核电厂和 Oldbury 核电厂。

（2）第二代核电则是目前商业运行电厂的主体，大多是在 20 世纪 60—70 年代建造的单机容量在 600～1 400 MW 轻水堆（LWR）标准型核电厂，采用能动安全设施。我国正在运行的核电厂都可以归为第二代核电厂，形成了安全性更高的改进堆型 CPR1 000，并投入到福清第 5、6 号机组。20 世纪 80 年代后，又开始发展和建设改进型轻水堆核电厂（ALWR）。

（3）第三代核电技术是指符合《美国电站业主要求文件（URD）》《欧洲用户要求文件（EUR）》的核电技术，典型代表为美国开发的 AP1000 及法国和德国联合开发的 EPR。我国采取引进、吸收再创新的策略，CAP1000、CAP1400、CAP1700 等自主设计的大型压水堆已基本达到第三代核电技术的标准。

（4）第四代核能系统。美国能源部首先于 1999 年提出第四代核能系统的概念，于 2000 年主持召开了“第四代先进核能系统研讨会”，确定了第四代核能系统的 14 条发展目标：

1）极低的堆芯损坏频率：第四代核能系统必须具有极低的堆芯损坏频率，具备明显提高防止潜在的堆芯破损事故的能力。NRC 已经要求现有的先进轻水堆堆芯损坏频率应该低于 10^{-5}/（堆·年），所以第四代反应堆必须具有超过这个要求的能力，即堆芯熔化频率低于 10^{-6}/（堆·年）。

2）不能出现严重堆芯损坏：对于任何可信的初因事件来说，第四代反应堆都不能出现严重的堆芯损坏，而此性能必须通过整体核反应堆实验来获得验证。突出该要求就是确保第四代核反应堆能够完全有效地应付大量的潜在初因事件，而不会造成较严重的堆芯破损。

3）无需厂外应急：即在任何可信的事故序列下，不会出现因为放射性的释放为保护公众安全而采取的场外应急。

4）人因容错性能：第四代核能系统对于人因失效必须具备高度的容错性能。在目前运行的核电厂中发生的大量事故征兆和报告的事件中都存在人因失误，核电厂概率风险分析（PSA）也表明人因失误是核电厂风险的重要组成部分，因此第四代核能系统要想超过现有所有电厂，它们必须能够高度包容人因失误。

5）尽可能低的辐射：在核电站的整个寿期内，第四代反应堆的设计必须能保证尽可能低的辐射，以减轻对从业人员和周围环境的影响。

6）完善的核废物处理方案：第四代核能系统对于所有的核废物都必须有完整的解决方案。在运行任何第四代反应堆原型电厂前，找到完善的废物处理过程和处置途径是很重要的，第四代系统的开发都与解决相应的废物处理问题息息相关。

7）公众对核废物处理方案的接受度：对所有的核废物(包括来自铀矿和铀浓缩厂的废料，来自加工、运行、去污、退役的放射性废物以及非放射性有害废物)都必须有完善且实际的处理方案。

8）废物的最少化：第四代反应堆必须在合理、可行的前提下将废物的产生量降至最低。

9）内在的和外在的防止核扩散能力：第四代核能系统应当在设计上最大限度地依赖内在的或固有的机理防止核扩散。对于特定的核燃料循环，要有外在的屏障加以补充保护。另外，防止核扩散的同时还不能够损害系统的其他关键特性，例如安全性、经济性和废物处理，于是必须制订出一个同步处理这些问题的全球性计划。

10）评估防止核扩散的能力：按照建立的导则对核反应堆防止核扩散的能力进行评估。为了成功地设计第四代核能系统，需要开发并采用一种过程或方法，然后在一定的指导方针下对设计方案进行评估。评估过程应该在一个总体框架内进行，同时考虑到防止核扩散和安全性、经济性废物处理问题的关系，以便解决它们之间潜在的冲突。为了使设计者能够顺利地进行设计，应该建立一套参考标准来评估系统防止产生盗窃或者转换核武器材料的内在屏障，使得燃料循环不如专用的生产方式对核扩散者的吸引力大。但是各个国家防止核扩散的概念是不一样的，因此不可能只建立一套单一的标准，国情不同具体的标准也可以有所区别。

11）防止武器扩散：第四代核能系统应当具有防止核扩散的设计特点，成为促进国际安全保证的工具。这其中包括供本国使用及出口的核燃料循环的部件和设施。保证核武器扩散者利用第四代核能系统的燃料循环来获得制造核武器所需的材料应该更加困难。

12）具有市场竞争力的总发电成本：总的发电成本是第四代核能系统的主要经济要求，因为它是未来电力供应中一个最重要的竞争度量手段。第四代核能系统的总发电成本必须比电厂所在地的其他发电方式更具竞争力。此外，第四代核能系统还应考虑开发除电力以外的广泛的能源产品，例如产氢等。

13）可接受的投资风险水平：相对于其他主要的资本投资项目来说，第四代核能系统必须在投资规模、投资风险两个方面对投资者都具有足够的吸引力。

14）较短的项目交付与建造时间：只有缩短核电厂的项目交付和建造周期才能更好地吸引投资，第四代核电厂的项目交付期必须少于 4 年，项目建造期必须少于 3 年。

第五次 GIF 政策小组会议于 2002 年在日本东京召开，选定了 6 种下一代核能系统概念作为国际共同研究开发的对象，分别为：钠液体金属冷却堆、超高温气冷堆、超临界压水冷却堆、铅金属冷却堆、气冷快堆以及熔盐堆。为了进一步提高第四代核能系统的持续发展性、安全性、经济性、防核扩散性的目标，确定将《技术开发计划》(规划图)作为国际合作的框架，由 GIF 成员国共同完成。

1.2.2 世界在运行与在建核电情况

据欧洲核学会统计，截至 2014 年 3 月 11 日，世界上正在运行的 435 台机组分布在 31 个国家，装机电网容量在 372 GW，另有分布在 15 个国家正处于建设阶段的 72 台核电机组容量达 68 GW，详情如表 1.1 所示。其中美国拥有 104 座核电机组，中国拥有 28 台在建核电机组，分别成为目前拥有在运行核电机组和在建核电机组最多的国家。

表 1.1 截至 2014 年 3 月 11 日世界核电统计情况

国家	在运行		在建	
	数量	净输出电功率/MW	数量	净输出电功率/MW
阿根廷	2	935	2	717
亚美尼亚	1	375	—	—
白俄罗斯	—	—	1	1 109
比利时	7	5 927	—	—
巴西	2	1 884	1	1 245
保加利亚	2	1 906	—	—
加拿大	19	13 500	—	—
中国(6 台机组位于台湾)	21	16 890	28	27 756
捷克	6	3 804	—	—
芬兰	4	2 752	1	1 600
法国	58	63 130	1	1 600
德国	9	12 068	—	—
匈牙利	4	1 889	—	—
印度	21	5 308	6	3 907
伊朗	1	915	—	—
日本	48	42 388	2	1 325
韩国	23	20 710	5	6 370
墨西哥	2	1 330	—	—
荷兰	1	482	—	—
巴基斯坦	3	690	2	630
罗马尼亚	2	1 300	—	—
俄罗斯	33	23 643	10	8 382
斯洛伐克	4	1 815	2	880
斯洛文尼亚	1	688	—	—
南非	2	1 860	—	—
西班牙	7	7 121	—	—
瑞典	10	9 474	—	—

续表

国家	在运行		在建	
	数量	净输出电功率/MW	数量	净输出电功率/MW
瑞士	5	3 308	—	—
乌克兰	15	13 107	2	1 900
阿拉伯联合酋长国	—	—	2	2 690
英国	16	9 231	—	—
美国	104	101 465	5	5 633
总计	435	372 022	72	68 344

1.3 中国核电发展概况

中国一次能源分布和生产力发展水平十分不均衡。煤炭资源保有储量的76%分布在山西、内蒙古、陕西、新疆等北部地区;80%水能资源分布在四川、云南、西藏等西部地区;陆地风能主要集中在“三北”地区(东北、华北北部、西北)。而中国66%以上的能源需求集中在发达的东中部地区。大量火电厂集中分布在东中部,形成了大规模、远距离输煤的能源输送格局;电能生产过程中产生的减 SO_2、NO_2、CO_2 带来了严重的环境污染问题。为了满足经济和社会发展不断增长的能源需求,保障能源供应与安全,保护环境,实现电力工业结构优化和可持续发展,提升我国综合经济实力、工业技术水平和国际地位,优化能源结构,发展清洁能源,积极推进核电建设,增加核电在能源中的比重,是我国能源建设的一项重要政策。

1.3.1 中国核电发展历程

中国大陆核电发展主要经历了核电起步阶段和积极发展阶段。

1. 核电起步阶段

中国大陆核电从20世纪70年代初开始起步。1984年第一座自主设计和建造的核电厂——秦山核电厂破土动工,至1991年12月15日并网成功。期间,还分别建成了浙江秦山二期核电厂、浙江秦山三期核电厂、广东大亚湾核电厂、广东岭澳一期核电厂和江苏田湾一期核电厂等。

2. 积极发展阶段

进入新世纪,中国核电迈入批量化、规模化的积极发展阶段。截至2012年10月,国家已核准34台核电机组,总装机容量达3 692万千瓦,其中已开工在建机组26台,装机容量为2 881万千瓦,在建规模居世界第一。

我国自20世纪80年代引进国外技术,通过消化、吸收和再创新,全面实现了自主设计、自主制造、自主建设和自主运营,并跨入了“自主创造”的新阶段,具备了形成自主知识产权三代核电技术的条件。标志性事件为:1987年大亚湾引进当时国际先进压水堆技术;1994—2003年是消化吸收阶段,岭澳一期有37项重大技术改进;2005—2012年为创新阶段,CPR1000、CRP1000+等堆型有了较大改进,例如采用CPR1000堆型的岭澳二期、红沿河一期、宁德一期、阳江1号和2号机组有16项安全技术改进，采用CPR1000+堆型的阳江3和4号机组有28项安全技术改进，主要的四个改进为：压力容器和安全壳设计寿命达到60年、应用了破前漏(LBB)技术、18个月的换料周期、主控室可居留性有所改进，提高了安全性和经济性；2011年福岛事故后，国家核安全局提出14项改进要求，采用ACPR1000堆型的阳江5、6号机组实现了31项技术改进，满足了"十二五"新建核电厂的安全要求；2013—2014年则是再创新阶段，不仅改进了ACPR1000，形成了ACPR1000+堆型，还推出了具有自主知识产权的三代核电技术"华龙一号"，"华龙一号"堆芯损坏频率(CDF)小于1.0×10^{-6}/(堆·年)，大量放射性物质释放频率(LRF)小于1.0×10^{-7}/(堆·年)，堆芯热工安全裕量大于15%，设计基准抗震等级大大提高，双层安全壳可抵御大型商业飞机的撞击。

我国目前的自主三代主力堆型为"华龙一号"，示范电厂是福清5、6号机组。"华龙一号"由中核集团与中广核集团联合开发，主要技术指标和安全性能满足我国和全球最新安全要求，且具有完全自主知识产权。目前已完成初步设计，并启动施工设计。"华龙一号"主要的技术特点为：

1）融合了"能动与非能动"先进设计理念。"华龙一号"在能动安全的基础上采取了有效的非能动安全措施，兼顾了能动的成熟和非能动的优势，是当前核电市场上接受度最高的三代核电机型之一。

2）达到了安全性和经济性的平衡。"华龙一号"从顶层设计出发，采取了切实有效的增强安全性的措施，满足我国政府对"十三五"及以后新建核电机组"从设计上实际消除大量放射性物质释放的可能性"的2020年长期目标，完全具备应对类似福岛核电机组极端核事故工况的能力；"华龙一号"首台机组国产化程度达到90%，基准造价低于2500美元/千瓦，与当前三代主流机型相比具有明显的经济竞争力。

3）实现了成熟性和先进性的统一。"华龙一号"以"三个实体隔离的安全系列"和"177组燃料组件堆芯"为主要技术特征，采用世界最新技术和最高安全要求标准，满足国际原子能机构(IAEA)的安全要求，满足美国、欧洲三代技术标准，充分利用我国近30年来核电厂设计、建设、运营所积累的宝贵经验、技术和人才优势；充分借鉴了包括AP1000、EPR在内的先进核电技术；充分考虑了福岛核事故后国内外的经验反馈，全面落实了核安全监管要求；充分依托业已成熟的我国核电装备制造业体系和能力，采用经验证的成熟技术，实现了集成创新。

1.3.2 中国核电的建设成就

中国核电的建设和发展可溯源到20世纪70年代初期，截至2014年6月20日，已建成投产并网发电商业运行的26台核电机组，总共电功率达22 186 MW。详细情况如表1.2所示。

表1.2 截至2014年6月12日中国投入商运核电信息

电厂名称	省份	机组电功率	堆型	运营商	商运时间
台湾核一厂1号机组	台湾	636 MW	BWR (GE/ABB)	台电公司	1978-12-10
台湾核一厂2号机组	台湾	636 MW	BWR (GE/ABB)	台电公司	1979-07-15

续表

电厂名称	省份	机组电功率	堆型	运营商	商运时间
台湾核二厂1号机组	台湾	985 MW	BWR(Westinghouse)	台电公司	1981-12-28
台湾核二厂2号机组	台湾	985 MW	BWR(Westinghouse)	台电公司	1983-03-16
台湾核三厂1号机组	台湾	951 MW	PWR (GE/ABB)	台电公司	1984-07-27
台湾核三厂2号机组	台湾	951 MW	PWR (GE/ABB)	台电公司	1985-05-18
秦山一期	浙江	298 MW	PWR (CNP-300)	中核集团	1991-12-15
大亚湾1号机组	广东	944 MW	PWR (M310)	中广核集团	1993-08-31
大亚湾2号机组	广东	944 MW	PWR (M310)	中广核集团	1994-02-07
秦山二期1号机组	浙江	610 MW	PWR (CNP-600)	中核集团	2002-02-06
秦山二期2号机组	浙江	610 MW	PWR (CNP-600)	中核集团	2004-03-01
秦山二期3号机组	浙江	610 MW	PWR (CNP-600)	中核集团	2010-10-21
秦山二期4号机组	浙江	610 MW	PWR (CNP-600)	中核集团	2011-11-25
秦山三期1号机组	浙江	650 MW	PHWR (Candu 6)	中核集团	2002-11-19
秦山三期2号机组	浙江	650 MW	PHWR (Candu 6)	中核集团	2004-03-01
岭澳一期1号机组	广东	938 MW	PWR (French M310)	中广核集团	2002-02-26
岭澳一期1号机组	广东	938 MW	PWR (French M310)	中广核集团	2002-11-19
田湾1号机组	江苏	990 MW	PWR (VVER-1000)	中核集团	2006-05-12
田湾1号机组	江苏	990 MW	PWR (VVER-1000)	中核集团	2007-05-14
岭澳二期1号机组	广东	1 020 MW	PWR (M310)	中广核集团	2010-09-20
岭澳二期2号机组	广东	1 020 MW	PWR (CPR-1000)	中广核集团	2011-05-03
宁德1号机组	福建	1 020 MW	PWR (CPR-1000)	中广核集团	2013-12-28
宁德2号机组	福建	1 020 MW	PWR (CPR-1000)	中广核集团	2014-01-04
红沿河1号机组	辽宁	1 060 MW	PWR (CPR-1000)	中广核集团—中电投	2013-02-17
红沿河2号机组	辽宁	1 060 MW	PWR (CPR-1000)	中广核集团—中电投	2013-11-23
阳江1号机组	广东	1 060 MW	PWR (CPR-1000)	中广核集团	2013-12-31
机组总计:26台(台湾6台,大陆20台)			机组电功率总计:22 186 MW(台湾5 144 MW,大陆17 042 MW)		

中国台湾在20世纪70至80年代共建成投入商业运营核电厂6台机组,均隶属于台湾电力公司(Taiwan Power Company,简称台电 Taipower)。第一核能发电厂(简称核一厂)是台湾地区第一座核能发电厂,位于台北县石门(区)乡乾华村小坑12号(天然峡谷),建设总投入资金约296亿元新台币,又称“金山发电厂”;第二核能发电厂(简称核二厂),是一座位于台湾新北市万里(区)乡野柳村八斗60号,建设总投入资金约630亿元新台币,又称“国圣厂”;第三核能发电厂(简称核三厂)是位于台湾屏东县恒春镇南湾路387号,建设总投入资金约974亿元新台币,又称“马鞍山电厂”。

1.4 核电厂主要动力堆简介

1.4.1 压水堆

目前全世界核电厂、核潜艇和核动力航空母舰等使用的反应堆中均以压水堆为主。压水反应堆利用轻水(普通水 H_2O)作为冷却剂和中子慢化剂。由燃料组件组成的堆芯放在一个很大的压力容器内,燃料一般是富集程度在2%～4.4%的烧结二氧化铀。控制棒由上部插入堆芯。作为慢化剂和冷却剂的水,由压力壳侧面进来后,经过吊篮和压力壳之间的环形间隙,再从下部进入堆芯。其冷却系统由两个循环回路组成。一回路连接着堆芯和二回路中的蒸汽发生器,回路内压强保持在150个大气压左右,在此压强下可将冷却水加热至约343 ℃而不沸腾。冷却水在二回路蒸汽发生器的传热管中将压强约为70个大气压左右的二回路水加热至沸腾(温度约260 ℃),形成的水蒸气(过滤掉混杂的液态水后)再通过二回路送至汽轮机,推动涡轮发动机运转。在传热管中释放了热能的一回路水以290 ℃左右的温度回流至堆芯,完成一回路循环。从汽轮机流出的二回路水经冷凝器凝结为液态水后,回流至蒸汽发生器,完成二回路循环。

图1.1为压水堆核电厂示意图。压水堆主要由核岛、常规岛和电厂配套设施组成,核岛是压水堆核电厂的核心,其作用是生产核蒸汽。它包括反应堆厂房(安全壳)和反应堆辅助厂房以及设置在它们内部的系统、设备。核岛的系统、设备主要有压水堆本体、一次冷却剂系统(通常又称反应堆冷却剂系统或一回路、主系统)以及为支持一次冷却剂系统正常运行和保证反应堆安全而设置的辅助系统。这些辅助系统主要有:通常称之为一回路辅助系统的化学和容积控制系统、专设安全注射系统、安全壳喷淋系统、安全壳消氢系统、安全壳通风净化系统、安全壳隔离系统和辅助(应急)给水系统;放射性废物处理系统的废气处理系统、度液处理系统、固体废物处理系统;燃料装卸储存系统等。压水堆常规岛主要包括核汽轮发电机组及其厂房和设置在厂房内的二回路系统及设施,与常规火电厂类似。核电厂中除核岛和常规岛外的其他建筑物和构筑物以及系统称为电厂配套设施。压水堆堆芯通常有两百余个燃料组件,装在圆筒形压水堆压力容器内。一次冷却剂系统包括2条、3条或4条并联

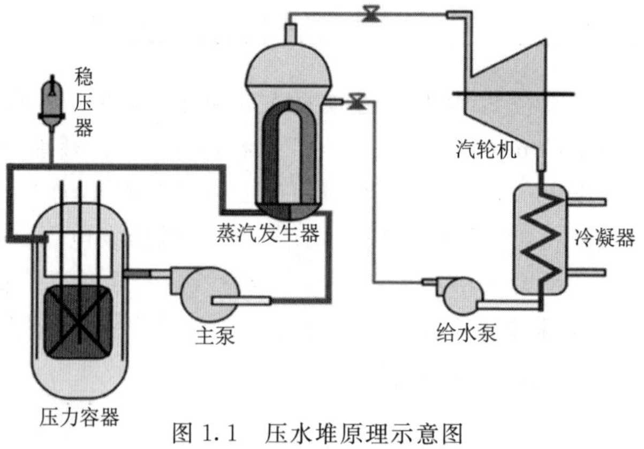

图1.1 压水堆原理示意图

的与压力容器相连接的封闭环路。每条环路有1台蒸汽发生器、1台或2台压水堆冷却剂泵(又称主泵)。整个系统设置一台带有安全阀和卸压阀的稳压器,以控制系统压力并提供超压保护。反应堆冷却剂经过蒸汽发生器加热二回路水,使之产生饱和蒸汽或过热蒸汽。二回路和核汽轮机系统与火力发电厂汽轮发电机组及其汽水系统相似,但汽轮机多为饱和蒸汽汽轮机,并且设置有40%~85%排放能力的蒸汽旁路系统,以避免电厂甩负荷时一、二回路超压并减少蒸汽向大气排放。此外,还设置有应急动力源和应急水源,以保证安全停堆和排出余热,并保持安全停堆状态。

压水堆初次装料后,大约经过一两年要进行一次更换燃料组件的操作,我们称之为首次换料。这以后,就每年换料一次。每次换料只需装卸三分之一的燃料组件。卸出的燃料组件,放在反应堆旁边的贮存水池内。早期的压水堆换料停堆四个月,现在换一次料最短可以两个星期。这就要求压力壳的顶盖、控制棒驱动机构,以及堆内屏蔽层组成为一个整体,顶盖可以一下子打开,而不能像以前那样一个一个地松开顶盖上的巨大的螺栓。而且换料操作需要采用快速换料机构。换料时间的缩短,有利于核电厂更好地为电力用户服务,缩短停电时间,提高利用效率。

压水堆核电厂的最大优点是结构和运行都比较简单,尺寸较小,造价也低廉,燃料也比较经济,具有良好的安全性、可靠性与经济性。压水堆因为一回路和蒸汽系统分开,汽轮机未受放射性的沾污,所以容易维修。

1.4.2 沸水堆

沸水反应堆以轻水(普通水 H_2O)作为冷却剂和中子慢化剂。反应堆冷却系统内压强保持在70个大气压左右,来自汽轮机的给水进入压力容器后,在280 ℃左右沸腾。汽水混合物经过堆芯上方的汽水分离器和蒸汽干燥器过滤掉液态水后直接送到汽轮机。离开汽轮机的蒸汽经过冷凝器凝结为液态水(给水)后,回流至反应堆,完成一个循环(见图1.2)。

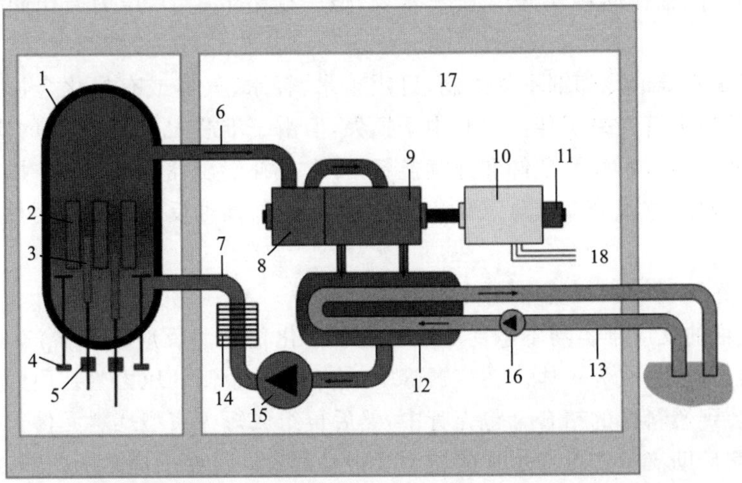

图1.2 沸水反应堆工作原理示意图

1—反应堆压力容器;2—核燃料棒;3—控制棒;4—循环泵;5—控制棒电动机;6—蒸汽;7—饲水;8—高压涡轮机;9—低压涡轮机;10—发电机;11—激磁机;12—冷凝器;13—冷却剂;14—预热器;15—给水泵;16—冷水泵;17—混凝土围阻体;18—连接至电网

沸水堆是由压力容器及其中间的燃料元件、十字形控制棒和汽水分离器等组成。汽水分离器在堆芯的上部，它的作用是把蒸汽和水滴分开、防止水进入汽轮机，造成汽轮机叶片损坏。因沸水堆中一次蒸汽直接通往汽轮机，所以，沸水堆只有一个回路，故该系统被称为直接循环系统。由于此时堆芯的传热速度直接由系统中水的循环速度所决定，因此大型的沸水堆的堆芯围筒外均装有喷射泵，以加快循环速度。这种循环的优点是，可以利用较小的循环泵流量获得较大的堆芯冷却剂流量，有利于堆芯传热；另外一个优点是在突然断电循环泵停止运转时，冷却剂可以流过喷射泵流道，形成较大的自然循环流量。

由于堆芯下部的冷却剂的含气量比上部小，无控制棒时，下部的反应性比较高，功率密度比较大，为了使堆芯轴向的功率分布比较平坦，沸水堆的控制棒是从压力壳底部插入的。

沸水堆的燃料棒的布置与压水堆类似，但燃料组件采用的是一种闭式组件。每个组件中按 7×7 或 8×8 正方形栅格排列，燃料组件外围有一金属板做的方筒，称为元件盒。

沸水堆外面也有安全壳。大多数沸水堆采用“压力抑制式”安全壳。这种安全壳用很粗的管道与下面一个很大的环形压力抑制水池相连。当反应堆一回路的管道断裂时，放出的蒸汽被通到水池中而冷却下来，从而抑制安全壳内压力的上升。

与压水反应堆相比，沸水反应堆的构造更为简单，且大大降低了反应堆的工作压力和堆芯温度，因此显著提高了反应堆的安全性，降低了造价。但由于沸水堆的循环系统直接连接了堆芯和汽轮机，因此沸水堆的蒸汽带有一定的放射性，可能造成汽轮机受到放射性污染，给设计和维修带来麻烦。同时沸水堆可以用控制棒以及改变再循环泵的流量来控制调节功率，因此其运行灵活，但其燃料比功率小。

1.4.3 重水堆

重水堆按其结构型式可分为压力壳式和压力管式两种。压力壳式的冷却剂只用重水，它的内部结构材料比压力管式少，但中子经济性好，生成新燃料钚-239 的净产量比较高。这种堆一般用天然铀作燃料，结构类似压水堆，但因栅格节距大，压力壳比同样功率的压水堆要大得多。

因为管式重水堆的冷却剂不受限制，可用重水、轻水、气体或有机化合物。它的尺寸也不受限制，虽然压力管带来了伴生吸收中子损失，但由于堆芯大，可使中子的泄漏损失减小。此外，这种堆便于实行不停堆装卸和连续换料，可省去补偿燃耗的控制棒。压力管式重水堆主要包括重水慢化、重水冷却和重水慢化、沸腾轻水冷却两种反应堆。这两种堆的结构大致相同。

(1) 重水慢化，重水冷却堆核电厂

这种反应堆的反应堆容器不承受压力。重水慢化剂充满反应堆容器，有许多容器管贯穿反应堆容器，并与其成为一体。在容器管中，放有锆合金制的压力管。用天然二氧化铀制成的芯块，被装到燃料棒的锆合金包壳管中，然后再组成短棒束型燃料元件。棒束元件就放在压力管中，它借助支承垫可在水平的压力管中来回滑动。在反应堆的两端，各设置有一座遥控定位的装卸料机，可在反应堆运行期间连续地装卸燃料元件。这种反应堆的工作原理是：既作慢化剂又作冷却剂的重水，在压力管中流动，冷却燃料。像压水堆那样，为了不使重水沸腾，必须保持在高压（约 90 个大气压）状态下。这样，流过压力管的高温（约 300 ℃）高压的重水，把裂变产生的热量带出堆芯，在蒸汽发生器内传给二回路的轻水，以产生蒸汽，带动汽轮发电机组发电。

(2) 重水慢化、沸腾轻水冷却堆核电厂

这种堆是英国在坝杜堆(重水慢化、重水冷却堆)的基础上发展起来的。加拿大所设计的重水慢化重水冷却反应堆的容器和压力管都是水平布置的。而重水慢化沸腾轻水冷却反应堆都是垂直布置的。它的燃料管道内流动的轻水冷却剂,在堆芯内上升的过程中,引起沸腾,所产生的蒸汽直接送进汽轮机,并带动发电机。

因为轻水比重水吸收中子多,堆芯用天然铀作燃料就很难维持稳定的核反应,所以,大多数设计都在燃料中加入了低浓度的铀-235 或钚-239。

重水堆的突出优点是能最有效地利用天然铀。由于重水慢化性能好,吸收中子少,这不仅可直接用天然铀作燃料,而且燃料烧得比较透。重水堆比轻水堆消耗天然铀的量要少,如果采用低浓度铀,可节省 38%的天然铀。在各种热中子堆中,重水堆需要的天然铀量最小。所以相对于轻水反应堆,重水反应堆对核燃料中有效放射性同位素浓度要求极低,可省去绝大部分提纯中使用的同位素分离工序,重水反应堆的乏燃料并不需要再浓缩就可以当成燃料,且其乏燃料不必进行后处理。此外,重水堆对燃料的适应性强,能很容易地改用另一种核燃料,如使用混合氧化物核燃料或者使用含钚不含铀的燃料,则可以避免产生额外的钚。重水堆的主要缺点是,体积比轻水堆大。建造费用高,重水昂贵,发电成本也比较高。

1.4.4 石墨气冷堆

所谓石墨气冷堆就是以气体(二氧化碳或氦气)作为冷却剂的反应堆。这种堆经历了三个发展阶段,产生了三种堆型:天然铀石墨气冷堆、改进型气冷堆和高温气冷堆。

(1) 天然铀石墨气冷堆核电厂

天然铀石墨气冷堆实际上是天然铀作燃料,石墨作慢化剂,二氧化碳作冷却剂的反应堆。这种反应堆是英、法两国为商用发电建造的堆型之一,是在军用钚生产堆的基础上发展起来的,早在 1956 年英国就建造了净功率为 45 MW 的核电厂。因为它是用镁合金作燃料包壳的,英国人又把它称为镁诺克斯堆。该堆的堆芯大致为圆柱形,是由很多正六角形棱柱的石墨块堆砌而成。在石墨砌体中有许多装有燃料元件的孔道。以便使冷却剂流过将热量带出去。从堆芯出来的热气体,在蒸汽发生器中将热量传给二回路的水,从而产生蒸汽。这些冷却气体借助循环回路回到堆芯。蒸汽发生器产生的蒸汽被送到汽轮机,带动汽轮发电机组发电。这就是天然铀石墨气冷堆核电厂的简单工作原理。这种堆的主要优点是用天然铀作燃料,其缺点是功率密度小、体积大、装料多、造价高,天然铀消耗量远远大于其他堆。

(2) 改进型气冷堆核电厂

改进型气冷堆是在天然铀石墨气冷堆的基础上发展起来的。设计的目的是改进蒸汽条件,提高气体冷却剂的最大允许温度。这种堆采用石墨为慢化剂,二氧化碳为冷却剂,核燃料用的是低浓度铀(铀-235 的浓度为 2%~3%),出口温度可达 670 ℃。它的蒸汽条件达到了新型火电站的标准,其热效率也可与之相比。这种堆被称为第二代气冷堆,由于存在不少工程技术问题,对其经济性多年来存在争论。

(3) 高温气冷堆

高温气冷堆被称为第三代气冷堆,它是石墨作为慢化剂,氦气作为冷却剂的堆。在这种反应堆中,采用了陶瓷燃料和耐高温的石墨结构材料,其燃料元件如图 1.3 所示,并用了惰性的氦气作冷却剂，这样，就把气体的温度提高到 750 ℃以上。同时，由于结构材料石墨吸收中子少，从而加深了燃耗。另外，由于颗粒状燃料的表面积大、氦气的传热性好和堆芯材料耐高温，所以改善了传热性能，提高了功率密度。这样，高温气冷堆成为一种高温、深燃耗和高功率密度的堆型。高温气冷堆有特殊的优点：由于氦气是惰性气体，因而它不能被活化，在高温下也不腐蚀设备和管道；由于石墨的热容量大，所以发生事故时不会引起温度的迅速增加；由于用混凝土做成压力壳，这样，反应堆没有突然破裂的危险，大大增加了安全性；由于热效率达到 40%以上，这样高的热效率减少了热污染。高温气冷堆有可能为钢铁、燃料、化工等工业部门提供高温热能，实现氢还原炼铁、石油和天然气裂解、煤的气化等新工艺，开辟综合利用核能的新途径。中国设计和建造的 10 MW 高温气冷试验堆是世界上第一座模块式高温试验堆。

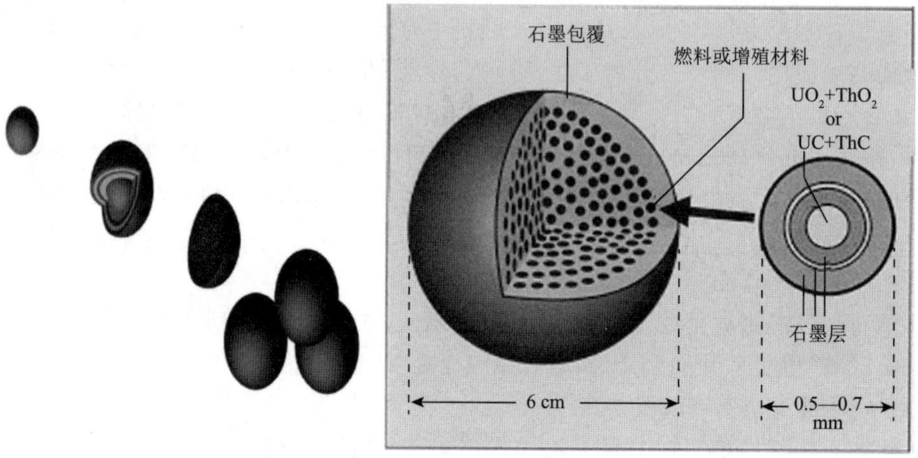

图 1.3　高温气冷堆的球形燃料元件

1.4.5　快中子堆

尽管利用热中子反应堆可以得到巨大的核能，但是，在天然铀中，仅有 0.714%的铀-235 能够在热中子的作用下发生裂变反应，而占天然铀绝大部分的铀-238 却不能在热中子的作用下发生裂变反应。但铀-238 在吸收中子后，经过几次核衰变，可以变成另一种可裂变的核材料钚-239。在热中子反应堆中，产生的钚-239 的数量不足以抵偿消耗的铀-235。只有利用快中子来维持链式反应，使新产生的可裂变材料多于消耗的裂变材料。这种主要由快中子来引起裂变链式反应的反应堆，叫做快中子反应堆(简称快堆)。快堆中不用慢化剂，其常用的核燃料是钚-239，一个钚-239 发生裂变时平均可以放出 2.6 个中子，除去维持链式反应用去的一个中子，由于不存在慢化剂的吸收，故还有一个以上的中子可用于再生材料的转换，如放出来的快中子会被装在反应区周围的铀-238 吸收，又变成钚-239。这样在快堆中一边消耗钚-239，又一边使铀-238 转变成新的钚-239，其新生的钚-239 与消耗掉的钚-239 之比可达 1.2 左右，从而使堆中核燃料变多，实现了增殖，因此这种堆也称为快中子增殖堆。由于只要不断添加铀-238，快堆中有多余的钚-239 能不断产生出来，所以只要将这些新产生出来的核燃料，通过后处理不断提取出来，则快堆核电站每过一段时间，它所得到的钚-239,还可以装备一座相同规模的快堆。这段时间称为倍增时间。倍增时间除了决定于反应堆内钚-239的生成速度外,还决定于后处理提取钚,并将钚制成燃料元件所需的时间,以及库存时间。经过一段倍增时间,1座快堆会变成2座快堆,再经过一段倍增时间,这2座快堆就变成4座。按照目前的情况快堆使用的核燃料多为氧化物,它的倍增时间是30多年。也就是说,只要添加铀-238,每过30多年,快堆核电厂就可翻一番。

快堆主要有以下优点:

1) 快堆不仅把铀资源的有效利用率增大数十倍,而且也将铀资源本身扩大几百倍以上。因为,一旦大量使用快堆,目前认为开采价值不大的铀矿便具有开采价值。这样,快堆的利用就可能为人类提供极其丰富的能源。

2) 快堆核电站是热中子堆核电站最好的继续。核工业的发展堆积了大量的贫铀(含铀-235很少的铀-238),快堆消耗的正是贫铀。用贫铀来发电,同时还增殖燃料,实在是一举多得的好事。热中子堆核电站发展到一定水平时,及时地引入快堆核电站,利用快堆来增殖核燃料,这是一个很必然的发展计划。

3) 快堆核电站具有良好的经济前景。因为它具有增殖核燃料的突出优点,所以发电成本在燃料价格上涨的情况下,仍能保持较低的水平。据估计,石油价格上涨100%,油电站发电成本增加60%;天然铀价格上涨100%,轻水堆核电站发电成本增加5%,而快堆的发电成本只增加0.25%。

在快堆中,由于快中子与核燃料中的原子核相互作用引起裂变的可能性要比热中子小得多,为了使链式反应能继续进行下去,所用核燃料的浓度(一般为12%~30%)要比热中子堆的高,装料量也大得多。快堆活性区单位体积所含核燃料比热中子堆大得多,它的功率密度比热中子堆大几倍,一般每升为400 kW左右。这样高的功率密度,要把热量从堆内取出加以应用,这在技术上是比较复杂的。快堆不能用水作冷却剂,而普遍采用液态金属钠把热量带出来。此外,快堆用的燃料元件的加工制造要比热中子堆复杂得多和困难得多,所以制造费用高昂。同时,快堆的控制就是控制中子的作用,由于快堆内快中子寿命短,钚的缓发中子份额小,这就使得问题复杂多了。并且,对反应堆的操作系统保护的要求也很严格。

钠冷快堆示意图如图1.4所示。用钠作为冷却剂是考虑到钠容易与其他元素结合或有吸附其他元素的能力。核燃料发生裂变时生成许多放射性同位素,其中对人类潜在危害最大的是碘-131、铯-137和铌-95。但燃料包壳破损时,它们会释放到钠溶液中,与钠结合或被吸附。由于这种原因,在钠事故溢出或破坏而在空气中燃烧时,一般不会大量释放放射性裂变产物。

用钠作冷却剂也会带来一系列的问题,如钠的熔点为97.8 ℃,在室温下是凝固的,所以要用外加热的方法将钠熔化。另外,钠的化学性质活泼,易与氧和水起化学反应。当蒸汽发生器管子破漏时,管外的钠与管内的水相接触,会引起强烈的钠水反应。所以在使用钠时,要采取严格的防范措施,这比热堆中用水作为冷却剂的问题要复杂得多。液态金属冷却快堆除了用钠做冷却剂以外,还可以用铅或铅铋合金。

气冷快中子堆是以氦气作为冷却剂,用氦气作为冷却剂的优点是化学性质稳定,故部件材料的选择范围较宽;很难与中子发生作用,中子利用率高,有较高的增殖能力;在工作的压力和温度范围内不发生相变,不存在因相变带来的热工、水力不稳定问题。氦冷快堆示意图如图1.5所示。氦气出口温度高达850 ℃,可以直接推动汽轮机发电。但采用氦气的传热

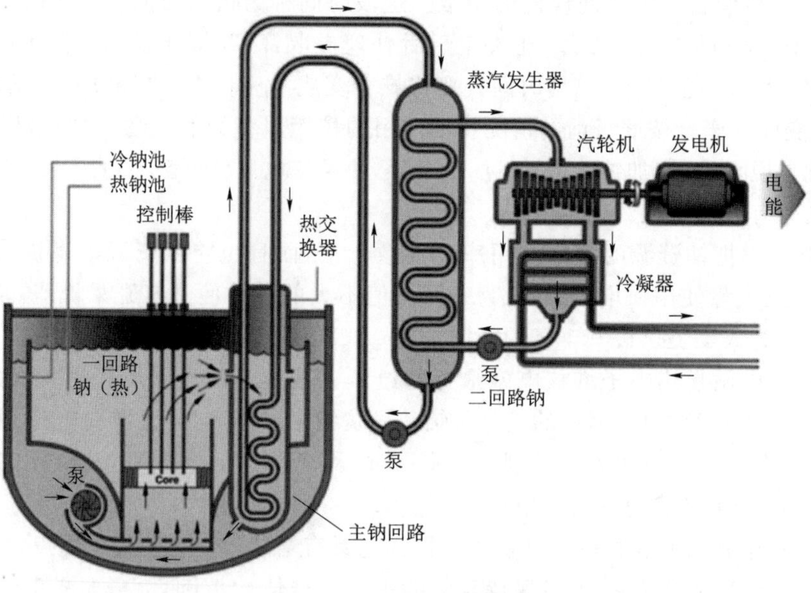

图 1.4 钠冷快堆示意图

性能较液体差，因此必须将氦气加压到 8～10 MPa，另外氦气价格昂贵其容易发生泄漏，要求一次系统的部件和设备密封性要好。

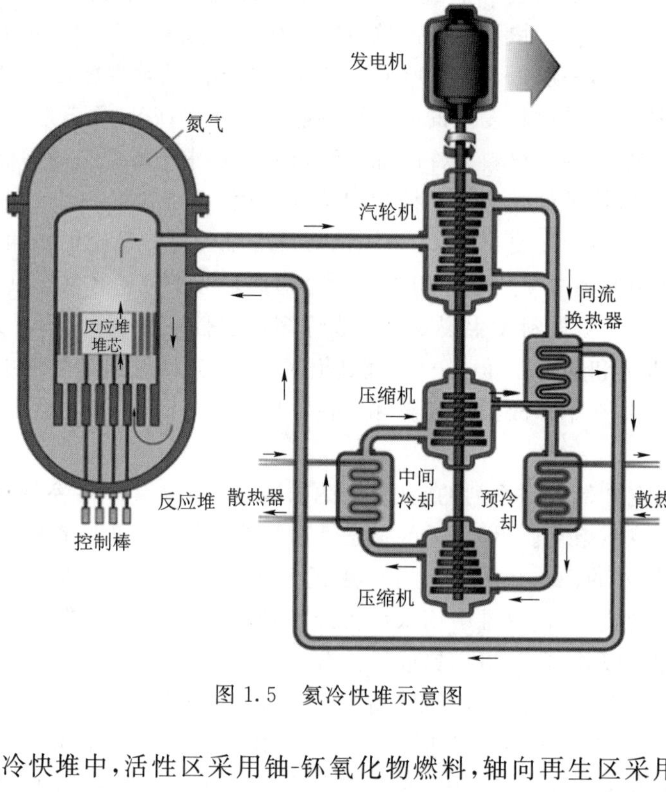

图 1.5 氦冷快堆示意图

在一般的气冷快堆中，活性区采用铀-钚氧化物燃料，轴向再生区采用 UO_2，产生足够的钚-239 供堆芯再循环使用，而在径向再生区用 ThO_2 生产，供钍-铀循环的高温气冷堆使用。因此气冷堆燃料成本低,增殖收益大,还能充分利用钍资源,是一种很有前途的堆型。

思考题

1.1 试述核反应堆的类型。

1.2 比较成熟的动力堆型有哪些,各有什么特点?

第2章　压水堆核电厂

2.1　压水堆核电厂简介

2.1.1　核能的转化与传输

人们将核能转换成电能的电厂称为核电厂。不同类型核电厂的系统与设备组成各异，就压水堆核电厂而言，主要由压水核反应堆、核反应堆冷却剂系统(简称一回路)、蒸汽和动力转换系统(又称二回路)、循环水系统、发电机和输配电系统及其辅助系统组成，其原理如图2.1所示。通常将一回路及核岛辅助系统、专设安全设施和厂房称为核岛。核岛(NI)包括反应堆厂房、核辅助厂房、核燃料厂房、电气和连接厂房、柴油发电机厂房、辅助给水箱厂房及其厂房内的系统设备。二回路及其辅助系统和厂房与常规火电厂的系统和设备相似，称为常规岛。常规岛(CI)主要指汽轮机厂房及其厂房内的系统设备。压水堆核电厂的其他部分，则统称配套设施。全厂配套设施(BOP)指除核岛、常规岛以外的系统设备。

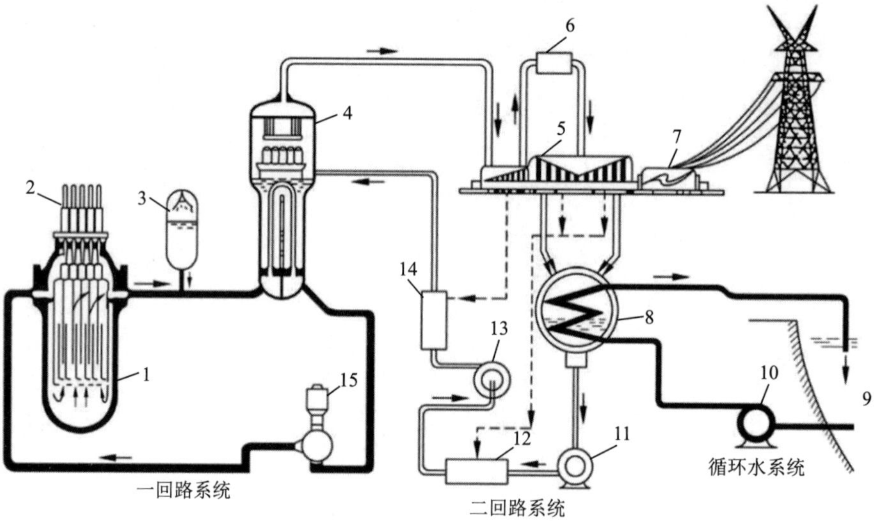

图2.1　压水堆核电厂原理图

1—反应堆压力容器；2—控制棒传动机构；3—稳压器；4—蒸汽发生器；5—汽轮机；6—汽水分离再热器；7—发电机；8—凝汽器；9—循环水水源；10—循环水泵；11—凝结水泵；12—低压加热器；13—给水泵；14—高压加热器；15—主泵

在核电厂中，核反应堆的作用是进行核裂变，将核能转化为热能。水作为冷却剂在核反应堆中吸收核裂变产生的热能，成为高温高压水，然后沿管道进入蒸汽发生器的U形管，将热量传给U形管工质外侧的汽轮机工质(水)，使其变为饱和水蒸气；被冷却后的冷却剂再由主泵打回到核反应堆内重新加热，如此循环往复，形成一个封闭的吸热和放热的循环过程，这个循环回路称为一回路，也称为核蒸汽供应系统。一回路的压力由稳压器控制。

汽轮机工质在蒸汽发生器中被加热成蒸汽以后进入汽轮机膨胀做功，然后将蒸汽焓降放出的热能转变为汽轮机转子旋转的机械能。汽轮机转子与发电机转子两轴刚性相连，因此汽轮机直接带动发电机发电，把机械能转变为电能。完成做功后的蒸汽（乏汽）被排入到凝汽器，由循环冷却水（如海水）进行冷却，凝结成水，然后由凝结水泵送入加热器预加热，再由给水泵将其输入蒸汽发生器，从而完成了汽轮机工质的封闭循环，我们称此回路为二回路。

2.1.2　压水堆核电站的系统构成

1. 核岛系统

一回路系统主要由核反应堆、主泵、稳压器、蒸汽发生器以及相应管道组成。核反应堆外壳是一个耐高压容器，通常称为压力容器或压力壳，其内安装着由许多核燃料组件构成的堆芯。一回路主系统由多个环路对称地并联在压力容器接管上构成，每个环路有一台主泵和一台蒸汽发生器。在其中一个环路上装有一台稳压器，以维持一回路的运行。如图 2.2 所示。

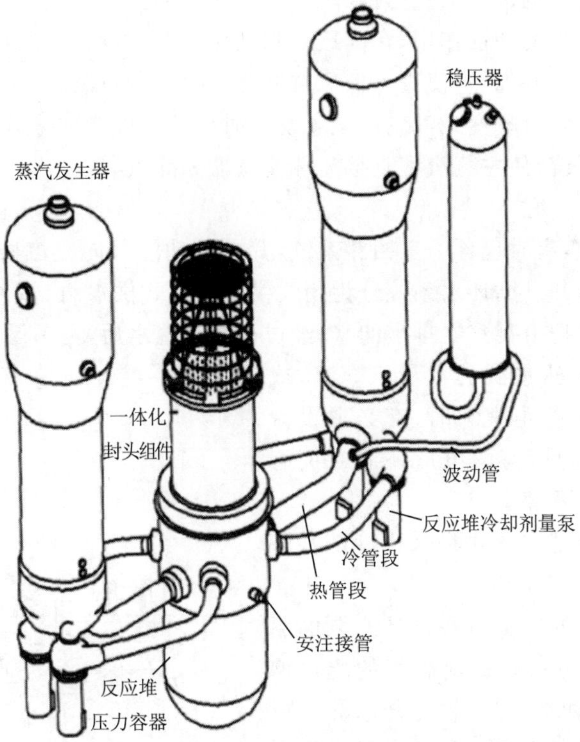

图 2.2　压水堆电厂一回路主要设备布置

对于另外的一些安全和辅助系统，我们可以将这些系统按功能划分为三类：

1）核辅助系统——保证核反应堆和一回路正常启动、运行和停堆，包括化学和容积控制系统、硼和水补给系统、余热排出系统、核反应堆和乏燃料水池冷却和处理系统、设备冷却水系统等；

2）专设安全系统——在核反应堆发生大量失水事故时可以自动投入，阻止事故的进一步扩大，保护核反应堆的安全，同时防止放射性物质向大气环境扩散。包括安全注入系统、安全壳喷淋系统、辅助给水系统和安全壳隔离系统；

3）三废处理系统——回收和处理放射性废物以保护和监视环境，包括废液处理系统、废气处理系统和固体废物处理系统。

2. 常规岛系统

常规岛系统通常分为汽轮机回路、循环冷却水系统和电气系统三大部分。

（1）汽轮机回路

汽轮机回路主要设备有汽轮机、汽水分离再热器、凝汽器、凝结水泵、除氧器、主给水泵、低压加热器、高压加热器等。蒸汽发生器的出口蒸汽进入汽轮机带动发电机发电，然后排入凝汽器，在冷凝器中被循环冷却水(海水)冷凝成凝结水。凝结水由凝结水泵经低压加热器加热后送往除氧器进行除氧，再由给水泵经高压加热器加热后送往蒸汽发生器作为给水产生蒸汽重复使用。由于蒸汽发生器传热管把一、二回路的水隔离开，这个汽水循环回路过程中的水和蒸汽是不带放射性的。其中高、低压加热器的加热热源分别由汽轮机的高压缸和低压缸中间级抽汽提供。

由于核电厂汽轮机的进口蒸汽为饱和蒸汽，高压缸的排气含有较多的水分，为防止或降低湿蒸汽对汽轮机叶片的冲蚀作用，在高压缸和低压缸之间设置了汽水分离再热器，以使高压缸排气中水被分离掉并加热，使进入低压缸的蒸汽变为过热蒸汽。

为了在汽轮机大负荷瞬变或汽轮机紧急跳闸时核反应堆能维持适当负荷，获得冷却，另外设置了蒸汽旁路系统，使主蒸汽可直接通往凝汽器和除氧器。

（2）循环冷却水系统

循环冷却水系统，有时也称为三回路系统，其主要功能是向凝汽器供给冷却水，确保汽轮机凝汽器的有效冷却。循环水系统分为闭式供水和开式供水两类。

闭式供水方式是把由凝汽器排出的水，经过冷却降温之后，再用循环水泵送回凝汽器入口重复使用。对于天然水源的水量不充足，或水源的季节性水流量差距很大时，有必要设置闭式供水。为保险起见，有的电厂还同时拥有开式供水及闭式供水两套系统。

闭式供水的一种基本方式是采用冷却水塔循环供水系统，如图2.3所示。

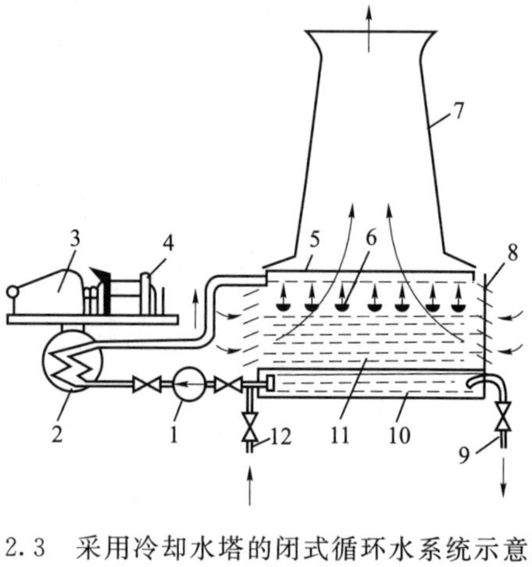

图2.3 采用冷却水塔的闭式循环水系统示意图

1—循环水泵；2—凝汽器；3—汽轮机；4—发电机；5—配水槽；6—溅水盘；7—通风塔；8—供空气进入的百叶窗；9—排污管；10—储水池；11—木栅格；12—补充水进水管

由凝汽器中排出的冷却水在循环水泵的驱动下，送至冷却水塔内具有一定高度的配水槽中，然后落至若干层溅水盘上，将冷却水分散成许多细小的水滴或形成水膜。由于通风塔的塔身较高，能起到良好的自然通风作用，致使塔周围冷空气得以从塔底部进入通风塔，并向上升，冷空气在上升过程中与下降的水滴或水膜接触，水被冷却后落入储水池内，再由循环水泵送回凝汽器重复使用。冷却水塔系统的优点是：

冷却效果受自然条件影响较小，运行比较稳定，占地面积也比较小，因此，远离水源或水源不足的大型火电厂及核电厂，常采用这种供水系统。冷却水塔系统的缺点是通风塔造价相当高。

开式供水，是指以江河湖海为天然水源，冷却水一次通过，不重复使用。若厂区地势较水源水位高，而水源水位的涨落幅度又较大时，往往将循环水泵设在水泵房内。为避免由电厂排除的热水重新进入吸水口，排水口应设在水流下游，且离吸水口有足够距离。开式供水方式的主要优点是冷却水进水温度较低，有利于汽轮机组的经济运行，而且系统简单，投资较低。因此，只要水源在枯水季节时的水流量仍能达到发电厂耗水量的 3～4 倍，水质又符合要求，则应首选开式供水方式。但若天然水源并不十分充足，则应妥善考虑防止“热污染”问题。热污染是指由于大量余热集中地排入水源的某一段，以致影响附近水域中水生物的正常繁殖和生长，从而造成的对自然界生态平衡的破坏。

以某滨海核电厂为例，其开式循环水系统示意图，如图 2.4 所示。该系统由循环水过滤、处理、循环水泵、凝汽器、进出口地下水道、虹吸井和排水渠等部分组成。

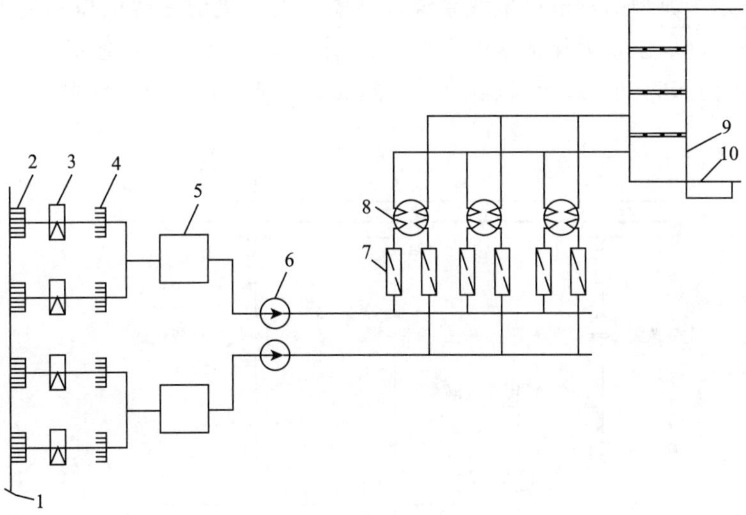

图 2.4　循环水系统示意图

1—进水渠；2—粗滤网；3—水闸；4—拦污栅；5—旋转滤网；6—循环水泵；
7—二次滤网；8—凝汽器；9—虹吸井；10—排水渠

该核电厂的循环水系统是单元制系统，每台机组有 2 台容量为 50% 的循环水泵，它们对应于 2 条独立的系列 A 和 B 的循环水回路。来自海水进水渠道的循环水，经粗滤网、闸门、拦污栅、鼓形旋转滤网过滤后进入循环水泵吸入口，经循环水泵升压后，每个系列分成 3 条支路进入 3 台凝汽器。为阻止海洋生物阻塞凝汽器水室或传热管，每个系列进入凝汽器的 3 根竖直管段上设有由抗海水腐蚀能力极佳的不锈钢制造的二次滤网，滤网网孔 5 mm。每台凝汽器水室被分割为两个独立水室，每台水泵与 3 台凝汽器的一半连接形成独立的回路。循环水离开凝汽器后经 6 个循环水支管分别汇入 A、B 系列的排水渠，每条排水渠有一个独立的虹吸井，循环水经虹吸井流入明渠，最终回归大海。

因为循环水流量大，系统阻力较小，故循环水泵属于大流量、低扬程泵，因此是一个耗电量大的设备。在系统设计上，凝汽器的安装标高一般均高于海水平面和循环水泵，为保证系统的经济运行，通常在系统内保持一定的虹吸高度。为防止海洋生物在凝汽器、管道及水渠等处的滋生造成对管道的阻塞和水污染，对循环水必须进行氯化处理，再结合机械处理方法（胶球清洗凝汽器管子和循环水进口垂直管段上的二次滤网过滤），才能收到满意的效果。该核电厂采用次氯酸钠溶液进行氯化处理。次氯酸钠溶液是采用就地电解海水的方法获得。最佳次氯酸钠溶液的质量分数应能抑制海洋生物在循环水系统的生长，此外还需考虑运行费用及其对环境的影响。

（3）电气系统

压水堆核电厂电气系统类似于火电厂，由发电机、厂用变压器、主变压器等组成。发电机出线电压经主变压器升压后与主电网相连。在正常运行时整个厂用设备的配电设备由发电机的出线经过厂用变压器降压供电，当发电机停机时则由主电网经过主变压器反向供电。若此时主电网失电，则由另一外部电网经过辅助变压器向厂内供电，当上述电源发生故障时，由备用的柴油发电机组向厂内应急设备供电，以保障核电厂设备的安全。

图 2.5 所示为典型的核电厂电气系统示意图。发电机的出线电压一般为 22～27 kV，经变压器升至外网电压。为保证核电厂安全运行，核电厂至少与两条不同方向的独立电源相连接，以避免因海啸、地震、台风、洪水等自然灾害可能造成的全厂断电。

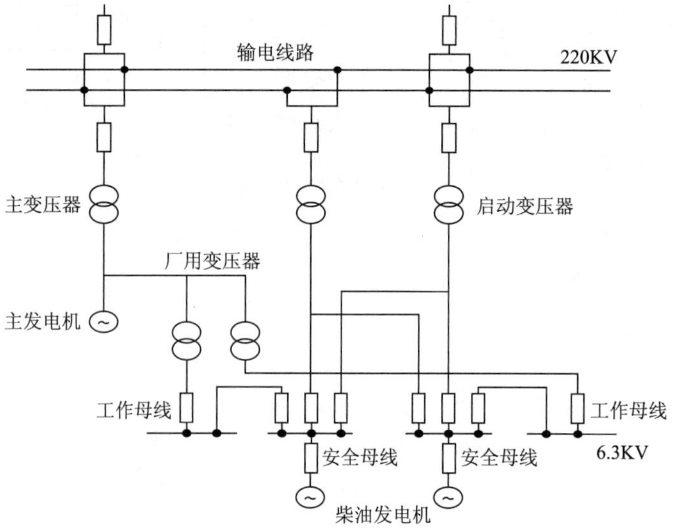

图 2.5　核电厂电气系统示意图

在每台发电机组的引出母线上，常接有两台厂用变压器，为厂用电设备提供高压电源。高压厂用电系统为 6～10 kV，该高压厂用电系统直接向核电厂大功率动力设备供电。对于小功率设备，经变压器降压后供给 380 V/220 V 低压电源。通常高压厂用电系统分为工作母线和安全母线两部分，高压厂用电系统的工作母线，可以由外电网或发电机供电；高压厂用电系统的安全母线，除可以由外电网和发电机供电外，还可由柴油发电机供电。每台机组配置 2 台柴油发电机组。当然，由于核电厂输配电系统的设计与机组容量、电网系统容量等因素密切相关，因此不同核电厂的设计之间会有差异。

2.2　核电厂厂址选择及厂房布置

2.2.1　厂址选择

核电厂选址要求比火电厂选址严苛得多，涉及区域经济发展规划等因素，跟气象、地质、地震和水文等自然条件有关，还与安全、环境有重要关系，因此，它受到政府环保部门及核电站周围民众的高度关注。

核电厂选址考虑的因素包括接近电力负荷中心、有充足的冷却水源、交通运输方便、有良好的自然条件（如地形、地质和地震等）、减少废热废物排放对生物的影响和防止环境污染的可能性等。核电厂选址基本原则除了要满足常规电站所必需的条件外，还应尽量减少释放放射性对环境的影响，以确保居民在一般事故和严重事故条件下不受危害。归结起来，核电厂选址应考虑核电站本身特性、厂址自然条件和技术要求、辐射安全等几个方面。

1. 核电厂放射性

核反应堆是一个强大的放射源。核电站的热功率决定了核反应堆内放射性的总储量，在相同的运行条件下，堆内放射性的总量与功率成正比，因而在发生事故时可能释放的放射性也与功率有关。堆内燃料棒包壳的破损率、核反应堆冷却剂系统的泄漏率以及放射性废物处理系统的净化能力等决定了电厂在正常运行时排放的放射性量。如果放射性废气排放量很大，电厂就不宜建在城镇居民中心附近；如果废水放射性排放量很大，电厂废水就不能直接向江河湖海中排放。具体允许排放量，需根据放射性物质的毒性、厂址的环境稀释能力、居民点离电厂的距离和居民的饮食习惯来决定。最低底线是要求核电厂在极限事故工况下的放射性物质释放量不应达到对居民健康和安全造成超过我国国家核安全局关于核电厂厂址选择所规定的严重危害后果的程度。

2. 厂址的自然条件和技术要求

厂址的自然条件必须满足核电厂选址的技术要求，应尽可能地避免或减少自然灾害（如地震、海啸、台风、洪水等）造成的后果，并应有利于排出的放射性物质在环境中稀释。厂区地震条件是确保核电站安全的重要条件，是选厂址的决定因素之一。核电厂的抗震设计应保证在它整个寿命期限内即使遇到最大地震，仍能使核电厂安全地停堆并且不影响周围的环境。考虑到安全和经济的要求，厂址尽可能选在地震烈度低的地区，厂址的地震基本烈度不大于 7 度。当厂址位于大的内湖或海滩附近时，应计算出由湖震或海啸可能造成的最大洪水。最大洪水按如下方法计算：考虑设计风暴潮中跨越整个湖面或海面的空间气压，湖岸风或海风的形成和波浪上涌效应呈现最大的综合效应。

气象条件是影响选址的一个因素，对气象条件的基本要求是：气流畅通，有利于放射性废气的稀释扩散。厂址周围的气象条件虽有不同，但通过大气扩散实验可以测出各处的大气扩散因子的差别，从而确定厂址是否合适；水源和水文方面，保证足够且可靠的冷却水是电厂运行最基本的技术条件，一般要求百年一遇最小流量也能满足电站正常运行的要求。冷却水量取决于冷却方式。由于压水堆核电站的热效率比火电厂低，而且它的废热全部由循环水带走，而火电厂有 10%～15% 废热由烟气排放到大气，因此核电厂冷却水量应比同样容量的火电厂大。核电厂的热排放对厂址选择有较大影响，一般核电厂均建在有充分水源的江、河、湖、海边。另外，核电厂应建在铁路、公路或水路等交通运输比较方便的地方，以便于对大型设备和新燃料、乏燃料的特殊运输；电站应尽可能接近负荷中心，以减少输电的投资和线路上的能量损失，为确保核电厂的安全运行，除现场备有应急柴油发电机和系统外，还要求配备从两个以上方向接入的二套独立可靠的厂外电源。厂址应避免选在机场和生产爆炸或有毒化学产品的工厂附近，其距离应不小于 8 km。

3. 辐射安全要求

从辐射安全的角度看，电站正常运行时排放的放射性废物对环境的影响很小，对选址有影响的主要还是核电厂事故时可能对居民造成的危害，所以，通常一个国家的核电厂选址标准的主要内容之一是规定事故条件下的最大释放量。据此应考虑以下因素。

1）辐射安全应符合国家环境保护、辐射防护等法规和标准的要求。正常运行时按“放射防护规定”对附近居民的剂量限值为每年全身 5 mSv，在核电厂发生重大的假想事故情况下，应保证居民不受超过规定的剂量限值的照射。

2）将核电厂设置在非居住区，一方面是为了能控制周围土地的使用和防止厂外人为事故干扰电厂的正常运行；另一方面是在事故情况下，可保障邻近居民的安全隔离。许多国家对非居住区，有明确规定的禁区半径。

3）考虑厂址周围的人口密度和分布。国际原子能机构（IAEA）安全标准对人口分布评价推荐 7 种方法：固定区域法、累积人口曲线法、人口密度法、厂址人口因子法、厂址和扇形因子法、厂址人口和大气扩散法以及归一化集体剂量法。各国选用何种方法，通常要根据可获得的资料和环境特征来确定。人口密度和分布是目前选址要考虑的一个重要因素，但不是唯一因素，需综合考虑厂址的其他各种条件。随着技术水平和安全研究的不断发展，核电厂的设计和安全设施的日趋完善可靠，特别是随着核电厂建造和运行经验的不断积累，人口密度分布限制会进一步减小，甚至有可能在靠近大城市的位置建造核电厂。

2.2.2 核电厂厂房布置及主要厂房设施

核电厂的厂址选定后，在总平面布置设计时应考虑以下原则：

1）满足核电厂生产工艺流程要求，便于设备运输，减少厂区管线的迂回和纵横交叉；

2）合理区分放射性与非放射性的建筑物，使脏区和净区严格分开，脏区应当设计在主导风向的下风侧，以减少放射性污染；

3）核电厂厂房布置以核反应堆厂房为中心，核辅助厂房、燃料厂房、主控制楼和应急柴油发电机厂房均环绕在核核反应堆厂房周围；

4）核反应堆厂房、核辅助厂房和燃料厂房，都应设在同一基岩的基垫层上，防止因厂房承载或地震所产生的沉降差异而造成管线断裂。

核岛和常规岛组成主厂房群。核岛主要包括反应堆厂房、核辅助厂房、核燃料厂房、电气厂房、连接厂房及柴油机厂房等。两个汽轮机厂房及其附属构筑物组成常规岛。核岛和常规岛之间的地下部分由廊道隔开，地上部分通过栈桥互相连接。反应堆厂房为整个核电厂的中心，四周分布着各个辅助建筑物。每个反应堆厂房呈圆筒形，顶部封闭，反应堆、蒸汽发生器以及反应堆换料设施都布置在厂房内部，运行过程中产生的乏燃料被输送并贮存在相邻的燃料厂房内。核辅助厂房安装每个堆的辅助系统以及为各机组配套的反射性废物处理设施。为了更保险起见，几个核反应堆的专设安全设施都要进行实体隔离。此外，机组的主控制室、共用控制室及电力设施都在电气厂房内，汽轮机厂房各有一台汽轮发电机组，主变压器安装在靠近汽轮机厂房的平台上。

一些辅助设施使中央发电设备更加完善。由联合泵站供给海水，借助于地下输水廊道把泵站同中央发电设备连接起来。通过排水构筑物和排水渠道把冷却水送回大海。除盐水站生产补给汽水循环和辅助系统用水。辅助锅炉房提供设备启动所需的蒸汽。气体库区具有工艺过程中使用的各类气体的贮存容量。电厂运行产生的固体反射性废物存放在固体废物贮存厂房。

此外，核电厂还设有一些加工修理车间和库房，用于电厂仪器和设备的普通维修。行政大楼为行政管理及其工作人员的办公之用。厂内基础设施包括照明、道路以及适当的污水管和排水设施。

2.3　核电厂设备安全功能分级

核电厂的系统、设备和构筑物有着不同的安全功能，按照安全功能对安全的重要性分成不同的安全等级。划分安全等级是为了提供分级设计标准，对于不同安全等级的设备，规定不同的设计、制造、检验、试验的要求。这样做的好处是既提高了核电厂安全性，又避免了对某些设备提出过严的要求。

2.3.1　安全功能及分析方法

核电厂安全的基本目标是限制居民及核电厂工作人员在电厂所有运行工况和事故工况下所受到的射线照射。

为保证必要的安全性，执行安全功能的系统执行下列功能：

1）为安全停堆和维持其安全停堆状态提供手段；

2）为停堆后从堆芯导出余热提供手段；

3）在事故后为防止放射性物质的释放提供手段，以确保事故工况之后的任何释放不超过容许极限。

为实现上述要求，国际原子能机构在安全导则以及我国国家核安全局在 1986 年发布的安全导则中均规定了 20 种安全功能项目。主要内容有：在完成所有停堆操作后，将核反应堆维持在安全停堆状态；将其他安全系统的热量转移到最终热阱；维持核反应堆冷却剂压力边界的完整性；限制安全壳内的放射性物质向外释放等。

2.3.2　安全分级

安全分级的主要目的是正确选择用于设备设计、制造和检验的规范和标准。通常，确定了设备的安全分级也就确定了设备的抗震类别和质保要求。

构成流体包容边界并执行一定安全功能的机械系统和流体系统的设备和部件被分成 3 种安全等级。其他承压设备和部件定为安全 4 级（又称非安全级，用 NNS 或 NC 表示）。

1. 安全1级

安全1级主要包括组成核反应堆冷却剂系统承压边界的所有部件。主要承压设备有：核反应堆压力容器、主管道以及延伸到并包括第二个隔离阀的连接管道(内径大到破损后正常补水系统不能补偿冷却剂的流失)、主泵、稳压器、蒸汽发生器的一次侧和控制棒驱动机构的壳体。

2. 安全2级

安全2级主要指核反应堆冷却剂系统承压边界内不属于安全1级的各种部件，以及为执行所有事故工况下停堆、维持堆芯冷却剂总量和排出堆芯热量及限制放射性物质向外释放的各种部件。例如：

1) 核反应堆冷却剂系统承压边界部件中非核1级设备和部件：余热排出系统、安全注入系统及安全壳喷淋系统等。

2) 构成核反应堆安全壳屏障的设备和部件：安全壳及隔离贯穿核反应堆厂房的流体系统的阀门和部件、二回路系统直至核反应堆厂房外第一个隔离阀的部分，安全壳内氢气控制监测系统及堆芯测量系统的设备和部件。

3. 安全3级

安全3级主要指下述一些系统的设备：

1) 为控制反应性提供硼酸的系统；

2) 辅助给水系统；

3) 设备冷却水系统；

4) 乏燃料池冷却系统；

5) 应急动力的辅助系统；

6) 为安全系统提供支持性功能的设施(例如燃料、压缩空气、液压动力、润滑剂等系统设施)；

7) 空气和冷却剂净化系统；

8) 放射性废物储存和处理系统。

4. 安全4级(非核安全等级)

核岛中不属于安全1级、2级、3级的设备为非核安全等级。但非核安全等级设备的设计制造应按非核规范和标准中较高的要求执行，必要时还应附加与安全的重要性相适应的补充设计要求。

两个不同安全等级的系统的接口部分，它的安全等级应属于相连系统中较高的安全等级。

2.3.3 抗震分类

在设计上要满足承受一定地震载荷要求的机械设备和电气设备，被定义为抗震设备。

我国的核安全法规将抗震类别分为三类，即抗震Ⅰ类、抗震Ⅱ类和非抗震类(NA)。抗震Ⅰ类指的是核电厂中其损坏会直接或间接造成事故工况，以及用来实施停堆或维持安全停堆并排出余热的构筑物、系统和设备。抗震Ⅰ类设备包括安全1级、2级、3级和LS级及1E级的电气设备。

所有与安全有关的厂房和土建构筑物都是抗震Ⅰ类的，在设计上要满足能承受安全停堆地震载荷的要求。其他部件和设备也可按它们对安全的重要程度所需抗震能力来校核。抗震Ⅰ类表明设备的设计要满足能承受安全停堆地震(SSE)引起的载荷要求。安全停堆地震是在分析核电厂所在区域和厂区的地质和地震条件以及当地地表下物质的特性的基础上所确定的可能发生的最大地震。安全停堆地震通常取当地历史上发生过的最大地震再加上一个适当的安全裕量。

抗震Ⅱ类表明设备的设计要满足能承受运行基准地震(OBE)引起的载荷要求。

2.4　核电厂安全设计原则

核电厂在运行的同时要产生大量放射性裂变物质。核电厂设计的首要问题,就是要在正常工况或事故工况下,能把这些放射性物质严加控制,把对个人的照射减少到可接受的水平,确保工作人员与公众的安全。为此,许多国家都规定了严格的核电厂建造审批程序,制定各种安全规范及设计准则。核电厂采取比常规能源系统高得多的设计、建造和运行标准,采用比常规工业严密得多的质量控制与质量保证体系。核电厂采用的安全性准则是多重屏障与纵深防御;在设计中必须对各种可预见和不可预见的事件做出分析,并进行环境影响评价。与此相应,核电厂必须有确定可靠的核反应堆保护系统与专设安全设施,以尽量减轻由于设备、系统失效、操作失误以及像地震、洪水、龙卷风等自然灾害及飞机坠毁等人为灾害可能造成的危害。为了满足上述总的安全要求,在现代压水堆核电厂的设计中,普遍遵循下列安全设计原则。

1. 纵深防御原则

第一道防线(预防事故的发生),放射性物质处于设计许可的位置上并受到监控,核电厂的设计必须是稳妥偏安全的,各系统设备不允许出现偏差或故障。

第二道防线(检测事故),设置可靠保护装置和工程系统,探测妨碍安全的瞬变,完成适当的保护动作。这些系统必须留有足够的安全裕量并应配有重复探测、检查和控制手段。

第三道防线(防止事故扩大),配置必需的专设安全设施,以便对付预期假想事故,保证多道屏障的完整性,确保停堆系统的可靠性。

第四道防线(缓解事故),制定事故管理规程(SAM),制定防止事故进展的补充措施和规程,制定减轻严重事故后果的措施。

第五道防线(应急计划)万一发生极不可能发生的事故,并且有放射性外泄启用厂内外应急响应计划,保护厂外公众免受过量的辐射,努力减轻事故对居民的影响。

2. 多道屏障原则

核系统必须设计成能在所有情况下保证绝对控制过量放射性物质的释放。现已建成的核系统都有三道屏障,只有这三道屏障全部破坏,才会释放出大量放射性。

第一道屏障是燃料棒包壳。目前的设计实践是力图保证在正常或非正常运行时包壳温度都不超过某一限值,而如果超过此限值,包壳就会因熔化、开裂或氧化而损坏,这一限值通常取作 1 204 ℃。另外,包壳具有较高承压能力,使放射性裂变产物被限制在燃料包壳内。

第二道屏障是一回路系统的承压边界,由压力容器、管道和设备组成,它们将高温、高压又带强放射性的冷却剂封闭在其内。正常时仅允许极少量泄漏,而且泄漏水收集后送至三废处理系统。

第三道屏障是安全壳，它将一回路系统的主要设备(包括一些辅助系统和设备)和主管道包容在内。安全壳的泄漏率要严格控制，设计规范要求每天泄漏率要小于安全壳总容积的千分之一。这样，即使发生一回路主管道破裂，也只有少量放射性物质泄漏到安全壳内。

3. 单一故障原则

单一故障原则:满足单一故障准则的设备组合，在其任何部位发生单一随机故障时，仍能保持所赋予的功能。要求满足单一故障准则的设备组合，采用多样性原则能减少某些共因故障或共模故障，从而提高某些系统的可靠性。

单一故障原则适用于安全注入系统、安全壳喷淋系统、辅助给水系统、安全保护系统和重要厂用水系统等与安全有关的系统。安全注入系统的设计应使系统能在短期或长期运行时承受任何运行设备的单一性故障，并保持满足堆芯冷却的要求。安全保护系统的设计能为各个保护功能提供备用仪表系统或逻辑系列，因此，发生单一故障时不会妨碍系统必要的保护动作。

4. 辐射安全准则

核电厂正常运行时，对电厂工作人员和周围居民的辐照剂量不得超过我国国家辐射防护剂量标准所规定的允许剂量，事故时对环境的影响应低于我国国家辐射防护剂量标准所规定的允许剂量。

5. 抗自然灾害的功能

与核电厂安全运行有关的建筑物、系统、设备，在核电站寿期内，要设计得能承受各种可能发生的自然灾害，如地震、飓风、潮汐、海啸等的影响而不改变其安全功能。

2.5 压水堆电厂系统简介

本节概况性地介绍压水堆核电厂的系统，有助于读者较快地掌握压水堆电厂系统的整体情况，从而为后面更详细地学习各个系统打下基础。

2.5.1 核蒸汽供应系统

压水堆核蒸汽供应系统主要由压水反应堆、反应堆冷却剂系统及相关的辅助系统组成。

1. 核反应堆本体

压水堆使用高压轻水作为冷却剂和慢化剂，反应堆本体位于安全壳的中央，由反应堆堆芯、堆内构件、反应堆压力容器和顶盖、控制棒驱动机构等组成。

反应堆的堆芯有许多燃料组件排列而成，这些燃料组件在机械设计上是相同的，只是燃料富集度不同。燃料组件装料分多区、不同富集度装料方式，并根据每个燃料组件在堆芯不同的位置，分别设置了可燃毒物组件、控制棒组件，选择合理的控制棒分组和提棒程序，以展平堆芯功率分布，满足峰值温度下燃料芯块不会融化的设计规定。

2. 反应堆冷却剂系统

反应堆冷却剂系统主要功能是由冷却剂将堆芯中因裂变产生的热量传输给蒸汽动力装置并冷却堆芯，防止燃料元件烧毁。它包括并联连接到反应堆压力容器的数个相同的热传输环路。每个环路由一台主泵、一台蒸汽发生器及相关的管道、阀门等组成。冷却剂系统还包括一个稳压器(稳压器泄压箱和相关的安全阀、泄压阀)、相互连接的管道和运行控制所需的仪表。所有部件都安装在安全壳厂房里。

在运行期间,反应堆冷却剂系统输送堆芯产生的热量到蒸汽发生器,在蒸汽发生器里产生的蒸汽驱动汽轮发电机发电。反应堆冷却剂是符合反应堆堆芯热工水力性能的具备合适流量和温度的循环含硼除盐水。水既作为中子慢化剂和反射层,又作为用于化学补偿控制的中子吸收剂的溶剂。通过稳压器的电加热器和水喷淋维持稳压器里的水和蒸汽处于平衡状态来控制反应堆冷却剂系统压力。

反应堆系统压力边界提供一个防止在反应堆里产生的放射性释放的屏障,并用来确保在电厂整个寿期内的高度完整性。

3. 辅助系统

反应堆冷却剂辅助系统的设备对反应堆冷却剂系统提供补给水,对反应堆冷却剂进行净化和添加化学剂以抑制腐蚀和控制反应性,使反应堆冷却剂系统部件得到冷却。比较重要的系统有化容系统、余热排出系统、硼和水补给系统、设备冷却水系统等等。

2.5.2　专设安全设施

压水堆核电厂专设安全设施主要有安全壳、安全注入系统、安全壳喷淋系统、辅助给水系统等,它们具有能迅速为堆芯提供应急及持续冷却、隔离安全壳、提供辅助给水等功能,以确保在事故出现时,迅速导出燃料的余热、降低燃料融化的危险、避免在任何情况下裂变产物的向外失控排放、减少设备损失、保护公众及电厂工作人员。

1. 安全注入系统

安全注入系统主要作用是当一回路主系统的管道或者设备发生破裂而引起失水事故时,安全注入系统能为堆芯提供应急和持续的含硼冷却水,防止燃料包壳因堆芯失水而烧毁;当化容系统失效时,补偿一回路少量的泄露,保持稳压器水位;当蒸汽管道发生破裂时,安全注入系统能将高浓度的含硼水注入堆芯,抵消因慢化剂过度冷却减小的负反应性,防止反应堆重返临界。

2. 安全壳喷淋系统

安全壳喷淋系统的主要功能是当一回路失去冷却剂或蒸汽管道发生破裂时,使安全壳内部温度和压力保持在限值下,以确保最后一道屏障的完整性。此外,安全壳喷淋系统还能带走失水事故时散布在安全壳内的裂变产物,如具有放射性的碘;能扑灭反应堆冷停堆时安全壳内可能发生的火灾等。安全壳喷淋系统包括喷淋子系统和化学添加子系统。

3. 辅助给水系统

辅助冷却给水系统的功能是在主给水系统的任何一个环节发生故障时,作为应急手段向蒸汽发生器二次侧供水,使一回路维持一个冷源,排出堆芯剩余功率,直到余热排出系统(RRA)投入运行为止。辅助给水系统的另一功能是其除氧装置为反应堆硼和水补给系统(REA)水箱提供除氧除盐水。

4. 安全壳系统

安全壳是包容核电厂放射性裂变产物的最后一道实体屏蔽,在正常运行时以及在发生放射性物质释放到安全壳内的事故后确保具有规定的密封性,为工作人员提供辐射防护,并可保护核岛免受外部人为事件的影响。

2.5.3 蒸汽和动力转换系统

蒸汽和动力转换系统即为二回路热力系统，是由一系列子系统及设备组成。主要包括有：主蒸汽系统、汽轮发电机组、凝汽器、凝结水和给水系统、其他辅助系统。

1. 主蒸汽系统

主蒸汽系统功能是把蒸汽发生器产生的蒸汽输送到汽轮机组各用汽单元，包括有：汽轮机轴封系统、汽水分离再热器、蒸汽旁路系统、主(辅助)给水泵汽轮机、除氧器、凝汽器、其他辅助蒸汽用汽单元。

安全方面的功能则是与主给水系统、辅助给水系统相配合，用于在电厂正常运行工况、事故工况下排出一回路所产生的热量，并向反应堆保护系统提供主蒸汽压力和流量信号。

主蒸汽系统主要部件包括：主蒸汽管道、流量限制器、主蒸汽安全阀、主蒸汽隔离阀、大气释放阀、汽轮机旁路阀。

2. 汽轮机发电机组

汽轮机发电机为多缸型发电机，高压缸和中压缸之间配备有汽水分离再热器，汽轮机回热抽汽系统设置为多级。

3. 凝结水抽取系统

凝结水抽取系统主要由凝汽器、凝结水泵、给水管线、疏水接受罐、凝结水过滤器等组成。凝结水抽取系统接受汽轮机、汽动给水泵、旁路系统排出的蒸汽和热力系统的各种疏水，使之凝结成水，建立所要求的背压，并从凝汽器热阱中将凝结水抽出送往低压加热系统。

4. 给水加热系统

给水加热系统由除氧器、给水箱、给水泵、高压加热器、给水调节阀、安全隔离阀、流量测量装置等组成。

5. 蒸汽与动力转换系统的其他辅助系统

蒸汽与动力转换系统的其他辅助系统包括：汽轮机旁路系统、凝汽器抽真空系统、蒸汽发生器排污系统、循环水系统。

2.5.4 其他与安全相关的系统

其他与安全相关的系统包括有：反应堆保护系统、重要厂用水系统、稳压器泄压排放系统、主泵轴封水系统、专设安全设施驱动系统、压缩空气生产系统、仪用压缩空气分配系统、能动部件控制回路系统。

2.5.5 电力系统

压水堆电厂电力系统分为厂内电力系统和厂外电力系统两大部分，向主泵及其他设备提供可靠的厂用电源，并可保证在正常的运行期间可靠地向电网输出电功率，并在异常或事故工况下向反应堆紧急停堆系统和专设安全设施提供应急电源。

2.5.6 仪表与控制系统

核电厂仪表与控制系统为核电厂提供信息、控制保护及相应的辅助，以保证核电厂能安全、经济、可靠运行，主要作用为：

1）在正常运行、预期运行事件和事故工况下，监测电厂参数和各系统的运行状态，为操纵员安全有效地操纵核电厂提供各种必要的信息；

2）自动或者手动控制将工艺系统或设备的运行参数维持在运行工况规定的限值下；

3）在异常工况和事故工况下，触发保护动作，保护人员及反应堆系统与设备的安全，避免人员和环境受到放射性污染。

2.5.7 构筑物

核反应堆的构筑物有：反应堆安全壳、反应堆辅助厂房、燃料贮存厂房、汽轮机厂房、主控制楼、主蒸汽管廊等。

构筑物的设计按其对电厂的安全关系进行安全分级，所谓的安全级是指：对安全重要的构筑物必须设计成在安全停堆地震(SSE)事件和其他设计基准事件(包括台风、运行基准地震(OBE)、可能的最大洪水、飞射物损坏、电厂内部事故)下保持其功能。而所谓的非安全级是指：其他的与安全无关的构筑物按非安全级设计。

2.6 AP1000核电厂简介

2.6.1 AP1000核电厂的设计理念

AP1000作为先进压水堆的优秀代表，本节将对其作简要介绍。在传统成熟的压水堆核电技术的基础上，引入安全系统非能动理念，使核电厂安全系统的设计发生了革新的变化；在设计中采用了非能动的严重事故预防和缓解措施；简化了安全系统的配置；减少了安全支持系统；大幅度地减少了安全级设备(包括核级电动阀、泵和电缆等)及抗震厂房；取消了1E级柴油发电机系统和大部分安全级能动设备；明显降低了对大型设备设施的需求。由此派生出了设计简化、系统设置简化、工艺布置简化、施工量减少、工期缩短、应急响应时限要求降低等一系列效应。由于采用非能动安全系统、大大降低了发生人因错误的可能性。使AP1000的安全性能得到显著提高的同时也提高了经济竞争力。

2.6.2 AP1000核电厂的总体性能

AP1000是一个二环路的压水型核反应堆(PWR)，它采用非能动安全设施以及简化的电厂设计，从而使核电厂具有良好的可建造性、可运行性和可维护性。安全系统利用了物质的自然特性：重力、自然循环、压缩气体的能量等简单的物理原理；不使用泵、风机和柴油发电机等能动部件；可以在没有交流电源、设备冷却水、厂用水以及HVAC(供暖、通风与空调)等安全级支持系统的条件下保持正常运行功能。

AP1000的设计特征如下：

1）净功率大约为1 090 MW，核蒸汽热功率为3 415 MW(包括核反应堆冷却剂泵的15 MW)。

2）在10%的蒸汽发生器传热管堵管和热管段的最高温度325 ℃时，能够达到核电厂的额定运行功率。

3）主要的安全系统是非能动的；事故后 72 h 内无需操作员干预、无需交流电源的情况下能够保持堆芯和安全壳的冷却。

4）预测的堆芯损坏频率 1.7×10^{-7}/(堆·年)，大量放射性物质释放的频率 1.8×10^{-8}/(堆·年)，远低于 1×10^{-4}/(堆·年)和 1×10^{-6}/(堆·年)的安全目标。

5）18 个月的换料周期。

6）整个电厂的可用率大于 93%；非计划停堆的目标小于 1 次/年。

7）电厂能够从 100%满功率甩负荷到厂用电，并且核反应堆不停堆稳压器或蒸汽发生器的安全阀不开启。

8）与相同容量的现有压水堆相比，该电厂需要的部件更少特别是安全级部件更少。

9）在无需替换核反应堆压力容器的前提下，核电厂的设计寿命为 60 年，压力容器 60 年的设计寿命本身就是一个保守的假定。其他大型部件可以更换，包括蒸汽发生器。

10）用于功率转换的大型部件的设计——例如蒸汽发生器、主泵、燃料、堆内构件、汽轮机和发电机——基于电厂成功运行的设备。对这些成熟设计的修改是基于在相似工况下或者更严重工况下的成功运行经验的设备为基础的。

2.6.3 AP1000 核电厂与其他核电厂的比较

AP1000 核电厂与相似额定功率的常规压水堆核电厂在主要设计特点和名义参数上的比较见表 2.1。表中的数值是名义值而不是用于设计许可证申请的数值。

表 2.1 AP1000 核电厂与有相似额定功率的常规压水堆核电厂在主要的设计特点和名义参数上的比较

系统/部件	AP1000	V. C. Summer	Watts Bar	SanOnfre
设计寿命/年	60	4D	40D	40D
核蒸汽供应系统	3415	2912	3475	3410
堆热功率/MW	3400	2900	3459	3390
上网电功率/MW	1090	950	1218	1100
RCS 运行压力/MPa	15.51	15.51	15.51	15.51
T_{hot}/℃	323.9	327.8	326.1	321.7
蒸汽发生器设计压力/MPa	8.27	8.27	8.27	8.27
给水温度/℃	226.7	226.7	227.8	229.4
燃料组件数	157	157	193	217
有效燃料长度/m	4.27	3.66	3.66	3.81
燃料组件排列	17×17	17×17	17×17	16×16
控制棒数量	53	48	57	91
灰棒数量	16	0	0	0
平均线功率密度/(kW/cm)	0.188	0.187	0.181	0.175
热管因子(F_Q)	2.60	2.45	2.50	2.35

由表 2.2 数据可看出，AP1000 的参数除设计寿命为 60 年，比其余电厂的设计寿命长 20 年以外，其他参数均在其余电厂相应参数的范围之内，其参数和相互的匹配均是经过电厂运行实践验证过的。

AP1000 采用了在现今运行核电厂中成熟的部件、设计特点或者是基于成熟部件的设计。它们包括堆芯设计、蒸汽发生器设计，主泵电机等的设计。在此，我们将重点介绍它的非能动安全系统的设计。

非能动安全系统给核电厂提供了安全保护。当发生事故并失去交流电源后 72 h 以内无需操纵员动作，可以保持堆芯的冷却和安全壳的完整性。非能动安全系统的设计能够满足单一故障准则。它包含更少的系统和部件，因而能够减少实验、检查和维护的工作量。非能动安全系统远距离控制阀门的数量只有典型能动安全系统的 1/3，并且它不包含任何泵。同样重要的是，非能动安全系统不需要核电厂堆芯、核反应堆冷却剂系统或者其余大部分 BOP 的设计做根本性的变化。非能动安全系统无需现役核电厂中大量的安全支持系统（例如：1E 级交流电源、安全级暖通空调系统、安全级的冷却水系统以及与之相关的抗震厂房）。

AP1000 非能动安全相关系统包括：

1）应急堆芯冷却系统；

2）安全注入系统和自动降压系统；

3）非能动安全壳冷却系统；

4）非能动余热排出系统。

最后，由于 AP1000 为本书的重要参考堆型，许多章节都涉及相关已经缩写了的专业术语，故将 AP1000 相关的专业术语缩写表附于书后，见附录 A，便于读者查阅。

思考题

2.1　核岛与常规岛分别由哪些部分组成？

2.2　简述一回路系统的主要功能，为什么一回路要设计成若干并联支路？

2.3　一回路设备布置上堆芯与蒸汽发生器的相对位置有哪些考虑？

2.4　核电厂的厂址选择有哪些要求？

2.5　核电厂主要厂房及其包容的重要设备有哪些？

2.6　简述核电厂安全设计原则。

第3章　压水堆核电厂冷却剂系统及设备

3.1　压水堆核电厂一回路主系统

压水堆核电厂一回路系统又称反应堆冷却剂系统(reactor coolant system,RCS),主要包括核反应堆堆芯(reactor core)、稳压器(pressurizer)、蒸汽发生器(steam generator,SG)、反应堆冷却剂泵(主泵)(reactor coolant pump,RCP)。

3.1.1　系统功能

一回路系统的主要功能如下:

1) 正常功率运行时,作为堆芯核裂变过程中产生的热量载出,传递给蒸汽发生器;

2) 停堆阶段,将蒸汽发生器作为热阱,排出衰变热;

3) 在第一道屏障(燃料芯块和包壳)失效后,一回路压力边界阻止放射性物质向外界释放;

4) 水作为反应堆的可溶化学毒物硼的载体,同时慢化中子和反射中子;

5) 稳压器实现对一回路系统压力控制和压力保护,防止堆芯发生偏离泡核沸腾,避免燃烧元件熔化。

3.1.2　系统描述

一回路主系统流程示意图如图 3.1 所示,按照功能可将其分为冷却系统、压力调节系统、超压保护系统。

1. 冷却系统

反应堆冷却系统由主泵、反应堆和蒸汽发生器、稳压器、相应的管道组成,如图 3.2 所示。在核电厂正常运行时,主泵使冷却剂强迫循环通过堆芯,排出核燃料元件产生的热量。流经堆芯的冷却剂排出热量可用公式(3.1)计算:

$$p_t = q_m c_p (t_{\text{out}} - t_{\text{in}}) \tag{3.1}$$

式中:p_t——堆芯热功率,单位:kW;

q_m——冷却剂质量流量,单位:kg/s;

c_p——冷却剂比定压热容,单位:kJ/(kg·K);

t_{out},t_{in}——分别为堆芯出口、入口处冷却剂的温度,单位:K 或℃。

核燃料元件与冷却剂间的热量传递属对流换热,遵循下述关系:

$$p_u = A \cdot h \cdot (t_{\text{fuel}} - t_{\text{coolant}}) \tag{3.2}$$

式中:p_u——堆芯核燃料元件总功率,单位:kW;

h——核燃料与冷却剂之间的表面换热系数,单位:W/(m^2 · K)或 W/(m^2 · ℃);

t_{fuel},t_{coolant}——分别为核燃料元件表面、冷却剂的温度,单位:K 或℃。

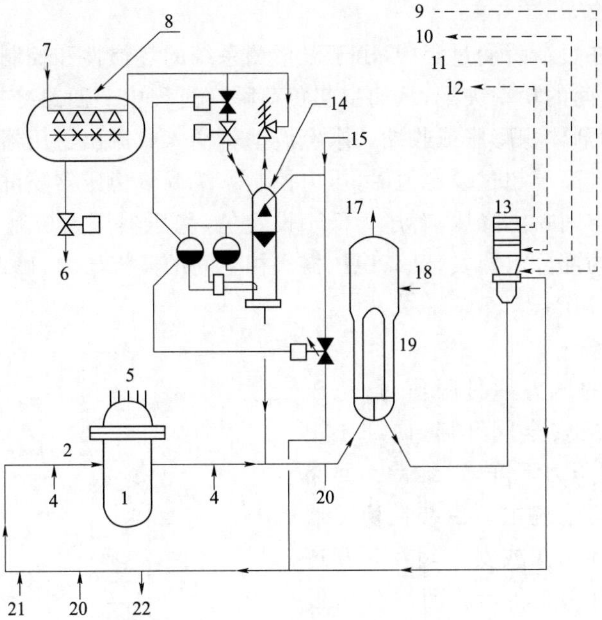

图 3.1　反应堆一回路系统流程示意图

1—反应堆；2—冷管端；3—热管端；4—安注；5—控制棒驱动机构；6—排水管；7—喷淋水；8—稳压器卸压箱；9—化学和容积控制系统；10—轴封水；11—水；12—设备冷却水；13—主泵；14—稳压器；15—辅助喷淋；16—电加热器控制；17—蒸汽出口；18—主给水管；19—蒸汽发生器；20—余热排出回路；21—上充管线；22—下泄管线

由公式(3.1)可知，反应堆内冷却剂的质量流量 q_m 与反应堆的热功率，堆芯出口和入口的温度相关，中国大亚湾核电厂和秦山一期核电厂堆芯冷却剂平均流速分别为 4.6 m/s 和 3.65 m/s。

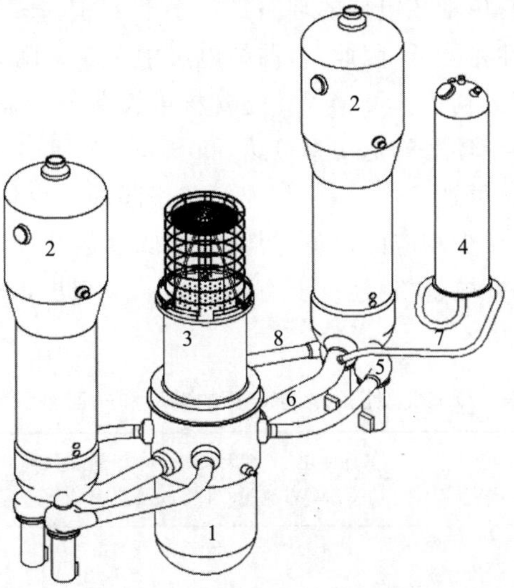

图 3.2　AP1000 核电厂一回路冷却剂系统

1—反应堆压力容器；2—蒸汽发生器；3—反应堆上封头；4—稳压器；5—主泵；6—热管端；7—波动管；8—冷管端

2. 压力调节系统

压水堆核电厂在负荷瞬变过程中，由于温量测系统的热惯性和控制系统的滞后等原因，会造成一、二回路之间的功率失配，从而引起负荷瞬变过程中一回路冷却剂温度的升高或降低，造成一回路冷却剂体积膨胀或收缩。水经波动管涌入或流出稳压器，引起一回路压力升高或降低。当压力升高至超过设定值时，压力控制系统调节稳压器喷淋阀，由冷管段引来的过冷水向稳压器汽空间喷淋降压；若压力低于设定值，稳压器压力控制系统启动电加热器，使稳压器液相空间的部分水蒸发，升高稳压器汽相空间的蒸汽压力，确保一回路主系统的运行压力稳定在 15.5 MPa。

3. 超压保护系统

当一回路系统的压力超过限值时，稳压器顶部卸压管线上的安全阀开启，向卸压箱排放蒸汽，使稳压器压力下降，以维持一回路系统的完整性。卸压系统主要由装在稳压器汽相空间连管上的卸压阀或安全阀及其管道和卸压箱组成，如图 3.3 所示。西屋公司设计的稳压器，上面装备有卸压阀和安全阀，卸压阀的开启整定值比安全阀的开启整定值低。若卸压阀开启后使超压瞬变过程得以缓解，安全阀则可免于开启。法国法玛通公司设计的稳压器，只装备三只同一类型开启整定值不同的安全阀。

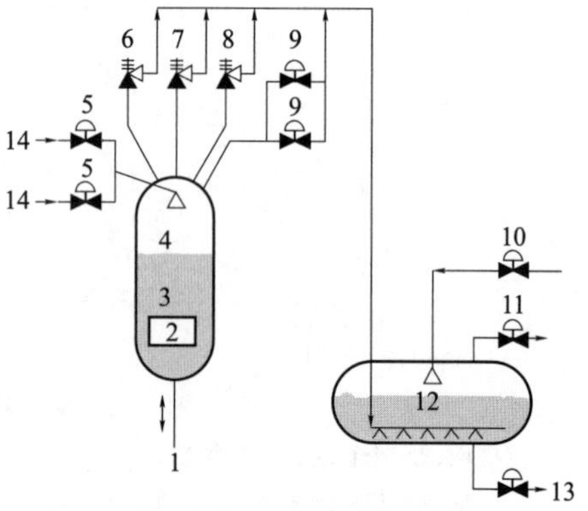

图 3.3 稳压器卸压系统结构示意图

1—反应堆冷却剂系统；2—稳压器；3—液相；4—汽相；5—喷淋阀门；6—安全阀 1；7—安全阀 2；8—安全阀 3；9—卸压阀；10—冷却喷淋阀；11—卸气阀；12—稳压器卸压箱；13—排放阀；14—反应堆冷却剂系统

3.1.3 系统运行参数

按照核电厂安全准则，单堆核电厂的环路数不小于 2，但过多的环路数将增加设备投资和维护费用，核电的经济性将降低，因此，目前核电厂中一般采用 2～4 条环路并联形式。每一条环路所对应的电功率最初为 150 MW。随着核电设备设计制造能力提高，和技术的进步，目前压水堆核电厂，一个环路的电功率可达 300～600 MW；若能增加蒸汽发生器和主泵的容量，单个环路的电功率可达 580～600 MW。在相同堆功率情况下，单个环路功率提高后，就可以减少环路数目，减少相应的设备和部件，降低设备投资和维修费用。这样，降低了核电厂每千瓦的造价和每度电价格，经济上有利。表 3.1 列出近代典型压水堆核电厂的功率和一回路的容量。

表 3.1 典型压水堆核电厂的功率和一回路参数

制造商	核电厂电功率/MW	路数	单环路电功率/MW	单环路流量/(t/h)	冷却剂泵数及功率/kW	蒸汽发生器		
						换热面积/m^2	管板直径/m	重/t
西屋公司	300	2	150	11 000	2×2 700	2 700	2.7	160
西屋公司	450	3	150	11 000	3×2 700	2 900	2.9	160
西门子公司	600	4	150	11 000	3×3 000			
西屋公司	600	2	300	18 180				

续表

制造商	核电厂电功率/MW	路数	单环路电功率/MW	单环路流量/(t/h)	冷却剂泵数及功率/kW	蒸汽发生器		
						换热面积/m^2	管板直径/m	重/t
西屋公司、法玛通公司	900	3	300	22 840	3×5 500	470	3.4	300
燃烧工程公司	900	2	450	21 000				
西门子公司	1 000	3	330					
西屋公司、三菱公司	1 200	4	300	15 833	4×5 500			
西屋公司、西门子公司、法玛通公司	1 300	4	330	18 000	4×5 480	5 400	3.75	425
燃烧工程公司	1 300	2	600	2 330	4×6875	6 200	4.8	720
西屋公司、法玛通公司	1 500	4						

1. 回路压力

根据卡诺定律，反应堆堆芯出口温度越高，核电厂的热效率越高。然而水的压力为20 MPa时，对应饱和温度为365.7 ℃，现代压水堆一回路的压力为15.5 MPa，对应饱和温度为344.7 ℃，二者压力提高4.5 MPa，饱和温度提高了21 ℃，对核电厂管道、压力容器的承压能力、材料的加工、制造技术提出了严格要求，但对核电厂热效率的提高收益不大。统合考虑核电厂经济效率、管道承压等因素，一般压水堆核电厂的一回路工作压力范围为14.7～15.7 MPa。设计压力取1.10～1.25倍工作压力；冷态水压试验压力取1.25倍设计压力。

2. 回路温度

核电厂一回路冷却剂的平均温度可用下列公式计算：

$$T_{av}=\frac{t_{out}+t_{in}}{2} \tag{3.3}$$

式中：T_{av}——堆芯冷却剂平均温度，单位：℃；

t_{out}、t_{in}——堆芯冷却剂出口和入口温度，单位：℃。

一回路冷却剂出口温度越高，电厂热效率越高，但冷却剂出口温度的确定应考虑以下因素：

1) 燃料包壳温度限制。燃料包壳材料要受到抗高温腐蚀性能的限制。

2) 传热温差的要求。为了保证燃料元件表面与冷却剂之间传热的要求，燃料表面与冷却剂间应有足够的温差。冷却剂温度至少要比包壳温度低10～15 ℃，以保证正常的热交换。

3) 冷却剂过冷度要求。为保证流动的稳定性和有效传热，冷却剂应具有20 ℃左右的过冷度。

因此，对于一定的工作压力，反应堆冷却剂的堆出口温度变化余地很小。如大亚湾核电厂一回路压力为15.5 MPa，其堆出口冷却剂平均温度为329.8 ℃。

3. 一回路冷却剂流量

根据公式(3.1)压水堆核电厂一回路冷却剂质量流量可用下式计算：

$$q_m=\frac{c_p(t_{\text{out}}-t_{\text{in}})}{p_t} \tag{3.4}$$

在核电厂功率、出口温度、入口温度和定压比热容为确定值的情况下，一回路冷却剂的质量流量也为确定值。目前大多数压水堆核电厂一回路工作参数如表 3.2 所示。

表 3.2　典型压水堆核电厂一回路工作参数

项　目	参　数	项　目	参　数
压力	15.5 MPa	单环电功率	300 MW
进口温度	280～300 ℃	单环冷却剂流量	15 000～24 000 t/h
出口温度	310～330 ℃	主管道冷却剂流速	15 m/s
进出口温升	30～40 ℃	一回路系统总阻力	0.6～0.8 MPa
冷却剂平均温度变化范围	17～25 ℃		

3.1.4　系统的布置

反应堆冷却系统的所有设备、阀门及管道全部安装在安全壳内。系统设备和管道的布置如图 3.4 所示。在主泵失去电源情况下，要保证维持足够的冷却剂流量以排出反应堆衰变热，蒸汽发生器的位置高于反应堆压力容器，以在冷却剂中建立和保持流量的驱动压头，建立自然循环。自然循环流量仅够排出停堆后的衰变热，不能用于功率运行。

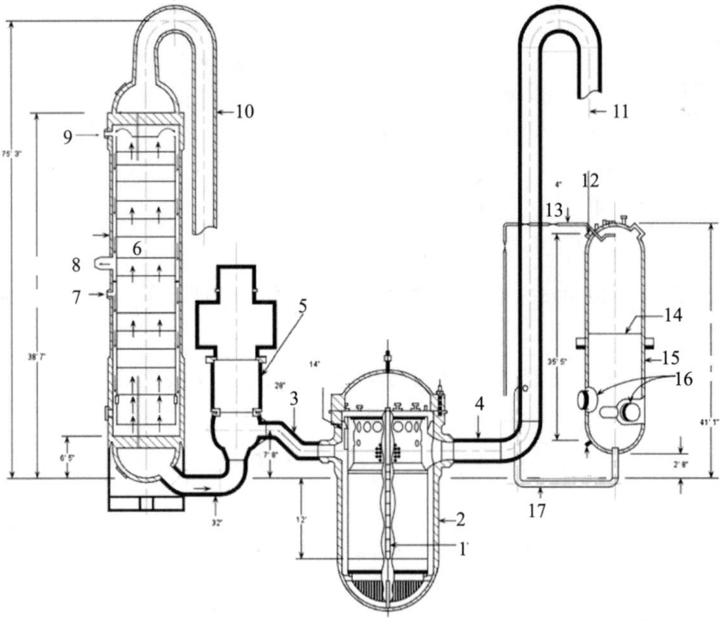

图 3.4　压水堆一回路系统设备的布置与标高

1—核燃料；2—反应堆压力容器；3—冷管端；4—热管端；5—反应堆冷却剂泵；6—直流式蒸汽发生器；7—主给水入口；8—蒸汽出口；9—辅助给水入口；10—热管端(冷却剂入口)；11—去蒸汽发生器；12—上部水位传感器；13—喷淋管线；14—正常水位；15—稳压器；16—电加热棒；17—下部水位传感器

3.1.5　系统参数的测量

1. 温度的测量

反应堆冷却剂温度信号分两类：一类用于指示，由装在套管内的宽量程电阻温度计监测，套管伸入冷却剂管道内；另一类用于有关控制和保护系统，由装在冷却剂旁路管上的窄量程直接浸入式电阻温度计监测。

(1) 宽量程温度测量

每条一路热管段和冷管段各装有一个宽量程电阻温度计，伸入冷却剂管道内，不与冷却剂直接接触，冷却剂温度的变化须通过套管传递，有一定时间延迟。此类温度计用于监测启动和停堆瞬态期间或反应堆冷却剂主泵停运期间的温度变化，测量范围为0～350 ℃。

(2) 窄量程温度测量

反应堆控制和保护系统的温度测量要求精确、响应快。采用浸入式窄量程温度计，此精密仪表不能直接插入一回路主管道的高速流体中，因而在每条环路设置了温度测量旁路管线，如图 3.5 所示。

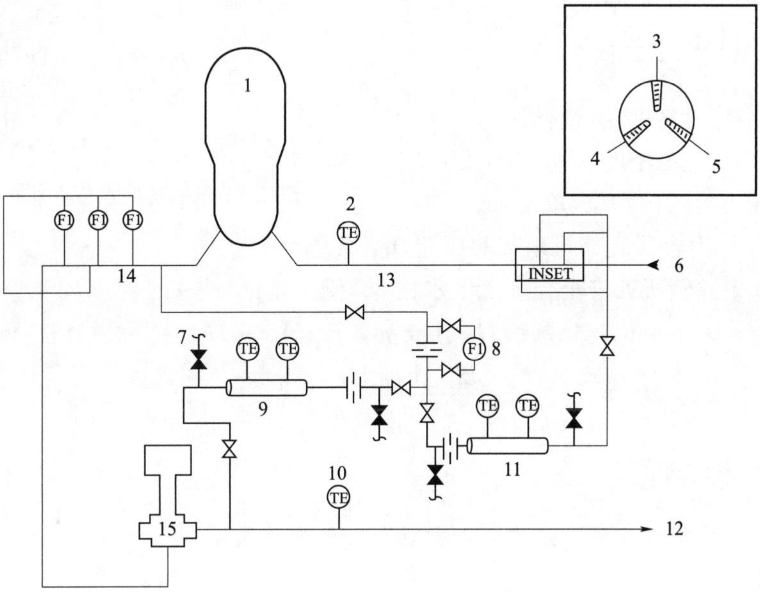

图 3.5　冷却剂环路温度测量和流量测量

1—蒸汽发生器；2—宽量程温度计；3—到(宽窄)混合量程温度计；4—到混合量程温度计；5—到混合量程温度计；6—接反应堆压力容器出口；7—下泄管；8—旁路流量测量；9—冷管端宽窄量程温度计；10—宽量程温度计；11—热管端宽窄量程温度计；12—接反应堆压力容器入口；13—热管端；14—冷管端；15—冷却剂泵

2. 流量的测量

每个环路蒸汽发生器出口弯管处的管道上设置了三个测量流量的压差变送器如图 3.5 所示。由于向心力作用，流体管道外径与内径存在压差 Δp。压差与流量 q 成正比，即：$\Delta p \propto q$。通过测量弯管处压差就可推算出冷却剂流量。

3. 压力的测量

稳压器通过波动管与一回路冷却剂相连，稳压器内压力等于一回路冷却剂压力。压力测量通过压力传感器来实现。宽量器压力传感器的测量范围为 0～20.0 MPa，在一回路启动和停堆阶段，用来指导运行人员对反应堆压力的控制。窄量程压力传感器的测量范围为 11.0～18.0 MPa，在稳压器建立汽腔之后，用于产生相应的调节和保护信号。

4. 反应堆压力容器水位的测量

在正常运行工况下，PWR 反应堆压力容器与一回路冷却剂管道均充满水，稳压器是一回路中唯一汽液两相共存的设备，稳压器上部蒸汽空间的水位就等于一回路冷却剂的水位。水位由稳压器水位测量器完成。

压力容器中水位的测量原理如图 3.6 所示。

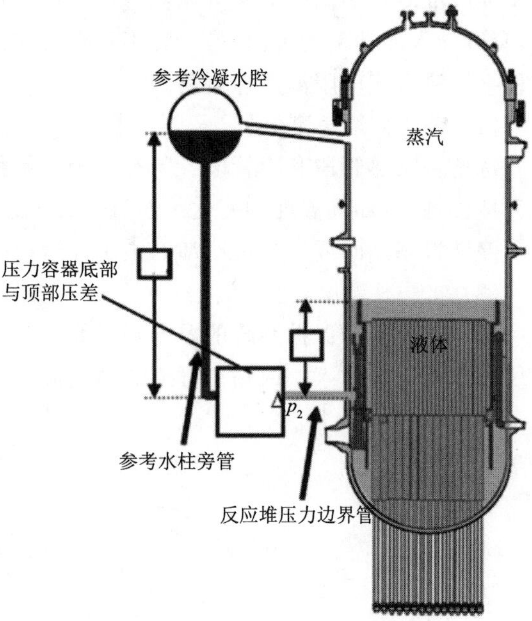

图 3.6 压力容器水位测量原理

压力容器中压差与水位关系可用下面两个公式表示：

$$\Delta p_2 = H\rho_v g + h(\rho_l - \rho_v) \quad (3.5)$$

$$h = \frac{\Delta p_2 - H\rho_v g}{(\rho_l - \rho_v)g} \quad (3.6)$$

式中：H——容器总高度，单位：m；

ρ_l、ρ_v——汽液的密度，单位：kg/m³；

h——压力容器内水位，单位：m；

Δp_2——压力容器底部与顶部的压差，单位：Pa。

设图 3.6 中立管所处安全壳环境下水柱 ρ_1'，侧压差：

$$\Delta p_1 = H\rho_v g + h(\rho_l - \rho_v) - \rho_1' Hg \quad (3.7)$$

$$h = \frac{\Delta p_1 + \rho_l' Hg - H\rho_v g}{(\rho_l - \rho_v)} \quad (3.8)$$

3.1.6 系统特性

系统的特性是指反应堆系统主要参数随负荷的变化关系。

1. 正常运行

压水堆核电厂一回路最佳稳态运行状态相当于电厂以工基本负荷运行，正常瞬态运行相当于负荷跟踪过程中的功率变化。

典型 1 000 MW 核电厂的系统主要特性如下：

1）系统压力保持在 15.5 MPa；

2）反应堆冷却剂平均温度在 291.4～310 ℃；

3）根据负荷的不同，稳压器水位在 20%～64%之间。

2. 回路温度的选择

反应堆输出功率与一回路冷、热管端的温度可用方程(3.1)表示：$p_t = q_m c_p (t_{out} - t_{in})$。

一般而言，一回路系统的质量流量 q_m、比定压热容 c_p 可看成常数，输出功率与一回路的热管、冷管端的温差成正比。

对于蒸汽发生器，一、二次侧传热方程可用下式表示：

$$p=KA(T_{av}-T_s) \tag{3.9}$$

式中：K——二次侧间的传热系数，单位 W/(m^2·℃)或 W/(m^2·K)；

A——二次侧间传热面积，单位 m^2；

T_{av}——反应堆冷却剂平均温度，℃或 K；

T_s——蒸汽发生器二次侧饱和温度，℃或 K。

传热面积 K、传热面积 A 近似看作常数，二回路吸收功率与 $T_{av}-T_s$ 成函数关系。因此，核电厂出现了 1) 反应堆冷却剂平均温度 T_{av} 恒定不变，2) 二回路蒸汽温度 T_s 恒定的两种最基本稳态运行方式。

1) 若反应堆冷却剂平均温度 T_{av} 恒定不变，则负荷 P 增加，二回路蒸汽温度 T_s 下降。此核电厂稳态运行方案中，反应堆冷却剂体积变化较小，稳压器容积变化小，功率变化废水量小，反应性补偿小，但二回路蒸汽温度随负荷增加下降过大，减小了热力循环效率。

2) 若二回路蒸汽温度 T_s 恒定不变，则负荷 P 增加，反应堆冷却剂平均温度 T_{av} 升高；提高了核电厂的热效率，但体积变化大，一回路水容积补偿增加，废水量增多。

为了弥补上述核核电厂稳压运行方案的缺点，核电厂采用了折中运行方案，即反应冷管端 t_{in} 温度不变，反应堆冷却剂平均温度 T_{av} 随负荷增加而上升，上升到适当程度，蒸汽温度 T_s 随随负荷 p 增加而减小，与方案(2)相比，蒸汽温度下降幅度小得多。

3.2　压水反应堆堆本体

压水反应堆堆本体主要包括核反应堆堆芯、压力容器、控制棒驱动机构。

3.2.1　核反应堆堆芯

堆芯又称活性区，是压水反应堆的心脏，位于压水反应堆中心偏下方的位置。可控链式裂变反应就在堆芯进行。压水堆核电厂的堆芯结构如图 3.7 所示。堆芯由上百组长方体或六棱柱燃料组件组成。燃料组件按一定的间距垂直布置在堆芯下板上，使组成的堆芯近似成圆柱形，如图 3.8 所示。

大亚湾核电厂堆芯由 157 个尺寸相同、截面积为正方形的燃料组件排列而成，高 3.65 m，等效直径 3.04 m。为了展平堆芯的中子通量分布，提高堆芯平均功率密度，避免堆芯出现热点因子，提高燃耗，提高燃料的利用率，将堆芯分成三个燃料浓集度不同的区，在堆芯外区放置浓集度较高的燃料组件，浓集度较低的燃料组件以棋盘的形式排列在堆芯的内区。1 区 53 个组件，浓集度为 1.8%；2 区 52 个组件，浓集度为 2.4%；3 区 52 个组件，浓集度为 3.1%。通常每年进行一次换料，每次换料更换 1/3 燃料组件，达到平衡换料时新燃料的浓集度为 3.2%。

反应堆冷却剂从压力容器上部的进口接管进入，先沿堆芯吊篮与压力容器内壁之间的环状间隙向下流，冷却吊篮、热屏蔽层和压力容器，到达压力容器底部后，改变方向向上流经堆芯，带走活性区核裂变反应产生的热量，高温的冷却剂从村力容器的出口接管流出堆外，在蒸汽发生器内将二回路中的水加热成蒸汽。

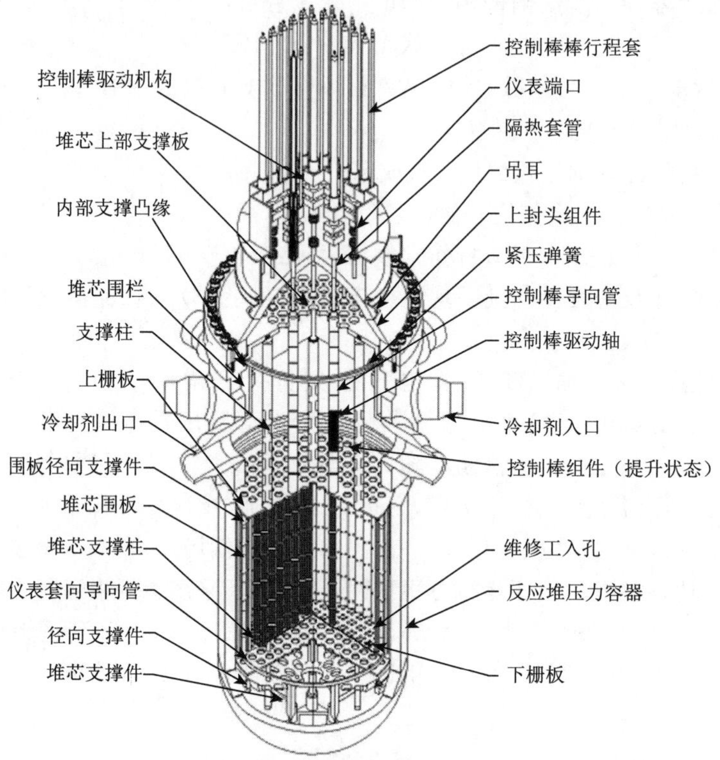

图 3.7　典型(四环路)压水堆剖面图

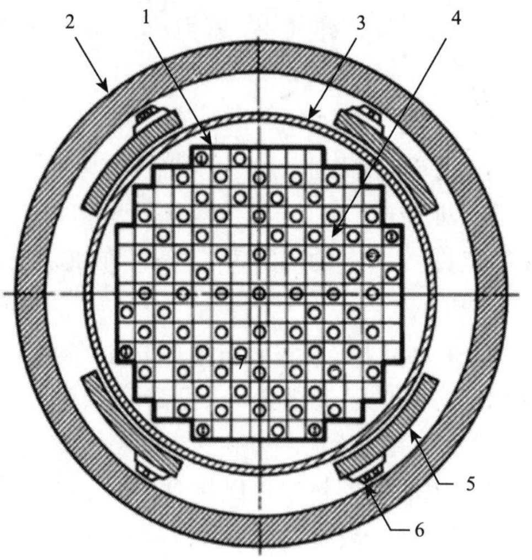

图 3.8　堆芯径向布置图

1—堆芯围板；2—反应堆压力容器；3—堆芯筒；4—核燃料组件；
5—中子屏蔽层；6—辐射样品导向管；7—控制棒导向管通道

1. 燃料组件

燃料组件是压水堆的堆芯重要部件，主要分为长方体和六棱柱两种排列方式，如图 3.9

和图 3.10 所示。从 20 世纪 60 年代末开始，压水堆普遍采用了无盒、带棒束型控制棒组件的燃料组件，采用这种燃料组件减少了堆芯结构材料，冷却剂充分交混，增强燃料棒表面的冷却。

图 3.9 六棱柱燃料

图 3.10 长方体燃料组件

长方体燃料组件有 14×14、15×15、16×16、17×17、等几种规格。现代压水堆核电厂中 17×17 燃料组件由燃料棒、上管座、下管座、弹性定位格架、控制棒导向管、中子注量率测量管等组成，如图 3.11 所示。每个燃料组件有 289 个棒位，其中 264 个棒位放置燃料元件、24 个位置放放置控制棒(可燃毒物)的导向管，1 个棒位放置中子注量率测量管，在一个燃料元件长度上有 8 个弹性定位栅架。控制棒导向管组件结构如图 3.12 所示。

(1) 燃料元件棒

燃料元件棒由燃料芯块、燃料包壳、压紧弹簧、上端塞、下端塞等部件组成，如图 3.13 所示。每根 17×17 燃料元件棒中装有 271 块燃料芯块，芯块叠放在厚度为 0.57 mm 的包壳中；上下端布置氧化铝隔热层，顶部弹簧压紧，两端用锆合金封堵，与包壳管焊封在一起；棒长 3 852 mm、外径 9.5 mm、活性区长度 3 657.6 mm。燃料元件包壳内充有 2.0 MPa 的氦气，以减小燃料元件放入 15.5 MPa 冷却剂中后对包壳形成的压力。

燃料芯块由低富集度的二氧化铀粉末经冷压，在 1 700 ℃高温下烧结成回柱形陶瓷体，直径为 8.19 mm，高 13.5 mm，燃料芯块最高工作温度 1 204 ℃，低于二氧化铀设计熔点 2 590 ℃。

燃料包壳容纳燃料芯块，将燃料与冷却剂隔开，并包容裂变气体，是防止放射性物质向外释放的第一道屏障。包壳材料用 M5 合金，其主要成分为锆-4，含 Nb－0.8%～1.2%，O－0.9%～1.6%，Fe，Cr，S 等杂质。锆具有热中子吸收截面小，机械性能良好，熔点高(1 800 ℃)，对氘防穿透性强的特点。锆温度达到 800 ℃将与水发生反应释放出氢气，其反应方程式如下：

$$Zr + 2H_2O \longrightarrow ZrO_2 + 2H_2\uparrow$$

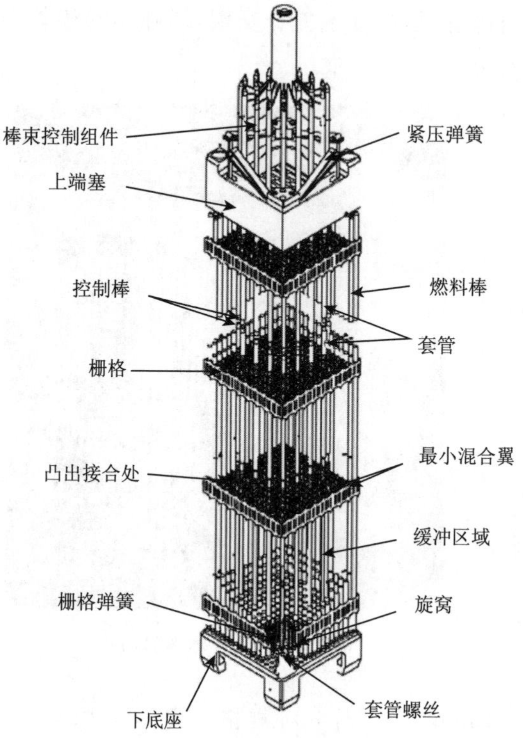

图 3.11　17×17 燃料组件与燃料元件

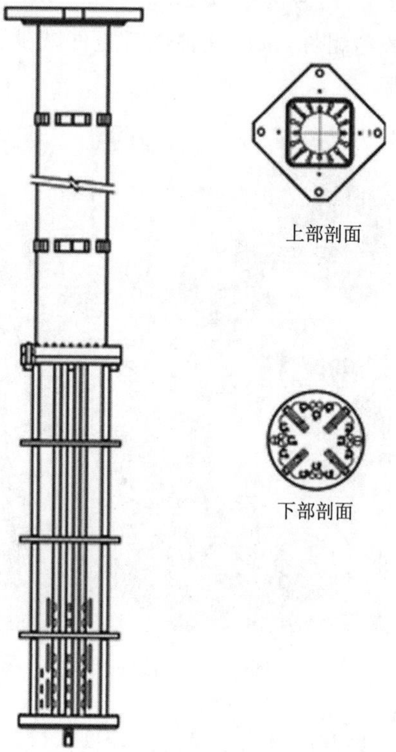

图 3.12　控制棒导向管组件

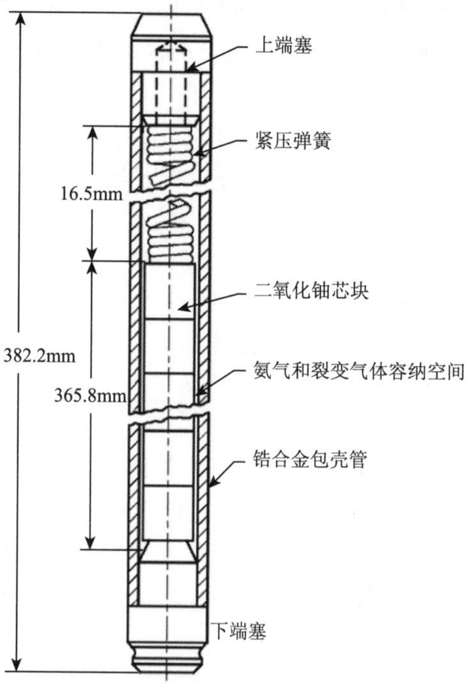

图 3.13　燃料元件棒剖面图

(2) 燃料组件骨架

定位格架是支撑燃料元件棒，确保燃料元件径向定位，加强燃料元件棒刚性的一种弹力构件；由锆-4 合金的条带相互插配经钎焊而组成 17×17 栅格，如图 3.14 所示。

上、下管座是核燃料组件骨架结构和顶部和底部连接构件。上管座由上孔板、侧板、顶板、4 个板式弹簧和相配的零件所组成。如图 3.15、图 3.16 和图 3.17 所示。上管座是燃料组件的上部构件，上管座的紧压弹簧可以使上栅板将燃料组件压紧。下管座在对燃料棒进行固定，承担组件重量和施加到组件上的轴向载荷的同时，也对进入组件的冷却剂起流量分配作用。

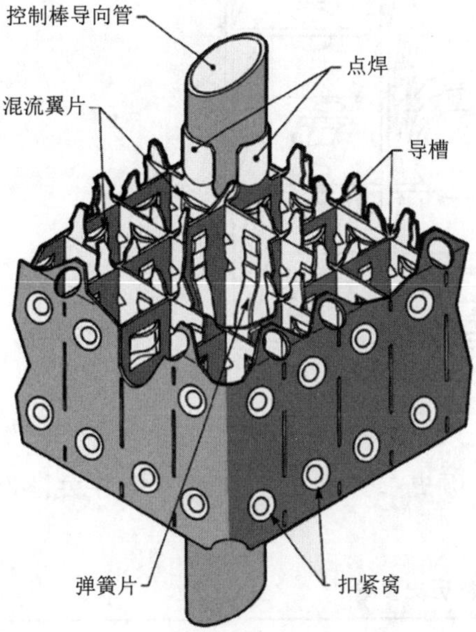

图 3.14　AFA2G 燃料组件定位格架部分

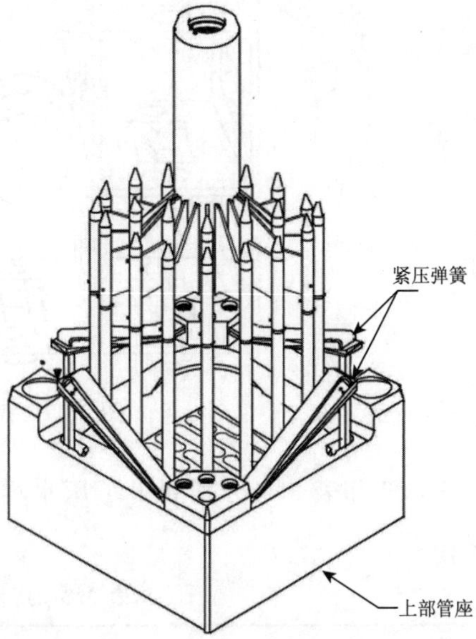

图 3.15　燃料组件上管座

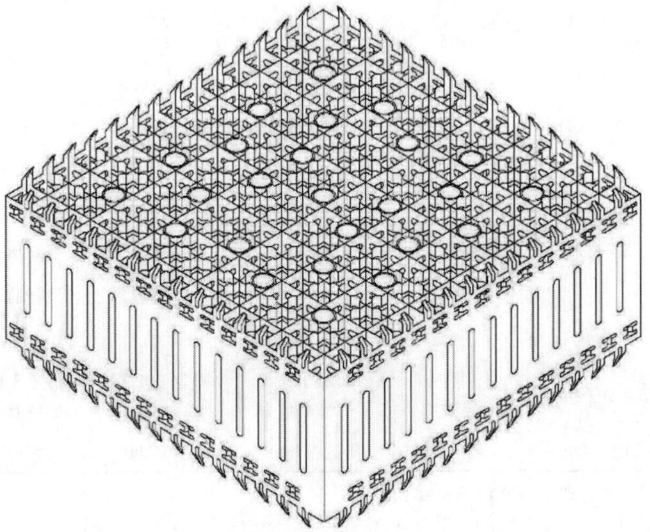

图 3.16　燃料组件下管座

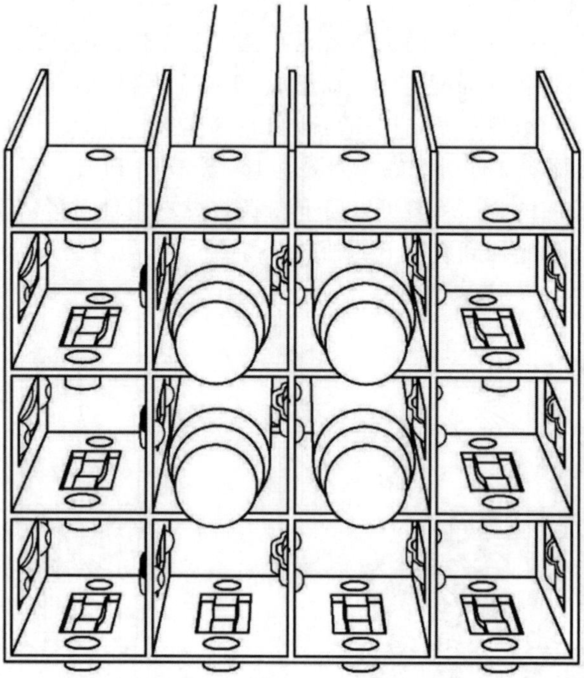

图 3.17　燃料组件弹簧坚固格架

表 3.3 和表 3.4 分别列出了压水堆燃料组件历史参数和压水堆燃料组件关键设计参数。

表 3.3　压水堆燃料组件历史参数

项　目	第一代	第二代	第三代	第四代	第五代	第六代
时　期	20 世纪 60 年代	20 世纪 60 年代	20 世纪 60 年代	20 世纪 70 年代	20 世纪 70～80 年代	20 世纪 90 年代
芯块烧结密度/%TD	93	96	93	93	95	93
包壳直径/mm	约 7.5	约 9.8	约 9.8	9.4～9.8	8.0～8.2	8.0～8.2
包壳材料	348 不锈钢	304 不锈钢	304 不锈钢	锆-4	锆-4	新锆合金
包壳厚度/ft	0.5	0.4	0.4	0.6	0.6	0.6
控制棒	十字形	十字形	RCC *	RCC	RCC	RCC
组件	戒尺状	网格状	网格状	网格状	网格状	网格状
栅格材料		SS	因科镍	因科镍	因科镍或锆-4	锆-4 或混合物
填充类型	无盒	有盒	无盒	无盒	无盒	无盒
排列方式	3×3 子组件	盒内 固定格	固定于栅格 与导向嵌环	固定于栅格 与导向嵌环	固定于栅格 与导向嵌环	固定于栅格 与导向嵌环
高度/mm	约 3 800	约 3 200	约 3 500	约 3 500	约 4 000	约 4 000

注：TD (theory density)为理论密度；1 ft=304.8 mm。

表 3.4 压水堆燃料的关键设计参数

项　目	西屋公司 17×17 FA	瑞典 Asea 布朗·鲍维尔公司(ABB)与美国燃烧工程公司(eE)联合公司 16×16 FA
燃料组件的长度/mm	4 063	4 527
燃料组件的宽度/mm	214	207
栅格的编号与材料	#:8 顶/底:铬镍铁合金 Mid:Zry-4	#:11 底:铬镍铁合金 Top&Mid:Zry-4
中间流体混合器的编号与材料	#:3,:Zry-4	Not Applicable
导管的编号与材料	#:24,材料:Zry-4	#:4,材料:Zry-4
仪表管的编号与材料	#:1,材料:Zry-4	#:1,材料:Zry-4
顶部喷嘴弹簧的标号与材料	#:4,类型:钢板弹簧	#:4,类型:螺旋弹簧
燃料棒间隔/mm	12.60	12.85
燃料棒的数量	264	236
燃料棒的长度/mm	3 860	4 093
芯块堆的长度/mm	3 658	3 810
芯块堆的外圆直径/mm	8.19	8.26
芯块长度/mm	9.83	9.91
芯块密度/%TD	95	95
金属保护层内/外直径/mm	8.36/9.50	8.43/9.70

2. 堆内支撑构件

堆内构件在反应压力窗口内支撑和固定堆芯组件,分为堆芯下部支撑构件和堆芯下部支撑构件。堆内构件主要功能:支撑和固定堆芯组件,将堆芯重量传递给法兰;确保控制棒驱动线居中,为控制棒运动导向;构成冷却剂流量通道,合理分配堆芯冷却剂流量;为压力容器提供热屏蔽,减少中子和 γ 射线的照射。

(1) 堆芯下部支撑构件

堆芯下部构件是堆芯的主要包容件,主要由堆芯吊篮、堆芯围板、堆芯支撑板、堆芯下栅格板、热屏蔽层、流量分配孔板。堆芯下部构件如图 3.18 所示。压水反应堆仪表导向管布置在堆芯底部,仪表导向管和堆芯下部二次支撑组件结构如图 3.19 所示。

(2) 堆芯上部支撑构件

堆芯上部支撑构件由堆芯上栅格板、导向管支撑板、堆芯上部支撑、支撑柱、热电偶、压紧弹簧、控制棒束导向管组件等组成,如图 3.20 和图 3.21 所示。堆芯上部支撑构件主要作用是燃料组件提供上剖定位,为控制棒提供导向。

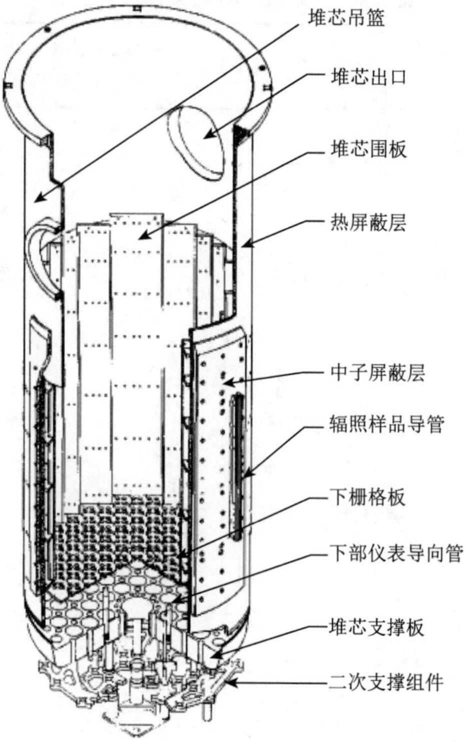

图 3.18 堆芯下部支撑构件

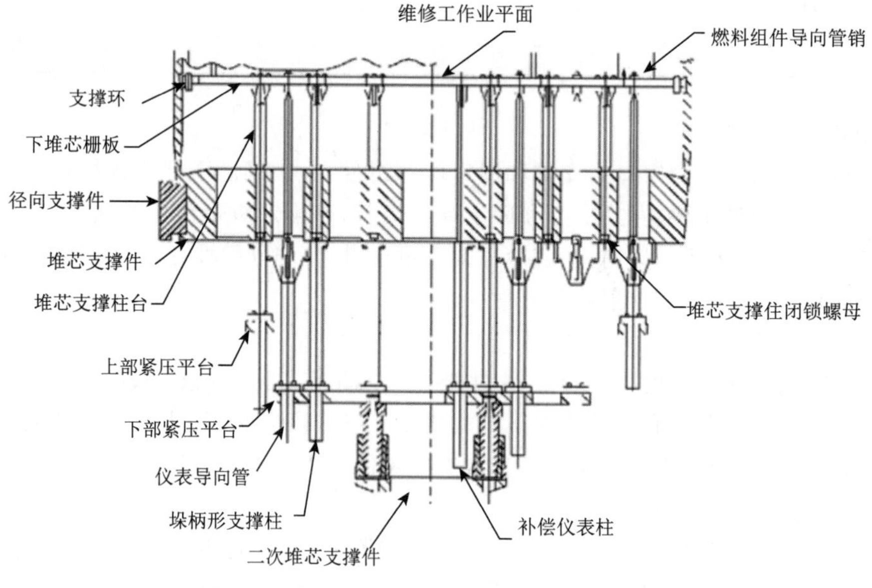

图 3.19 仪表导向管和堆芯下部二次支撑组件

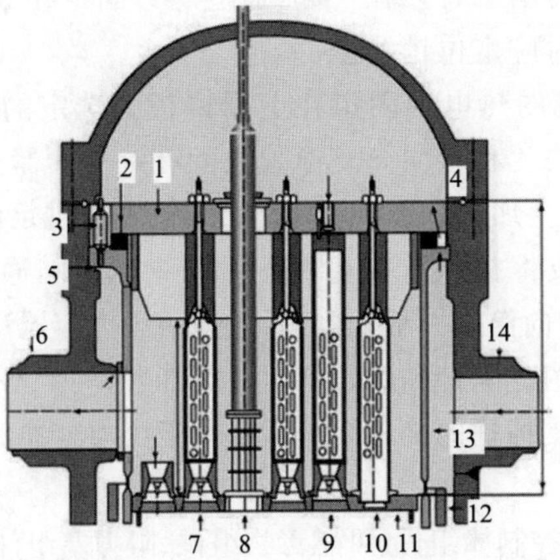

图 3.20　堆芯上部支撑构件

1—导向管支撑板；2—压紧弹簧；3—定位销；4—"O"形密封环；5—吊篮支撑凸台；6—热端出口；7～10—支撑筒；11—堆芯围板；12—热屏蔽层；13—吊篮；14—冷管端

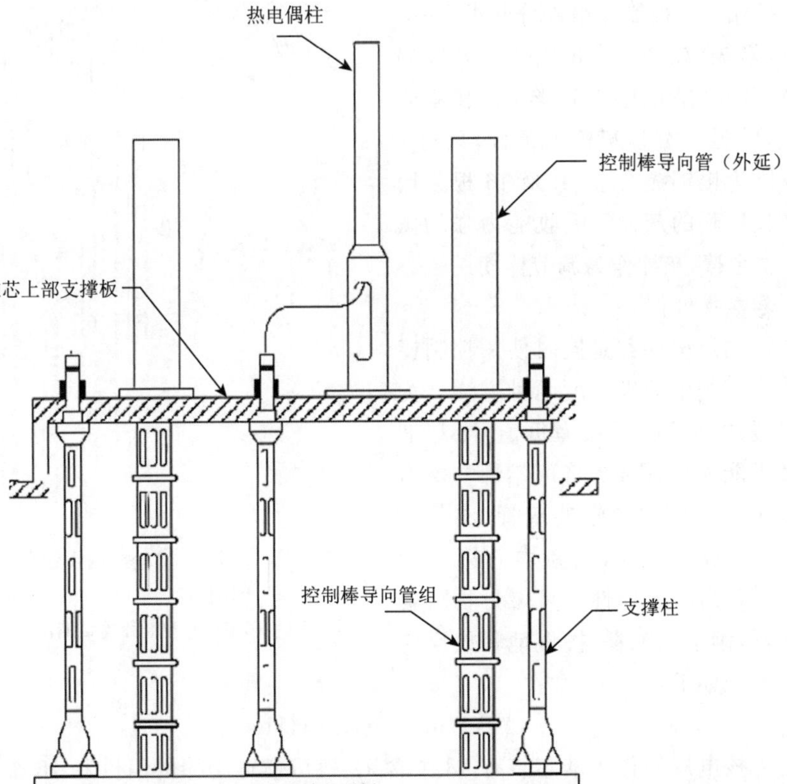

图 3.21　上部堆芯支撑结构

堆芯上部支撑筒子连接堆芯上栅板和导向管支撑板，使两者平行，堆芯上部支撑筒在堆芯出口高度为冷却剂提供通道，控制棒束导向管为控制棒束在堆芯运动提供定位和导向。

控制棒上部和下部导向管与法兰背靠在一起，通过螺钉固定在导向筒支撑板上，底部两个定位销插在堆芯上栅格板的对应定位销孔上。

40 个由铬镍-铝镍组成的热电偶固定在上栅格板上选定的燃料组件出口处，用于测量堆芯出口温度。堆芯吊篮法兰和导向筒支撑板之间有一个压紧弹簧。压紧弹簧是一个不锈钢圆环，主要作用是补偿法兰加工误差，为堆内下部构件提供足够的压紧力。

40 根支撑柱所导向筒支撑板和堆芯上栅格连成一个整体，通过支撑柱将冷却剂的上冲载荷由堆芯上栅格板传递到导向筒支撑板上，然后传递给压力容器法兰。支撑柱为中空结构，周边有水孔，可作为冷却剂通道。除外围的燃料组件以处，每一个不带控制棒的燃料组件位置上都有一个支撑柱，上面没有支撑柱的确燃料组件则位于压力容器的出口接管。

3. 堆芯功能组件

堆芯功能组件主要包括控制棒组件、可燃毒物组件、阻力塞组件、初级次级中子源组件。

(1) 控制棒组件

大约 1/3 的燃料组件的控制棒导向管布置控制棒组件。控制棒组件如图 3.22 所示。控制棒束顶端固定在一个枝状星形架上，控制棒与枝状接头相连。控制棒组件分两类：一类由 24 根含银铟镉(Ag 80%，In 15%，Cd 5%)合金材料吸收剂的棒束组成，这类控制棒束叫作黑棒束组件；另一类是灰棒束组件，只有 8 根棒的吸收体为银铟镉合金，其余 16 根为用不锈钢做吸收材料的灰棒。吸收能力强的黑棒组件用作安全棒，灰棒作为调节棒使用。

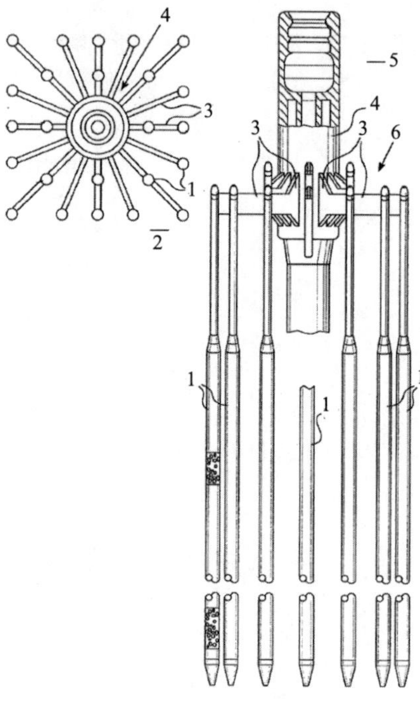

图 3.22 控制棒组件

1—控制棒；2—星形架；3—径向锚爪；4—圆桶；5—控制棒连接柄；6—星形架

(2) 可燃毒物组件

压水堆控制反应性都是同时使用控制棒组件和改变冷却剂中的硼浓度两种方法。为了保证需要慢化剂温度系数为负值，冷却剂中硼浓度又不能太高，因此，将可燃毒物棒由装在不锈钢包壳管中的含硼玻璃管(成分为 $B_2O_3+SiO_2$)组成，用于抵消新堆芯第一次装料大部分过剩后备反应性。可燃毒物随着反应堆的运行，渐渐被消耗，慢慢地释放反应性。其反应方程如下：

$$^{10}_{5}B+^{1}_{0}n \longrightarrow ^{7}_{3}Li+^{4}_{2}He$$

如大亚湾核电厂的首次堆芯装有 48 个含 12 根可燃毒物棒的组件和 18 个含 16 根可燃毒物棒的组件。加上两个初级中子源棒组件中的 32 根，共有 68 个含 896 根可燃毒物棒的组件，这些可燃毒物棒在第一次换料时全部卸出，换上阻力塞组件。湿环状可燃毒物吸收体的结构如图 3.23 所示。

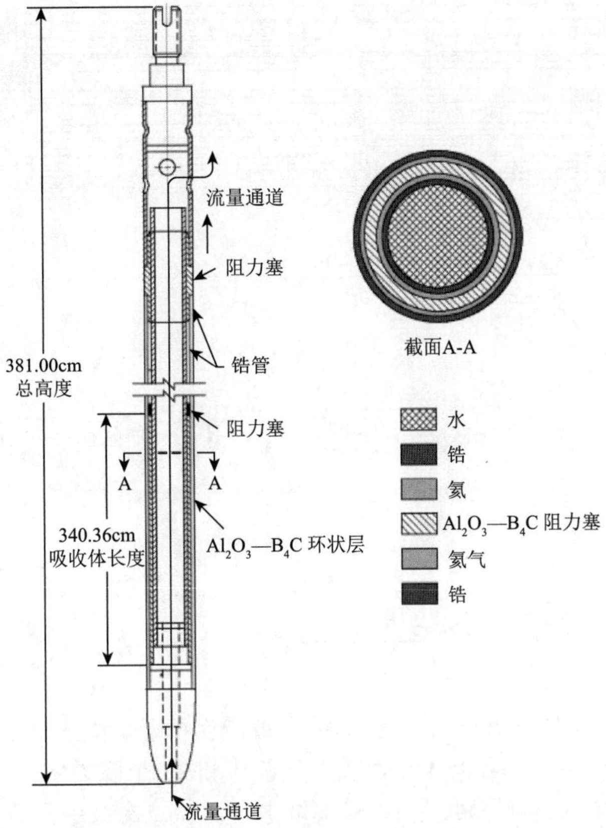

图 3.23　湿环状可燃毒物吸收体结构

(3) 阻力塞组件

阻力塞是下端呈子弹头形的短不锈钢棒，用于封闭不带有控制棒组件、可燃毒物或中子源的燃料组件中的控制棒导向管，以便减少冷却剂的旁路。可燃毒物组件和中子源组件都包含有阻力塞，而阻力塞组件中全部 24 根棒都是阻力塞。大亚湾核电厂首次装料含有 38 个阻力塞组件。

(4) 初级中子源棒组件

初级中子源棒组件为监督初始堆芯装料和反应堆启动提供所需的中子源。自发裂变中子源^{252}Cf 强度可达 2.3×10^{12} n/(s·g)，半衰期为 2.54a，可满足核电厂第一燃料循环运行周期(1.0a 或 1.5a)的要求，因此，被广泛用作为初级中子源。大亚湾核电厂首次装料有 2 个初级中子源棒组件，每个组件所含的 24 根棒中，有 1 根初级中子源棒、1 根次级中子源棒、16 根可燃毒物棒和 6 个阻力塞。初级中子源棒组件结构如图 3.24 所示。

(5) 次级中子源棒组件

次级中子源棒组件用于反应堆满功率运行两个月后的反应堆停堆后再启动。次级中子源由叠放在一根不锈钢管中的锑-铍(Sb-Be)芯块组成。锑-铍(γ,n)反应方程如下：

$$^{123}_{51}Sb+^{1}_{0}n\longrightarrow^{124}_{51}Sb$$

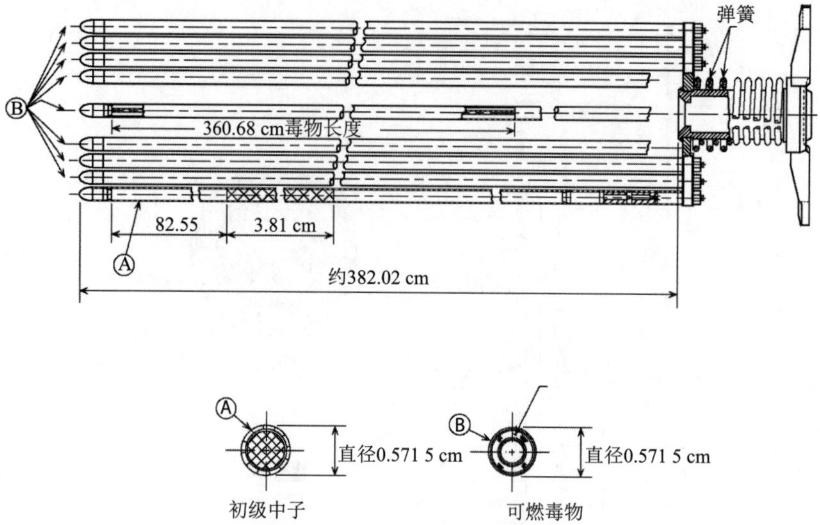

图 3.24 初级中子源组件

$$^{124}_{51}\mathrm{Sb}\xrightarrow{T_{\frac{1}{2}}=60\text{天}}{}^{124}_{52}\mathrm{Te}+{}^{4}_{2}\mathrm{He}+\gamma$$

$$\gamma+{}^{9}_{4}\mathrm{Be}\longrightarrow{}^{8}_{4}\mathrm{Be}+{}^{1}_{0}\mathrm{n}$$

锑在堆内吸收中子活化后放出 γ 射线，轰击铍产生中子。大亚湾核电厂首次装料中有 2 个次级中子源棒组件，它们各有 4 根次级中子源棒和 20 个阻力塞，加上 2 个初级中子源棒组件中的 2 根次级中子源棒，共有 10 根次级中子源棒。次级中子源组件结构如图 3.25 所示。次级中子源棒在换料时保留在堆芯中。表 3.5 给出了大亚湾核电厂首次装料堆芯的相关组件种类及数量。

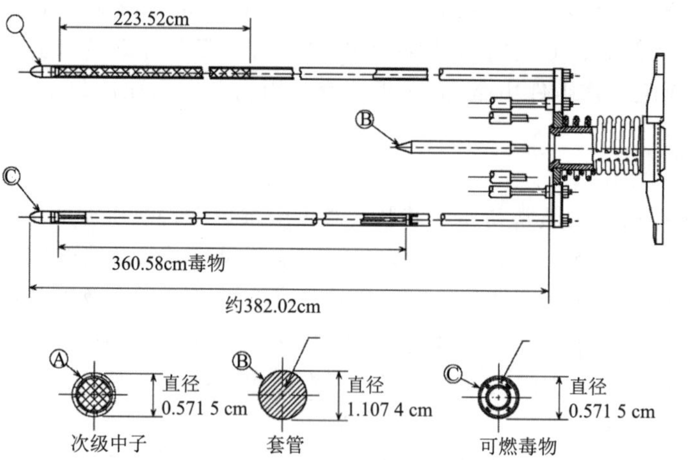

图 3.25 次级中子源组件

表 3.5　大亚湾核电厂首次装料堆芯的相关组件种类及数量

组件名称	组件的部件				组件数量
	可燃毒物棒	初级中子源棒	次级中子源棒	阻力塞	
16 根可燃毒物棒组件	16	0	0	8	18
12 根可燃毒物棒组件	12	0	0	12	48
初级中子源棒组件	16	1	1	6	2
次级中子源棒组件	0	0	1	20	2
阻力塞组件	0	0	0	24	38
首次装料堆芯的相关组件总数量					108

3.2.2　反应堆压力容器

1. 概述

压水反应堆压力容器是固定和包容堆芯、冷却剂、堆内构件的重要设备，与一回路管道共同构成阻止放射性物质外泄的第二道屏障。

反应堆压力容器工作在高温、高压、酸水介质环境、强辐射环境下，寿命一般为 40 年（第二代核电）或 60 年（第三代核电）。

压力容器由筒体组合件顶盖组合件（包括法兰环、接管段、筒身、堆芯围板、冷却剂入口、出口）、底封头和法兰密封结构组成。反应堆压力容器轴向和径向结构分别如图 3.26 和图 3.27 所示。

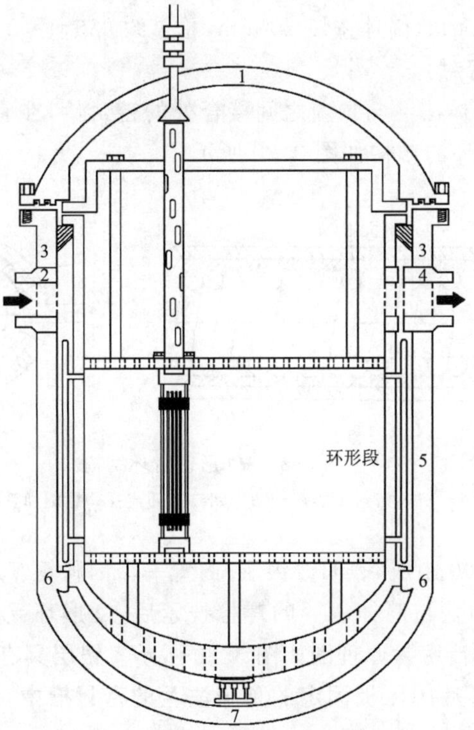

图 3.26　反应堆压力容器轴向结构

1—顶盖；2—进口管嘴；3—法兰；4—出口管嘴；5—环形段；6—导向装置；7—底封头

反应堆压力容器是一个底部为焊死的半球形封头，上部为法兰连接的半球形封头的圆柱形容器，容器上的每一个环路均有 1 个进口管嘴和出口管嘴与其冷热管段相接。进出口管嘴位于高出堆芯上平面约 1.4 m 的同一个水平面上。堆芯筒身法兰结构图如图 3.28 所示。

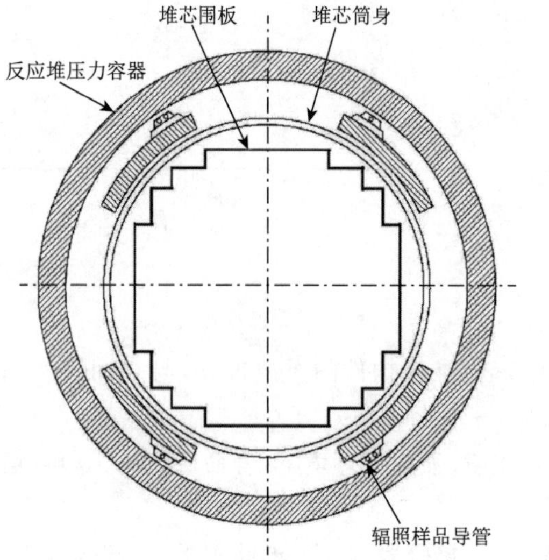

图 3.27　反应堆压力容器径向结构

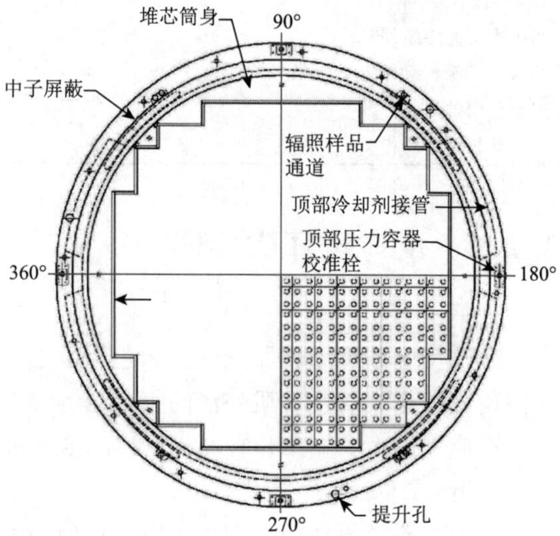

图 3.28　堆芯筒身法兰

反应堆压力容器本体材料属低碳钢，与冷却剂接触表面堆焊一层 5 mm 厚的不锈钢。压力容器高 13 m，内径 4 m，筒体壁厚 20 mm，总重约 330 t。

2. 压力容器顶盖密封

为保证压力容器筒体法兰与顶盖之间接合处的密封性，在它们之间装有两个因科镍制造的 O 形密封环，O 形环的结构如图 3.29 所示。

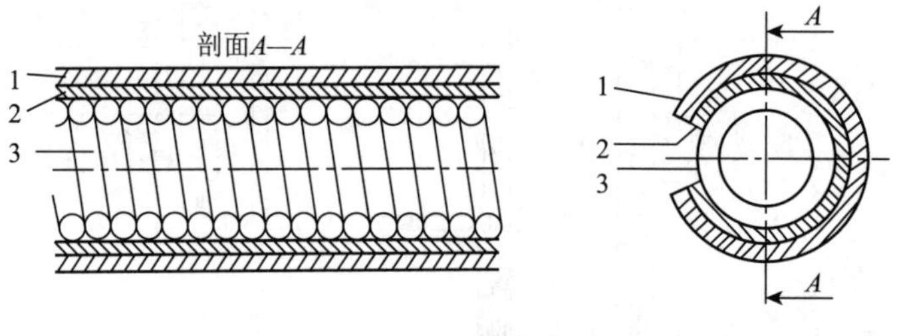

图 3.29　O 形密封环结构

1—密封⊃形环；2—中间⊃形环或；3—螺旋弹簧

O 形环由因科镍-600 制成，表面镀银层，内置一个因科镍-718 绕成的弹簧，环外侧沿周向开有细缝。在连接顶盖与筒体法兰的螺栓拧紧后，O 形环受压变形，从而达到密封的效果。压水反应堆压力容器密封原理图如图 3.30 所示。银层具有良好的弥合作用，弹簧提供了较好的回弹量。O 形环用压板固定的顶盖法兰的密封槽中，为一次性用品，只要打开顶盖就需要更换新的 O 形环。

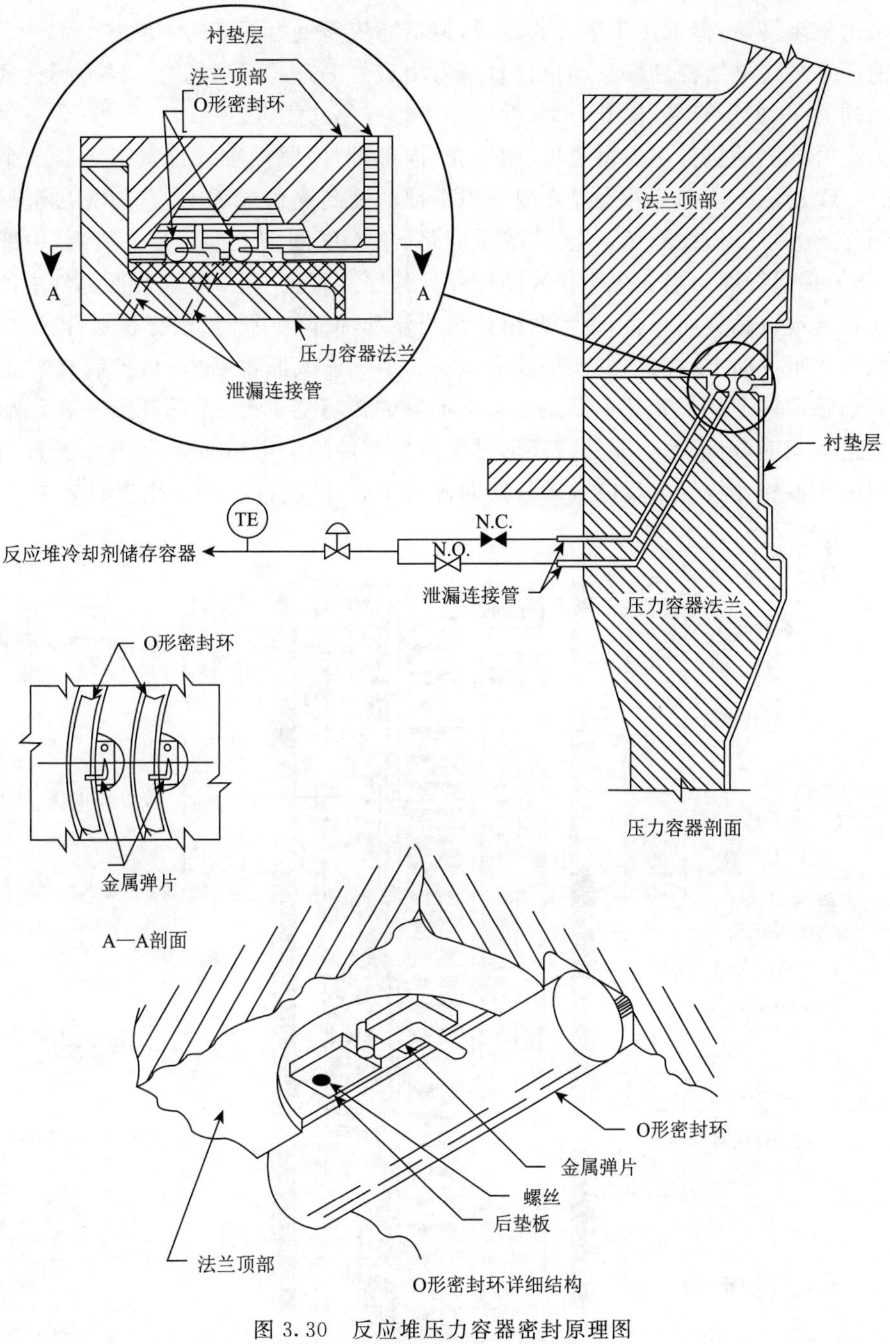

图 3.30　反应堆压力容器密封原理图

3.2.3　控制棒驱动机构

压水反应堆的控制棒驱动机构布置的堆芯压力容器顶盖。通过控制棒的动作带动控制棒组件在堆芯上下抽插，以实现反应堆的启动、功率调节、停堆过程中的反应性调节。控制棒驱动机构的传动形式主要有提升型、磁阻马达型、基他形式。压水反应堆长棒控制棒驱动机构多采用磁力提升型，能让控制棒的紧急情况下依靠重力插到堆芯。短棒控制棒驱动机构一般采用磁阻马达，棒采用步进方式运行，但不能依靠重力下落插入堆芯。

目前压水反应堆的控制棒驱动机构普遍采用磁力提升式驱动机构。磁力提升式驱动机构具有结构简单、加工容易、提升力大、拆装和维修方便的优点。

磁力提升式驱动机构主要由磁轭、耐压壳、内部部件、驱动轴及位置指示器 5 个部件组成，如图 3.31 所示。内部部件支撑在耐压壳下部的密封壳内端面上，它与套在密封壳外面的磁轭部件的 3 个工作线圈相对应，构成磁回路。3 个线圈中上部为提升线圈，中部为保持线圈，下部为传递线圈。当 3 个工作线圈按设计程序通直流电时，装在内部部件中的 3 对磁极和衔铁相应地被感应而吸合，带动两组钩爪与驱动轴部件中环形槽交替啮合，使驱动轴部件带动控制棒组件向上或向下一步一步移动。3 个工作线圈都断电时，控制棒靠重力插入堆芯。驱动轴部件上部上光杆上端是位置指示器的传感器部分，中部环形杆有环形槽与内部部件的钩爪相啮合，下部下光杆有环形槽与内部部件的钩爪相啮合，下部下光杆有可拆芯杆与控制棒组件相连接。在反应堆运行期间确保不脱开，其拆装由专用工具完成。控制棒

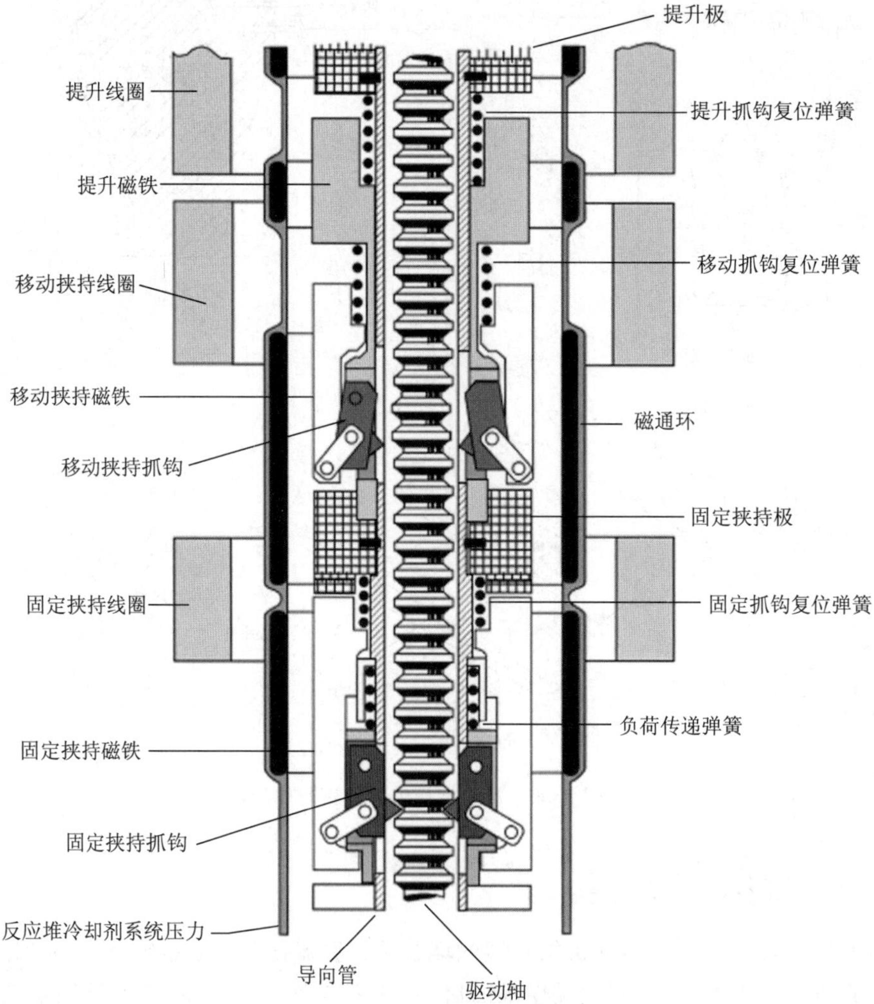

图 3.31 磁力提升式控制棒驱动器机构结构示意图

组件在反应堆内的轴向位置由套在位置指示内套管外面的位置指示器部件及其指示仪表指示。控制棒驱动机构布置在压力容器顶盖管座上，其驱动轴穿过顶盖伸进压力容器与控制棒组件的连接柄相连接。为了防止反应堆冷却剂泄漏，控制棒驱动机构的钢密封承压壳焊接在反应堆压力容器顶盖的底座上。驱动机构在承压壳外。密封壳与管座用螺纹连接并用“Ω”密封焊接。拆装时用专用的“Ω”切割机、焊接机进行。运行期间机构外部用空气冷却，耐压壳部件内充满一回路高温高压水，驱动机构的驱动轴在密封水内上下运动。

3.3　反应堆冷却剂泵

3.3.1　概述

反应堆冷却剂泵又称主泵。用于驱动反应堆内高温、高压冷却剂进行强迫流动，将堆芯裂变过程中产生的热量传递给蒸汽发生器。

目前压水堆核电厂主要有两种，一种冷却剂泵为屏蔽电机泵，另一种为立式单级离心泵，又称轴封泵。反应堆冷却剂泵是核电厂中的核安全级设备，需满足下列要求：

1）可靠性高，故障维修率小；

2）冷却剂泄漏量尽可能小；

3）转动部件具有较大的惰转惯量，能在断电情况下，维持反应堆具有一段时间的惰转流量，将堆芯热量排出；

5）具有耐高温硼酸水腐蚀性的能力；

6）便于维修。

3.3.2　轴封泵

1. 概述

压水反应堆轴封泵是空气冷却、立式、单级、离心泵，带有可控泄漏轴封装置；由水力机械部分、轴封组件和电机三部分组成，如图 3.32 所示；采用立式放置便于布置，减小反应堆厂房径向尺寸。轴封泵具有以下特点：

1）采用普通的鼠笼式感应电机，成本降低，效率提高，比屏蔽泵效率高10％～20％；

2）电机部分装一只很重的飞轮，提高了泵的惰转性能，从而提高了全厂断电事故时提出堆芯热量的能力；

3）轴密封技术可严格控制泄漏量；

4）维修方便，轴密封结构的更换仅需 10 h 左右；

1 000 MW 压水堆核电厂主泵的流量约为 24 000 m^3/h，转速为 1 500 r/min，热态功率为 6.6 MW，主要技术参数，如表 3.6 所示。

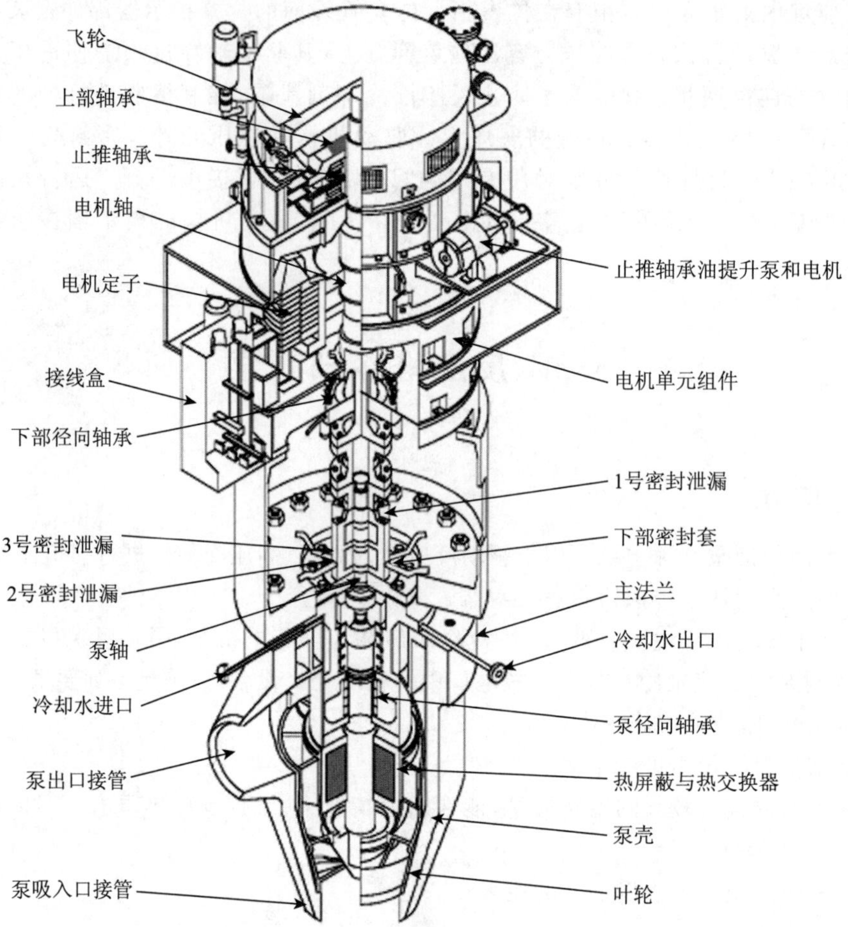

图 3.32　立式单级离心式轴封泵

表 3.6　1 000 MW 压水堆核电厂主要技术参数

物理量	参数	物理量	参数
设计绝对压力	17.23 MPa	(泵)转速	1 485 r/min
设计温度	343 ℃	(泵)水容积	4 m^3
设备高度	8 m	电机额定功率	6.6 MW
轴封水注入量	1.8 m^3/h	吸收功率(热态)	6.49 MW
1 号轴封泄漏量	0.68 m^3/h	吸收功率(冷态)	8.68 MW
热屏蔽冷却水流量	9 m^3/h	工作电压	6.6 kV
冷屏冷却水进口最高温度	35 ℃	启动电流	4.7 kA
泵的流量	23 7900 m^3/h	热态输入电流	599 A
(泵)扬程	97.2 m	冷态输入电流	793 A
(泵气)蚀余量 NPSH	1.25 MPa	总转动惯量	3 800 kg/m^2
(泵)入口温度	293 ℃	飞轮转动惯量	2 505 kg/m^2

2. 轴封泵的主体结构

压水堆核电厂轴封泵主要由水力机构部件、轴封部件、电动驱动部件三部分组成。

(1) 水力机械部分

水力机械部分包括泵的入口和出口接管、泵壳、法兰、叶轮、扩压段、泵轴、径向轴承及热屏组件。其基本功能是将泵轴的机械能传递给流体并变为流体的静压能。

泵体由泵壳、扩散器(导叶)、进水管、泵轴等组成。泵壳、扩散器、进水管、叶轮均为不锈钢铸件,泵轴为不锈钢锻件。扩散器焊在泵壳上,叶轮有7个叶片,装在轴上,反应堆冷却剂由泵底部的进口接管吸入,依靠装在泵轴下部的叶轮唧送,经扩散器从泵壳侧的出口接管排出。

热屏组件安装于叶轮上方,由紧固法兰、防护套筒、蛇形管热交换器,蛇形管进、出口管嘴组成。其作用是阻止反应堆冷却剂的热量向泵的上部传导。

泵轴承为泵提供径向支承和居中,泵轴承浸没在水中,位于热屏与轴封之间。泵轴承为水润滑轴承,由怀太立合金不锈钢和石墨轴瓦套壳组成。

轴封水具抑制反应堆冷却经泵壳上流,确保泵轴的润滑,设备冷却水系统故障而失去热屏冷却水时,保证泵轴和轴封短时间的应急冷却3个作用。轴封水由化学和容积控制系统的高压冷水通过热屏法兰上的接管从泵径向轴承和1号轴封之间注入。受轴封装置的阻挡,此流量的大部分沿轴向下流经泵轴承进入反应堆冷却剂系统主管道,剩余流量没轴向上流过1号轴封。

(2) 电机部分

驱动反应堆冷却剂泵的电动机是立式、鼠笼、单速三相感应式,采用防滴结构,由空气冷却,而空气由两台热交换器用设备冷却水冷却。该电机转动部分质量非常大,以增加其惯性。热态额定功率为6 500 kW,额定转速1 485 r/min。定子和转子采用空气冷却,装在转子两端的风叶通过电动机体的冷却孔吸入空气,流过电动机,然后回到装在电动机机架外的空气冷却器冷却。电动机上装有两个径向轴承、一个双向金斯伯里型止推轴承、惰转飞轮、防逆转装置。

1) 轴承

电动机上部装有一个组合式双向金斯伯里型止推轴承和两个径向轴承。径向轴承布置于轴承上、下方,采用碳钢上挂巴氏全金止推轴承在平衡垫(止推转盘)的上、下两面各有8块碳钢挂巴氏合金的止推轴瓦,平衡垫把推力负荷均匀地分配到各止推轴瓦上。随电动机轴和止推转盘的转动,油液的力作用在止推轴瓦上,使其发生微小倾斜,在轴瓦和平衡垫之间建立一层薄油膜,使轴瓦与平衡垫不接触。止推轴承和上部径向轴承均布置在上贮油池中,泵工作时轴承自润滑,不需要外部油泵,止推转盘起离心作用。在止推轴盘上铣(钻)了一些槽道,靠止推轴盘旋转的离心作用将油循环到外部油冷却器,由设备冷却水进行冷却。

电机下部径向轴承浸泡在电机下部贮油箱中,在油箱中安装了设备冷却水系统冷却水流过的确冷却盘管。

2) 惰性飞轮

在主泵断电的情况下,反应堆紧急停堆。停堆后瞬间堆芯余热接近7%FP(full power),随时间呈指数衰减,必须保持具有较大的冷却剂流量通过反应堆堆芯。每台主泵上装有6 t重的飞轮。飞轮增加了泵的转动惯量,延长了惰转时间,确保在主泵断电的情况下，维持堆芯较长时间的惰转流量，有效地将堆芯余热排出。飞轮结构如图 3.33 所示。

3）防逆转装置

如果一台反应堆冷却剂泵停运，而其他环路上的泵还在运行着，停运的环路上冷却剂将发生逆向流动。此部分逆向流量旁路了堆芯，对堆芯冷却不利。逆流还会使停运的泵反转，若启动该泵，就会产生过大启动电流，可能导致电机过热或引起其他损坏。防逆转装置可以防止冷却剂倒流情况下泵发生反转。该装置利用单项离合器原理（图 3.33）进行工作，它包括由一个固定在电动机机架上的棘齿板和一组装在飞轮底部边缘上的棘爪以及棘齿板用的恢复弹簧和振动吸收器。主泵停转时，棘爪与棘齿板上的齿啮合，防止反转；启动时，棘爪与棘齿完全叩开之前，棘爪在棘齿板上拖过；当电机转速达到额定转速的 1/3 时，其离心力使棘爪保持在升高的位置上，与棘齿完全脱开。

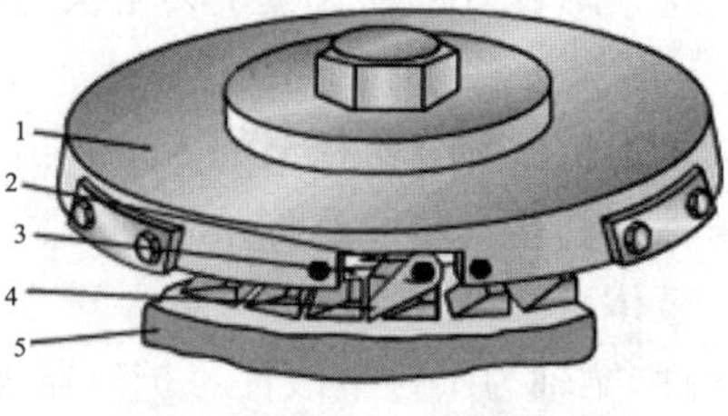

图 3.33 主泵飞轮与防逆转装置

1—飞轮；2—棘爪；3—转动位置；4—停转位置；5—棘齿板

（3）轴封组件

轴封组件位于泵轴末端，主要用来保证核电厂正常运行期间从反应堆主泵系统没泵轴向安全壳的泄漏量几乎为零。压水堆轴封泵的轴封组件采用三道串联、可控泄漏轴封，将 15.5 MPa 的一回路压力过渡到大的压力，而避免了一回路水泄漏到外界环境中去。西屋公司 93-A1 型压水反应堆冷却剂泵轴封结构如图 3.34 所示。

第一道轴封又称 1 号密封，是带有光滑表面可控泄漏液膜动态轴封，由一个固定在轴上的旋转动环和另一个不能转动的浮环组成，这两个不锈钢环的内表面覆盖一层氧化铝，并经精密加工成“镜面”；当核电厂正常运行时，一回路处于加压状态；来自化学和容积控制系统的上充泵的轴封水，具有足够和压力使第一道轴的两环之间形成一层厚度约为 10 μm 的水膜，轴封的前后压差为 15.4 MPa，轴封前的最小压力为 2.3 MPa。1 号密封的压降约为 15.4 MPa，对应的泄漏量为 0.7 m^3/h。在正常运行时，来自化容系统的高压洁净密封注入水从泵径向轴承与 1 号密封之间以 1.8 m^3/h 流量注入，其中 1.1 m^3/h 经热屏热交换器向下，它阻止高温冷却剂向上进入泵径向轴承和轴封区，此股水流最终汇入泵腔室。其余 0.7 m^3/h 的注射流通过 1 号密封，一部分流向 2 号密封，其余流回化学和容积控制系统。压水堆主泵 1 号密封结构和力平衡原理如图 3.35 所示。

第二道轴封又称 2 号密封，主要作用是阻挡 1 号密封的泄漏，作为 1 号密封损坏时的备用密封，在 1 号密封失效时，承受全部运行压力，维持一段时间（30 min）以便停运主泵。2 号密封是一种具有摩擦面的密封。动环密封面材料为碳化铬，静环密封面材料为石墨。此类密封面材料叫作摩擦副，可以更换。2 号密封的润滑由 1 号密封泄漏量的一小部分来保证。很小的流量流过 2 号密封，流过 2 号密封的密封水通过 2 号密封引漏接管收集到反应堆冷却剂疏水箱内。正常工况下，2 号密封前的压力为 0.45 MPa，2 号密封前后压差为 0.35 MPa，通过 2 号密封的泄漏量为 0.007 6 m^3/h，与 1 号密封的泄漏量相比小很多。

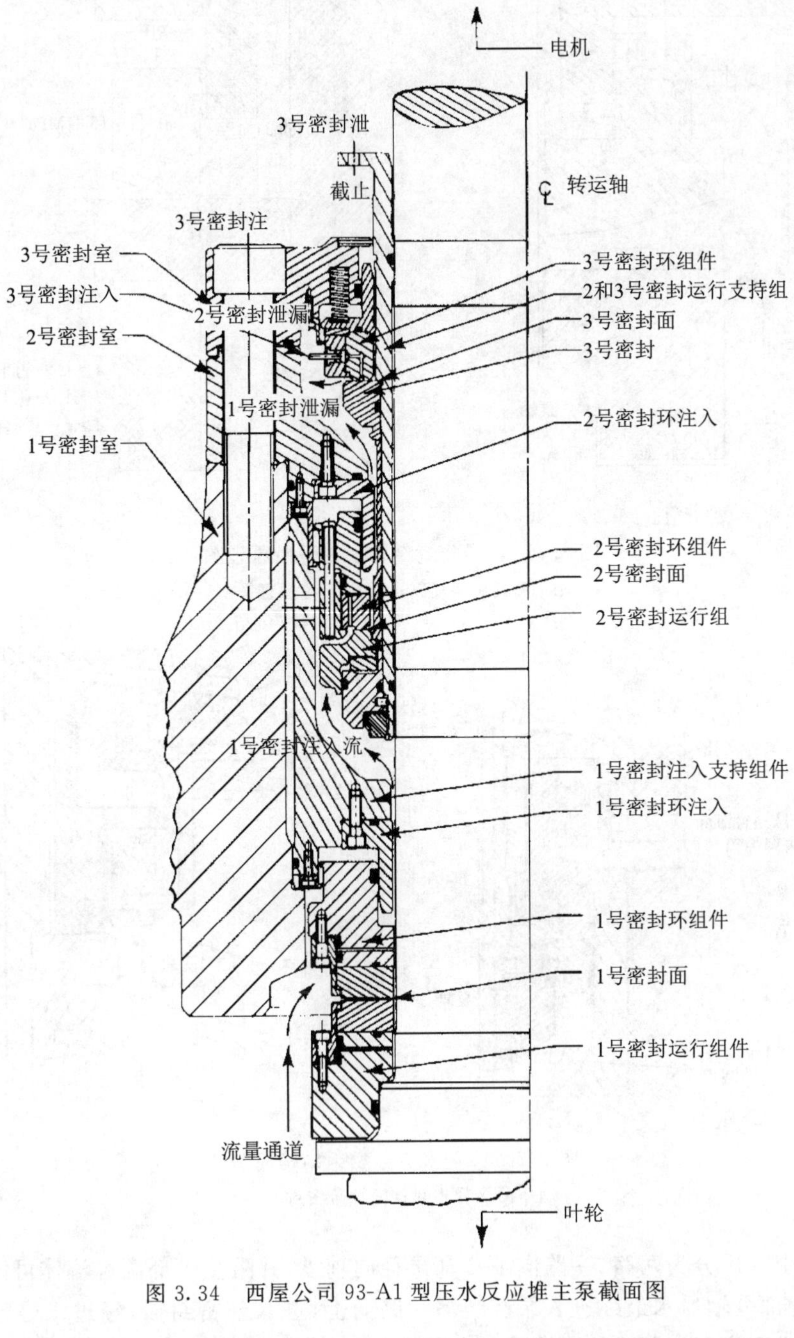

图 3.34　西屋公司 93-A1 型压水反应堆主泵截面图

第三道轴封又称 3 号密封，主要作用是阻挡第二道轴封的泄漏，轴封前后的压差为 0.02 MPa，其泄漏量特别小，约为 0.1 L/h，可满足轴对封轴的湿润；来自硼和补给水系统的流量 为 10 L/h 的除盐水，可保证对第三道轴封的清洗避免轴封处含硼水产生结晶。2 号和 3 号密封结构如图 3.36 所示。

综上所述，安置在泵轴上三级串联的轴封将反应堆冷却剂向安全壳气空间的泄漏减到最小。从化学和容积控制系统引来的高压纯净轴封水在泵下部径向轴承和 1 号密封之间注

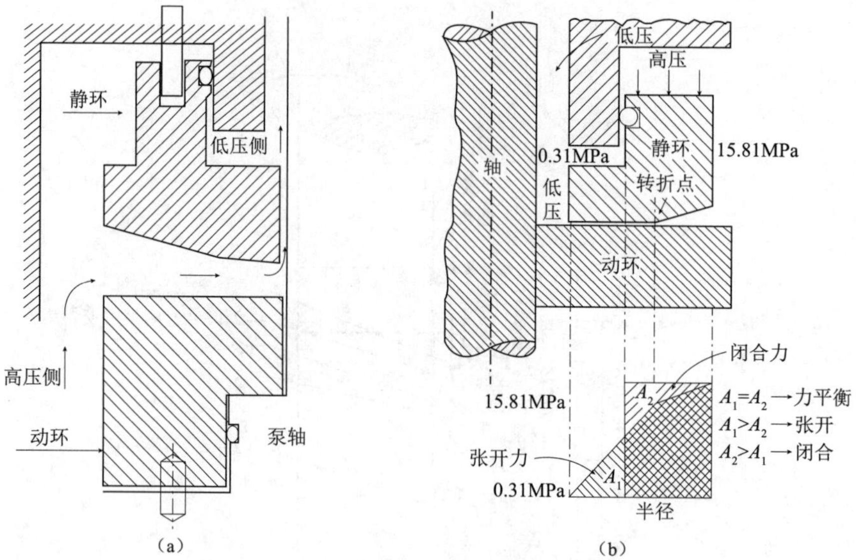

图 3.35　1 号密封结构及力平衡原理图

(a) 密封结构简图;(b) 力平衡原理图

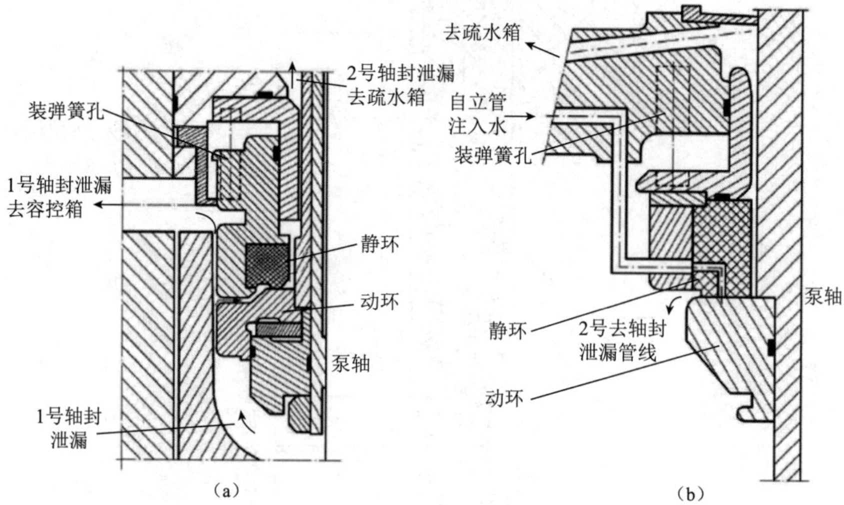

图 3.36　2 号和 3 号密封结构简图

(a) 2 号密封;(b) 3 号密封

入。轴封水引入后分为两路,一路向下冷却泵径向轴承,并阻止下部高温流体可能沿泵轴向上的泄漏,此部分轴封水最终进入泵腔。另一路向上,进入到密封段,经过 1 号密封的泄漏流引导到化学和容积控制系统的容积控制箱;经 2 号密封的泄漏流汇集到蓄水立管,为 3 号密封提供恒定的静压,过量的泄漏经立管溢流后和 3 号密封的泄漏一起引导到排气疏水系统的反应堆冷却剂疏水箱。

3.3.3　屏蔽电机泵

1. 屏蔽电机泵概述

屏蔽泵于 20 世纪 50 年代才开始应用于美国军方的核潜艇用反应堆,后推广到小型动力堆中，具有密封性能好，只有静密封，所以可保证绝对密封性；体积小，重量轻，结构紧凑；没有风扇，所以噪声小，振动小；运行安全可靠的特点，但由于其的效率比轴封泵低 10%～20%；屏蔽电动机造价昂贵，容量小，不宜安装飞轮，转动惯量小，维修不便等原因，在核电厂中已普遍被轴封泵取代。表 3.7 列举了几种核电厂使用的屏蔽泵的基本参数。

表 3.7　屏蔽泵的基本参数

项目	印第安角-1	杨基罗	新沃罗涅日-1	新沃罗涅日-3
堆功率/MW	275	185	196	410
主泵数/个	8	4	6	6
泵流量/(平方米每时)	3 000	5 400	5 250	6 500
扬程/m	108	72	50	58
吸入压力/MPa	9.8	13.4	9.8	12.25
吸入温度/℃	249	260	250	270
转速/(r/min)	1 800	1 800	1 460/360	1 450
电机功率/kW	1 270	1 360	1 530	1 970

西屋公司首次提出使用这种屏蔽电机泵的概念是在 AP600 的应用上，在 AP1000 原型堆上的屏蔽电机泵经过重新设计，流量更大，流量减衰时间更长；较之现役核电反应堆上使用的传统轴封泵，AP1000 屏蔽泵惯量更大，可靠性更高，维修频率更低，可实现 60 年设计运行期间免维修；没有密封，消除了由密封失效引发失水事故的可能，减少维修工作量；同时，屏蔽泵将设置在每台蒸汽发生器的管头位置，具备安全性和高运行性能优势。

2. 卧式屏蔽电机泵

西屋公司设计的卧式屏蔽泵主要由水力部件、承压壳体、轴承、电动机等组成；泵的叶轮和电机转子连成一体；由装在一个能承受系统全部压力的密封壳体内的屏蔽电机驱动，如图 3.37 所示。电机的定子绕组按常规结构制造，由一层薄的屏蔽套使转子与电机

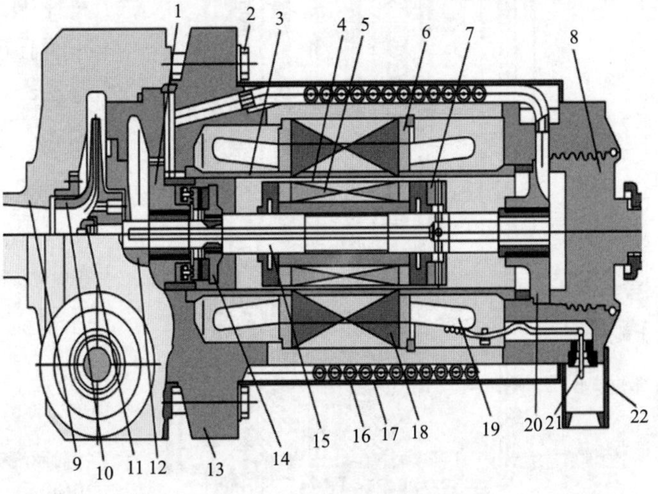

图 3.37　卧式屏蔽电机泵结构图

1—轴承；2—螺栓；3—屏蔽套；4—转子外套；5—转子；6—压紧弹簧；7—小叶轮；8—盖；9—泵壳体；10—叶轮；11—螺母；12—盖与迷宫密封件；13—电机壳；14—止推轴承；15—轴；16—外壳；17—蛇形冷却管；18—硅钢片；19—线圈；20—径向止推轴承；21—接线柱；22—接线盒

线圈隔离,因此定子绕组是干的,没有放射性介质外漏的可能。为了使电机免受高温,叶轮上方设有隔热屏起热屏障作用。密封壳体外部盘绕蛇形管换热器,蛇形管外部通设备冷却水。蛇形管内部为一次侧冷却水。一次侧冷却水是与反应堆冷却剂连通的,所以蛇形管内压力就是一回路压力。一次冷却水从泵的右侧进入小叶轮,从小叶轮流出后沿定子与转子的间隙向左流动,吸收将转子与定子的发热,并润滑止推轴承,最后进入蛇形管,被设备冷却水冷却了的一次冷却水再从泵的右端进入,冷却泵径向轴承后返回小叶轮吸入口,形成封闭的循环。这种设计蛇形管成为一回路压力边界的一部分。屏蔽套一般用因科镍合金制造。由于转子浸没在液体中,回转阻力高以及屏蔽套有涡流损失,因此效率较低。

3. 立式屏蔽电机泵

AP1000 冷却剂泵为西屋公司设计的立式屏蔽泵,其主要部件为水利部件、电机、壳体、热交换器、轴承。AP1000 核电厂立式屏蔽泵结构如图 3.38 所示。立式屏蔽泵的泵体在下

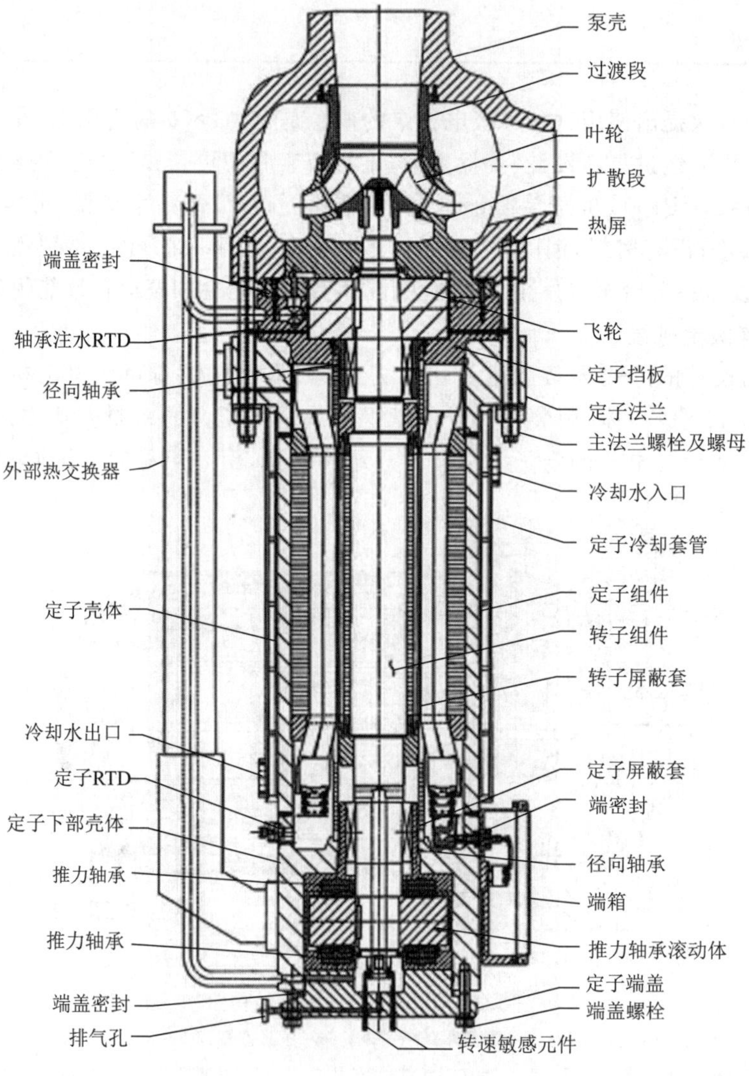

图 3.38 立式屏蔽电机泵结构图

端，电机在上端。电机转子和泵的叶轮构成一个整体的转子，下端相当于一般工业用的悬臂式单级泵。叶轮上方设有隔热屏起热屏障作用，防止载热剂（一回路冷却）的热量向电机方向传导。电机的定子，转子及叶轮全部封闭在高压壳体内。高压壳体外部盘绕蛇形管热交换器。蛇形管外部流通二次冷却水，蛇形管内部为一次冷却水。

AP1000 的主泵功能是唧送反应堆冷却剂，使其完成在堆芯，冷却剂环路，蒸汽发生器间的循环，具有转动惯量大，可靠性高，维护保养工作少的特点。

(1) 反应堆冷却剂屏蔽电动泵结构

1) 水利部件

主泵是以 100 型设计为原型的混流泵，转速为 1 800 r/min。主泵的水利部件包括泵壳，叶轮和导叶，是用于提供冷却剂流通的通道。

2) 电机部件

主泵屏蔽电机是单绕组，四极，三相，屏蔽套式感应电机，采用变频器启动和运行。变频调速控制装置降低了冷态工况时的电机功率，从而最大限度地缩短电机尺寸。电机绕组的绝缘级别选用"N"级(200 ℃)。

3) 轴承

主泵装有三个轴承，两个径向轴承和一个双向推力轴承，都在电机一侧，轴承采用水润滑方式。在泵启停过程中和正常运行时，通过一回路冷却剂冷却轴承以保证轴承的寿命。

4) 屏蔽套

为将电机的电子绕组和转子与一回路冷却剂介质完全隔离开，设置两个屏蔽套，即定子屏蔽套和转子屏蔽套。电机组装后定子屏蔽套和转子屏蔽套之间的间隙为 4.83 mm。屏蔽套只能承担密封功能，屏蔽套的背部支撑承担其机械强度。

5) 飞轮

AP1000 主泵屏蔽电机设置上下两个飞轮，增加主泵的转动惯量，获得更长的惯性惰走时间。飞轮结构由电机上下两个飞轮组件组成。飞轮材料采用钨合金，在有限体积实现高转动惯量，以保证主泵的惰走特性。飞轮固定在屏蔽泵的主轴上。上下飞轮组件采用与推力盘的组合结构。

(2) 定子绕组及冷却回路

由于屏蔽电机的耗损高，发热严重，定子屏蔽套使定子成为一个封闭区域，造成定子铁芯和绕组的冷却只能靠温度梯度产生的热传导散热。绕组端部由于散热困难，是温度场中的热点。由此可见，AP1000 屏蔽电机的冷却措施及升温控制是保证正常运行的关键。作为解决措施，一方面 AP1000 屏蔽电机绕组采用较高的绝缘等级(N 级，200 ℃)；另一方面通过有效的冷却来降低电机各部分的温度。

除了由迷宫式密封(在转子与热屏之间)阻隔泵壳腔内的高温冷却剂和电机腔内的低温冷却剂进行热交换外，电机冷却功能由两个冷却回路实现，即：

1) 外部热交换器冷却回路

外部热交换器的壳侧为屏蔽电机腔内的反应堆冷却剂水，管侧为设备冷却水，以此来冷却屏蔽电机腔内的反应堆冷却水。

2) 流经电机定子冷却外套的设备冷却水回路

以此来冷却电机定子绕组发出的热量。通过冷却回路的有效工作使电机腔内冷却剂温度保持在 80 ℃以下，定子绕组中的最高温度不大于 180 ℃，以此保证绕组绝缘的性能和寿命。

3.3.4 泵运行特性的基本物理参数

1. 流量

流量有体积流量和质量流量两种计量方式。体积流量是指泵单位时间输送流体体积，用符号 q_v 表示，单位 m^3/s。质量流量是指泵单位时间内输送流量的质量，用符号 q_m 表示，单位 kg/s

2. 扬程

离心泵的扬程又称为泵的压头，是指单位重量流体通过泵后所获得的有效能量，也应是泵所输送的单位重量流体从泵进口到出口的能量增值，以液柱高 H 来表示。泵的扬程大小取决于泵的结构（如叶轮直径的大小，叶片的弯曲情况等）、转速。

单位重量的液体所具有的能量在水力学中称为水头。水头包括由静压力形成的水头，称为压力水头，其大小为 $p/\rho g$；由动压力形成的水头，称为速度水头，其大小为 $\omega^2/2g$；以及由基准面以上高度形成的水头。

3. 转速

泵的叶轮每分钟的转数，用符号 n 表示，单位 r/min。

4. 泵功率

泵功率是指原电动机输送给泵轴上的功率，又称轴功率，用符号 P 表示，单位 kW。

5. 有效功率

有效功率是指单位时间内，泵对流经的液体所做的有效功率，用符号 P_{ef} 表示，单位 kW。有效功率可根据泵的扬程和流量计算出来。

$$P_{ef}=\frac{g\rho q_v H}{1\ 000} \tag{3.10}$$

6. 效率

由于流体在管道中受到摩擦和阻力，还有密封不严、部件摩擦等因素，泵在工作时，存在水力损失、流量损失、机构损失，因此，轴功率不能完全转化为有效功率。常用（泵）效率作为泵的经济指标。泵的效率为泵的有效功率 P_{ef} 与轴功功率 P 之比，用符号 η 表示。

7. 汽蚀余量

汽蚀余量指泵入口处液体所具有的总水头与液体汽化时的压力头之差，又称为泵的净正吸入压头（net positive suction head，NPSH），是用来判断水泵是否发生汽蚀的物理量，单位 m。

汽蚀是这样一种现象：由于流体动力作用，运动液体的局部压力降低到液体温度下的饱和压力时，液体就开始汽化而形成气泡，气泡随液体到达静压超过饱和蒸汽压力的区域时，蒸汽突然凝结而使气泡破裂，这种破裂在很短时间内发生，周围的液体以极高的速度向气泡原来所占的空间冲去，填充空穴，发生相互撞击而形成水击，强烈的高频水力冲击使得固体表面破坏，从而使泵的构件受到严重损伤。这种液体汽化—气泡产生、蒸汽凝结—气泡破裂的整个过程及其一系列现象，称为汽蚀。

当泵吸入口处的压头不能保持使液体通过流道时的最低压力高于饱和蒸汽压力时，就发生汽蚀。当汽蚀发生时，大量气泡破坏液流的连续性，流道阻塞，流阻增大，泵的扬程、效率显著下降。此外，在高频水力冲击（水锤作用）下，流道与液体接触表面上产生局部应力和局部温度升高，并产生噪声和振动，再加上液体与零件材料之间的化学和电化学腐蚀作用，最终造成具有海绵状或蜂窝状特征的汽蚀损坏，如图 3.39 所示。

图 3.39　泵叶片的气蚀损坏

8. 比转速

比转速是杨程为 1 m，体积流量为 0.075 m^3/s 的，有效功率为 0.735 kW(1 匹)，且机械效率为 100%泵的转速 n_s。比转速可采用以下公式计算：

$$n_s=\frac{3.65n\sqrt{q_v}}{H^{3/4}} \tag{3.11}$$

式中：转速 n、质量流量 q_v、杨程 H 均为实型泵在额定工况下的参数。

3.3.5　泵的运行特性

主泵属核电厂中核安全级大功率设备，其运行需遵守以下的基本原则：

1. 主泵启动主要原则

启动前一回路必须有足够的压力，以达到以下目的：

1）防止主泵气蚀，如压力不足，泵内空穴现象的产生将引起气蚀。因此，在吸入水头达到允许值 2.3 MPa 的条件下，才能使泵投入运行；

2）保证第一道轴封的分离，由于第一道轴封为可控泄漏液膜动态轴封，只有一回路压力大于 2.3 MPa 时，它才能被抬起，主泵才能运转，对应第一道轴封的内压差 $\Delta p=1.9$ MPa，相应的轴封泄漏流量应大于 50 L/h；

3）对第一道轴封，由于低压和过低的泄漏量不能保证泵轴承的正常润滑，因此必须打开第一道轴封的旁路管线，只要第一道轴封泄漏低于 180 L/h，旁路管线一直开着；

4）轴承和推力轴承要有正常油压和油位，为此，冷却剂泵启动前 2 min 必须使高压油泵运转，并且在主泵启动 50 s 以后才允许停止，所提供的油压通常必须为 9.0 MPa（必须高于 4.2 MPa，在 4.2～10.0 MPa）；

5）由于启动时荷载极大，因此每次只能启动一个电动泵组，每天最多启动次数限于6次，如主泵停止后再次开动，则必须待电动机定子冷却后才能启动；

6）主泵启动时，其他有关系统应具备的条件：

化学和容积控制系统在每台泵的热屏入口处必须有一股1.8 m^3/h 的注入流量，由于设备冷却水系统冷却的热交换器必须供水，因而设备冷却水系统必须供水，因而设备冷却水系统必须处于工作状态；硼和水补给系统必须可用，以保证对平衡管进行补水和冲刷第三道轴封。

2. 主泵停止的主要原则

在发出停止主泵指令之前，必须将高压油泵投入运行，直至主泵停止后50 s以后。

3. 主泵运行的主要原则

1）当一回路冷却剂作硼化（硼加浓和稀释）操作时，应至少有一台主泵可利用或在运转；

2）当汽腔在稳压器中建立时，至少连接喷淋管路的某一个环路的主泵应该在工作；

3）如可利用的或在运转的主泵不到两台，则不应将反应堆处于临界下，但低功率物理试验时可能例外。

3.4 蒸汽发生器

3.4.1 概述

蒸汽发生器是压水堆核电厂一回路与二回路传热器件，主要功能是将一回路核裂变产生的热量传给二回路，产生饱和蒸汽，将一回路中放射性的冷却剂与二回路中的冷却剂隔离开。

由于水受辐照后活化以及少量燃料包壳可能破损泄漏，一回路中的冷却剂具有放射性，因此蒸汽发生器传热管成为确保二回路设备不受放射性污染的防护屏障，成为核电厂第二道屏障的重要组成部分。蒸汽发生器传热管面积占一回路承压边界面积的80%左右，传热管壁厚度一般为1～1.2 mm。因而，传热管是整个一回路压力边界中最薄弱的部分。蒸汽发生器传热管的可靠性主要取决于传热管的完好性。只要有一根蒸汽发生器传热管断裂，就可能造成放射性物质的泄漏及核电厂停闭。

蒸汽发生器可按工质流动方式、传热管形状、安放形式以及结构特点进行分类。按照二回路工质在蒸汽发生器中的流动方式，可分为自然循环蒸汽发生器和直流（强迫循环）蒸汽发生器；按传热管形状，可分为U形管、直管、螺旋管蒸汽发生器；按设备的安放方式，可分为立式和卧式蒸汽发生器；按结构特点，可分为带预热器和不带预热器的蒸汽发生器。目前压水堆核电厂使用较广泛的有3种，分别是立式U形管自然循环蒸汽发生器、卧式自然循环蒸汽发生器和立式直流蒸汽发生器，其中尤以立式U形管自然循环蒸汽发生器应用最为广泛。美国三环路900 MW和四环路1 300 MW核电厂典型蒸汽发生器的特征如表3.8所示。

表 3.8　压水堆核电厂典型蒸汽发生器特征

物理参数	900 MW 蒸汽发生器	1 300 MW 蒸汽发生器
电功率/MW	822	1 300
热功率/MW	2 441	3 819
系统压力/bar[1)]	153	153
一回路冷却剂流量/(10^4 kg/h)	45.3	67.9
一回路冷却剂温度/℃	318 7	332.0
环路数量/个	3	4
主泵数量/台	3	4
蒸汽发生器数量/台	3	4
传热管边界设计承压/bar	53.4	77.0
满负荷蒸汽流量/(10^6 kg/h)	4.8	7.9
蒸汽温度 / ℃	268.9 ℃	294.1 ℃
给水温度/ ℃	225.4	239.4
传热管数量/根	3 388	6 970
传热管直径/mm	22.2	17.4
传热面积/m^2	4 784	7 665

注：1) 1 bar＝10^5 Pa。

3.4.2　蒸汽发生器的结构

1. 立式自然循环蒸汽发生器

(1) 结构

立式蒸汽发生器由蒸发段和汽水分离段组成。立式蒸汽发生器由下封头、管板、U 形管束、汽水分离装置及筒体组成。AP1000 核电厂 DETAL-125 型立式蒸汽发生器和西屋公司 54f 蒸汽发生器结构图分别如图 3.40 和图 3.41 所示。大亚湾 900 MW 核电厂蒸汽发生器参数如表 3.9 所示。

表 3.9　900 MW 核电厂立式蒸汽发生器主要设计参数

物理参数	数　值	物理参数	数　值
一次侧设计压力/MPa	17.23	传热管数目/根	4 474
一次侧设计温度/℃	343	传热面积/m^2	5 430
二次侧设计压力/MPa	8.6	高度/m	20.85
传热管材料	因科镍-690	上筒外径/m	4.46
传热管大小/mm	ϕ19.05×1.09	空重/t	308

1) 倒 U 形传热管束

蒸汽发生器倒 U 形管又称传热管，采用因科镍-690 合金制成，外径 19.05 mm，壁厚 1.09 mm，总重 50 t。因科镍-690 合金具有良好的机械性能，高导热系数，良好的抗热应力，抗腐蚀性能。但由于蒸汽发生器二次侧水不断蒸发，水中的垢物浓缩积聚在管板上，在传热

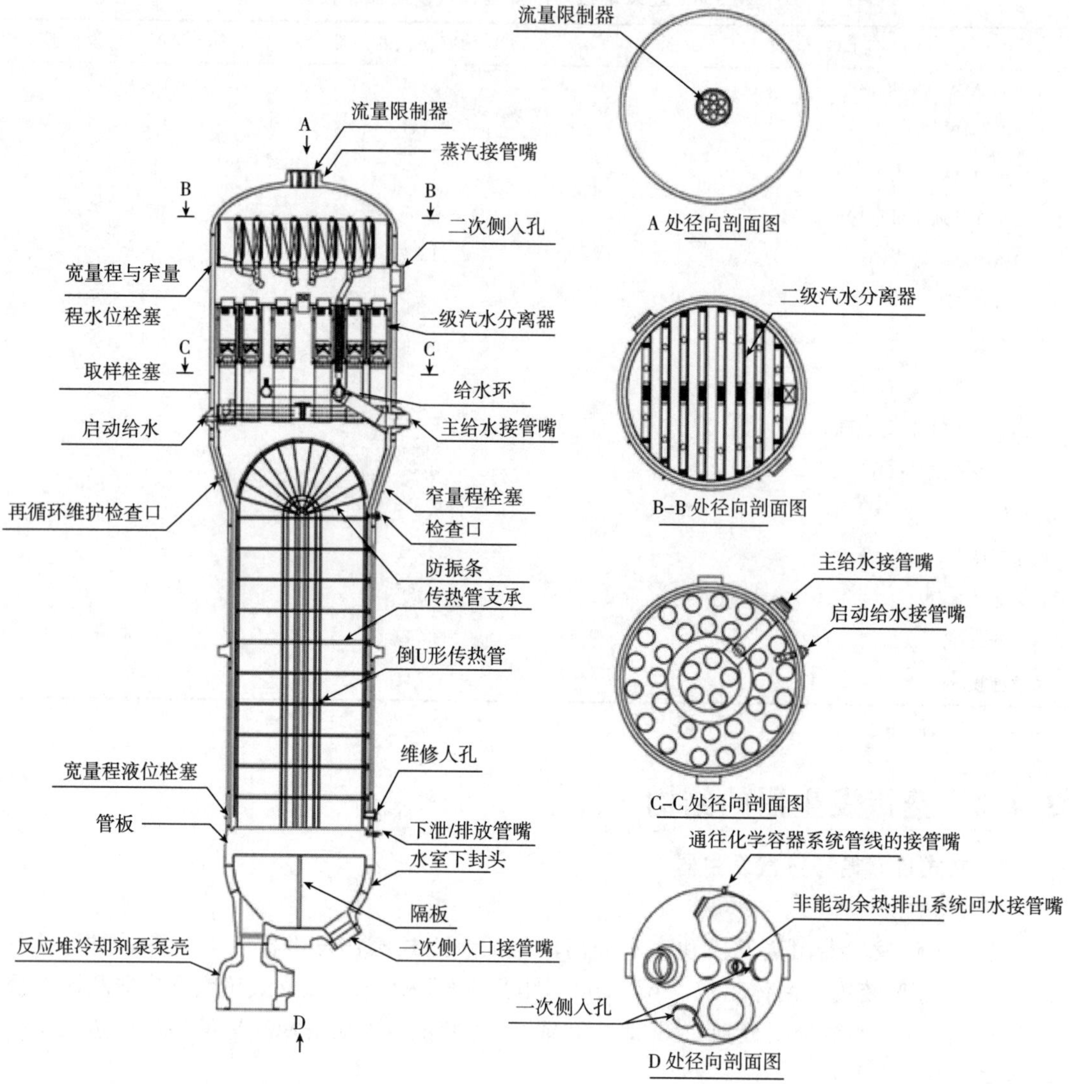

图 3.40　AP1000 核电厂 DETAL-125 型蒸汽发生器结构图

管的端部仍可能产生应用腐蚀，因此在管板上表面水平地装设有两根多孔管道，供连续排污至蒸汽发生器排污系统使用。

2）管板

管板是二次侧压力的边界线部分，由厚度为 500～700 mm 的碳钢锻件制成，重约 50 t，属超厚锻件。管板要求材料具有优良的塑韧性、淬透性。900 MW 和 1 300 MW 核电厂立式蒸汽发生器的管板上有 8 948～20 050 个孔，对孔公差，间距公差、形位公差及管孔光洁度要求高。管板下方及与冷却剂接触的表面，堆焊因科镍-600 合金。现代蒸汽发生器一般采用管板全长度涨管工艺加端部密封焊接，来保证管子与管板间的密封性，消除管子与管板间的音阶。

中国哈尔滨锅炉厂有限责任公司和上海电气核电设备有限公司分别于 2007 年 8 月和 2012 年 6 月完成了对巴基斯坦恰希玛 30 万千瓦级核电蒸汽发生器和山东海阳 30 万千瓦

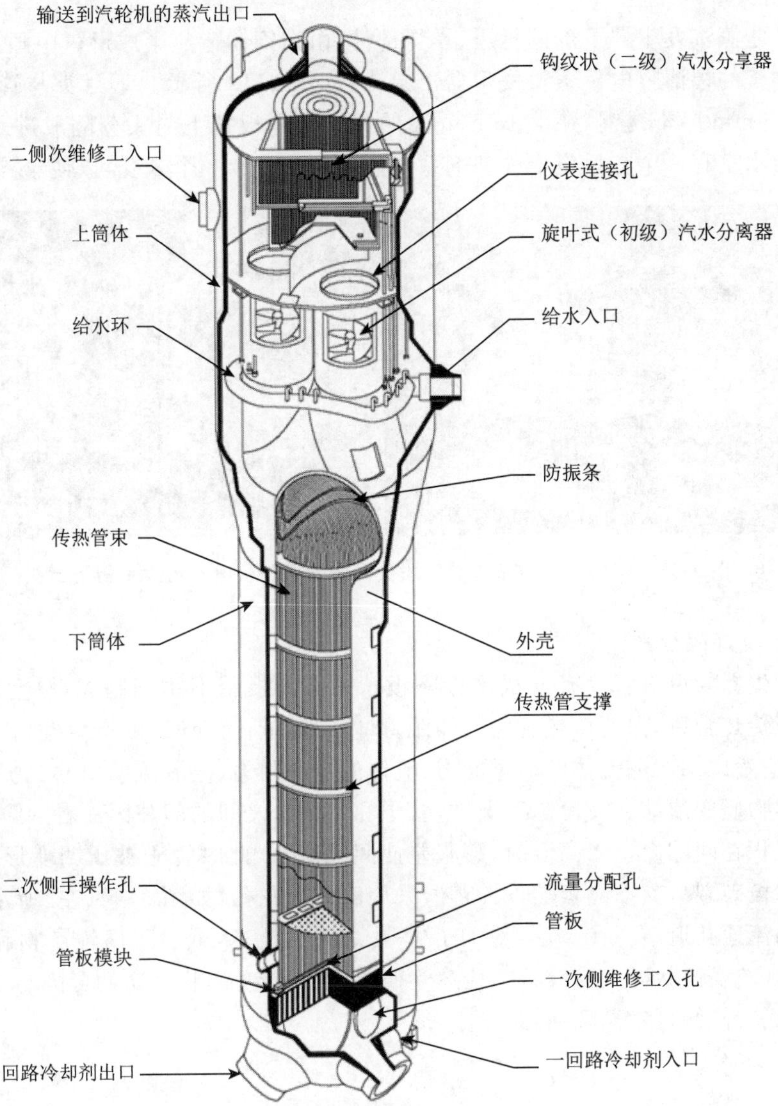

图 3.41　西屋公司 54f 蒸汽发生器结构图

级 AP1000 核电蒸发器管板深孔加工技术的攻克，如图 3.42 所示。

图 3.42　中国攻克核电蒸汽发生器管板深孔加工技术

3）下封头

下封头是蒸汽发生器下部的承压、承得部件，由碳钢铸造成半球形。中国第二重型机械集团公司加工的福清核电厂蒸汽发生器下封头，如图 3.43 所示。下封头与管板焊接，内表面堆焊 5～6 mm 厚不锈钢，并由 19 mm 厚的因科镍隔板把下封头分隔成进水和出水两个水室。每个水室有一个与反应堆冷却剂系统连接的接管和一个人孔，以便于检查和维修。

图 3.43 中国第二重型机械集团公司成功研制核电蒸汽发生器下封头

4）管束支撑隔板

蒸汽发生器管束直管段有 9 块支撑隔板。支撑隔板用不锈钢制成，厚度为 30 mm，主要用于固定传热管束，保值传热管间的间距，以防止受液体流动影响产生振动。支撑板结构的设计上，应考虑二次侧流体的通过能力、流体的流动阻力，限制流动引起的振动及管-孔间隙中的化学物质的浓缩。在冷态工况下，管子和支撑板之间的间隙因二者的膨胀差而扩大，腐蚀产物沉积在间隙内。当高温时，膨胀差使间隙减小，此时管子被压凹变形，造成传热管凹陷及支撑板破裂。支撑隔板的设计普遍采用四叶梅花孔，如图 3.44（左）所示。此种开孔将支撑孔和流通孔道结合在一起，增加了管-孔之间的流速，减少了腐蚀产物和化学物质的沉积，使该区的腐蚀状况大为改善。传热管四周用套筒包围，将二次侧分隔为下降通道及上升通道，形成二次侧自然循环回路。

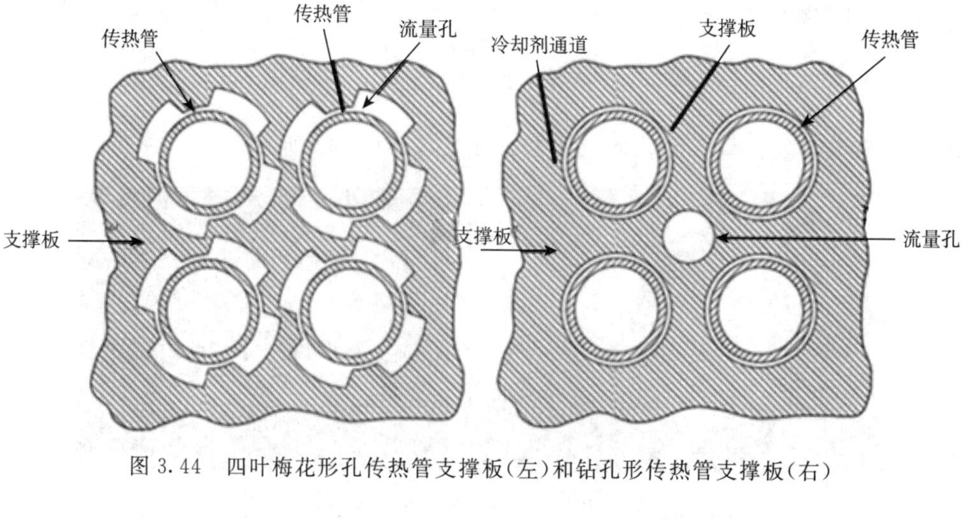

图 3.44 四叶梅花形孔传热管支撑板（左）和钻孔形传热管支撑板（右）

中国已掌握了核电厂蒸汽发生器支撑板传热管的制造技术。图 3.45 为 2012 年 9 月 25 日，东方电气重型机器有限公司使用由中国宝钢集团制造的国产核电 690U 形管，在中国防城港核电厂 1 号机组 1 号蒸汽发生器上成功实现穿管。

图 3.45　核电厂蒸汽发生器传热管制造技术的国产化

5）筒体组件

立式蒸汽发生器的筒体组件主要包括上封头、上筒体、下筒体、锥形过渡段等。图 3.46 为浙江三门核电 AP1000 核电厂蒸汽发生器筒体结构。

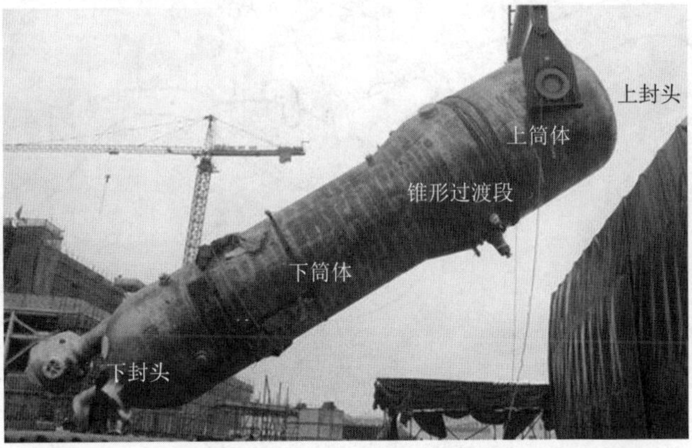

图 3.46　三门核电 AP1000 核电厂蒸汽发生器吊装现场

上封头呈椭球形，蒸汽出口管嘴中有 7 支收缩扩张喷管（文丘里管）组成的限流器。流量限制器是一个 18MD5 钢制的锻件，用来限制主蒸汽管道破裂时的蒸汽流量，防止事故时对一次侧的过度冷却，以避免反应堆在紧急停堆后重返临界，减轻对安全壳的压力。

上筒体设有给水管嘴并与给水环相连。上筒体还设有人孔，必要时可以进入更换干燥器。

下筒体在靠近管板处设有若干检查孔，以便检查该区域内的传热管表面和管板二次侧表面。必要时可用高压水冲洗管板上表面的淤渣。

6）二次侧流量分配装置

给水环位置稍低于（第一级）旋叶式汽水分离器，给水环管顶部焊接了一些倒 J 形管，给水进入环管后，从 J 形管流出进入下降通道。这样可避免水位降到给水环管以下时环管内水被排空，防止给水进入时由于环管内蒸汽遇冷凝结而产生“汽锤”现象。J 形管数目沿筒体周边分布不均匀，使 80％的水流向传热管束热侧，20％给水流向冷侧（一次侧冷却剂出口)。这样使得蒸发量大致相等,从而避免了两侧之间的热虹吸作用。蒸汽发生器给水环组件和J形管结构分别如图3.47和图3.48所示。在管束下部略高于管板处,有一块流量分配板。板上钻的管孔比传热管的直径大,在中心处钻一大孔用于分配流量。流量分配板与U形管束中间设置的挡块相结合,保证在平面上给水分布大致均匀并以足够大的流速冲刷管板表面。

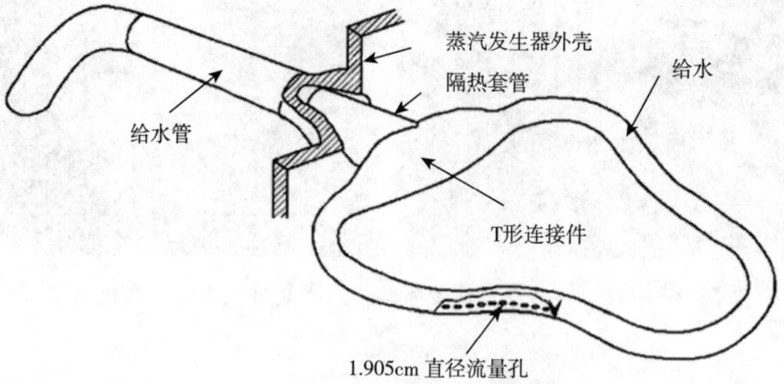

图3.47 蒸汽发生器给水环组件

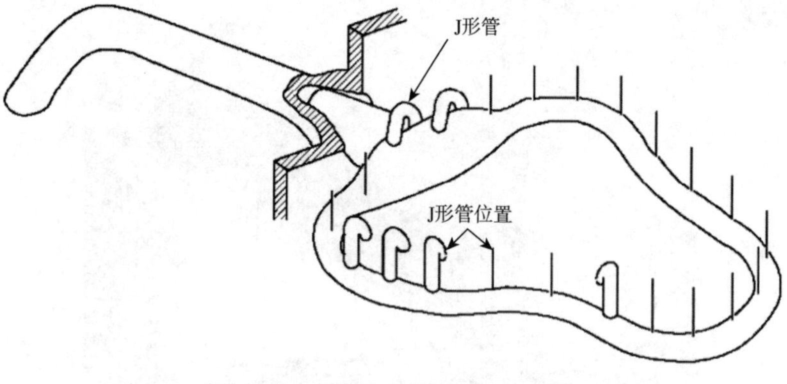

图3.48 蒸汽发生器给水环J形管

7)汽水分离器

蒸汽发生器的上部设有两级汽水分离器。汽水混合物离开传热管束后经上升段首先进入第一级(旋叶式)汽水分离器,除掉大部分水分,然后进入第二级分离器人字钩波形板式干燥器进一步除湿。

大亚湾核电厂蒸汽发生器在管束套筒顶部装有16只旋叶式汽水分离器。第一级旋叶式汽水分离器的结构如图3.49和图3.50所示。在分离筒内装有一组固定的螺旋叶片。当汽水混合物流过时,由直线运动变为螺旋线运动,密度大的水由于离心力作用被甩向外围,在中心形成蒸汽柱,同时筒壁形成环状水层,达到汽水分离效果。水沿壁面螺旋上升至阻挡器,然后折返流经分离筒与外套筒构成的疏水通道而进入水空间。当出口管内径与汽水两相充分分层时的蒸汽柱大致相同时,能取得良好的分离效果。

第二级汽水分离器一般采用图3.50所示的人字带钩波纹板分离器。携带小水滴的蒸汽进入人字形钩波形板,波纹板间流动过程中被迫多次改变流动方向作曲折运动,蒸汽很容

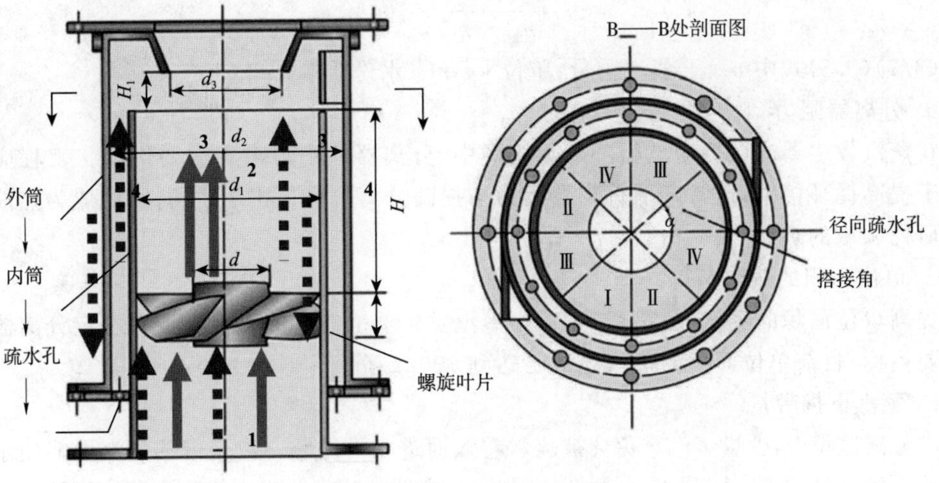

图 3.49　旋叶式汽水分离器结构

1—(蒸)汽水的混合物理；2—蒸汽柱；3—(分离出)水环；4—疏水孔中水

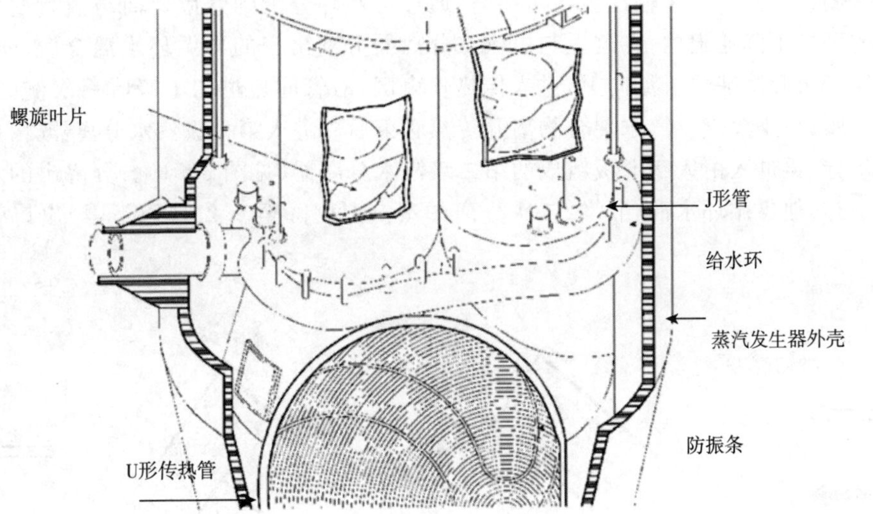

图 3.50　蒸汽发生器中的旋叶式汽水分离器

易改变运动方向，但质量密度较大的水滴则不能，水不断附着在波纹板上，随后注入蒸汽发生器二次侧环状空间，达到了汽水分离的效果。

衡量汽水分离器性能的主要指标如下：

a. 出口蒸汽湿度

世界各国规定，自然循环蒸汽发生器的蒸汽湿度为 0.25%，要求汽水分离器具有相应的分离效率。湿蒸汽中所含水分的质量百分比称为湿度，用 w 表示。湿蒸汽中所含干蒸汽的质量百分比称干度，也称质量含汽率，用 x 表示。

$$w=\frac{m_w}{m_w+m_v}\times 100\% \tag{3.12}$$

$$w=\frac{m_v}{m_w+m_v}\times 100\%\tag{3.13}$$

(3.7)(3.8)式中 m_v 干蒸汽质量，单位 kg，m_w 水份质量，单位 kg。

b. 分离器阻力

在蒸汽发生器二次侧自然循环的总压降中，分离器的阻力占有重要份额。工程应用上倾向于提高循环倍率，通常降低分离器阻力与提高分离效率是相矛盾的，因此成为热能动力工程研究领域的热点。

c. 单位面积的蒸汽负荷

提高单位面积的蒸汽负荷意味着减小蒸汽发生器上筒体的直径。这是决定分离器尺寸的重要指标，目前单位面积的蒸汽负荷已达到 $100kg/(m^2\cdot s)$以上的水平。

d. 蒸汽下携带量

在分离过程中，少量蒸汽难免会被疏水卷入而进入再循环。被夹带的蒸汽可能使水位发生波动，蒸汽进入下降通道影响水循环。因此，分离器的疏水结构应能防止蒸汽回流。蒸汽下携带量定义为一次分离后疏水中所含蒸汽的重量百分数。正常运行时，此值应小于1%。

(2) 工质流程

二次侧给水由给水泵输送至给水接管，通过给水环分配到管束套筒与蒸汽发生器外筒体之间的环形下降通道内，在这里与由汽水分离器分离出来的再循环水混合后，向下流动，在底部经管束套筒缺口折流向上，进入传热管束区，沿管间流道向上吸收一次侧的热量，被加热至沸腾，产生蒸汽。汽水混合物离开传热管束后先进入第一级汽水分离器，由此分离出大部分水分，再进入由人字形板组成的第二级汽水分离器(见图 3.51)。分离出的水向下经疏水管，与其他再循环水混合。经二次分离的蒸汽湿度降至 0.25%以下，经出口管送往汽轮机。

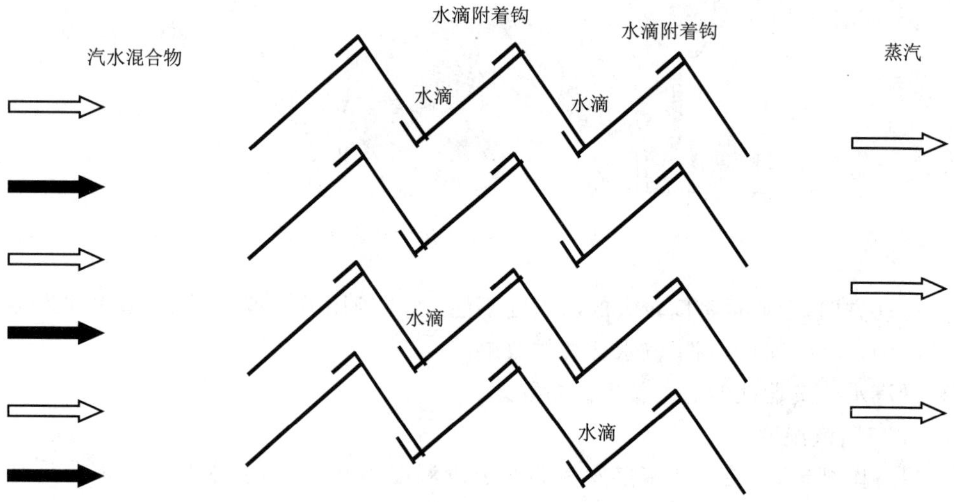

图 3.51　人字形带钩波纹汽水分离器结构

2. 卧式 U 形管蒸汽发生器

俄罗斯和东欧国家的压水堆核电厂中，广泛采用卧式自然循环蒸汽发生器。这种预热器卧式蒸汽发生器为水平放置的单壳体结构，结构如图 3.52 所示。

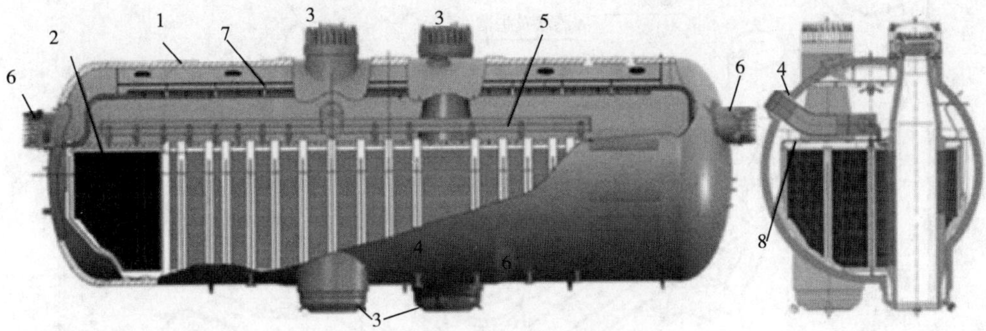

图 3.52　卧式蒸汽发生器

1—壳；2—管束；3—冷却剂入口与出口；4—主给水口；5—给水分配器；6—手孔；7—蒸汽分配孔；8—淹没的孔板

给水预热、二次侧蒸汽的产生、汽水分离及蒸汽干燥无在一个蒸汽发生器外壳内进行。壳体由圆柱形筒体和封头组成。壳体沿高度方向分成(上部)汽水分离器，(下部)U 形管加热区。U 形管束固定在两个立式圆柱形联箱上。传热管束采用奥氏体不锈钢，管子内表面进行电化学抛光，外表面进行研磨，以提高管材的抗腐蚀能力。给水通过管束上方的给水总管进入蒸汽发生器。为了防止壳体产生过大的热应力，在给水总管贯穿壳体部位设有保护衬套。装在联箱上的给水分配短管垂直插入到 U 形管束中间，从给水总管来的给水通过这些多孔配水管进入换热器区域。这样附近的管排间隙就成为下降通道。其他管排间隙与管束与筒体的间隙即为上升通道。上升与下降通道不像立式自然循环蒸汽发生器的那样分明。正常水位一般控制在最上一排传热管以上 300～400 mm。设置在汽空间的百叶窗式汽水分离器用来提高蒸汽干度。在百叶窗汽水分离器的上方装备有集汽顶板。它是一块多孔隔板，用来使流向蒸汽母管的气流变得均匀、稳定。为保证水质，在壳体最低点设有连续排污管。

卧式蒸汽发生器的的优点如下：

1) 没有水平管板，取而代之的是立式圆柱形连箱。在连箱表面不会形成滞流区。传热管根部具有一定的流速，杂质不会在这里沉积和浓缩，因而可避免传热管与联箱结合部位的腐蚀破裂；

2) 具有较大的蒸汽空间，单位蒸发面的负荷较立式蒸汽发生器的小，因而采用较简单的汽水分离装置就能保证蒸汽质量满足标准；

3) 采用奥氏体不锈钢传热管，可节省大量的镍金属，造价低廉。

卧式蒸汽发生器的缺点如下：

1) 出口蒸汽的湿度对水位波动比较敏感，因而对水位控制要求较高；

2) 卧式安放，占地面积大，不便于在安全壳内布置；

3) 受铁路运输限制，蒸汽发生器的体积不能过大，单台极限功率一般为200～300 MW。

卧式蒸汽发生器在 VVER-1000 核电厂反应堆冷却剂系统的立体布置如图 3.53 所示。

3. 直流蒸汽发生器

直流式蒸汽发生器(once through steam generator，OTSG)，采用垂直逆流直管热交换

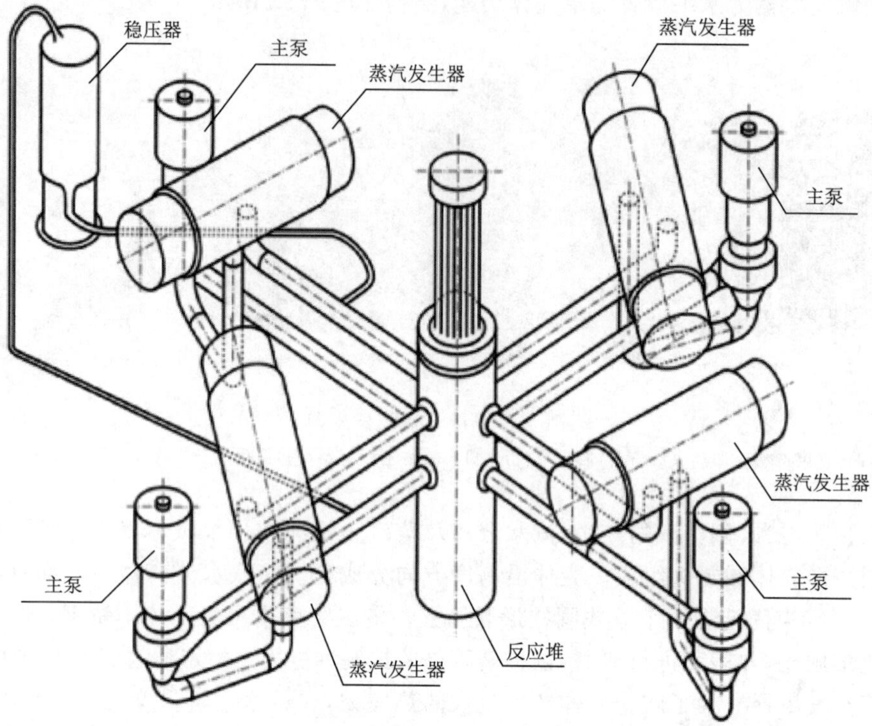

图 3.53 VVER-1000 核电厂卧式蒸汽发生器的布置

器设计。

在直流式蒸汽发生器中，二次侧工质的流动靠水泵压头来实现强迫循环。由给水泵输送给水流经传热管，在热侧流体的加热下，给水经预热、蒸发、过热而达到所要求的温度。核电厂的直流蒸汽发生器只能产生微过热的蒸汽，对于提高汽轮机工作的可靠性和提高循环热效率非常有利。因此直流式蒸汽发生器的主要特点是 1）强迫循环；2）产生微过热蒸汽；3）没有内部的水循环，给水一次流过加热面转变为蒸汽。

直流蒸汽发生器有管外直流和管内直流两类。管外直流蒸汽发生器是二回路工质在传热管外流动，而一回路冷却剂在传热管内流动，主要应用于压水堆核电厂。管内直流指二回路工质在传热管内流动，一回路冷却剂在管外流动，这种类型多用于核动力舰船。

直流蒸汽发生器由上封头、下封头、上管板、下管板、筒体、衬筒和管束组成。球形封头由低合金钢板冲压而成，一回路冷却剂进口接管位于上封头，出口接管位于下封头，上、下封头都开有检查孔和入孔，环形封头和进出口接管内表面都堆焊有不锈钢层；管板用低合金钢锻件制造，在与一回路冷却剂接触表面上堆焊与管材相同的材料；筒体采用碳素钢或低合金钢板卷板焊接而成；传热管目前均采用镍基合金。在管束上装有支撑板，其结构与立式蒸汽发生器相同。在传热管束外围有衬筒，衬筒与筒体间围成上下两段环形通道，其中上段为过热蒸汽的回流通道，下段为给水通道。

正常工况时，一回路冷却剂从顶部接管进入蒸汽发生器的上封头，向下流入传热管，将热量传给二回路工质，然后进入下封头，经出口接管流出。二回路给水进入蒸汽发生器后，经过衬筒和下管板间的间隙进入预热段，被加热后又沿着管束向上流动，被加热至沸腾状态，直到全部汽化为蒸汽，并达到过热状态。过热蒸汽经上衬筒和上管板间的间隙，折流向下进入衬筒和筒体间的环形通道，最后从过热蒸汽出口管引出。

美国巴布科克·威尔科克公司设计的直流蒸汽发生器原理图如图3.54所示。这种直管型蒸汽发生器必须解决的一个问题是管束与筒体热膨胀差的补偿。本设计采用的是使用过热蒸汽加热筒体，即将过热蒸汽引到管束套筒与外筒体之间，并向下流动，适当选择蒸汽出口位置，即可使管束与筒体的热膨胀差达到允许水平。

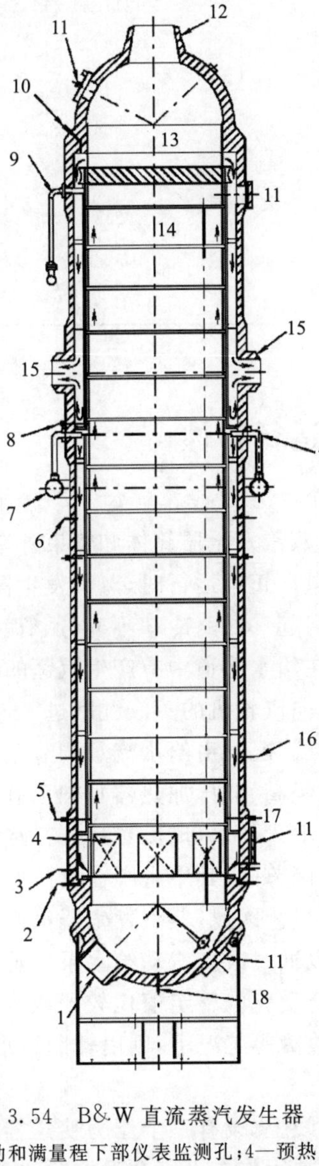

图3.54　B&W直流蒸汽发生器

1—回路冷却剂出口；2—排水孔；3—启动和满量程下部仪表监测孔；4—预热区；5—取样孔；6—临时监测连接处；7—主给水口；8—上部运行和启动仪表孔；9—应急给水口；10—满量程上部仪表监测和排放孔；11—维修人孔；12—反应堆冷却剂入口；13—过热段；14—过热区；15—蒸汽出口；16—运行范围位水位监测接口；17—可调节支撑座；18—排污连接孔

美国核电厂常见的2种直流蒸汽发生器的详细参数如表3.10所示。

表 3.10 美国核电厂 2 种典型蒸汽发生器参数

物理量	参数	参数
额定电功率/MW	860	1 300
额定热功率/MW	2 568	3 760
系统压力/bar[1)]	149	153
一侧次冷却剂流量/(10^6 kg/h)	29.5	35.6
一回路冷却剂温度/℃	317.8	329.7
环路数目/个	2	2
主泵数目/台	4	4
满功率蒸汽流量/(10^6kg/h)	299	308
满负荷蒸汽过热度/℃	19.4	19.4
给水温度/℃	235	241
传热管数目/根	15 530	16 000
传热管直径/mm	15.9	15.9

注:1) bar=10^5 Pa。

3.4.3 蒸汽发生器的运行特性

1. 蒸汽发生器水位的调节

蒸汽发生器的水位是指在蒸汽发生器筒体和管束外套筒之间的环形部分中测量得到的水位,也就是冷柱的水位。核电厂正常运行时,蒸汽发生器需保持正常的水位,若水位过低,蒸汽发生器二次水量过少,会引起一回路冷却不充分,管束因温度升高可能出现破裂现象。同时使蒸汽进入给水环,从而在给水管道中有产生汽锤的危险,蒸汽发生器的管板还将受到热冲击;若水位过高,将导致流向汽轮机的蒸汽湿度过大,影响汽轮机的安全运行。

蒸汽发生器的给水,在正常工况时由给水流量调节系统供给,在核电厂启动阶段蒸汽发生器需充水。冷凝器中冷凝水经高、低压加热器加热后作为蒸汽发生器给水。两台主给水泵出口的给水经高压加热器后汇入给水母管,然后分三路送到三台蒸汽发生器,每条给水管上有一个主调节阀和一个旁路调节阀,其中主阀在负荷低于 18%FP 时关闭,通过改变给水调节阀的开度可以调节给水流量。因此,蒸汽发生器水位的调节,依靠控制给水流量调节系统的进水流量阀门而实现,可以通过改变汽动给水泵转速来调整给水母管和主蒸汽集管间的压力差,测得的压力差与负荷变化的整定值比较。压水堆长时间处于热备用或冷堆堆状态,或给水流量调节系统发生故障等工况下,则由辅助给水系统提供给水。

2. 蒸汽发生器压力控制

在每条蒸汽发生器蒸汽管线上,设有三个压力变送器。压力变送器位于安全壳隔离阀与卸压之间。同时三个通道都被用作专设安全设施启动逻辑的输入。

3. 蒸汽发生器传热管的防腐

蒸汽发生发生器是压水堆核电厂的主要设备,也是核电厂运行中发生故障最多的设备之一。大多数故障是由于各种腐蚀使 U 形传热管或传热管接头发生泄漏。防止泄漏的措施之一是注意选用合适的传热管材,由于这类材料在含氯(Cl^-)、氧(O_2)或含游离碱

(OH^-)的高温水中对应力腐蚀敏感，特别是凝汽器用海水冷却时，凝汽器泄漏会造成蒸汽发生器严重的氯离子应力腐蚀。近年来，压水堆核电厂已广泛采用因科镍-690(16Cr~72Ni)作为传热管材，提高镍含量可以大大提高材料耐氯离子应力腐蚀能力，但运行情况表明，在含有一定量氯和氧的高温水中，含镍量较高的因科镍-690 对晶间应力腐蚀敏感，因此，也有采用含镍量中等的因科洛依因科镍-800 作为传热管材的。压水堆核电厂蒸汽发生器运行过程中发生的典型腐蚀示意图如图 3.55 所示。其主要类型主要有：

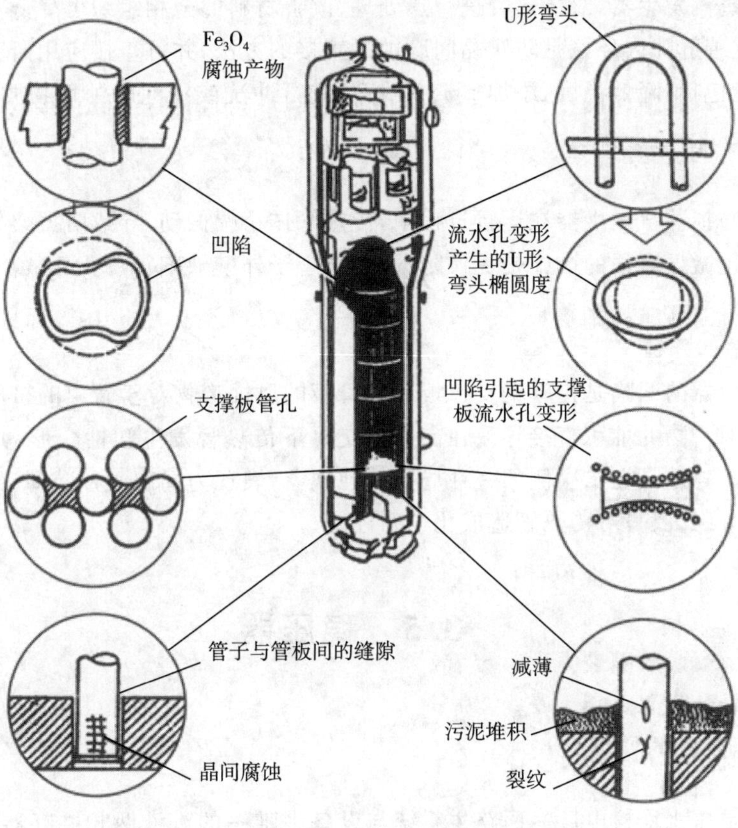

图 3.55　压水堆核电厂蒸汽发生器腐蚀问题

(1) 一次侧的腐蚀

压水堆核电厂蒸汽发生器的因科镍-690 传热管的破裂腐蚀大多发生大 U 形管弯头的顶部，直段与弯管的过流区和胀管段。一次侧破裂形式为晶间应力腐蚀破裂。当介质浓度、拉伸力、材料的敏感性达到一定程度时，这种腐蚀就会发生。主要的应力是传热管在制造和装配时产生的残余应力，压应力和热应力。应力、温度、溶解于介质中的氢或化学物质，构成了应力腐蚀的主要环境因素。

防应力腐蚀的主要措施有：1) 对所有传热管进行热处理，将电加热元件插入 U 形弯头进行现场消除应力处理，或将加热元件置于管板下面和壳体外侧，将整个管板加热到 610 ℃，以消除残余应力和改善相组织；2) 减少胀管过渡区和胀管区热应力的方法可采用内表面现象散射喷丸或旋转喷丸，喷丸在管内表面现象产生的压应力必须与管壁的拉应力保持平衡，以提高一次侧抗腐蚀的能力。

(2) 二次侧晶间腐蚀和晶间应力腐蚀

运行中蒸汽发生器传热管的各个部位都发现了晶间腐蚀，即在因科镍-690晶界发生的腐蚀，其中最主要的是传热管与管板缝隙间的环状缝隙，传热管与支撑板缝隙处管，管板上泥渣淤积处的管段上也会出现晶间腐蚀；晶间应力腐蚀与晶间腐蚀的主要区别在于前者明显与应力有关，加大工作应力，施加动载荷或存在高的残余应力都是促使晶间应力腐蚀发生和发展的主要原因。

对于新蒸汽发生器，对传热管进行热处理、改善材料的金相组织可降低对晶间应力腐蚀的敏感性；改善缝隙内环境是防止晶间腐蚀最直接的方法，并可直接应用研究于晶间应力腐蚀；改善措施包括：降低温度，添加 pH 中性剂，进行冲洗或浸泡腐蚀性物质，控制水质中污染物含量等。

(3) 微振动磨损

微振动磨损蒸汽发生器在运行过程中，传热管作小幅振动，导致防振架处管子管壁减薄而破裂。防止微振磨损的措施是更换防振架，当管子外壁缺陷深度大于40%标准壁厚时就进行堵管。

(4) 凹陷和耗蚀

蒸汽发生器的凹陷是指碳钢支撑板或者管板的腐蚀产物对于管束的挤压作用造成的管子变形。腐蚀产物的堆积直接导致在支撑板交界下传热管发生塑性变形，并引起支撑板变形以致破裂。耗蚀是在二次侧的一种局部侵蚀现象，表现为局部管壁减薄，形成原因是磷酸盐泥渣在滞流区沉积，对传热管造成化学腐蚀。

3.5 稳压器

3.5.1 概述

稳压器是压水堆核电厂一回路主系统与设备中唯一的汽液两相共存器件，主要功能是实现对一回路系统的压力的控制和保护。

1. 压力控制

在核电厂稳态运行时，稳压器建立并维持一回路系统的压力在15.5 MPa整定值附近，避免反应堆内冷却剂发生沸腾，在正常功率变化及中、小事故工况下，稳压器将反应堆冷却剂系统的压力变化控制在允许范围内，以保证反应堆安全，避免发生紧急停堆。

2. 压力保护

事故工况下，当冷却剂系统压力超过稳压器安全阀值时，安全阀自动开启，把稳压器内的蒸汽排放到稳压器卸压箱。

3. 容积补偿

蒸汽发生器作为一回路冷却剂的缓冲箱，补偿反应堆冷却剂系统水容积的变化，特别是在机组升、降功率过程中，冷却剂由于温度变化而引起的体积变化，基本上可由稳压器水位的改变给予抵消，减小了废水的处理。

3.5.2　稳压器的分类与结构

稳压器按原理和结构形式的不同可分气罐式稳压器和电加热式稳压器两类。

气罐式稳压器的工作原理简单，实际上是一个容积补偿箱。由空气压缩机、气罐、空气联箱和相关的阀门管道组成。当稳压器压力降低时，向稳压器补充压缩空气；当稳压器压力高于整定值时，安装于空气联箱上的阀门开启放气，以恢复稳压器压力。气罐式稳压器由于具有：1）靠气体体积的变化来控制压力，系统容积大；2）控制品质低；3）空气溶于水中，造成系统设备腐蚀的缺点。在核电厂已被淘汰。但因气罐式稳压器结构简单，所需辅助系统较少，在一些实验堆、生产堆和一些实验台架仍被广泛采用。

现代压水堆核电厂普遍采用电加热式稳压器。下面以大亚湾核电厂稳压器为例介绍电加热式稳压器。

1. 电加热式稳压器结构

电加热式稳压器一个圆柱形的高压容器，高约 13.64 m，直径约 2.5 m，体积约 39.6 m^3其中上部汽相空间约为 23.8 m^3，净重约 80 t，其结构如图 3.56 所示。

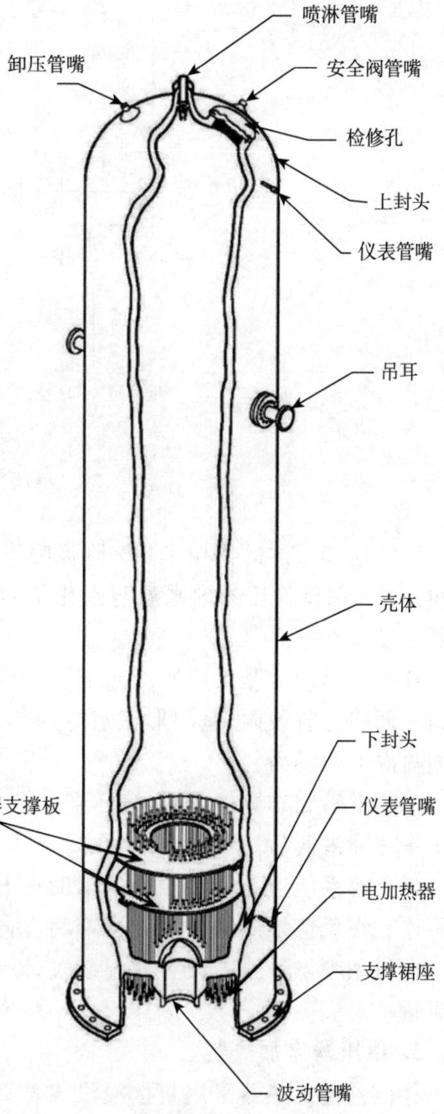

图 3.56　电加热式稳压器结构图

稳压器下部是水空间，有波动管管嘴、电加热器、核取样口和仪表管嘴；上部是蒸汽空间，有喷淋管嘴和喷淋管嘴和喷头、三个先导式安全阀级、仪表管嘴、脉冲管管嘴和供维修人员进入的人孔。

稳压器下封头电加热器由 60 根电加热管组成，它们分布在以下封头中心线为中心的同心圆上，通过下封头插入稳压器水中。为防止电加热器横向振动，在容器内设置两块水平隔板支撑电加热器。

波动管接在下封头最低点，其正上方设有挡板式滤网，使水流进、出稳压器，并防止杂物进入反应堆冷却剂系统的其他地方。

在稳压器上封头安装喷淋管线和安全阀接管，喷淋水通过位于稳压器内上方喷淋管线末端的喷头喷入汽空间，喷淋管线与两个环路的冷管段相连，为了减小波动管和喷淋管线与稳压器本体贯穿处水温差别造成的热应力，在接管处设有热套管结构。

2. 稳压器喷淋系统

稳压器顶部的喷淋系统由两条接到

两个环路冷管段的喷淋管线组成。每个喷淋管线上有一个自动控制的气动调节阀门，每个阀的最大喷淋流量为 72 m^3/h，喷淋降压速率为 1.3 MPa/min。此外，每条旁路管线装有一手动调节阀门，阀门设有一个保持小流量的下挡块，使阀门不能完全关闭，以保持管线上拥有 230 L/ h 连续最小喷淋流量。稳压器喷淋系统管线布置如图 3.57 所示。

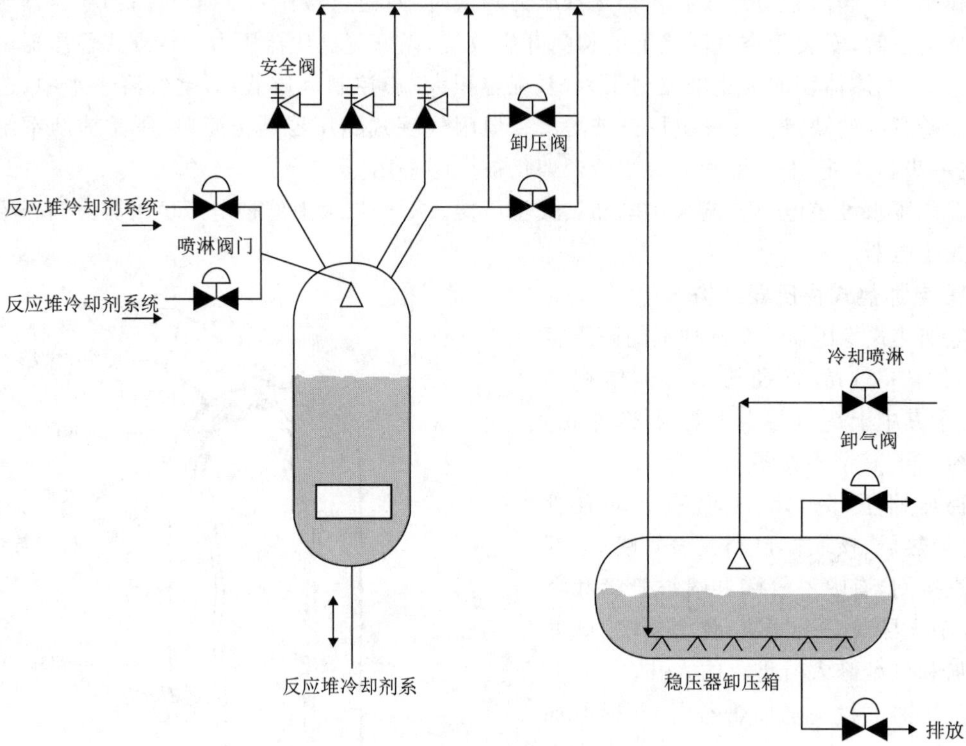

图 3.57 稳压器和稳压器卸压箱结构图

保持连续喷淋的作用是：1）降低喷淋阀开启时对稳压器喷淋贯穿管和管嘴的热应力和热冲击；2）保持稳压器内水温与水化学的均匀一致；3）为调节组（比例组）电加热器提供一个调节基值功率。

喷淋的驱动力是反应堆冷却剂泵出口与稳压器喷头出口间的压差。喷淋管的取水端伸入到一回路冷管段内，呈勺形正对冷却剂来流，以便利用一回路反应堆冷却剂流动的速度头增加喷淋的驱动力。

在喷淋管路布置上，连接稳压器的公共喷淋管路呈倒 U 形，以便形成一个水封，防止蒸汽积聚在喷淋阀后。

与化容系统上充管线相连的辅助喷淋管线，通过一个逆止阀，在喷淋阀的下游与喷淋管路相连。在反应堆冷却剂泵停运期间，由上充泵提供辅助喷淋。

在每条喷淋管线上设有测温装置，以监督是否有喷淋流量，若温度过低，则表明连续喷淋流量不足。

3. 稳压器电加热器

稳压器电加热器采用直接浸没式直管护套式电加热器。加热元件的护套管上端用塞子焊接密封，下端用连接管座密封。加热器的电阻丝用镍铬合金制造，周围用压紧的氧化镁与套管绝缘。

加热器通过焊接在稳压器下封头内侧的贯穿管套安装在稳压器内，由加热器和管套之间的焊接来保证密封，在停堆期间，在排空稳压器水后，每一根电加热器可更换。加热器的最小设计寿命为有效工作 20 000 h，因此预计寿命为 20 年。

加热元件共 60 根，分为 6 组，总功率为 1 400 kW。其中 3—4 组为比例式电加热器，功率连续可调，每组有 9 根加热器，用于补偿稳压器散热损失和连续喷淋所引起的热量损失；其余四组为通断式加热器，功率为可调，在稳压器压力过低或水位过高时投入以恢复压力或加热进入稳压器中的温度较低冷却剂，1—2 组有 9 根电加热器，每级功率为了 216 kW；5—6 组有 12 根电加热器，可由应急电源供电，在厂外电源丧失 1 h 内可恢复稳压器压力。

4. 超压保护装置

图 3.58 为 20 世纪 70 年代经典的压水堆核电厂的稳压器卸压管线设计原理图。稳压器的汽相空间连有两种卸压管线，一种是 3 条安全阀卸压管线，每条管线上有一只弹簧压力式安全阀，当稳压器压力达到各安全阀开启整定值时，进行事故排放。另一种是卸压管线上装有动力操作的卸压阀的开启压力，当压力升至卸压阀开启压力时，卸压阀开启，压力下降至一定值，卸压阀回座，停止排放；当发生卸压阀不能回座故障时，操纵员可以在主控制室根据卸压阀开关状态指示人为关闭与之相串联的电动隔离阀，以防止出现卸压阀不能回座事故造成冷却剂泄漏事故。

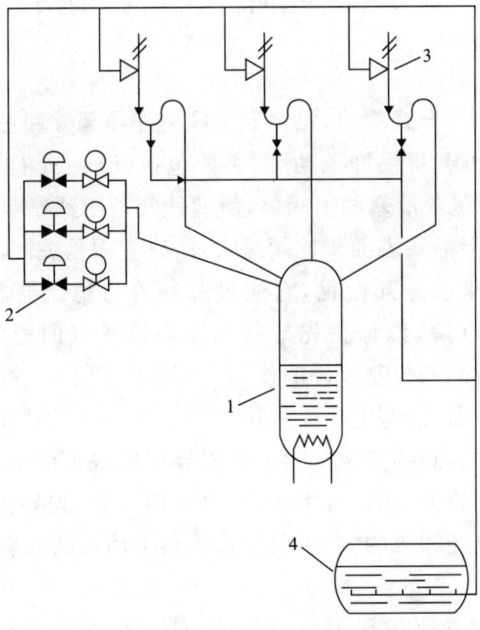

图 3.58　稳压器卸压管线设计原理图

1—稳压器；2—卸压阀；3—安全阀；4—卸压箱

在 1979 年的三哩岛核电厂事故中，一回路升压导致卸压阀开启，卸压阀回座失效，卸压阀缺乏位置指示和操作员未能及时发现卸压阀开启状态指示灯造成持续的泄漏事故，相当于小破口失水事故，这些充分暴露了超压保护装置的设计缺陷。

法国电力公司以 SEIBIM 工厂制造的先导启动式阀门为基础，提出了由 3 条各装有两只串联先导启动式阀门组成的超压保护装置(SEBIM 阀)设计。超压保护系统的改进设计方案如图 3.59 所示。安全 SEBIM 先导控制器的结构及原理如图 3.60 所示。

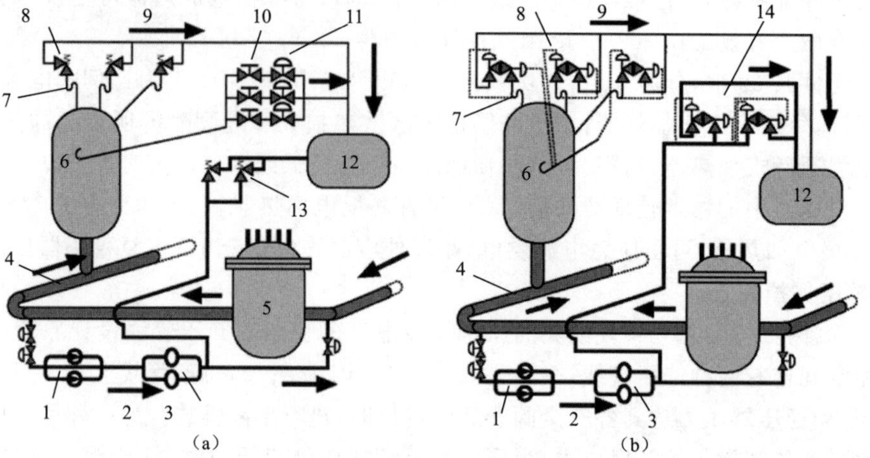

图 3.59 压水堆核电厂超压保护改进前(a)后(b)方案

(a) 核电厂超压保护改进前方案;(b) 核电厂超压保护后方案

1—泵;2—余热排出循环;3—热交换器;4—反应堆冷却剂系统;5—反应堆压力容器;6—稳压器;7—水封;8—安全阀;9—卸放管线;10—隔离阀(开);11—卸压阀(关);12—卸压箱;13—余热排出安全阀;14—SEBIM 安全卸压阀

(1) 安全阀

安全阀是一个自启支先导式阀门,每台安全阀由先导部分和主阀部分组成。

主阀是一个液压驱动阀,提供卸压功率,主要包括:1) 一个插入喷嘴的下阀体,主阀盘就布置在阀嘴上;2) 一个包含活塞的上阀体,活塞使阀盘压到喷嘴上,活塞上面和主阀盘下面都受到稳压器的压力,但活塞表面积比阀盘大,所以主阀是关闭的。

先导阀与主阀及稳压器分开设置,它通过脉冲管与稳压器和主阀连接,在稳压器与先导阀之间装有一个冷凝罐,以保护先导阀不受高温蒸汽的影响,以减少响应时间。

阀门先导阀起压力敏感和控制元件的作用。阀的上端有一个活塞机构,活塞缸通过脉冲管与稳压器蒸汽空间相通,活塞上所受的压力与活塞杆上所受的弹簧弹力方向相反。通过调整该弹簧可以调节先导阀的整定压力。在先导阀的底部装有一个电磁线圈,它直接作用在传动杆和活塞杆的凸轮上,凸轮可用于操纵(开启)两个先导阀盘 R1 和 R2。这个电磁线圈提供一种使先导阀直接卸压的方法,以便远距离手动强制开启阀门(见图 3.60)。

(2) 安全阀工作原理

当稳压器压力低于先导阀的压力整定值时,活塞杆在上面位置,先导阀盘 R1 开启,使主阀活塞上部与稳压器连通,由于主阀活塞的面积比阀盘的面积大,因此主阀关闭。

当稳压器压力上升时,压力作用在先导阀活塞上,使活塞杆向下移动,先导阀盘 R1 关闭,使主阀活塞上部与稳压器隔离,此时主阀仍然保持关闭。

当稳压器的压力达到先导阀压力整定值时,活塞杆进一步向下移动,先导阀 R2 开启,主阀活塞上部的流体通过 R2 排出而卸压,作用在主阀阀盘上的稳压器压力使主阀开启。

当稳压器压力降低时,活塞杆上升,先关闭先导阀盘 R2,再开启 R1,使主阀活塞上部与

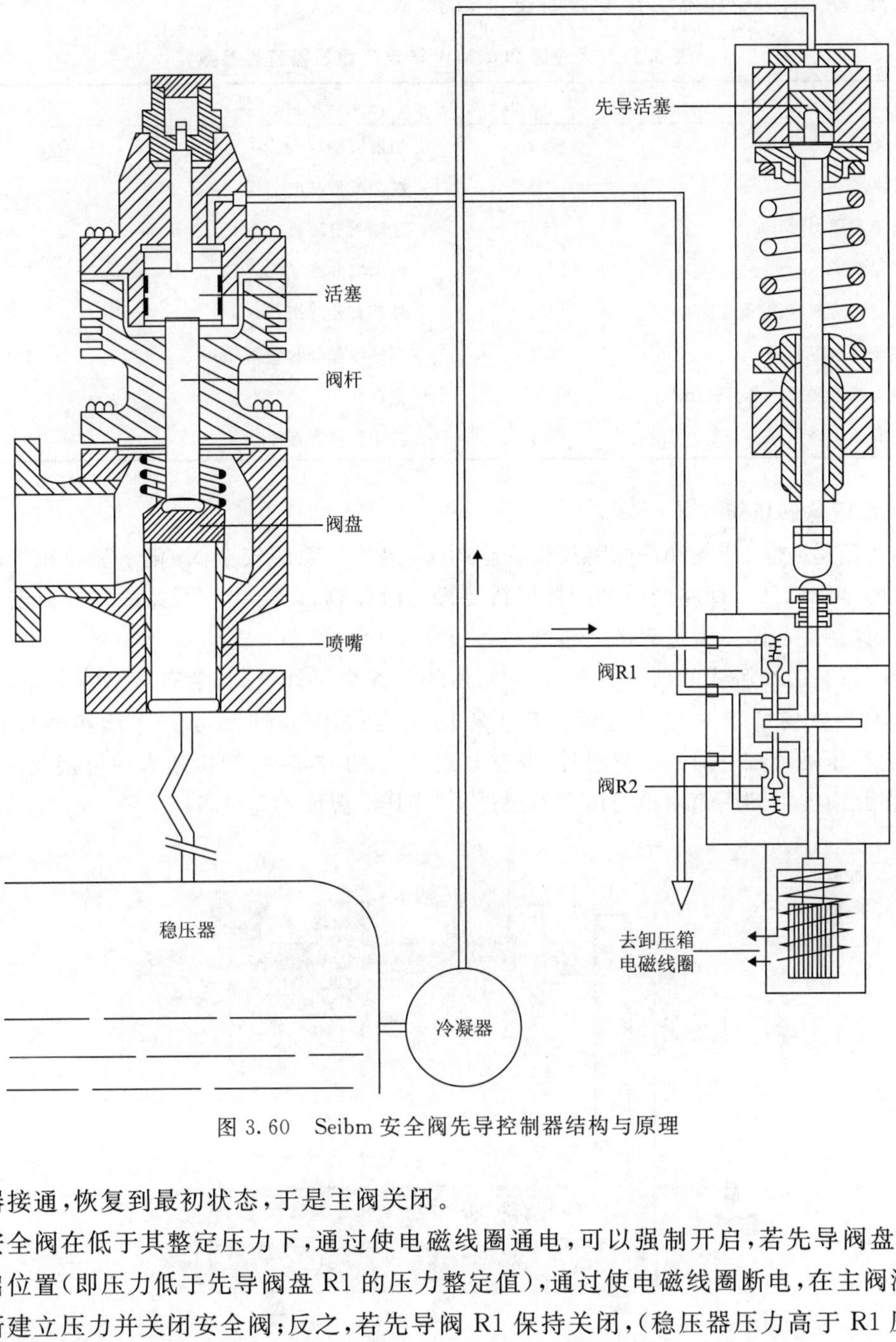

图 3.60　Seibm 安全阀先导控制器结构与原理

稳压器接通，恢复到最初状态，于是主阀关闭。

安全阀在低于其整定压力下，通过使电磁线圈通电，可以强制开启，若先导阀盘 R1 处于开启位置（即压力低于先导阀盘 R1 的压力整定值），通过使电磁线圈断电，在主阀活塞上可重新建立压力并关闭安全阀；反之，若先导阀 R1 保持关闭，（稳压器压力高于 R1 压力整定值），则不能重新建立活塞上的压力，且安全阀保持开启状态。

(3) 隔离阀工作原理

隔离阀在反应堆启动升压过程中始终要处于打开状态，在稳压器绝对压力低于 13.9 MPa 时，必须通过控制室的一个 TPL 限位开关使隔离阀的先导阀电磁线圈通电，即手动打开隔离阀，当稳压器绝对压力大于 14.4 MPa 时，手动开启信号弹被复位清除，以防止隔离阀无法关闭。

大亚湾核电厂稳压器工作参数如表 3.11 所示。

表 3.11 大亚湾 900 MW 核电厂稳压器特性参数

物 理 量	数 值	物 理 量	数 值
设计绝对压力/MPa	17.23	喷淋流量/(m^3/h)	151～200
设计温度/℃	368	波动流量/(m^3/h)	3 010
运行绝对压力/MPa	15.5	连续喷淋流量(m^3/h)	2 301
运行温度/℃	345	辅助喷淋流量(m^3/h)	9.5
满负荷时蒸汽容积/m^3	15.15	外部直径/mm	2 350
满负荷时水容积/m^3	25.18	圆柱体部分的壁厚/mm	108
淹没加热器要求的水容积/m^3	5.32	空重/t	79
冷态时最小容积/m^3	39.75	波动管接管直径/mm	355

5. 稳压器卸压箱

卸压箱是收集、冷凝和冷却稳压器安全阀、余热排出系统安全阀、化学和容积控制系统安全阀的排汽以及一回路阀门的阀杆填料装置的泄漏物，以防止一回路冷却剂对安全壳造成污染，保持一回路压力边界的完整性。

卸压箱是一个卧式的低压容器，在它筒体的上部为氮气空间，装有一组喷雾器，筒体的底部没轴线方向装有一根鼓泡管。卸压箱的结构如图 3.61 所示。卸压箱按照能接收 110％的稳压器蒸汽空间的蒸汽设计，即在开启 30 s 的时间内，卸压箱大约可接收 1 700 kg 蒸汽，在此情况下卸压箱内绝对压力不超过 4.5 MPa，温度不超过 93 ℃。

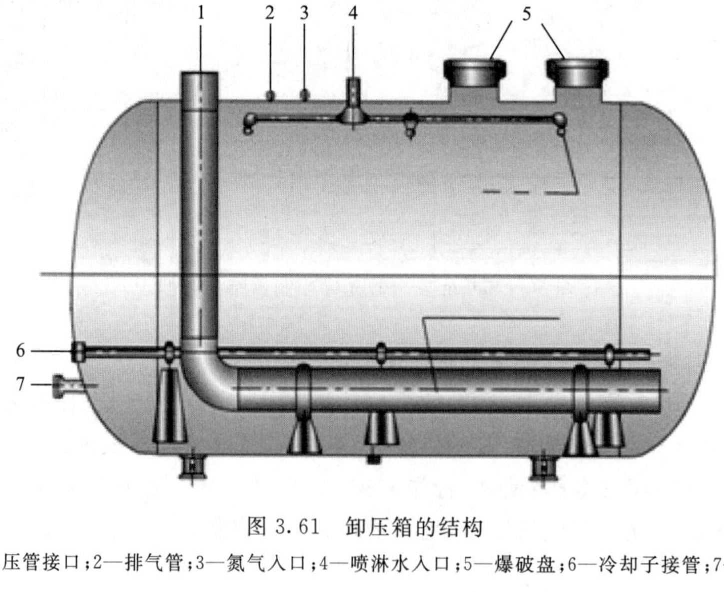

图 3.61 卸压箱的结构

1—稳压器卸压管接口；2—排气管；3—氮气入口；4—喷淋水入口；5—爆破盘；6—冷却子接管；7—温度计接管

卸压箱总容积约为 37 m^3，在正常状态下，箱内水位为总高度的 65％，水温维持在 40 ℃，上部充有氮气，额定绝对压力为 0.12 MPa。充氮的目的是为了防止由稳压器排放的蒸汽中含有的氢气与空气中的氧气混合产生爆炸，需定期从卸压箱内联样分析聚集的氢气和氧气的浓度，若箱内压力小于0.12 MPa，由氮气分配系统充氮；若箱内压力高于0.12 MPa，则释放蒸汽，由排汽管线将蒸汽排放到核岛排气和疏水系统。覆盖氮气的容积系统按一次排放后限制卸压箱内最大压力达到0.45 MPa来选择。卸压箱内装有两个爆破膜，其排放能力等于稳压器三个安全阀的排放能力，一个爆破膜在内部超压情况下(0.8 MPa)保护卸压箱；第二个爆破膜在反应堆安全壳内超压情况下，保护卸压箱，使其不致被压坏。

3.5.3 稳压器工作原理

1. 稳压器压力控制

压力控制的作用是在稳态和设计瞬态工况下，使稳压器的绝对压力保持在整定值15.5 MPa附近。当反应堆压力容器压力超出允许范围时，稳压器起超压保护作用，防止反应堆一回路压力系统边界的破坏；当反应堆压力容器下压力下降时起低压保护作用，防止堆芯发生偏离泡核沸腾DNBR(departure from nucleate boiling ratio)。稳压器压力控制系统原理框图如图3.62所示。

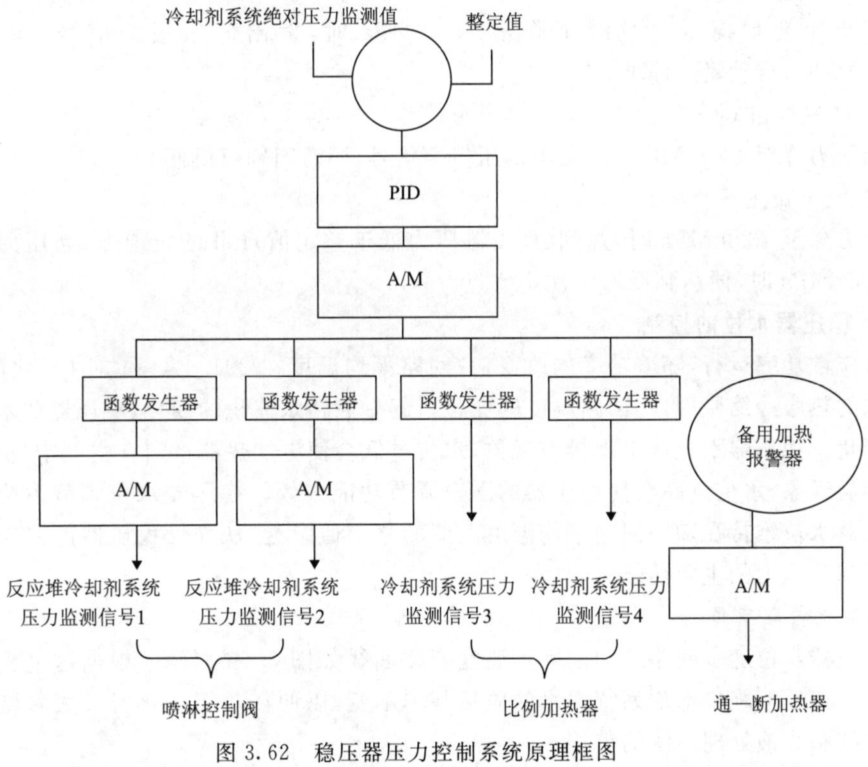

图3.62 稳压器压力控制系统原理框图

来自反应堆冷却剂系统的绝对压力测量值与整定值绝对压力(15.5 MPa)之差 $P-P_r$ 送到比例微分调节器PID，经运算后输出一补偿压差信号 $(P-P_r)_{补}$。该信号通往几个函数信号发生器，和阀值继电器，随着信号的大小相继启动加热器或喷淋阀。

反应堆冷却剂系统压力测量通道产生与绝对压力有关的保护信号，以3取2逻辑送到反应堆保护系统。

(1) 压力升高时的控制区与保护

1) 当冷却剂系统压力 $P \geqslant 16.55$ MPa 时,启动高压紧急停堆保护;

2) 当压力 15.67 MPa $\leqslant P \leqslant$ 16.55 MPa 时,启动比例喷淋;

3) 当压力 $P=16.6$ MPa 时,达到第一个安全阀的开启定值点,若安全阀开启压力下降,则达到 16.0 MPa,此时安全阀关闭;

4) 当压力 $P=17.0$ MPa 时,第二个安全阀开启,压力 $P=16.4$ MPa 时,第二个安全阀关闭;

5) 当压力 $P=17.2$ MPa 时,第三个安全阀开启,压力 $P=16.6$ MPa 时,第三个安全阀关闭。

(2) 压力降低时的控制与保护

1) 通断式加热器投入

当稳压器压力低于整定值 0.17 MPa 时,发出低压报警信号,通断式加热器接通;若压力回升,则当压力低于 0.1 MPa 时,通断式加热器断开。

2) 低压紧急停堆

若冷却剂系统压力继续下降至 15.2 MPa 时,发出低压报警信号;当压力达到 13.1 MPa 时,启动紧急停堆。

3) 闭锁喷淋阀

当压力降至 14.9 MPa 时,发出低压报警信号,同时闭锁喷淋阀。

4) 低压安注

压力降至 13.9 MPa 时,达到(稳压器压力低于整定值)PⅡ的定值点,当压力继续下降到 11.93 MPa 时,便达到低压安注定值点。

2. 稳压器水位的控制

反应堆功率运行,随着功率的改变,一回路平均温度在 291.4 ℃和 310 ℃之间或变化。由于水的热胀冷缩原理,一回路温度的变化引起一回路水体积的变化,稳压器的水位也随之发生变化。稳压器不允许出现排空现象,水位过低会使电加热器裸露在空气中烧毁;不允许出现满溢现象,水位过高会使稳压器的压力调节功能失效。稳压器水位调节系统的功能是将稳压器水位维持在随一回路平均温度而变的整定值附近,从而使稳压器能完成其维持反应堆冷却剂压力的主要功能。

(1) 水位整定值

稳压器水位随一回路冷却剂平均温度变化曲线如图 3.63 所示。根据这个整定值调节水位可保持反应堆冷却剂系统内水的质量基本不变,以便在功率变化时最大限度地减小硼回收系统和废液处理系统的负担。

水位整定值曲线虽然考虑了反应堆功率或汽轮机负荷改变对(冷却剂温度)水位的影响,但在负荷的快速变化时,仍然会造成水位偏离整定值,此时水位调节系统根据稳压器水位偏离整定值的大小来改变上充流量,能恢复稳压器水位。

(2) 水位控制原理

稳压器水位控制的基本方法是下泄流量不变,通过改变上充流量来调节稳压器水位,该控制功能如图 3.64 所示。三个水位实测信号,经信号选择开关择其中一信号送往水冷调节电路。在调节电路中,由一回路平均温度 T_{av} 按照图 3.61 的曲线生成稳压器水位整定值,

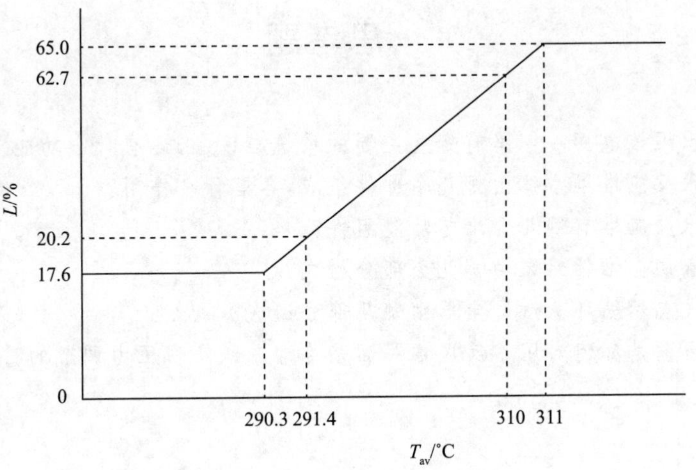

图 3.63　稳压器水位整定值曲线

由于二回路负荷变化影响稳压器水位，则需引入一回路平均温度参考值 T_{ref}（汽轮机负荷函数）对稳压器水位进行修正，然后与水位测量信号比较得到水位偏差值。另外，考虑到上充流量与下泄流量不平衡对水位的影响，也将它们的实测值输入计算。调节逻辑电路经过运算，产生上流流量调节阀的开度信号，送信该阀，使上充流量相应变化，从而调节稳压器水位。

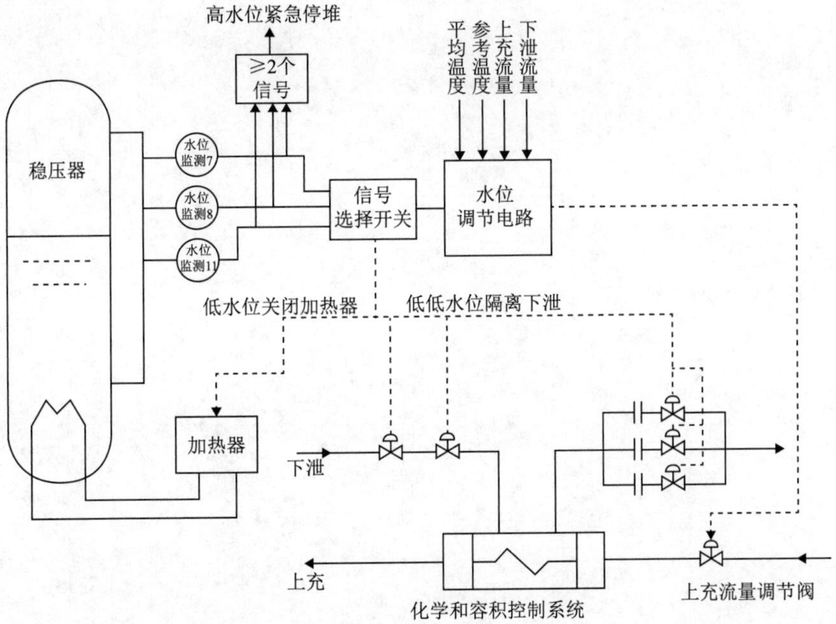

图 3.64　稳压器水位控制原理

稳压器水位较低时，切断电加热器电源，关闭下泄管线（包括下泄孔板和下泄阀）等自动动作；若水位异常高，且功能大小 10%，则反应堆紧急停堆。

思考题

3.1 压水堆核电厂一回路有哪些主要的系统与设备,各有什么功能?

3.2 压水反应堆堆本体由哪几个部件组成,各有什么作用?

3.3 压水反应堆有哪几个堆芯功能组件?

3.4 压水反应堆轴封泵由哪几个部分组成?

3.5 立式自然循环蒸汽发生器由哪几部分组成?

3.6 稳压器是如何对压水反应堆一回路冷却系统实现压力调节的?

第4章　核岛主要辅助系统

一回路辅助系统包括化学和容积控制系统、堆芯余热排出系统、水质控制等与一回路直接相关的系统，而核岛辅助系统的范围则要大得多，除了一回路辅助系统，还包括辅助冷却水系统、三废处理系统、核岛通风空调系统、核燃料装卸储存及工艺运输系统。核岛辅助系统是核岛的重要组成部分，它不仅是核电厂正常运行不可缺少的，而且在事故工况下，为核电厂安全设施系统提供支持。压水堆核电厂的辅助系统必须具备以下几种功能：

1. 导出余热

核反应堆在停堆后，其功率不是立刻降为零，而是按照一个负的周期迅速地衰减，所以停堆后还是有热量不断地从芯块通过包壳传入冷却剂中，事故停堆后相当长时间仍有不可忽视的余热，为了保证核反应堆的安全，在核反应堆停堆后的一个相当长时间内，必须保证足够的堆芯冷却，有效地排出堆芯余热。余热排出系统能够完成此功能。另外，乏燃料组件从堆芯移出至乏燃料水池后，乏燃料余热会使水温度升高，这时余热一部分来自燃料棒内储存的显热，一部分则来自剩余中子引起的裂变和裂变产物的衰变及中子俘获产物的衰变。在换料期间，换料水池也需要冷却。换料水池和乏燃料水池冷却与净化系统用来排出乏燃料余热、净化核反应堆换料水池和乏燃料水池水质。

2. 对一回路冷却剂进行化学和容积控制

化学和容积控制系统对一回路冷却剂实施容积控制，以确保一回路系统内的水容积在合理区间。化学和容积控制系统还可以在硼和水补给系统（硼和水补给系统提供加硼、稀释、加氢氧化锂、联氨的操作）的配合下改变冷却剂中可溶毒物硼浓度，调整冷却剂的pH以及净化冷却剂。另外，硼回收系统收集化学和容积控制系统下泄水和核岛排气疏水系统的可用水，经处理后向硼和水补给系统提供水和硼酸。

3. 开展设备的冷却

设备冷却水系统，其功能就是向核岛内需要冷却的设备提供冷却水，之后将热量传递给重要厂用水系统中的海水，从而将核电厂废热排入核岛的最终热阱（大海）。于是，设备冷却水系统成为隔离核反应堆冷却剂与环境水体的一道屏障。设备冷却水系统和重要厂用水系统不仅在正常情况下可以作为核岛向环境的排热通道，而且在事故工况下还作为安全设施系统的支持系统将堆芯余热排入环境，以保证核电厂的安全。有部分设备的冷却需要与核岛通风空调系统一起配合完成。

4. 废物的收集和处理

核电厂在运行中产生带有放射性的三废（废液、废气、固体废物），这是核电厂与其他电厂的重要区别之一。按照三废放射性强度、化学物含量多少区别对待，或回收再利用，或经处理后按照国家的有关规定稀释排放，把对环境的影响减小到最小。硼回收系统、排气疏水系统、三废处理系统实施了对废物的收集和处理。

5. 核岛通风空调系统

核岛通风空调系统包括核反应堆厂房、核燃料厂房、核辅助厂房、电气厂房、控制室、连接厂房的通风空调系统。核岛通风空调系统的设计目的是为设备的安全运行提供合适的环境条件、为工作人员提供舒适的环境、控制和限制污染空气或受到污染的气体排放，主要通过对空气放射性、压力、湿度、温度、清洁度、换气频率等参数的控制，来达到对设备和人员都合理的工作条件。

本章将针对最新的AP1000系统，详细介绍几个核岛的主要辅助系统。AP1000的辅助系统包括正常余热排出系统、设备冷却水系统、厂用水系统、化学和容积控制系统、乏燃料池冷却系统、一回路取样系统、燃料操作系统和换料系统、放射性废物处理系统、消防系统、除盐水输送和储存系统、生活废水排水系统等20多个系统。在这里我们将重点介绍正常余热排出系统、设备冷却水系统、厂用水系统、化学和容积控制系统、乏燃料池冷却系统等几个主要的辅助系统。

4.1 化学和容积控制系统

4.1.1 系统的功能

化学和容积控制系统的功能从非安全相关的角度来讲有以下几点：化学补偿和化学控制，通过控制冷却剂中的硼浓度的方法来保持核反应堆冷却剂的化学条件，以适应电厂启动、补偿燃料燃耗的正常稀释和停堆硼化等工况，并且通过保持氢氧化锂的合适浓度来控制核反应堆冷却剂系统的pH；冷却剂系统水装量控制和补水，保持核反应堆冷却剂系统中要求的冷却剂装量，在电厂正常运行期间维持稳压器程控水位；氧含量控制，在功率运行期间，保持核反应堆冷却剂系统中溶解氢的含量在适当的水平；在每一次停堆到下一次启动前，核反应堆冷却剂系统中氧的实际含量要保持在适当水平；净化，保持核反应堆冷却剂系统流体的洁净度和放射性水平在允许限值内；向辅助设备提供硼化补水，为需要核反应堆等级硼化水的一次侧系统提供硼化补水；稳压器辅助喷淋，为降低RCS的压力，提供稳压器辅助喷淋；为核反应堆冷却剂系统的充水和压力试验提供手段，为核反应堆冷却剂系统提供充水和压力试验的接口。化学和容积控制系统不执行核反应堆冷却剂系统水压试验，水压试验仅在首次启动前和重大的非常规维修后才要求进行，但化学和容积控制系统提供临时水压试验泵的接口。

化学和容积控制系统的功能从安全有关的角度来讲则有：蒸汽发生器或稳压器高水位信号时补水隔离、化学和容积控制系统贯穿安全壳管线的安全壳隔离、维持核反应堆冷却剂系统压力边界及正常化学和容积控制系统中的下泄系统与核反应堆冷却剂系统的隔离、核反应堆冷却剂系统意外硼稀释的终止。

化学和容积控制系统由净化回路、化学补偿和容积控制管线、补给管线三部分组成，主要是从反应性控制、容积控制、化学控制这三个方面来满足一回路的需要。

1. 反应性控制

化学和容积控制系统通过控制硼浓度来控制反应性。硼酸溶于水中，不需要任何额外空间就能起到吸收中子的作用，从而可以省去大量控制棒，简化了堆芯布置和核反应堆压力容器顶部结构。可溶性硼酸均匀弥散在慢化剂中，消除了采用控制棒时造成的堆芯内中子通量密度不均匀现象。核反应堆运行时,控制棒几乎可以全部抽出堆芯,使堆芯功率分布均匀,而且这种均匀的功率分布不随燃耗的变化而改变,这对提高燃耗深度是有利的。但是必须注意到利用硼进行反应性控制也有缺点。由于改变冷却剂硼浓度是通过向一回路注入浓硼酸或纯水同时排出等量的一回路水来实现的,这一过程一般需要几分钟到几十分钟才能完成(属于慢控制)。化学和容积控制系统调节一回路水的硼浓度,以补偿堆芯反应性的缓慢变化。

反应性变化的原因:1)核反应堆从冷停堆到热态零功率的过程中,燃料的多普勒效应和慢化剂的温度效应将导致反应性的变化:温度上升时,^{238}U 共振吸收增加以及水的密度降低,因此反应性减少;反之,温度下降时,则反应性增大;2)带功率运行时,由于毒物的产生(^{135}Xe,^{149}Sm 等)、裂变产物的积累和燃耗等物理因素导致的反应性减少;3)工况改变导致的过度中的反应性变化。

反应性控制的目的是通过调整一回路冷却剂的硼浓度来补偿由于燃耗和毒物(^{135}Xe 和 ^{149}Sm)带来的负反应性,并且控制轴向功率偏差 ΔI,控制 R 棒(温度调节棒)棒位在调节带内及保证停堆深度。硼浓度的调节措施包括加硼、稀释硼和除硼。

2. 化学控制

一回路水化学变化的原因有:1) 化学腐蚀(侵蚀):一回路水及水中的杂质与金属的化学反应速率与酸碱性(pH)、杂质、温度、氧含量有很大关系。若一回路 pH 降低、水中杂质多、温度高、氧含量增加,将会大大加速上述化学反应,即加快化学腐蚀的后果。大流量的水冲刷则将这些腐蚀产物带入一回路水中。由于中子辐照,这些腐蚀产物部分被活化,成为具有放射性的活化产物,进一步增加一回路水的放射性比活度;2) 物理腐蚀:水中杂质沉积在燃料包壳上结垢,影响结垢处的热量传输,使得结垢处温度上升,形成热点,可能导致燃料包壳破损,裂变产物进入一回路水中,使一回路的放射性比活度上升。

为了防止腐蚀,不仅应该研究、发展耐腐蚀的结构材料,还需要严格控制冷却剂的水质。对于一个建成的核电厂,冷却剂的质量指标的确定是以防止材料腐蚀为基本出发点的。核电厂运行经验也表明,严格实行水质监督是保证核电厂安全运行的重要措施之一。对于压水堆核电厂核反应堆冷却剂,应严格限制其氧、氟、氯等杂质的质量分数,将 pH 控制在合适的范围,同时对其中的 pH 控制剂和总悬浮体含量确定一个限制指标。

总之,化学控制的目的是清除水内悬浮杂质,维持一回路水的化学及放射性指标在规定的范围以内,将一回路所有部件的腐蚀控制在最低水平。

3. 容积控制

水容积变化的原因是:当一回路水温度变化时,由于水的比体积的改变,回路中水的容积也在随之变化。当一回路的水从冷态(60 ℃)升到热态(291.4 ℃)时,水的比体积约增加 40%,如图 4.1 所示,在正常运行时,一回路的平均温度也随功率的变化而改变。水容积的变化必将导致稳压器水位的波动。另外,即使在正常运行时,一回路处在 15.5 MPa 压力下,边界内会不可避免地向外产生泄漏。这主要是指 1 号密封的泄漏、主泵 2 号轴封的泄漏和一些大的阀门、阀杆的泄漏。这些泄漏也会引起稳压器水位的波动。由于上述两个原因,要想维持一回路水容积的相对稳定,需要进行容积控制。

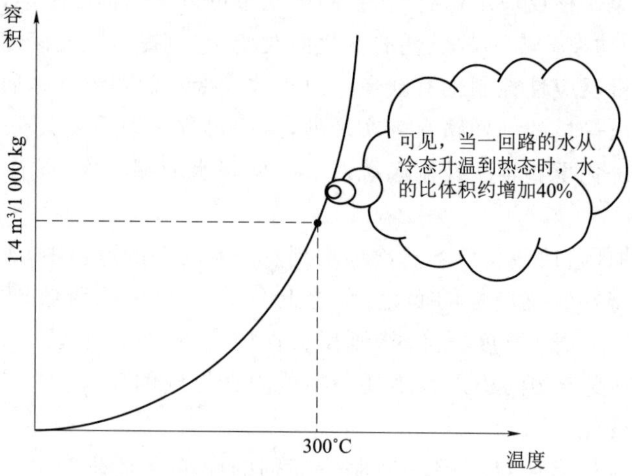

图 4.1　水的比容随温度的变化关系曲线

容积控制的目的是吸收稳压器不能全部吸收的一回路水容积的变化，从而将稳压器的液位维持在整定值上。简单地说，容积控制是通过“上充下泄”来实现的。它吸收稳压器吸收不了的一回路水的容积变化，将稳压器的水位维持在程控液位。具体地讲，化学和容积控制系统作为一回路的缓冲箱，当一回路水容积增大时，通过下泄回路将膨胀的水引向容积控制箱。由于容积控制箱的容积有限，在一回路加热升温，或其他瞬态，水容积增加较多时，容积控制箱就不足以容纳其膨胀的水。此时则要靠与硼回收系统连接的管线将容积控制箱吸收不了的水排向硼回收系统的前置贮存箱。

当一回路水容积收缩或产生泄漏时，则由核反应堆硼和水补给系统供水，通过上充泵给一回路补充与一回路当前硼浓度相同的硼水，使稳压器水位稳定在程控液位。容积控制原理如图 4.2 所示。

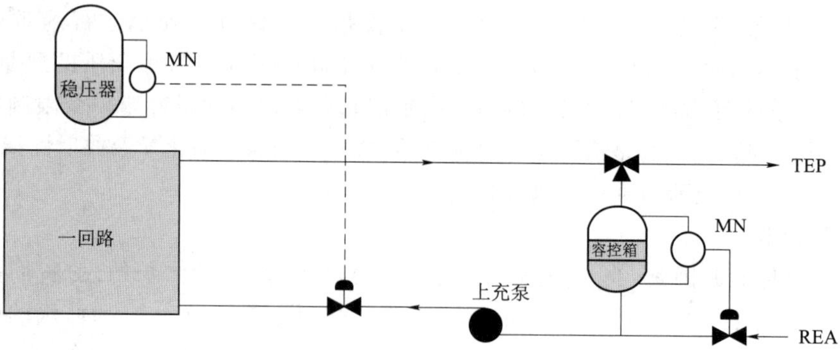

图 4.2　容积控制原理图

4.1.2　系统的流程

一般压水堆电厂的化学和容积控制系统的流程示意图如图 4.3 所示。按照功能分，该流程图可分为下泄管线、净化段、上充泵和上充管线和主泵轴封水回路四个部分。

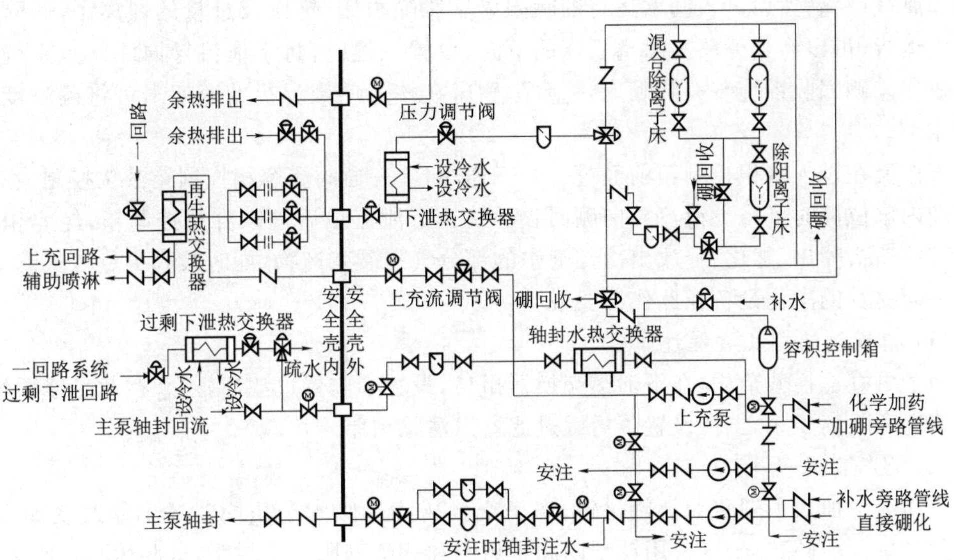

图 4.3　化学和容积控制系统流程图

1. 下泄管线

正常运行时,从一回路的冷管段引出一部分冷却剂,我们称之为下泄流,它的正常流量约为 13.6 m^3/h,经下泄隔离阀进入再生热交换器的壳侧,冷却至 140 ℃,再经过节流孔板,将压力降至约 2.4 MPa 后,进入下泄热交换器的管侧,由壳侧的设备冷却水将下泄流温度降低至 46 ℃左右,离开下泄热交换器的下泄流经下泄压力控制阀再次降压,进入过滤器,滤去水中 5 μm 以上的悬浮颗粒。经温控三通阀,进入净化段。我们看到,正常下泄实际上是两次降温降压过程,第一次降温降压是通过布置在安全壳内的再生热交换器和其下游的节流孔板,使核反应堆冷却剂从 15.5 MPa、291.4 ℃降至 2.4 MPa、140 ℃左右;第二次降温降压是通过安全壳外的下泄热交换器及其下游的下泄压力控制阀。下泄压力控制阀使下泄流在下泄热交换器内具有足够压力,防止冷却不足时在下泄过程中造成闪蒸导致流动不稳定。为了防止闪蒸,先降温,后降压。

在余热排出系统(RNS)运行期间,一回路处于低温低压状态。这时从余热排出热交换器出口的一部分冷却剂从节流孔板下游进入下泄热交换器,经一次降温降压后进入净化回路。

一回路系统还有另外一条下泄通道——过剩下泄通道,在正常下泄不可用时或临时需加大下泄时可投入使用。过剩下泄流从一回路的蒸汽发生器下游引出,经过剩下泄热交换器冷却后可与轴封水回流汇合,一同返回上充泵汲入口,也可导向排气疏水系统。过剩下泄流量等于主泵密封水进入一回路的流量。

2. 净化段

为了使离子交换树脂免受高温(因为净化段的离子交换树脂的正常工作温度范围为 46~62.5 ℃),在净化段入口设置了温控三通阀。若下泄流温度高于 57 ℃,三通阀将自动切换,使下泄流旁路离子交换树脂床,防止离子交换树脂经受高温后失效。在正常情况下,下泄流经温控三通阀进入两台并联的混合除离子床中的一台,除去大多数离子状态的裂变产物和腐蚀产物，然后进入间歇运行的除阳离子床除去钼、铯以及过量的锂离子，若除阳离子床不运行，可以将其旁路在除离子床的下游，设置三通阀，将下泄流导向硼回收系统进行除硼操作。硼回收系统装有除硼床，每台除硼床在核反应堆运行的寿期末可将硼浓度降至所需水平。

下泄流在进入容积控制箱前经过一个三通阀，此三通阀受容积控制箱液位控制，在容积控制箱内水位高时可将下泄流导向硼回收系统。下泄流最后进入容积控制箱，经容积控制箱顶部的喷头喷出、雾化，释放出冷却剂中的部分气态裂变产物，同时吸收少量氢气。

上面提及的净化设备在此作简要说明：

(1) 前置过滤器及后置过滤器

为了更好地拦截杂质，在下泄热交换器出口，设置了前置过滤器，用来拦截悬浮颗粒；在下泄流离开除离子床之后，设置了后置过滤器以清除树脂碎片。

(2) 混合除离子床

冷却剂中加入了硼酸和氢氧化锂，离子交换树脂在吸附杂质同时还不能改变硼和 pH 控制剂含量，混合除离子床采用锂型阳离子树脂和硼酸型阴离子树脂，这些树脂对绝大多数可溶性杂质有很好的吸附作用，但对若干阳离子，如钼、钇、铯去除效果不佳。

(3) 除硼离子床和除阳离子床

除硼离子床是 OH^- 型阴离子树脂床，用来去除冷却剂中的硼酸。随着堆运行时间的增长、堆芯燃耗加深，过剩反应性减少，冷却剂的硼浓度需相应降低。在寿期的初始阶段，当硼的质量分数高时，加水稀释效果较好；寿期末，当硼的质量分数很低时，充水稀释会造成大量含硼水，这时采用 OH^- 型除硼离子床来降低硼的质量分数就比较合理。

除阳离子床是 H^+ 型阳离子床，硼酸作为中子吸收剂，$^{10}B(n,\alpha)$反应将生成^7Li，特别在寿期初，^7Li 生成量较大，需适时地使下泄流经过 H^+ 型阳离子床，来除去冷却剂中多余的 ^7Li；又由于硼浓度随燃耗增加会不断降低，这样 pH 就会提高，也需要用除阳子床降低^7Li 浓度。此外，该除阳离子床还能吸附硼酸型和锂型混合除离子床所不易吸附的铯、钼、钇等阳离子，有利于提高冷却剂净化水平。

(4) 容积控制箱

容积控制箱收集和容纳下泄流，为一回路冷却剂提供容积补偿。它作为高位水箱，为上充泵提供净正汲入压头。下泄流从容积控制箱顶部的喷头喷出、雾化，增加了气液传质表面，裂变气体从冷却剂中解析出来，容积控制箱上部的气空间起到除气和加氢作用。

3. 上充泵及上充管线

上充泵一般采用卧式多级离心泵，它从容积控制箱汲水，将水压升高到一回路压力以上。在布置上，容积控制箱高出上充泵 5 m 以上，为上充泵提供净正汲入压头。

某核电站的上充泵组如图 4.4 所示，它主要由离心泵、电动机、空气冷却器、异径接头齿轮箱、底座等部件组成，泵底座与齿轮箱底座分开。电动机通过一个带有 2 个(高速和低速)联轴器的异径接头齿轮箱来驱动水泵。

空气冷却系统是带扁平散热片的管子，装在电动机空气吸入口。一个挠性罩与电动机相连，靠电动机的风机使空气流过冷却器。为了冷却泵，在泵的出入口之间设置了最小流量管线使一定流量通过。上充管线上设有流量调节阀，按稳压器水位控制系统的要求改变上

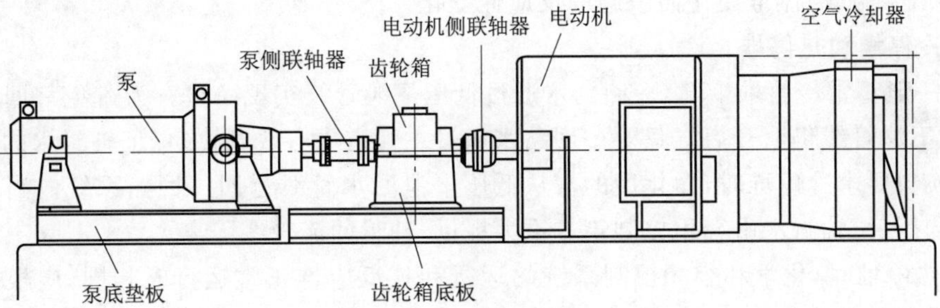

图 4.4　化学和容积控制系统的上充泵组

充流量，上充流经过再生热交换器时吸收下泄流的热量，被加热到接近冷管段冷却剂主流温度后再汇入一回路。

4. 主泵轴封水回路

一部分上充泵流量进入主泵的轴封水回路，密封水流经流量控制阀和过滤器后进入主泵轴封水系统。密封水在主泵的密封组件和泵下部轴承之间引入后分成两股，一股水流向上，经过密封组件，绝大部分水流进入化学容积控制系统，经轴封水热交换器及过滤器后返回到上充泵汲入口；另一股水流向下，冷却、润滑泵的下部径向轴承，然后进入泵腔与一回路冷却剂主流汇合。

4.1.3　系统的运行

化学和容积系统的运行状态与冷却剂系统的运行状态直接相关，化学和容积系统的操作将随冷却剂系统运行状态的变化而改变。

1. 启动

反应堆在启动时，由硼和水补给系统供水，经上充泵将水注入一回路。经过一回路重力排气和动力排气后，用下泄压力控制阀控制一回路压力。达到主泵启动的最小工作压力时，启动主泵，投入稳压器加热器升温，一回路升温速率控制在小于 28 ℃/h。一回路水温在 90～120 ℃时，加联氨除氧，并根据要求加入 pH 控制剂。水中氧质量分数合格后，容积控制箱建立氢气空间。当稳压器内的温度达到相应压力下饱和温度时，稳压器内开始产生汽泡，此时下泄压力控制阀切换为自动控制方式，手动减小上充流量。当稳压器达到零功率水位时，稳压器压力控制切换为自动控制方式。

2. 正常运行工况

1) 在稳态带功率运行工况，下泄流量由一回路净化流量决定。这个流量基本保持恒定(正常流量为 13.6 m^3/h)，由稳压器水位控制系统调节上充流量，使稳压器的水位满足规定的整定值，硼和水补给系统设定在“自动”位置，按照容积控制箱的水位进行自动补给；

2) 核电站负荷变化时，一回路水体积变化比较大。此情况下，首先是稳压器吸收其水容积的变化。当一回路水容积变化量增加，以致稳压器不能完全吸收其变化时，稳压器不能吸收的部分则由容积控制箱吸收。而容积控制箱水容积是有限的，当容积控制箱水位达高水位时，受容积控制箱水位控制的三通阀将下泄流部分或全部导向硼回收系统；当容积控制箱水位下降到低水位时，自动启动硼和水补给系统使容积控制箱水位恢复正常；

3) 如果从一个功率水平过渡到另一个新的功率水平下运行较长时间，则需要调节硼浓度，补偿由于温度、氙毒变化而引起的反应性变化。

3. 冷停堆和热停堆

1）一般正常冷停堆工况，一回路水通过低压下泄管线实现净化。为避免一回路系统超压，正常下泄管线仍旧开启。只要一回路水超过主管道中心线，就应保证轴封水的供应。当维修或换料要求冷停堆时，净化后的水从低压下泄回水管线返回一回路系统。当一回路系统完全卸压后，轴封水由容积控制箱靠重力提供，轴封回流管线隔离；

2）热停堆时，化学和容积控制系统的运行和核反应堆正常运行时相同，应根据停堆时间长短来调整硼浓度。

4. 长期机组停堆

一回路降温降压前必须使一回路冷却剂达到所需的冷停堆硼浓度。在机组停堆的过程中，化学和容积控制系统的运行主要包括：

(1) 降温、降压以及除气

在硼浓度达到冷停堆的要求之后，一回路开始降温降压。降温速率可以由汽轮机旁路系统控制，不允许超过 28 ℃/h；对一回路的除气，实际上在停堆前对容积控制箱的氮气吹扫就已开始进行除气。对于换料、大修，则在降温过程中可利用硼回收系统给一回路除气，以降低一回路的氢浓度和放射性水平；在降温降压过程中，要保证压力和温度在 RCP 标准工况(P—T)图限制线内。

(2) 投入余热排出系统

当一回路温度下降到 180 ℃、压力降到 2.8 MPa 时，投入余热排出系统(RRA)开始工作。只有当余热排出系统的温度、压力和硼浓度与一回路一致时，该系统才可以与一回路接通。

(3) 淹没稳压器汽腔

增加上充流量，减少下泄流量，使稳压器淹没汽腔。汽腔淹没后，再控制一回路压力。

(4) 一回路的氧化

在一回路水温降到 80 ℃时，通过硼和水补给系统向一回路注入双氧水，与此同时对容积控制箱进行空气吹扫，使一回路冷却剂快速氧化，可以阻止大修时一回路放射性水平的增加。

(5) 依靠余热排除系统冷却至冷停堆

当一回路压力降到 0.3 MPa(表压)时，就停止运行上充泵。上充泵停止运行后，主泵的轴封水将继续被提供。开通余热排出系统和化学容积控制系统的联管，净化回路继续净化一回路水质。

5. 事故工况

(1) 上充管线破裂

若果出现上充泵出口压力低，下泄管线自动隔离，或者上充流量不足、或者容积控制箱水位低，引起连续补水等情况，就可以判断判断上充管线出现破裂。如果上充管线出现破裂，应隔离管线破坏部分，投入过剩下泄，维持轴封水供应，根据情况决定机组进入热停堆或冷停堆。

(2) 下泄管线破裂

如果是降压孔板上游的管道破裂，那么泄漏流量会很大，稳压器的水位会迅速下降导致下泄管线自动隔离;如果是降压孔板下游的管道破裂,由于有降压孔板的节流,泄漏流量就没有上述情况那样大,稳压器水位下降缓慢,不会导致下泄管线的自动隔离,那么这时需手动隔离下泄管线。当下泄管线被隔离后,应立即隔离上充管线,开通过剩下管线。此时上充泵继续运行,为主泵提供轴封水。

(3) 轴封回流管线破裂

轴封回流管破裂,容积控制箱水位会立即下降,连续补水已不能维持容积控制箱正常液位,上充泵将切换从换料水箱吸水。此时应立即隔离轴封回流管线和上充泵最小流量管线,机组进入冷停堆工况。

(4) 轴封注水管线破裂

可根据是否出现轴封水流量低以及轴封注水过滤器压差高等报警信号来判断轴封注水管是否破裂。若轴封注水管破裂,应立即隔离轴封水管线,机组进入冷停堆工况。

4.2 正常余热排出系统

在正常运行的情况下,核裂变和裂变产物衰变产生的热量是由一回路通过蒸汽发生器向二回路传递来释放的;当核反应堆停堆时,虽然以裂变为机制的核功率很快就消失了,但由裂变而生成的裂变碎片及它们的衰变产物在放射性衰变过程中释放的热量还存在,这就是剩余功率。除了剩余功率,还可能存在少量一回路及余热排出系统流体和设备的显热以及主泵运行加给一回路的热量。因此余热排出系统需要排出上述三项热量。

余热排出系统又叫作停堆冷却系统。停堆后,最初仍由蒸汽发生器将剩余功率这部分热量导出,当二回路不能再运行时,即由余热排出系统导出这部分热量,保证核反应堆的冷却。2011 年 3 月发生的日本核事故中,由地震造成的海啸等自然灾害导致福岛第一核电站的外电网全部瘫痪,其自身的应急柴油发电机在运行 1 小时后,也因为海啸的袭击而全部失效,这就导致数台机组失去所有外部电源的供应,堆芯失去强迫冷却手段。福岛事故中由于余热排出系统的失灵,数台机组在数月过后依然无法有效排出余热。

4.2.1 系统的功能

正常余热排出系统(RNS)的功能从安全相关功能的角度讲,负责实现正常余热排出系统贯穿安全壳管线的安全壳隔离、冷却剂系统(RCS)压力边界的保护和提供事故后向安全壳水装量长期补给的流道。

正常余热排出系统(RNS)的功能从非安全相关功能的角度讲有以下几点,RCS 停堆余热排出:停堆期间排出堆芯衰变热和核反应堆冷却剂系统(RCS)的显热;停堆净化:换料期间将 RCS 和换料腔室中的水送至化学和容积控制系统净化;换料水箱(IRWST)冷却:电站功率运行期间为安全壳换料水箱(IRWST)提供冷却;RCS 补水:在自动卸压系统 ADS1～3 号阀门触发开启后,为避免 ADS4 号阀门的开启,向 RCS 提供低压补水;事故后恢复:当非能动堆芯冷却系统(PXS)成功缓解事故后,RNS 从堆芯和 RCS 排出热量;低温超压保护:在换料、启动和停堆期间向 RCS 提供低温超压保护(LTOP);长期事故后安全壳水装量补给流道:为事故后安全壳的长期水装量补给提供流道;乏燃料池冷却:乏燃料池提供备用冷却。

4.2.2 系统的描述

RNS由两个机械系列的设备组成，每个系列包括一台RNS泵和一台RNS热交换器。两个系列共用一根连接到RCS的吸入母管和一根排放母管。RNS还包括系统运行所需的管道、阀门和仪表。图4.5是RNS的系统流程简图，图4.6是RNS系统功能示意图。

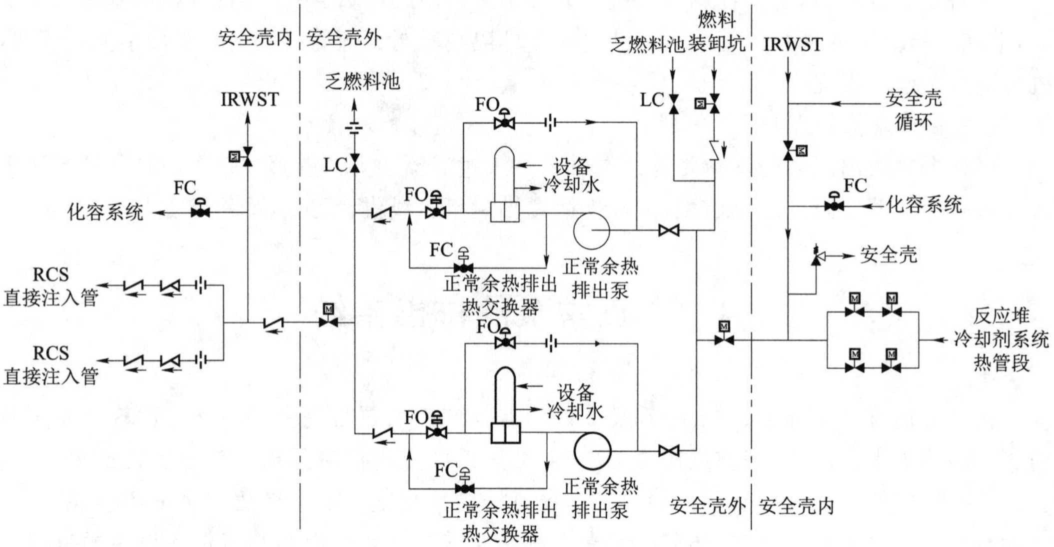

图4.5 RNS系统流程简图

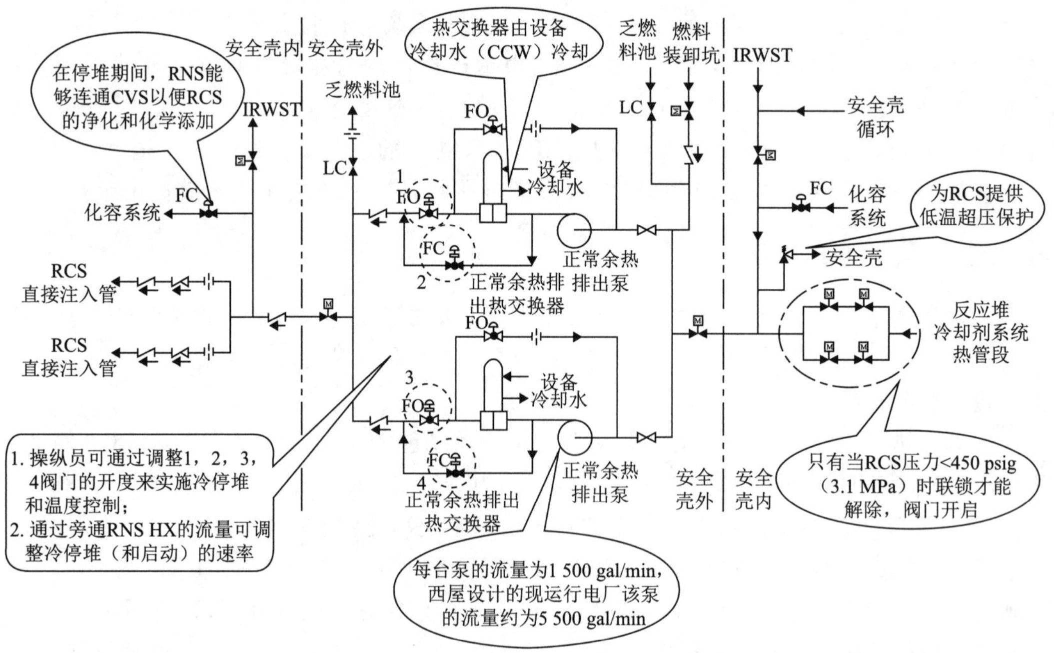

图4.6 RNS系统功能示意图

从安全壳内的 RCS 热管段的 RNS 管嘴到安全壳外的安全壳隔离阀之间的 RNS 都按 RCS 的全压设计(包括安全壳隔离阀)。系统在安全壳外其余部分的(包括泵、阀门和热交换器)设计压力低于 RCS 全压,但其设计压力和温度可保证在 RCS 全压下仍低于管道的最终破裂强度。

吸入母管穿出安全壳之后,管道上即设置一个常关的电动隔离阀。在吸入母管隔离阀的出口,母管分为两根独立的管线,每根连接到一台泵上。每根支管在 RNS 泵进口设有一个常开的手动隔离阀。这些阀门是为泵的维护而设置的。

RNS 的吸入母管是一根从 RCS 热管段到泵入口的连续倾斜向下的管道。这种设计消除了可能聚集空气的局部高位点,从而不会产生由于净正吸入压头的降低而出现泵的空吸。泵的空吸将导致 RNS 能力的丧失。

每台 RNS 泵的出口直接进入所对应的 RNS 热交换器。每台 RNS 热交换器的出口都连接到共用的排放母管上,该母管上设有一个常关的电动安全壳隔离阀。为了保护泵,设置了一根带有孔板的小流量管线,从 RNS 热交换器的出口连接到 RNS 泵的进口。这根管线的尺寸应能在 RCS 的压力大于 RNS 泵的关闭扬程时提供足够的流量以保护泵。小流量管线是常开的,在需要增加冷却流以增强对 RCS 的冷却时,小流量管线可以关闭。当泵的流量低于最小限值,小流量阀就会自动开启。

共用的泵出口母管穿入安全壳后,管道上即设置一个作为安全壳隔离阀的止回阀。在止回阀出口,出口母管分为两根支管,分别连接到压力容器的两根直接注入管线上。每根支管上都串联一只截止止回阀和一只止回阀作为 RCS 的压力边界。其中一根直接注入管线上有一个分支连接到化学和容积控制系统的树脂床支管上,这根管线用于 RCS 的停堆净化。另一根直接注入管线上有一个分支连接到安全壳内置换料水箱上,用于冷却安全壳内置换料水箱。

安全壳内 RNS 的吸入母管上设有一个安全卸压阀,为 RCS 提供低温超压(LTOP)保护。阀门设定的压力整定值基于核反应堆压力容器的低温压力限值,另一个安全卸压阀安装在安全壳外泵的出口母管上,此阀门在 RNS 与 RCS 隔离时为 RNS 管道和部件提供超压保护。

当 RNS 运行时,系统的水化学成分与核反应堆冷却剂相同。可以用 RNS 热交换器封头疏水管进行取样。停堆时也可以用这些接管对 RCS 取样。在电厂正常运行期间同样可以用这些接管对内置换料水箱进行取样。RNS 的重要设计参数见表 4.1 所示。

表 4.1 正常余热排出系统重要设计参数

RNS设计压力	17.13 MPa(表压)
RNS启动时 RCS压力	3.1 MPa
安全壳外的其他部分	6.21 MPa(表压)
停堆几小时后 RNS 启动	4 h
RNS启动时 RCS温度	176.7 ℃
设备冷却水设计温度	35 ℃
停堆至冷停堆的时间	96 h
RCS冷停堆结束的温度	51.7 ℃

4.2.3 系统的运行

1. 核电厂的启动

核电厂的启动指将核电厂从冷停堆状态带到热态零功率运行温度和压力下，然后使电厂带功率运行。在冷停堆工况，RNS的两台泵和两台热交换器运行。主泵投入运行后，停运RNS泵，但RNS仍与RCS连通，以提供主回路通向CVS的低压下泄通路和RCS的低温超压保护。一旦稳压器建立汽腔并且一回路温度、压力达到RNS退出限值，即隔离RNS。

2. 核电厂冷却

核电厂冷却是将核电厂从正常运行温度和压力带到停堆换料工况的操作。在核电厂冷却的第一阶段，RCS的热量由蒸汽发生器的二次侧导出。停堆后约4 h，RCS的温度降到176.7 ℃，压力3.1 MPa，即开始第二阶段的停堆冷却。在投入RNS前，RNS先循环换料水箱中的水。确认RNS的水硼化合格后，再投入RNS的运行，RCS的降温速率由RNS热交换器的旁路阀调节。

3. 核电厂换料

当RCS温度降到60 ℃且RCS卸压以后，即可打开压力容器顶盖进行维修和换料。换料期间RNS两个序列仍保持运行，通过乏燃料池冷却系统（SFS）将水从换料水箱输送到换料腔室。为了提高换料腔室水的清洁度并降低职业照射，SFS一般不通过核反应堆压力容器，而是直接向换料腔室注水。随着衰变热的减少且燃料已移入乏燃料池，RNS的一台泵和热交换器即可停运。但是停运管线上的阀门仍应该保持开启状态，以便运行中的RNS泵突然故障时可快速投入已停运的泵。

4. 非正常运行

（1）低压RCS补水运行

只要非能动堆芯冷却系统（PXS）自动降压动作触发，RNS就可以被用来向RCS提供低压补水以防止ADS第四级动作。当安全壳内放射性水平低于高辐射限值，操纵员即可开启燃料装卸坑入口阀和RNS出口隔离阀，然后启动RNS泵。水由燃料装卸坑注入压力容器直接进入管线，淹没安全壳，带走衰变热。若燃料装卸坑水被抽空后，RNS可重新切换至换料水箱抽水，当然，RNS的运行不会影响非能动堆芯冷却系统（PXS）执行它的安全功能。

（2）乏燃料池冷却

如果不需要RNS进行正常停堆冷却，那么RNS可补充甚至替代乏燃料池冷却系统（SFS）对乏燃料池进行冷却。打开连接管道上的常关阀门，启动一台RNS泵，泵从乏燃料池抽水，经热交换器返回乏燃料池。乏燃料池至RNS的冷却回路与乏燃料池到乏燃料池冷却系统（SFS）的冷却回路是相互独立的。

（3）失去设备冷却水

在发生失去正常设备冷却水事故时，为便于维修，必须转入到冷停堆工况运行模式，这样消防系统就可以为RNS泵和热交换器提供冷却水源。此时，手动打开消防系统和CCS之间的常关隔离阀，同时开启设备冷却水回流母管上的疏水阀，消防系统的水在经过RNS热交换器之后被排掉。

（4）严重事故时的安全壳排气

发生严重事故时，正常余热排出系统（RNS）可以为安全壳提供排气功能。当然需要为安全壳进行排气的概率很低，一来是因为AP1000堆芯熔化的概率非常低，另外则是使熔融的堆芯滞留在压力容器内的可能性很高。若滞留了熔融物，就不必进行安全壳排气。只有当堆芯熔穿压力容器的极端工况时，熔化的堆芯落到安全壳底板上将有可能熔穿安全壳地基，与混凝土接触产生不凝性气体。持续产生的大量不凝结气体将引起安全壳压力升高，当达到安全壳极限压力时才需要进行排气。这是应当首先开启RNS入口母管至乏燃料池管线上的手动阀连通乏燃料池，然后打开RNS泵入口母管上的电动阀即可排气。在安全壳压力下降后，须关闭此电动阀。

(5) 事故后安全壳补水

若在某一个严重事故时安全壳发生泄漏，大量的水损失会导致安全壳冷却不足。在这个事故中，可通过RNS安全壳隔离阀试验管线利用临时或移动式设备向安全壳补水。

4.3　设备冷却水系统

4.3.1　系统功能

设备冷却水系统是一个封闭回路的冷却水系统，它在电厂运行的各个阶段，包括停堆和事故之后，把那些可能含有放射性水的，如堆芯冷却剂系统、化学和容积控制系统、余热排出系统所产生的热量排到厂用水系统。因此它在放射性系统和外界环境之间起到一个屏障的作用。其作用原理如图4.7所示，一个封闭的循环回路，冷却核岛各重要的热交换器，而自身的热负荷又通过厂用水系统传给海水。

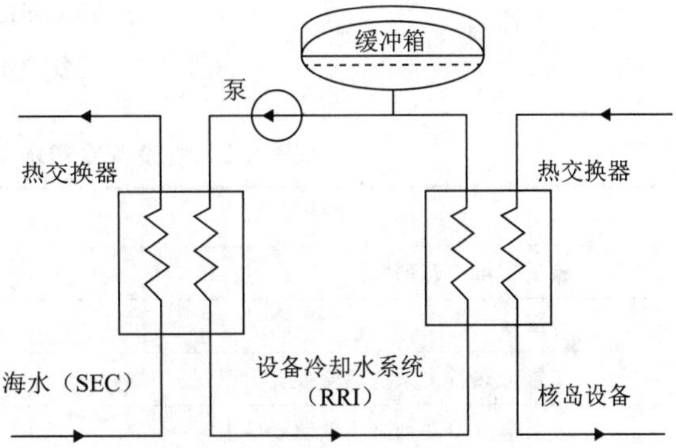

图4.7　设备冷却水作用原理

4.3.2　系统的描述

设备冷却水系统虽然是非安全相关系统，但由于它是保证电厂正常运行的重要系统，因此设备冷却水系统采用多重的可靠设备(例如设置有两台冗余的设备冷却水热交换器、设备冷却水泵)，并尽量简化系统流程来保证系统运行的可靠性。设备冷却水系统设有两个机械系列，每个系列各有一台泵、一台热交换器。两个系列共用出口总管和入口总管。出口总管有一支管通向安全壳，以供水至主泵和下泄热交换器等设备，另有支管分组通向安全壳外的其他设备。安全壳内设备冷却水系统的运行压力高于安全壳的设计压力0.31 MPa(表压)，以避免安全壳气体向系统的泄漏设备冷却水正常供水的温度不超过35 ℃，最低温度不低于15.6 ℃。设备冷却水系统流程图如图4.8所示。

详细的设备冷却水冷却的核电厂设备见表4.2。

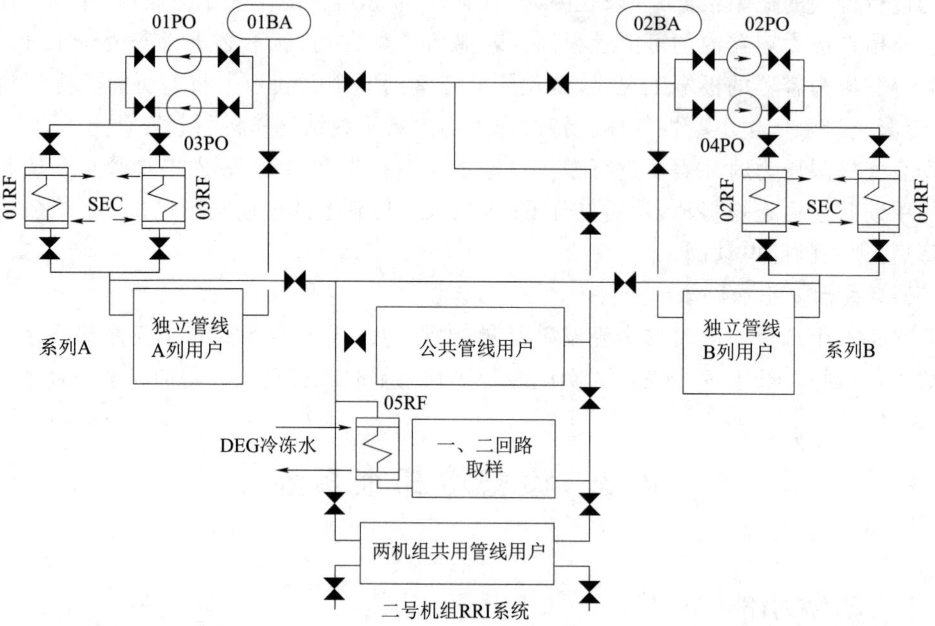

图 4.8 设备冷却水系统流程图

表 4.2 由设备冷却水系统冷却的核电厂设备

设备名称	所处系统
核反应堆冷却剂泵	核反应堆冷却剂系统(RCS)
冷凝泵	凝结水系统(CDS)
正常余热排出系统热交换器	正常余热排出系统(RNS)
核反应堆冷却剂泵变频驱动装置	核反应堆冷却剂系统(RCS)
空气压缩机	压缩空气和仪用空气系统(CAS)
核反应堆冷却剂疏水箱热交换器	液体废物系统(WLS)
冷冻机	中央冷冻水系统(VWS)
正常余热排出系统泵	正常余热排出系统(RNS)
乏燃料池热交换器	乏燃料池冷却系统(SFS)
一回路取样系统热交换器	一回路取样系统(PSS)
化学和容积控制系统小流量热交换器	化学和容积控制系统(CVS)
化学和容积控制系统下泄热交换器	化学和容积控制系统(CVS)

设备冷却水通过一根供水/回水母管分配至各个设备。根据核电厂的布置,各个设备由各支路供水,各条支路冷却安全壳内相应的设备。当接到安注信号时,安全壳内的设备将被主控室远程隔离,同时该安注信号会关闭核反应堆冷却剂泵。除了核反应堆冷却剂泵,每个设备都能够就地进行隔离维修,同时维持其他设备的冷却。

设备冷却水系统的波动箱用来调节系统的热胀冷缩,同时操纵人员隔离泄漏并调节本系统由于内漏或外漏引起的波动。当水箱出现低水位信号时,除盐水输送和储存系统自动给波动箱补水。从泵出口管到膨胀箱的管线上安装了一台混合箱，用来向系统添加防止腐蚀的化学添加剂，向封闭的冷水系统加入钼酸钠，使钼的额定浓度为50～150 ppm，并且维持pH为9.0～10.5。经初次添加钼酸钠，并再次添加使其浓度处于理想的运行范围后，正常运行期间就不再需要频繁地向设备冷却水系统加入化学添加剂。设备冷却水系统的热交换器为板式热交换器，设备冷却水通过热交换器的一侧，而厂用水通过热交换器的另一侧。热交换器的设备冷却水侧压力要高于厂用水侧的压力，以防止厂用水泄漏至CCS系统。热交换器启动时，应先启动低压侧(也就是SWS侧)，后启动高压侧(也就是CCS侧)；停用热交换器时，应先停CCS侧，后停SWS侧。设备冷却水系统的设备冷却水泵由交流电动机驱动，共设有两台泵，其中一台泵的流量能够满足相应热交换器的换热要求。当CCS系统或其组成部件失效时，不会影响安全相关系统执行其预定的安全功能。除安全壳隔离外，CCS不执行任何其它的安全相关功能。

4.3.3 系统的运行

1. 核电站启动

一般情况下，在换料后的核电站启动期间，CCS系统的两个系列都应投入运行，共同向各个用户提供冷却水。当核电站开始升温，核反应堆冷却剂泵启动，同时关闭余热排出泵。下泄热交换器设置为温度自动控制模式，维持恒定的下泄流温度。当RCS系统加热到177 ℃后，RNS系统与RCS系统隔离开来，并且CCS系统手动调整为单列运行。在整个核电厂启动期间，监测设备冷却水的流量和温度，使之不能超过规定的限值。当核电厂进入正常运行阶段，就只需一台设备冷却水泵和一台热交换器运行，剩下的一台设备冷却水泵和一台热交换器退出运行。

2. 正常运行

在整个核电厂正常运行期间，设备冷却水系列的一个系列保持运行，另一个系列处于备用状态。若运行系列故障，备用系列自动启动。正常运行时，波动箱自动补水，以补偿系统的正常泄漏。核电厂运行人员应定期对设备冷却水进行取样，来确定化学成分是否在合理范围内。必要时可通过化学添加箱加入适量的化学添加剂，由泵出口母管、经膨胀箱到泵进口管的循环管线混合化学添加剂。

当单一能动设备失效时，CCS仍可以导出支持电站正常功率运行所需的各种设备的热量。正常运行时，CCS设计遵循以下准则：

1) CCS系统在安全壳内运行的压力大于安全壳的设计压力(0.310 MPa，表压)；

2) 电厂处于正常运行或停堆阶段时，提供给电厂设备的设备冷却水温度保持在限定的水温之内，正常运行时CCS水温不超过35 ℃；

3) 提供给电厂设备的设备冷却水最低温度为15.6 ℃；

4) 为了防止放射性物质从主泵或下泄热交换器传热管泄漏这些设备的CCS系统回水管线上提供了自动隔离；

5) CCS系统提供足够的波动能力，允许11.36 m^3/h的泄漏量(内漏或外漏)，并且30 min内无需操作人员的任何干预；

6) 为了满足核电厂60年的设计寿命，系统需添加防腐蚀剂。CCS系统的水质既要防止热交换器表面的污垢沉积又要保证达到最小的腐蚀。CCS系统的补水是来自除盐水输送和储存系统(DWS)系统的除盐水。

3. 电厂停闭

在停堆期间,通常设备冷却水系统的两个独立系列都需要运行。若仅投运一个系列,将会导致核电厂冷却时间过长。核电厂停堆的第一阶段是核反应堆冷却剂系统(RCS)通过蒸汽发生器和主蒸汽系统实现降温。核反应堆停堆的第二阶段,在核反应堆冷却剂温度和压力分别降至176.7 ℃和2.758～3.130 MPa时,正常余热排出系统投入运行(大约在核反应堆停堆4 h之后)。启动余热排出泵之前,备用的设备冷却水泵热交换器投入运行,并向余热排出热交换器供水,正常余热排出系统投入运行。

在停堆后96 h之内,设备冷却水系统(CCS)和正常余热排出系统(RNS)以及厂用水系统(SWS)将核反应堆冷却剂系统(RCS)冷却至51.7 ℃。在停堆冷却阶段,各设备的设备冷却水进口温度不能超过43.3 ℃。两台设备冷却水泵和两台热交换器同时运行以满足电厂停堆速率的要求。一旦一台设备冷却水泵和热交换器发生故障,将会延长停堆时间。

除了冷却时间的要求外,停堆时CCS的其他设计准则如下:

1) 照以上确定的核反应堆冷却剂系统冷却速率,维持设备冷却水温度低于43.3 ℃;在电厂停堆冷却时,系统设计要防止CCS系统沸腾;

2) 在正常停堆冷却时,单一能动设备失效不会引起核反应堆冷却剂系统温度升高至176.7 ℃以上;

3) 在压力容器顶盖被打开、堆腔被淹没时,CCS的单一故障不会引起核反应堆冷却剂系统的沸腾。停堆冷却完成后,CCS继续向RNS提供冷却水。

4. 换料

换料期间,设备冷却水系统(CCS)两个系列都投入运行,为两台乏燃料池冷却热交换器提供设备冷却水,以保持乏燃料池的池水温度低于48.9 ℃。在堆芯整炉换料和池内累积10年的乏燃料情况下,两台乏燃料热交换器和一台RNS热交换器的运行,可将池水温度保持在48.9 ℃以下。

5. 事故工况

1) 应急停堆卸料。类似于正常换料要求,在应急停堆卸料期间,设备冷却水系列两个系列都必须投入运行,以维持乏燃料水池温度低于48.9 ℃(假设池中积累了最大数量的乏燃料)。设备冷却水系统同时向两台乏燃料池冷却水系统热交换器和一台正常余热排出热交换器供水,以冷却乏燃料水池。

2) 丧失厂外电。在丧失厂外电后,启动两台备用柴油发电机。设备冷却水系统泵自动加载至柴油发电机以继续向重要的核岛热负荷提供冷却水。如RNS热交换器和泵、SFS系统热交换器,以及CVS补给泵小流量热交换器。在丧失厂外电后,SWS泵也通过加载至柴油发电机以维持核岛的热阱。随着RCS系统的降温和降压,正常余热排出泵投入运行。堆芯衰变热可以通过正常余热排出系统(RNS)、设备冷却水系统(CCS)及厂用水系统(SWS)的正常运行排出。

3) 换料水箱(IRWST)的冷却。非能动余热排出系统热交换器从高温高压工况下的RCS系统导出衰变热,使IRWST中的水温上升。水温可以通过与IRWST相连的正常余热排出泵来进行控制,多余的热量可以通过RNS热交换器、设备冷却水系统及厂用水系统导出。必要时RNS也可在正常运行工况下降低IRWST水箱中的水温。

4）事故后的冷却与恢复。一旦自动降压系统(ADS)触发，而安全壳被 IRWST 流入安全壳地坑的水淹没后，通过正常余热排出系统泵和热交换器以及设备冷却水系统和厂用水系统的运行来排出堆芯衰变热，实现对地坑内水的冷却。这些冷却后的水通过非能动堆芯冷却系统来冷却堆芯。

4.4　重要厂用水系统

4.4.1　系统的功能

无论在电厂正常运行工况或事故运行工况下，该系统都将导出设备冷却水系统所传输的热量，传到海水中。重要常用水系统与设备冷却水系统一样都是专设安全设施的支持系统，因此，重要厂用水系统(SWS)是核安全相关的系统。

4.4.2　系统的描述

由于重要厂用水系统(SWS)属于安全相关系统，于是在设计上考虑了系统的冗余性和独立性。该系统由互不影响、互相独立的的两个系列(A 系列和 B 系列)组成，而每个系列都包含有一台厂用水泵、一台过滤器及相关的阀门和仪表。在每个系列的设备冷却水系统热交换器的上游和下游管道之间设置有连通管，从而两个厂用水泵中的任何一个都可以将冷却水输送给两个热交换器中的任何一个，并且允许任意一个热交换器通过平行布置的另一个热交换器的排水管排到循环水系统水管中。

重要厂用水系统(SWS)每个系列由两台 100%容量的 SWS 泵从海水过滤系统吸入海水，然后经过 SWS 通道、贝类捕集器和两台并联 CCS/SWS 热交换器，从热交换器中带走热量的海水；将冷却设备后的海水排入 SWS 集水坑再由排水管将其排往排水渠入海。重要厂用水系统(SWS)为直流式的海水回路，其示意图见图 4.9。

如图 4.9 所示，厂用水泵位于海水取水构筑物的厂用水泵房内。当核电厂位于内陆厂址时，海水取水构筑物由带有分隔槽的两单元冷却塔代替，通过冷却水塔将厂用水的热量排放到环境；位于汽轮机发电站房的厂用水泵从厂用水冷却塔底座中的管道吸水。厂用水经泵加压后，经过滤网过滤，输送到设备冷却水热交换器，排出设备冷却水系统的热量。在 AP1000 标准设计中，经热交换器中加热的厂用水通过机力通风的冷却水塔，将系统热量排放到大气中。在冷却塔基座上回收的冷却水流经泵吸入管线上的固定滤网进入泵，从而在系统中进行重新循环。

4.4.3　系统的运行

重要厂用水系统在运行的系列和运行泵的数目方面，须与设备冷却水系统相匹配，以确保对设备冷却水的冷却。当机组处于正常功率运行时，一个系列的一台泵运行即可，另一系列处于停运状态。在机组换料和启动阶段，厂用水系统两个系列同时运行，向 CCS 两个热交换器供水。在停堆后的冷却降温阶段，两台厂用水泵都运行，两个系列之间的连通阀关闭，如果此时一台厂用水泵发生故障，电厂仍然可以继续进行冷却，但会延长冷却时间。表

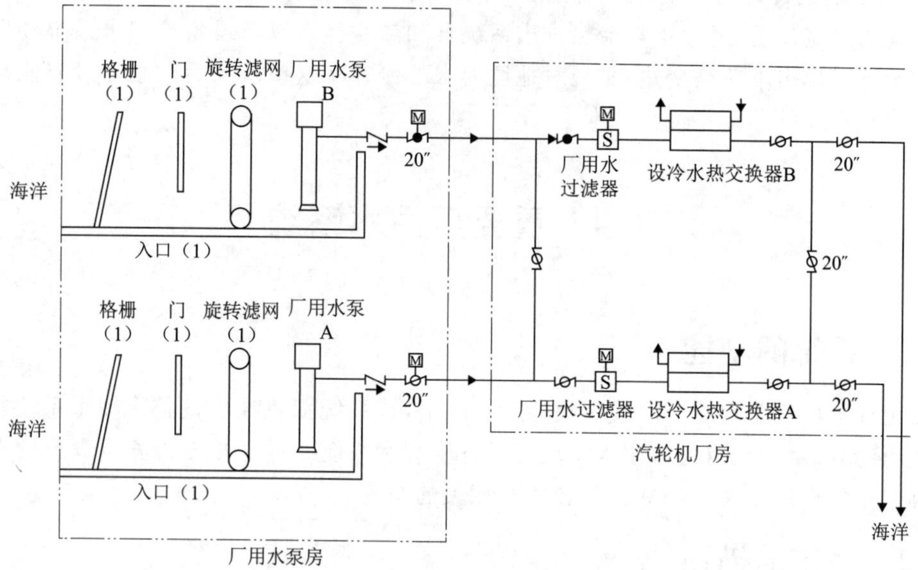

图 4.9 厂用水系统示意图

4.3 给出了厂用水系统在主要工况下的运行参数。

表 4.3 重要厂用水系统主要工况下运行参数

运行状态	CCS 系统运行水泵和热交换器	SWS 系统运行水泵	流量/(gal/min)(m^3/h)	热负荷/(BTU/h)(MW)
正常运行(满负荷)	1	1	10 800(2 453)	107×10^6(31.34)
支持安全停堆和乏燃料冷却的最小流量	1	1	10 300(2 339)	182×10^6(53.3)
装换料	2	2	21 600(4 906)	75.1×10^4(21.99)
启动	2	2	21 600(4 906)	76.0×10^6(22.26)
冷停堆 4h	2	2	21 600(4 906)	317×10^6(92.84)
冷停堆 96h	2	2	21 600(4 906)	88×10^6(25.77)

4.5 乏燃料池冷却系统

4.5.1 系统的功能

AP1000 乏燃料池冷却系统(SFS)主要设计用来排出储存在乏燃料池中的乏燃料所产生的衰变热，以控制将乏燃料池中的水温在一个合理的温度范围内。当然，AP1000 乏燃料池冷却系统(SFS)还具备水净化以及在换料水箱、安全壳内换料堆坑和其他与乏燃料有关的水池及通道间输送流体的功能。总之，AP1000 乏燃料池冷却系统(SFS)应当同时具备冷却功能、净化功能、充排水功能，具体的功能实现过程如下：

1）乏燃料池的冷却功能。通过冷却乏燃料池水，导出乏燃料的衰变热，以控制乏燃料池水温在合理范围内。在堆芯换料或整堆卸料期间，乏燃料池冷却系统（SFS）用于导出乏燃料池内的热量，使乏燃料池水温不高于 48.9 ℃。

2）乏燃料池的净化功能。乏燃料池冷却系统（SFS）运行期间，过滤乏燃料池水，并去除杂质。乏燃料池冷却系统（SFS）过滤去除放射性腐蚀产物、裂变产物和其他杂质，以维持乏燃料池的低放射性水平和核电厂各种运行工况下乏燃料池的能见度。乏燃料池冷却系统（SFS）的净化目标是将职业辐照量减至最低。

3）换料水箱（IRWST）冷却和净化。正常运行期间，按要求冷却和过滤 IRWST 中的水，并去除大部分杂质。

4）换料水池的净化功能。在换料运行期间，过滤换料水池的水，并去除杂质。换料运行期间乏燃料池冷却系统（SFS）排出放射性的裂变产物离子、腐蚀产物以及灰尘，以维持换料水池中水的较好能见度和低放射性水平。投入一个乏燃料池冷却系统（SFS）工作系列净化换料水池，就可以使池水水质达到与乏燃料池水质相同的标准。

5）水的输送功能。在正常运行期间，按要求在 IRWST、换料通道、燃料装卸坑和清洗池之间输送水。换料运行期间，在 IRWST 与压力容器顶盖存放区之间、在 IRWST 与换料水池之间输送水。每个系列的 SFS 泵的进口和出口都与 IRWST 和换料水池相连接，以便于两者之间水的输送。换料前，从 IRWST 往换料水池输水；换料后，又将换料水池的水送回 IRWST。每个系列的 SFS 泵的进口和出口也与燃料运输通道、冲洗池和燃料装卸坑连接，主要提供燃料运输通道和燃料装卸坑之间水的输送。

4.5.2　系统的描述

乏燃料池冷却系统（SFS）包括两个相互独立的系列，而每个系列都包括一台乏燃料池热交换器、一台乏燃料池泵、一个乏燃料池过滤器以及一个乏燃料池树脂床。这两个系列共用进口母管和出口母管，它们都可以冷却和净化乏燃料水池，每一系列都可以独立运行。一个系列持续地冷却和净化乏燃料池水，另一个系列可以用来进行 IRWST 的净化、水的输送或者作为运行系列的备用。

SFS 系统设计参数见表 4.4。

表 4.4　SFS 系统设计参数

乏燃料池储存容量	10 年乏燃料
硼浓度	$2\ 500\times10^{-6}$
乏燃料池水容积	685.160 m^3
燃料传输通道容积	242.645 m^3
清洗池的最小容积	116.969 m^3
最大应急堆芯卸料工况运行的两个 SFS 系统冷却系列和一个 RNS 系统冷却系列的温度	<60 ℃
最大换料工况（整堆卸料）运行的一个 SFS 系统冷却系列和一个 RNS 系统冷却系列的温度	<60 ℃

4.5.3 系统的运行

1. 正常运行工况

一般情况下,乏燃料池冷却系统(SFS)投入一个系列的设备来冷却乏燃料水池中的乏燃料以及净化乏燃料水池,另一系列留作备用,或者执行水的输送、IRWST 内水的冷却和净化等功能。另外,由于正常运行期间,由于池水蒸发造成的乏燃料池水位缓慢下降,通过手动连通除盐水输送和储存系统(DWS)向乏燃料池添加除盐水进行补充。而乏燃料池水硼浓度则通过从 CVS 系统添加硼酸进行调整。

2. 堆芯换料

在堆芯部分换料运行期间,乏燃料池冷却系统(SFS)的两个系列都处于运行状态,其中一个系列在整个换料运行期间用于乏燃料池的冷却和净化,另一个系列用来执行换料期间的其他功能。在应急整堆卸料期间,还需投入一台 RNS 系统热交换器,以冷却乏燃料水池,使其温度低于 48.9 ℃。

3. 事故工况

常见乏燃料池冷却系统(SFS)事故工况如下:

1) 乏燃料池冷却系统(SFS)出现泄漏。乏燃料池液位低信号可以判断出乏燃料池是否发生泄漏。因为 SFS 系统与乏燃料池的管道连接方式,SFS 系统的泄漏不会导致乏燃料池水位降至一个不可接受的非常低的水平。由于乏燃料池水有足够的热容量,操纵员有足够的时间找出泄漏并进行维修。

2) 一台 SFS 系统泵故障。在正常运行期间,只有一台 SFS 系统泵投入运行。该泵故障停运时,会产生警告操纵员的报警信号。由于乏燃料池水有足够的热容量,操纵员有足够的时间启动 SFS 系统备用系列用于乏燃料池的冷却。如果 SFS 系统两个系列都在运行,操纵员能够根据一个系列的流量低信号识别故障泵。

3) 失去厂外电。在失去厂外电的事故工况中,SFS 系统泵可手动加载至各自备用的柴油发电机。

4.6 核岛通风空调及空气净化

4.6.1 系统功能

核岛通风、空调及空气净化系统是核岛辅助系统,它除了像一般工业通风系统那样保持室内良好的空气质量、给工作人员提供良好的工作环境、减少职业病、提高劳动生产率、保证生产有序进行和保证产品质量外,还承担着控制和消除放射性物质对环境污染的责任。它是保障核电厂工作人员和周围公众健康的重要设施,是核电厂的重要组成部分,承担着以下几方面任务。

1) 确保工作人员人身安全。通过良好的通风和合理的气流组织有效防止工作场所空气中放射性剂量的增高,保障工作人员的人身安全。

2）控制污染的空气保护环境。通风系统将被污染的空气局限在一个小范围内，经净化后排放，防止其扩散造成大面积污染，保护电厂邻近地区公众的人身安全。

3）满足核电厂运行的工艺要求。提供合适的温度、湿度和空气清洁度等满足设备运行所需的环境条件。

该系统的任务可以归纳为：排除和净化工作场所的污染空气，以减少放射性物质对厂内外环境的危害，保障人身安全；提供温度、湿度、洁净度满足设备运行要求的环境条件，保障设备运行安全。

4.6.2 系统的组成

核岛的通风、空调及空气净化系统包括反应堆厂房、核燃料厂房、电气厂房、主控制室、核辅助厂房及连接厂房的通风空调。以大亚湾核电厂为例，核岛通风、空调及空气净化系统就其性质来讲可分为以下几种：

1）与安全相关的系统。这部分系统要求在发生事故的情况下仍能运行，以保证设备安全和人员安全。例如，安全壳大气监测系统，在发生大的失水事故，发生锆水反应产生大量氢气的情况下，安全壳大气监测系统用来搅拌安全壳内大气，防止氢聚集达到爆炸质量分数（体积质量分数4%左右）；同时监测氢的质量分数，并适时投入氢复合器进行消氢操作。执行上述功能的部分都属于专设安全设施。

2）非与安全相关的系统。这类系统中的一部分系统用来防止被污染的不符合环境要求的放射性气体排入大气或使室内剂量保持在最低允许范围内，保证工作人员的工作环境，以免损害工作人员健康。例如，安全壳换气通风系统，就是为了停堆后为降低安全壳内放射性气体的浓度以使允许人员持久进入而设置的。另一部分是为电气、仪表、电缆等设备运行创造一定环境（温度、湿度等）而设立的。如堆坑冷却、控制棒传动机构冷却系统等。再有就是为创造一个舒适环境，保持人员正常工作，如主控室空调系统。

大亚湾核电厂的核岛通风、空调系统包括17个系统，表4.5给出了这些系统的概况。

表4.5 大亚湾核电厂的核岛通风、空调系统

系 统	功 能	性 质
控制棒驱动机构通风系统	维持控制棒驱动机构控制柜及位置指示器正常工作温度	非核安全相关
安全壳内连续通风系统	正常运行和热停堆情况下，保证安全壳内设备正常运行及人员进入所需室温	部分与核安全相关
安全壳内空气净化系统	安全壳内发生放射性污染时，人员进入前及逗留期间降低空气放射性活度	非核安全相关
反应堆堆坑通风系统	正常运行和热停堆时，对反应堆堆坑冷却	部分与核安全相关
安全壳换气通风系统	冷停时，降低安全壳内放射性；冷停期间，保持人员工作所需温度	非核安全相关
核燃料厂房通风系统	提供设备正常运行和人员进入所需温度，限制空气中蒸汽含量，事故时降低放射性水平	其中小风量排风净化部分为核安全相关系统

续表

系统	功能	性质
核辅助厂房通风系统	正常运行时,保持核辅助厂房所需的室内温度,限制放射性水平	部分与核安全相关
电气厂房主要通风系统	保证运行设备及人员进入所需温度,保持正压,外部污染时实行闭路循环冷却通风	部分与核安全相关
电气厂房排烟系统	火灾发生时排烟	核安全相关系统
电气厂房电缆层通风系统	为电缆及有关设备提供适宜温度	核安全相关系统
主控室空调系统	为主控室、相关电器设备间、计算机房所有运行控制设备提供空调环境	非直接与核安全相关
安全壳外贯穿件房间通风系统	为安全壳外贯穿件房间提供排风,控制气流方向防止污染气体向环境扩散	核安全相关系统
上充泵房应急通风系统	对上次泵房应急通风,保证上充泵房温度	核安全相关系统
辅助给水泵房通风系统	保证辅助给水泵房和控制棒传动机构设备间设备与人员温度环境	核安全相关系统
设备冷却水系统设备间通风系统	保持合适温度、适当正压和换气次数,满足人员工作需要	核安全相关系统
安注和安全壳喷淋泵房通风系统	保证设备运行和人员进入的环境条件	核安全相关系统
安全壳内大气监测系统	正常运行时,净化安全壳大气,限制放射性升高;保持压力低于规定值;事故后,对安全壳内大气取样,混合和氢复合	其中安全壳内大气取样、混合和氢复合部分为专设安全设施系统

通风系统主要设备简介

1. 预过滤器

预过滤器用来保护高效空气过滤器。由于高效空气过滤器的加工、制作以及一系列的特殊性能,要求十分严格。同时又是一次性使用部件,其容尘量很小,所以价格昂贵。预过滤器设置在高效空气过滤器的上游,这样可以阻留一些大颗粒的尘埃或者来自送排风系统中不可预见的杂物,即使它被阻塞或者损坏,后面还有高效空气过滤器在起作用,而预过滤器容尘量较大,加工制作要求不高,因此成本低廉,所以它在保护高效空气过滤器和延长其使用寿命方面有着重要的经济意义。

预过滤器的过滤效率用平均大气尘计数效率来表示。效率不小于 45%,过滤器阻力不大于 98 Pa。主要的过滤粒径为 2 μm 以上粒子以及絮绒状纤维尘埃。预过滤器的外框材料一般分木质和金属两种。在核电厂中一般使用金属,即使是使用木材,它也需要进行阻燃处理。其滤芯材料有合成纤维布、无纺布、玻璃纤维滤纸等。预过滤器的主要技术指标为:过滤效率、阻力、容尘量。

2. 高效空气过滤器

高效空气过滤器是一种用于过滤放射性气溶胶的净化设备。它对 0.3 μm 的粒子的过滤效率高达 99.97%，用于核工业的高效空气过滤器有极严格的要求，能适应恶劣的环境条件，属于一次性使用，用完以后即废弃的干式过滤设备。它有一个刚性外壳，其中装满了过滤材料。

3. 碘吸附器(除碘器)

在核空气和气体净化系统中最应引起重视的气体就是放射性碘。尽管其含量极低，但甲状腺对于放射性碘有非常高的吸收能力，使它对公众和核电厂职工称为一个主要的潜在的放射源。放射性碘可以是元素碘也可能是以甲基碘为主的有机碘化合物。在核空气净化系统中，活性炭吸附是去除空气中放射性碘的常用方法。碘吸附器在通风系统中主要用于事故后排风净化系统中，用以去除放射性碘之类的气体。碘吸附器的主要性能参数包括：搜集放射性碘的效率，穿透容量，对被吸附的放射性碘的滞留能力，空气流量和速度，气流阻力以及耐燃烧性等。

4. 风机

风机是将机械能转变为气体势能和动能的一种流体机械。通风机的选择是以所在的通风系统管道阻力计算的结果作为依据的。也就是说不同的系统选择不同的种类、型号的风机。在核电厂中常用的风机按照其工作原理可以分为离心式和轴流式两种，应用最普遍的是离心式风机。技术性能参数是风量、风压、转速、噪声、电机功率等。

5. 密封隔离阀

密封隔离阀在核电厂通风系统中是作为压力边界的部件。在发生事故后必须把安全壳封闭起来，这时隔离阀起到隔离作用。因为是与安全有关的部件，因此密封阀属于安全级，该隔离阀要求有与安全壳有相同的承压能力，并且在这个设计压力下阀门内外以及上下游不能泄漏。关闭隔离阀信号由主控制室发出。电源为可靠电源(安全级电源)。技术性能指标：要求在 0.4～0.5 MPa 压力下阀门内外和上下游都不发生泄漏，关闭时间小于 3 s。

6. 防火阀

在核电厂建筑中，从消防的角度把建筑物分为若干个防火隔离区，万一在某一区域中发生火灾，不让火灾蔓延到其他区域中去。由于通风系统是一个统一的体系，不可能一个防火隔离区一个系统。当一个区域内发生火灾的时候，火势可能通过风道蔓延出去，所以当通风道穿过每一个防火隔离区的时候，在隔离墙、楼板等处设置防火阀，当风道内空气温度大于 70 ℃时，防火阀就自动关闭，并向报警中心或控制室发出声光信号，以便及时处理。

防火阀的品种很多，最简易的是大于 70 ℃低温熔断片熔化关闭阀门，更换新熔断片后手动将阀门复位；复杂一些的防火阀具备风量调节功能，即可以代替风道上的风量调节阀，同时又是防火阀，更换熔断片后复位至原先调节位置。再复杂一些的防火阀还具有远程信号并电动复位，并可联锁有关机械、仪器设备，称之为全自动防火调节阀。

通风空调系统的设计原则

在核电厂设计时，为了防止放射性物质任意扩散，在建筑物设计上规定了分区原则，即所谓的三区划分。这三区是非限制区(又称清洁区或 3 区)、限制区(又称较脏区或 2 区)和控制区(又称最脏区或 1 区)。这种原则仅提供了防止污染扩散的良好条件，但它不能控制空气的流动。空气污染的传播是通过空气流动而形成的，气态物质扩散性很强，无孔不入，而且传播的方向无规律性，因此，必须通过正确的气流组织设计才能使空气按要求的方向流动。要求流动的方向是：清洁空气从干净区(3 区又称清洁区、操作区)流经较脏区(2 区又称过渡区)再流向最脏区(1 区又称工艺设备区)。也就是由清洁空气逐渐被污染为脏空气,经排风净化处理后由烟囱排至大气中。

通风系统分区布置原则与建筑物内分区布置原则是一致的。通风系统的气流组织,就整个核岛厂房来说,是使空气从清洁区流向较脏区(低放射性污染区),最后流向最脏区(高放射性污染区)。就局部工作地点来讲,空气流动路线应先经过人的工作岗位,而后再流向工艺设备,最后由工艺设备的排气口排出。在同一区域内允许空气再循环,但禁止从高污染区向低污染区或清洁区的再循环。即使在同一区域内,再循环空气也必须先使循环空气通过高效空气净化装置后才能返回本区内。此外,三区之间都应有一定的压差,即 2 区相对于 3 区保持 30～50 Pa 的负压,1 区相对于 2 区保持 30～50 Pa 的负压。实现上述气流路线的主要措施是:

1) 通过送、排风之差及相应措施,对核电厂核岛整体来说,清洁区相对于室外环境处于正压状态,以防室外风沙、尘埃侵入清洁区。常用的办法是将清洁区的总送风量设计为略大于排风量,多余空气通过外门、外窗及其他缝隙漏出室外。较脏区相对于室外处于零压状态,即送排风量相等。对外一般采用密封门窗。

2) 在建筑物内部,清洁区相对于过渡区处于正压,使空气由清洁区流向过渡区。设备区只设排风口,把过渡区的排风口当作设备区的进风口,并在进风口处设置高效空气过滤器或余压阀,使排风系统停运时设备区污染空气不会倒流入过渡区。

4.6.3 进风系统及其净化处理

1. 系统功能

进风系统是为了吸入室外的清洁空气。根据需要对吸入的空气进行过滤、加热或降温、干燥或加湿、消毒防臭或电离处理等,然后将符合质量要求的新鲜空气通过送风系统送到各房间或工作区,对室内或工作区进行通风换气、消除余热、稀释有害物质浓度以及保持室内所要求的空气温度、湿度、洁净度以及正负压。

2. 设计原则

核岛送风系统一般不采用自然通风,而是设置机械通风系统。设计送风系统应考虑将新鲜空气送到清洁区,然后再流向污染区这一原则。一般清洁区只设送风系统而不设排风系统,使清洁区形成正压,让新鲜空气靠压差流向限制区,最后流入控制区。控制区一般在脏区不设送风系统。在限制区有送有排,其送风设计原则如下:

1) 送风量应满足各房间的换气要求,并加上送入其他房间的气量;

2) 送风口设置在接近工作人员工作地带,并保证有一定的空气流速;

3) 送、排风口的相对位置应合理,尽量减少室内空气涡流区;

4) 送、排风综合平衡后应使该区相对于清洁区保持负压而相对于脏区保持正压状态。

进风净化处理一般比较简单,使用各种初效、中效空气过滤器去除空气中的灰尘,但也有要求比较高的进风净化处理。核电厂的主控制室因为在内部或外部事件时需要成为独立的"安全岛",所以在进风净化处理上有特殊的要求,它不但要加高效空气过滤器,还要加活性炭碘吸附器,以便当外部空气被放射性污染或者毒气污染时,仍然能维持主控制室工作人员必要的操作。这些特殊处理能起到至关重要的作用,一些国家甚至将其列为核安全级。

3. 系统组成

进风系统由进风采气口(包括进风百叶)、进风过滤器、空气加热器(空气冷却器)、空气加湿器、进风调节阀、风机、风管、调节阀、隔离阀、防火阀以及送风口等组成。在特殊情况下有些进风系统还包括有高效空气过滤器、气体吸附器等。详见图 4.10。

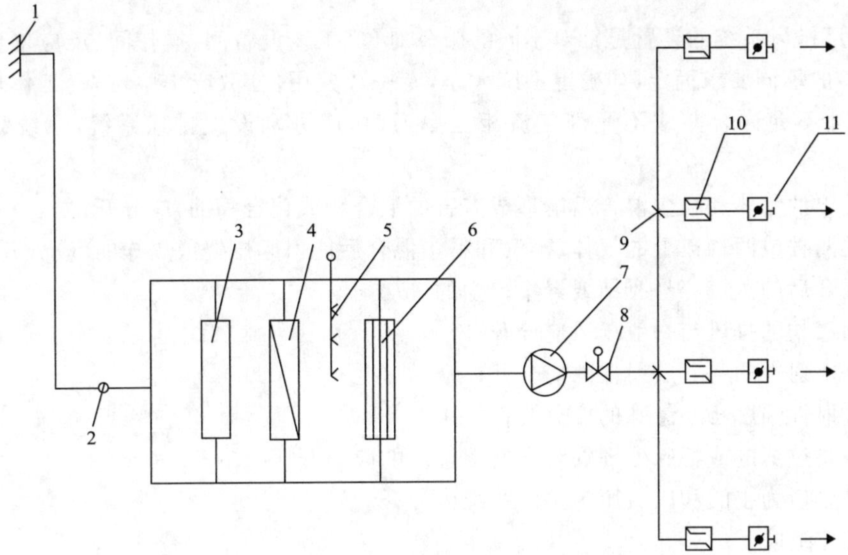

图 4.10　进风系统示意图

1—进风采气口;2—调节阀;3—过滤器;4—空气加热(冷却)器;5—加湿器;6—挡水板;7—风机;8—隔离阀;9—三通调节阀;10—防火阀;11—出口阀

4.6.4　排风系统及其空气净化处理

1. 系统功能

在核电厂运行中,排风净化设施是不可缺少的组成部分,而且肩负着重要责任,是核岛空气向周围大气排放前最后的安全屏障。设置排风系统的目的是按照辐射防护卫生要求将核电厂运行中以及发生事故后散入空气中的有害物充分排除,使空气中放射性有害物排出含量不超过国家标准规定的限值。

2. 排风净化设计准则

核电厂运行过程中,工艺设备及一回路各个工艺系统不可避免地存在“跑、冒、滴、漏”现象。运行经验表明,反应堆停堆后打开反应堆压力容器时,空气中都有大量放射性气溶胶和气体存在。排风系统设置净化装置十分必要。在发生设计基准事故时,燃料棒可能烧毁,放射性物质会释放出来,只有设置排风净化装置,才能阻止过量有害物质排放到大气中。严重事故在核电厂运行时也应予以考虑,排风净化系统可以减轻对环境的污染。

因此在核电厂的通风系统中,排风净化处理远比进风净化处理重要得多,也比一般工业与民用建筑中排风净化处理要求严格得多。有些系统直接与反应堆安全有关,并定为核安全二级或者三级,一些设备、部件也是核安全级设备,有严格的加工、制造、检验等一系列的技术要求。此外为了确保系统的可靠性和安全性,一些能动部件或者重要设备有一定的冗余度,对能动部件的动力也有严格的要求。这些系统在发生单一故障时要求仍不丧失原有的功能。

核电厂排风系统除少量非放射性排风外,一般将排风集中到一个排风烟囱将空气排至高空。对放射性物质及有毒有害物质须进行净化处理,并达到国家标准后才允许排入烟囱。空气净化处理部件一般集中设置在一个金属或混凝土的净化小室中,以便于运行中监督和管理。

核电厂排风系统的设置是针对不同的服务对象(工艺设备间、操作间、反应堆厂房内各不同区域)的不同要求而定(如确定系统大小,专一或共用,分散或集中)。凡工作性质不同的排出气体不允许合并或不允许气流相互串通时,应分别设置排风系统,系统划分原则如下:

1) 排出的气体和粉尘混合后能形成有害的混合物或化合物的,应分开;
2) 凡两种或两种以上的气体、蒸汽和粉尘混合后能引起燃烧或爆炸的,应分开;
3) 混合后的蒸汽容易凝结或聚集粉尘的,应分开;
4) 剧毒物的排风与一般排风应分开;
5) 有放射性的与非放射性的应分开;
6) 放射性强度相差悬殊的应分开;
7) 需要过滤的或特殊处理的与不要求过滤的应分开
8) 以风量为主的和以负压为主的系统应分开。

3. 系统组成

排风系统由排风风口、排风管道、调节阀、关闭阀、防火阀、排风过滤器、气体吸附器、风机及烟囱(风帽)等组成,如图4.11所示。

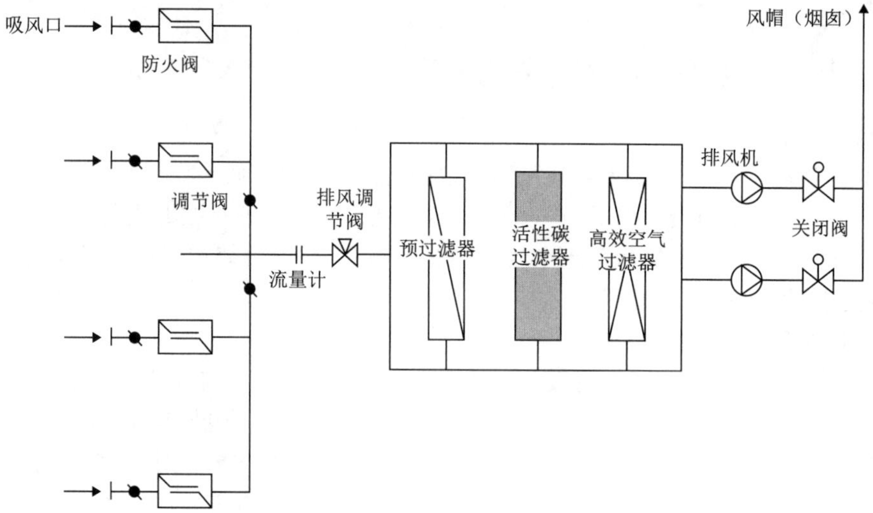

图4.11 排风系统流程图

4.6.5 AP1000采暖、通风空调系统

AP1000的采暖、通风空调系统(HVAC)包括考虑放射性危害的加热、通风及空调系统(VAS)及考虑非放射性职业危害的加热、通风及空调系统(VBS)。

考虑放射性危害的加热、通风及空调系统包括:放射性控制区通风系统;核岛非放射性通风系统;安全壳再循环冷却系统;安全壳空气过滤系统;核岛保健物理和热机修车间加热、通风及空调系统;放射性废物厂房加热、通风及空调系统。

考虑非放射性职业危害的加热、通风及空调系统包括:附属/辅助厂房非放射性通风系统;柴油发电机厂房供热和通风系统;汽轮机厂房通风系统;其他BOP厂房加热、通风及空调系统。

1. 放射性控制区通风系统

(1) 系统功能

1) 调节和过滤室外空气,维持辅助/附属厂房放射性控制区域房间内适当的温度以利于设备运行和维修工作。

2) 维持电厂放射性控制区域微负压,并控制放射性气体可监测排放。

3) 在电厂运行期间控制厂房内气流方向从低污染区向高污染区流动。

4) 一旦监测到排气管道高放射性,能自动隔离系统送排风管道风门,保证与外部的隔离,并启动安全壳空气过滤系统。

5) 能直接抽取放射性废液系统暂存箱中的气体,防止放射性碘和氢气在箱中聚集。

6) 在电厂正常运行期间,排出放射性气体系统中的氢气。

7) 必要时,VAS为来自便携式废树脂脱水系统的气体提供直接排放。

(2) 系统的组成

由两个子系统组成:辅助/附属厂房通风子系统和燃料操作区域通风子系统。

辅助/附属厂房通风子系统:辅助/附属厂房通风子系统服务于放射性控制设备、管道和阀门间以及相邻通道和活动区域。辅助/附属厂房通风子系统由两个50%容量的送风处理单元、管道送排风系统、隔离风门、扩散器和通风调节设备、排风机、自动控制器和相关设备组成。如图4.12所示。

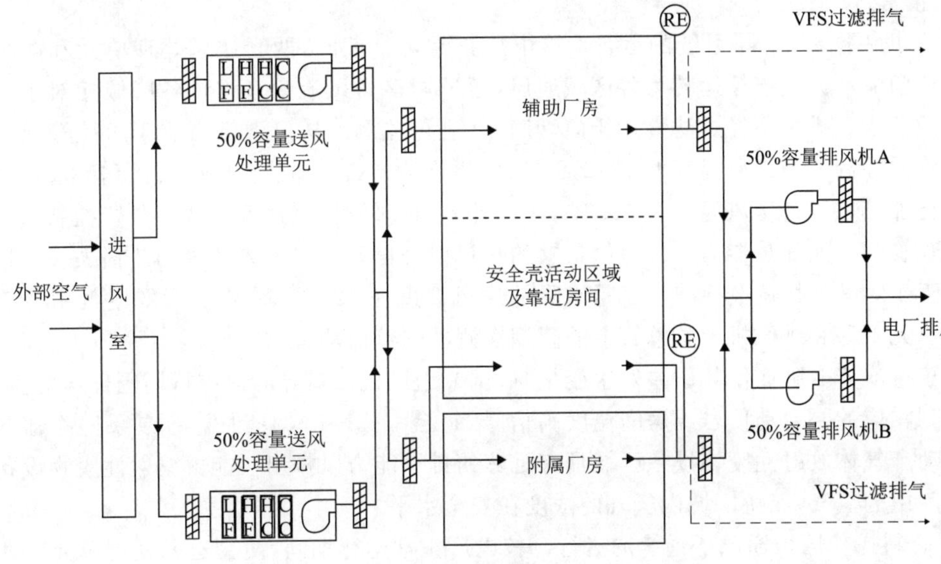

图4.12 辅助/附属厂房通风子系统

燃料操作区域通风子系统：燃料操作区域通风子系统服务于燃料操作区域、轨道车隔间/过滤器贮存区域、树脂输送泵/阀门房间、废树脂槽房间、废物处理容器区域、放射性固体废物系统（WSS）（废树脂）阀门/管道区域以及电梯房间。燃料操作区域通风子系统由两个50%容量的送风处理单元、管道送排风系统、隔离风门、扩散器和通风调节设备、排风机、自动控制器和相关设备组成。如图 4.13 所示。

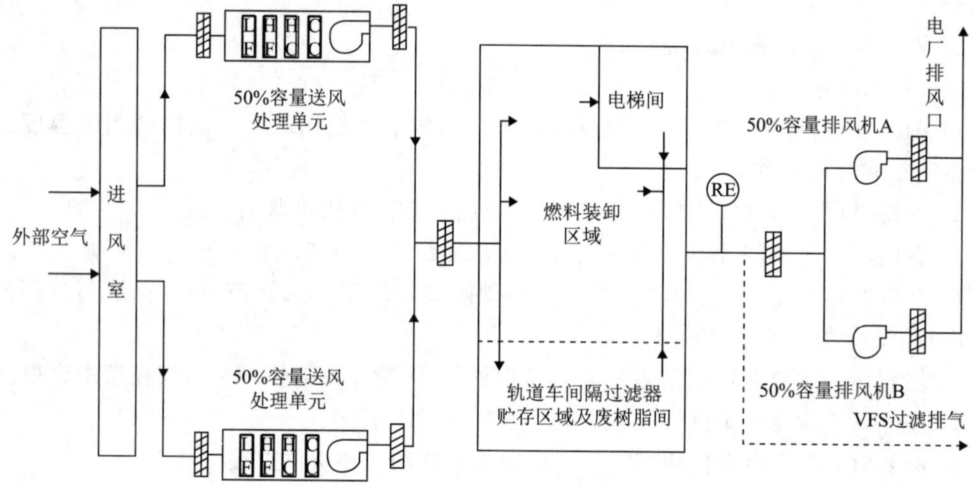

图 4.13 燃料操作区域通风子系统

系统的主要设备包括：送风处理单元；送排风机；泵房冷却器；低/高效过滤器；电加热器；热水加热盘管；电热盘管；冷却盘管；湿度调节器；防火风门；遮断和平衡风门；隔离风门；管道和相关设备；仪表和控制等。

（3）系统运行

1）正常运行

① 辅助/附属厂房子系统的运行。核电厂正常运行期间，两套送风处理单元和两台排风机按单向流动方式连续运转为各区域通风，通过调整送风流量来维持各区域相对于周围环境的微负压。排风不经过滤直接排向烟囱，并进行监测。送风温度由位于送风管道上的温度传感器控制。当送风温度低于 12.8 ℃时，调节送风热水加热盘管的表面和旁通风门对送风进行加热以维持送风温度在 12.8 ℃。在外界温度低时，就地温度调节装置控制送风管道加热盘管和单元加热器为厂房提供足够的热量以补偿厂房对外界环境的热损失。当送风温度高于 12.8 ℃时，调节冷冻水流量来降低送风温度在 12.8 ℃左右。通风空气由位于送风处理单元下游和排风机上游总管上的感烟探测器连续监测。

由于过滤器变脏而使其压差发生变化时，调节送风机入口导叶以维持周围厂房的负压。只要收到相应的泵启动信号或房间温度高信号，每台 CVS 补水泵和 RNS 泵泵房冷却器会自动启动。气体放射性废物设备区域具有足够的排风能力以排出可能由放射性废物设备泄漏到房间中的氢气，保持区域内氢气的浓度在安全水平。

② 燃料操作区域通风子系统的运行。核电厂正常运行期间，两套送风处理单元和两台排风机按单向流动方式连续运行为各区域通风。通过调整送风流量来维持各区域相对于周围环境的微负压。排风不经过滤直接排向烟囱并进行监测。送风温度由位于管道上的温度

传感器控制。当送风温度低于12.8℃时,温度控制器调节送风热水加热盘管的表面和旁通风门对送风进行加热以维持送风温度和房间排风温度分别高于12.8℃和10℃。当送风温度高于12.8℃时,调节冷冻水流量来降低送风温度在12.8℃左右。通风空气由一个位于送风处理单元总管下游和一个位于排风机上游的感烟探测器进行连续监测。

由于过滤器变脏而使其压差发生变化时,调节送风机入口导叶以维持厂房的负压。

2) 异常运行

异常运行包括:空气滤网压差高报警;风机低流量报警;送风低温报警;排风温度低报警;送风温度高报警;排风温度高报警;厂房压差低报警;厂房压差高报警;风门位置故障报警。

3) 事故运行

事故运行包括气载放射性高、厂外电源丧失、火灾期间及火灾后运行、设计基准事故、严重事故。

2. 核岛非放射性通风系统(VBS)

核岛非放通风系统(VBS)在电厂正常运行期间作用于以下区域:主控室、技术支持中心(CSA)、1E级直流设备间、1E级仪表控制室、1E级电气贯穿间、1E级蓄电池室、远程停堆工作站、反应堆冷却剂泵跳闸开关室、连通走廊、非能动安全壳冷却系统(PCS)阀门间。VBS由下列独立的子系统组成:主控室(MCR)/技术支持中心(CSA)HVAC子系统、1E级电气间HVAC子系统、PCS阀门间加热和通风子系统。

(1) 系统功能

1) 在发生设计基准事故时或事故期间,如果VBS不能运行,能将主控室和外界环境隔离。

2) 监控主控室送风管道的放射性,向保护和安全监测系统(PLS)提供信号以驱动VES。

3) 向主控室和技术支持中心提供通风和冷却,维持人体舒适度。

4) 正常运行工况下,维持微正压。

5) 主控室和技术支持中心洗手间排风。

6) 在主控室放射性高或烟雾时,向操纵员提供报警。

7) 提供1E级仪表控制间、蓄电池间、电气贯穿间、电气间、远程停堆工作站、主泵开关间、走廊以及通风设备间的人体舒适度,保证设备的可靠运行。

8) 控制阀门间温度保证阀门的可靠运行、提供阀门间通风循环,以便人员进入。

(2) 系统组成

VBS包括下列独立子系统:

1) 主控室/技术支持中心HVAC子系统

主控室/技术支持中心HVAC子系统为主控室和技术支持中心区域提供两台100%容量送风处理单元、回风机、排风机、新风过滤单元、相关风门、仪控设备和公共管网。

2) 1E级电气间HVAC子系统

1E级电气间HVAC子系统用于1E级电气间、1E级仪表控制室、1E级电气贯穿间、1E级蓄电池室、备用1E级蓄电池室、远程停堆工作站和反应堆冷却剂泵跳闸开关室。

3) PCS阀门间加热通风子系统

包括一台100%容量的排风机、两台100%容量的电加热器、相关风门和仪控设备。

PCS 阀门间加热通风子系统设备布置在安全壳穹顶 PCS 阀门间内。

系统主要设备包括：送风处理单元；送风机和回风机；辅助风机；新风过滤单元；低效过滤器，高效过滤器和后过滤器；活性炭吸附器；电热盘管；电加热器；冷却盘管；湿度调节器；隔离风门和阀门；飓风防护风门；防烟火风门；仪表和控制等。

（3）系统运行

1）正常和异常运行

当电厂正常运行，电厂启动，因检修而停堆，失去厂外电源期间，VBS 都能在电厂 60 年寿期内间断或连续运行。

2）事故运行

① 主控室/技术支持中心 HVAC 子系统的事故运行。在收到自主控室放射性监测仪的空气放射性高信号后，通过保护和安全监测系统（PMS），该子系统正常外部吸风管上的遮断风门自动关闭。如果厂外和厂内交流电源可用，应急关闭的外部遮断风门自动开启，运行系列的空气处理单元送风机和回/排风机将继续运行，洗手间/厨房排风机自动停止运行，相关的主控室隔离阀自动关闭，新风过滤单元的送风机自动启动。如果失去厂外交流电源，该子系统自动切换为由厂内备用柴油发电机供电。在短期的中断运行后，该子系统空气处理单元送风机和回/排风机按照柴油发电机的负荷带载顺序自动启动，因此能够保证该子系统的功能不会收到影响。如果厂内和厂外交流电源都不可用，该子系统的空气处理单元送风机，回/排风机，新风过滤单元送风机，MCR 和 CSA 洗手间排风机将不可运行。如果失去交流电源超过 72 h，控制室通风将由一台运行的辅助风机恢复（48.1 m^3/min）。辅助风机由厂内辅助柴油发电机供电。如果厂内或厂外交流电源在 72 h 以内或 72 h 以后恢复并且 VWS 低容量冷却水子系统可运行，为事故后恢复运行 MCR/CSA HVAC 子系统将手动重新启动。

在接收到来自主控室主送风管网上的放射性监测仪的空气放射性高高信号，主控室/技术支持中心子系统空气处理单元送风机、回/排风机、主控室和技术支持中心洗手间排风机（包括运行的新风过滤单元送风机）自动跳闸。隔离阀自动关闭把主控室隔离。放射性监测仪通过 PMS 提供初始信号给 VES，随后就断电。VES 随后为主控室提供冷却、增压和呼吸空气。

② 1E 级电气间 HVAC 子系统的事故运行。在接收到来自主控室主送风管网上的放射性仪的空气放射性“高”或“高—高”信号，1E 级电气间 HVAC 子系统继续其正常运行模式提供通风和冷却。如果失去厂外交流电源，1E 级电气间 HVAC 子系统切换到由厂内备用柴油发电机供电。如果同时失去厂内和厂外交流电源，1E 级电气间 HVAC 子系统将自动跳闸。VES 非能动冷却热阱将提供冷却。

③ PCS 阀门间加热通风子系统的事故运行。在设计基准事故期间或之后，PCS 阀门间加热通风子系统不要求运行。如果厂内或厂外电源可用，则电加热器单元是可运行的。根据负荷需要调节电加热器的投入和退出控制温度。在设计基准事故期间或之后，如果厂外电源可用，则排风机是可运行的。如果失去所有交流电源，PCS 加热通风子系统将不可运行。

3. 安全壳再循环冷却系统（VCS）

（1）系统功能

在正常运行和停堆期间，VCS 控制安全壳内空气温度和湿度，为设备运行提供适宜的环境。

1) 控制安全壳厂房环境温度以利于设备可靠运行和人员进出。

2) 在试验期间，通过维持安全壳内均匀的大气环境，支持安全壳完整性泄漏率试验。

3) 在反应堆停堆期间，与便携式过滤器单元连接，控制污染空气从蒸汽发生器隔间向安全壳其他区域扩散。

4) 通过混合安全壳内的空气，使 VFS 能实现均匀过滤。

5) 去除安全壳大气中的湿气，将凝结水导入放射性废液系统(WLS)以用于安全壳内不确定蒸汽的监测。

(2) 系统的组成

VCS 由两套 100%容量的装于滑动底板上的风机盘管单元组成，共有 4 套各 50%容量的风机盘管子组，风机盘管单元与共用环形管道和分配系统相连。为安全壳提供冷却的 VWS 管道和为安全壳加热的 VYS 管道间的接合点位于安全壳外。安全壳内的水管为 VWS 和 VYS 共用。

系统主要设备包括：安全壳再循环风机盘管单元；卸压风门；管道和相关设备；平衡和回风风门；仪表和控制等。

(3) 系统运行

1) 正常和异常运行

在电厂正常运行期间，每套风机盘管单元中两台 50%容量风机中的一台从操作平台上部区域抽取空气，并通过环形母管和二次分配风管把冷却空气输送给操作平台上、下方的小室、隔间、通道区域。另外，冷却空气还被输送到反应堆腔和反应堆支撑区域以维持局部区域和混凝土在合适的温度。正常送风温度为 15.6 ℃，符合不同运行模式下环境设计要求。

在反应堆停堆期间，系统为人员进出和设备维修维持空气平均温度在适当的范围。如果在天气热的时候停堆或换料，系统运行在冷却模式，支持正常运行并排出设备和部件的热量。如果在天气冷的时候停堆或换料，系统运行在加热模式。在换料操作时，为人员通道维持设计环境温度。

在安全壳完整性泄漏率试验期间，风机盘管单元由主控室操纵员控制运行。

在发生燃料操作事故或冷却剂丧失等设计基准事故时，VCS 不要求承担缓解事故后果功能。如果系统在非正常运行瞬态后可用，系统可低速运行进行事故后恢复作业以降低安全壳温度和压力。

2) 事故运行

VCS 不是安全相关系统，在电厂事故后，不要求其运行。

4. 安全壳空气过滤系统(VFS)

(1) 系统功能

VFS 为安全壳、燃料操作区以及辅助厂房和附属厂房的其他放射性控制区提供通风过滤服务，但机械热加工车间和保建物理区域由单独的通风系统提供服务。其功能包括：

1) 发生设计基准事件期间，VFS 通过隔离贯穿安全壳的送排风管线，维持安全壳压力边界的完整性。

2) 发生设计基准事件后，在阀门关闭期间，VFS 防止重大放射性泄漏。

3) 为安全壳提供间歇通风，维持安全壳大气压力在设计压力范围内。

4）调节安全壳供风湿度，降低安全壳冷却盘管上的冷凝。

5）当监测到燃料操作区域和辅助/附属厂房辐射控制区（不包括保健物理和热机加工车间）正常排气放射性高时，处理以上区域的排气，并维持这些区域相对于邻近清洁区域的微负压。

6）当燃料操作区域和辅助/附属厂房辐射控制区由于气体放射性高或厂房压差高被隔离时，维持这些区域的微负压。

（2）系统组成

VFS由两套100%容量的送风处理单元、送风管道、带安全壳隔离阀和管道的排风系统、通风调节设备、排风机、过滤单元、自动控制系统和相关设备组成。在安全壳完整性泄漏率试验期间，安全壳排风贯穿件也作为试验系统对安全壳进行加压和降压的连接件。

系统主要设备包括：送风处理单元；排风过滤单元；隔离风门；差压控制风门；送排风机；遮断和平衡风门；防火风门；低效过滤器，高效过滤器和后过滤器；安全壳贯穿件；电热盘管；加热盘管；冷却盘管；活性炭吸附器等。

（3）系统运行

1）常和异常运行

在电厂正常运行期间，主控室操纵员依据减少空气放射性或维持安全壳压力在正常运行范围的要求，定期运行VFS对安全壳空气进行净化。

在电厂停堆前或期间，在人员进出前，VFS一个或两个系列可以运行以除去空气中的放射性。在周围环境温度低时，送风可由VYS加热。

当保护和安全监测系统或多样性触发系统发出安全壳隔离信号时，送排风管线上的安全壳隔离阀门会自动关闭。

如果安全壳放射性高信号没有出现，在安全壳保持隔离状态时，主控室操纵员可以把VFS投入运行以清除安全壳内潜在的空气放射性。

如果在燃料操作区域或辅助/附属厂房区域探测到空气放射性高或压差高，VAS将会把受影响区域与外界环境隔离并且启动安全壳空气过滤排风子系统以维持隔离区域的微负压。

2）事故运行

如果净化系统和安全壳相连，保护和安全监测系统（PMS）安全壳隔离信号会自动关闭VFS系统安全壳隔离阀并通过电厂控制系统发出停运信号来停闭送排风机。VFS系统送排风子系统是非安全相关系统并且假定在设计基准事故或事故后不能运行。

VAS系统辐射监测仪连续监测来自燃料操作区域、辅助厂房放射性控制区域和附属/辅助区域的排气放射性。当发出放射性高信号时，正常通风系统与受影响区域自动隔离并启动VFS过滤排放装置以减少排气在未过滤情况下向环境的释放。调节VFS排风机进口导叶以维持通过过滤器单元的气流量为定值。调节新风风门维持隔离区域内的微负压。

5. 保健物理和热机加工车间HVAC系统（VHS）

（1）系统功能

VHS服务于附属厂房楼梯间SO_2、人员去污区、探测和监测设施、辐射监测仪校验区，以及附属区内的保健物理设施和热机加工车间。

VHS系统维持保健物理区和热机加工车间的室内大气条件，以保证人员和设备运行，

VHS 执行下列相关功能：

1）为所有工作区提供适宜的空气，以维持工作区域内的设备和人员可接受的温度和相对湿度。

2）确保空气流向是从清洁区到潜在污染区，将空气污染物的扩散限制到最低。

3）提供去污间和手套箱、焊接室以及热机加工车间机械工具的局部排气。

4）在排至电厂烟囱之前，通过废气辐射监测系统对所有排气进行辐射监测。

5）维持辐射控制区和热机加工车间相对于邻近区域处于微负压状态，防止放射性污染物的无监测释放。

6）提供加湿以保持最低 35%的相对湿度。

7）向可控进入区域和热机加工车间提供无潜在污染气体再循环的单向通风。

（2）系统组成

1）送风系统

VHS 系统是单向流动通风系统，包括两个完整的子系统：送风系统和排风系统。这两个子系统要联锁运行，以满足在控制空气流向和区域负压的同时维持温湿度的要求。

送风系统包括两套 100%容量的空气处理单元，每个单元包含管道式空气分配系统、自动控制器及附件。

2）排风系统

排风系统包括两台 100%容量的离心排风机（其容量允许系统利用管网和自动控制器维持在负压状态，额定风量为 396 m^3/(min·台)(14 000 scfm))、排风管道连接系统、自动控制器和附件。排风机位于附属厂房内的楼梯和存储区。排风机额定风量大约比送风量大 10%，这样就可以维持保健物理区/热机加工车间处于微负压。

系统主要设备包括：送风处理单元；送排风机；低/高效过滤器；冷却盘管；加热盘管；湿度调节器；遮断、控制、平衡和回风风门；防火风门；风管和相关设备等。

（3）系统运行

1）正常运行

VHS 系统期望在电厂 60 年寿期内连续运行，除了 HVAC 设备因检修而关闭。在电厂启动、热停堆、冷停堆和正常运行期间，VHS 系统的运行没有明显差异。

2）异常运行

① 排风系统风机故障

如果排风系统风机故障，位于风机排气管内的低流量控制器自动将相关的送风系统风机跳闸，并向主控室发出报警。操纵员应该启动备用送排风机，继续以满系统容量运行。

② 送风系统风机故障

如果送风系统风机故障，位于风机排气管内的低流量控制器自动将相关的排风系统风机跳闸，并向主控室发出报警。排风机跳闸会导致机械工具排风机跳闸。操纵员应该启动备用送排风机，继续以满系统容量运行。

③ 机械工具排风机故障

如果机械工具排风机故障，位于风机排气管内的低流量控制器向主控室发出报警。低流量信号也会导致风机的跳闸和排风风门间 D036 的运行。VHS 系统继续运行在满系统容量。但是，空气将不会直接从机械工具排出和就地过滤。在这种运行模式下，一些机械工具将会暂停运行。

④ 失去加热热水

每套送风处理单元都有一个位于排气管道内的低温控制器。一旦温度下降到 4.4 ℃，送风机及其相关排风机将跳闸，主控室产生低温报警。两台排风机跳闸将同样导致机械工具排风机的跳闸。如果失去加热热水被确定为确定送风处理单元局部跳闸工况，操纵员可以启动备用送排风机，并继续运行在满系统容量。如果失去加热热水被确定为影响两套送风处理单元的整体丧失，系统必须停运，所服务的区域也可能要暂停运行。

对于送风机排气温度高于 4.4 ℃，系统可以运行在正常模式，但是，区域设计温度可能无法维持。

⑤ 失去冷冻水

如果一套空气处理单元的冷冻水可用，这套单元及其相关排风机可以投入运行。在这种情况下，系统可以工作在满容量。如果两套空气处理单元的冷冻水全部失去，系统可以运行以维持区域负压。在这种运行模式下，给基于室外温度，室内设计温度可能不能维持。受影响区域的某些运行可能需要暂停。

⑥ 蒸汽湿度调节器故障

蒸汽湿度调节器故障会导致该区域内的湿度水平超出设计范围。系统可以继续运行在满系统容量，但是，该区域的湿度水平应该加以监测。区域内温度水平过低将导致受影响区域内的某些运行需要暂停。

⑦ 热机加工车间负压控制器风门故障

这个风门故障会导致热机加工车间负压超出设计范围。系统可以继续运行，但是，热机加工车间的某些活动需要暂停，直到恢复到区域设计负压。

⑧ 高气载放射性

连续监测 VHS 系统的排气的气载放射性。当监测到高气载放射性，产生报警，主控制操纵员要采取行动查明报警原因，如果需要就手动停运 VHS 系统。

3）事故运行

① 高气载放射性

对保健物理区和热机加工车间的排气连续监测其气载放射性。一旦检测到高气载放射性，主控制室(MCR)就会发出响声报警，主控室操纵员要采取行动查明报警原因，在需要时手动停运 VHS 系统。

② 失去厂外电源

发生失去正常厂外电源事件时，保健物理和热机加工车间 HVAC 系统跳闸并关闭。

③ 火灾探测

当任一管道烟雾探测器或区域火灾探测系统检测到发生火灾时，送排风系统跳闸。如果发生这种工况，电厂维护人员应当确定烟雾的源头，这样才能采取缓解行动。如果需要，任一台厂房排风机都可以手动重启以排出烟雾。

④ 设计基准事故(DBA)

VHS 系统为非安全相关系统，在设计基准事故期间及事故后均不需要投入运行。

6. 其他加热、通风空调系统

放射性废物厂房 HVAC 系统(VRS)为放射性废物厂房服务，其中包括干净的电气/机械设备间、潜在的被污染的HVAC设备间、封装废物储藏间、废物堆积库和可移动的系统设备。

附属/辅助厂房非放射性通风系统(VXS)为非放射性人员及设备区,电气设备间,干净走廊,附属厂房的辅助柴油发电机室和除盐水除氧室,辅助厂房的主蒸汽隔离阀门间、停堆断路器室、管道间和电气贯穿件间等人员设施提供适宜环境。在电厂设计60年寿命期间,VXS能连续运行。

热水加热系统(VYS)在寒冷天气运行时,VYS为电厂指定的非安全相关的空气处理单元和单元加热器提供加热用水;在寒冷天气停机时,为安全壳再循环风机盘管提供加热用水。VYS为HVAC空气处理单元的加热盘管提供加热用水,以维持AP1000厂房内适宜的空气温度。

柴油发电机厂房采暖和通风系统(VZS)为备用柴油发电机室、电气设备的服务模块、柴油发电机厂房内日用油箱拱顶以及设在储油罐附近的两个柴油输送模块提供加热和通风。

思考题

4.1　核岛有哪些主要辅助系统,各有什么功能?

4.2　容积控制箱的作用是什么?为什么容控箱的气空间要保持一定的氢分压?

4.3　上充泵有什么作用,它有哪些运行方式,各运行方式下从何处汲水,升压后排往何处?

4.4　化容系统在净化段有哪些除离子床?这些除离子床作用如何?其运行方式如何?

4.5　降低一回路硼浓度有哪些措施,各在什么情况下使用?

4.6　一回路冷却剂中为什么要添加硼酸,氢氧化锂?

4.7　在一回路加热升温过程中为什么加联氨,什么温度范围适宜?

4.8　为什么要设置余热排出系统,单靠蒸汽发生器能否将反应堆冷却至冷停堆?

4.9　设备冷却水系统由哪些设备组成,其压力为什么低于它冷却的系统的压力?

4.10　反应堆换料水池和乏燃料水池处理和冷却系统有什么功能,其净化及冷却由哪些回路或系统实现?

4.11　放射性控制区通风系统(VA S)由哪几个子系统组成?

4.12　在电厂正常运行期间,核岛非放射性通风系统(VBS)服务的区域有哪些?

第 5 章　专设安全设施

5.1　概　述

专设安全设施指的是：在事故发生以后，确保反应堆紧急停闭、堆芯余热的排出和安全壳的完整性，以便限制事故的发展和减轻事故带来的后果。压水堆核电厂专设安全设施包括：安全注射系统、安全壳、安全壳喷淋系统、安全壳隔离系统、安全壳消氢系统、辅助给水系统和应急电源。专设安全设施的主要作用是：

1）防止反射性物质的扩散，保护环境、公众和电厂人员安全。

2）事故工况下保证余热排出并尽可能限制裂变产物包容设备及系统的损坏。

3）LOCA 时向堆芯注入含硼水。

4）阻止安全壳中氢气浓集。

5）向蒸汽发生器事故供水。

为使专设安全设施发挥其功能，设计中应遵循下述原则。

1）屏障独立性准则。在任何情况下，三道屏障中的任何一道的破坏，都不会引起其他屏障的破坏。

2）多重性原则。每一系统内的重要设备都是冗余的，支持系统分属不同系列，满足单一故障准则，这样即使单个设备故障也不影响系统正常功能的发挥，。

3）设备可靠性准则。即使在发生安全停堆地震（从区域性和局部性地质学和地震学考虑能产生的最大振动性地面运动的地震）的情况下，专设安全设施仍能发挥其应有的功能。

4）设备独立性准则。各系统间原则上不希望共用其他设备或设施。重要的能动设备必须进行实体隔离，以防止同一台设备故障殃及设备失效。

5）系统按设计基准事故确定的冷却性能须满足如下要求：

① 燃料包壳最高温度保持低于 1 204 ℃；

② 最大包壳氧化程度不超过包壳总厚度的 17%；

③ 最大产氢量不超过包壳一水化学反应产氢量的 1%；

④ 安全壳内压力保持在设计压力以下；

⑤ 堆芯几何形状的改变限制在可对堆芯进行冷却的限度之内；

⑥ 应急堆芯冷却系统保持其对堆芯进行长期冷却的能力。

5.2　安注系统

5.2.1　系统功能

安注系统又叫作应急堆芯冷却系统。它的主要功能如下。

1）当一回路发生小破口失水事故时或者二回路蒸汽管道发生破裂导致一回路平均温度降低所引起冷却剂收缩，安注系统向一回路注入高质量分数含硼水，抵消因慢化剂过度冷却所减少的负反应性，防止反应堆重返临界。

2）当一回路大破口失水事故时，安注系统为堆芯提供应急的和持续的冷却，保证淹没并冷却堆芯，从而防止堆芯熔化确保堆芯的完整性。

3）在失水事故后的再循环注入阶段，安注系统的部分承压边界作为安全壳的延伸，起安全壳屏障作用。

4）在换料停堆期间，低压安注泵可用来为反应堆水池充水；在失去厂外电源的情况下为主泵提供轴封水。

5.2.2　系统描述

安全注入系统由高压安全注入、中压安全注入（蓄压箱注入系统）和低压安全注入三个子系统组成，它们根据事故引起一回路系统压力下降不同的情况介入。图 5.1 给出了压水堆核电厂安全注入系统的示意图。

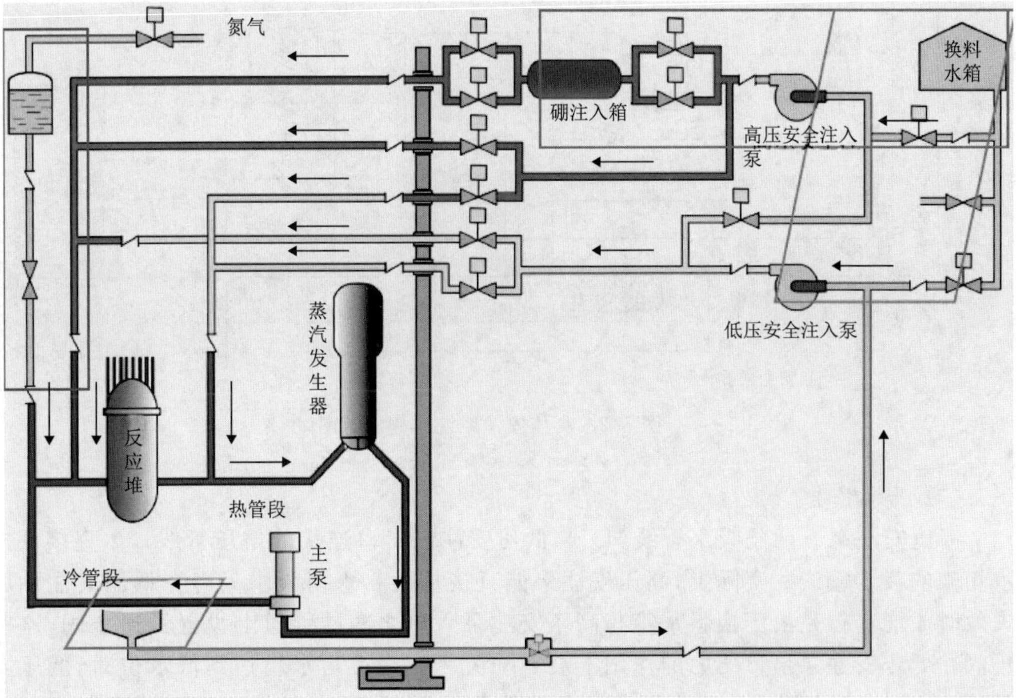

图 5.1　压水堆核电厂安全注入系统

1. 高压安注系统

当反应堆冷却剂系统发生破口事故时导致其绝对压力下降到 11.9 MPa 时或者是主蒸汽管道发生破裂引起一回路温度明显降低时，高压安注系统投入运行，向一回路注入高浓度的含硼水，迅速冷却和淹没堆芯。高压安注系统主要用于压水堆冷却剂系统的小泄露事故，维持冷却剂系统压力稍低于正常的值，使反应堆正常停闭。

高压安注系统由三台高压安注泵、一个浓硼酸注入箱、换料水箱、浓硼酸再循环回路和通往一回路的注入管线及相关阀门组成。

高压安注系统由两个相互独立系列组成，每一个系列上都有一台空气冷却的高压安注泵和一台水冷的低压安注泵，它们分别都能够提供足够量的的应急冷却水。在正常运行的情况下，其中的一台高压安注泵充当化容系统的上充泵来运行，另一台处于备用状态只有接触到安注信号才能运行，最后一台则是作为上充泵运行的那台泵的备用，在通常的情况下一般它是断开的。低压安注泵由于排出的压力要比一回路压力低，它的作用相当于高压安注泵的前置增压泵。高压安注系统结构示意图如图 5.2 所示。

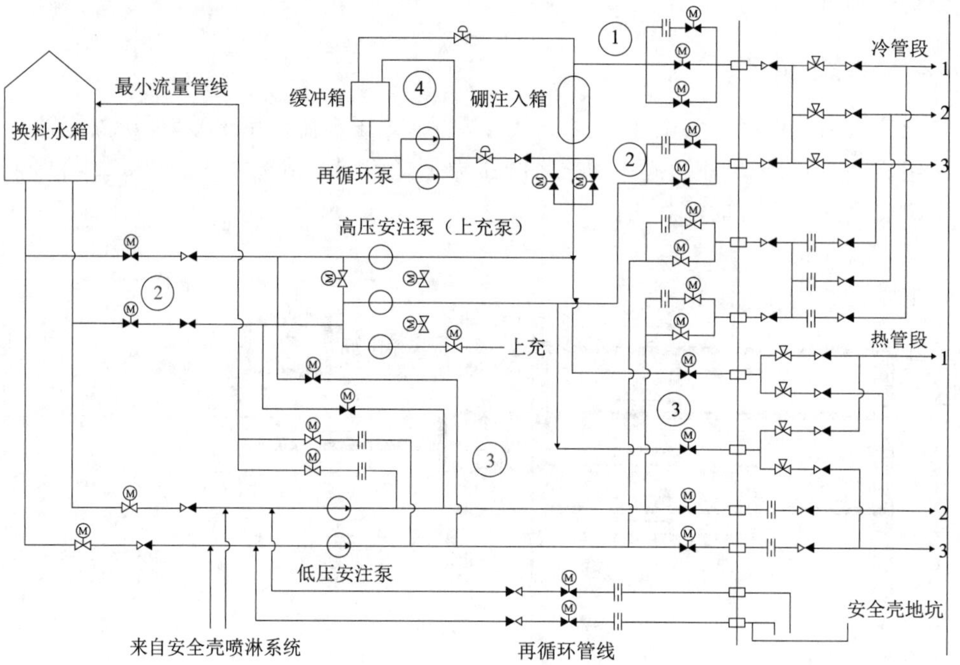

图 5.2　高压安注系统结构示意图

(1) 吸水管线

高压安注泵有两条吸水管线：1）与低压安注泵出口连接的增压管线；2）直接从换料水箱来的吸水管线。实际上，高压安注泵能直接从换料水箱吸水只有在低压安注泵增压失效时才能实行是由于换料水箱与高压安注泵入口之间的管道上设置了逆止阀，这些逆止阀在低压安注泵出口压力的作用下会自动关闭。当换料水箱达到低水位时，低压安注泵改从安全壳地坑吸水，而通往换料水箱的管线被隔离，水经低压安注泵升压后再经高压安注泵注入一回路，在这个过程中需要对安全壳地坑的水进行冷却时，安全壳地坑的水须经过安全壳喷淋系统的热交换器冷却后再注入一回路，因此，安全壳地坑、低压安注泵、安全壳喷淋热交换器也是高压安注系统的一部分。在每台泵的出口都设置了一个最小流量旁路管线，在正常工况下它们经过轴封水热交换器被冷却后再回到泵的吸入端，在三台泵共用的最小流量旁路管线装有两只隔离阀，当接到安全注入信号时关闭这两个阀门。

(2) 注入管线

高压安注泵可通过一下四条管线将含硼水输送到 RCP 系统，如图 5.2 所示。

1) 通过硼酸注入箱的冷段注入管线

这条管线由安注信号启动投入运行，用高压安注泵将换料水箱中的水通过硼注入箱注入 RCP 环路冷段，并将浓硼酸溶液带入以便迅速向堆芯提供负反应性。在冷、热管段同时注入时，通过控制相关的阀门，可将含硼水从带有流量孔板的出口隔离阀旁路管线进入 RCP 冷段，可限制它的注入流量。

正常运行时硼酸注入箱的隔离阀和 RCP 系统的隔离阀是关闭的，在接到安注信号时都启动。

2) 硼注入箱旁路管线

这个管线只有在硼注入箱管线发生故障情况下使用，一般的情况下都是出于关闭状态。当硼注入管线出现故障时，其隔离阀由控制室手动操作，该管线注入 RCP 冷段。与隔离阀并联的阀门带有节流孔板，允许在与热段注入的同时小流量注入冷段。

3) 热段的高压注入管线

这些管线是在长期再淹没阶段时使用，而且对中等破口和小破口都需要这些管线。这两条管线并联设置，每条管线为注入两个热段供水。因此，该管线允许单一能动或非能动故障。

4) 高压安注泵入口到低压安注泵出口的连接管线

在直接循环阶段，高压安注泵通过低压安注泵从换料水箱吸水。在再循环期间，地坑水经低压安注泵增压后供给高压安注泵。

2. 蓄压箱注入系统

蓄压箱注入系统图如图 5.3 所示。在一回路管道发生破裂，压力急剧下降的情况下，蓄压注射管系在最短的时间内淹没堆芯以避免燃料元件的熔化。该系统位于安全壳内由三个独立的管道和阀门组成分别与一回路冷管段连接。在每一个管路上有一个安全注入箱(又称蓄压箱)，一只电动隔离阀和两只串联的逆止阀。蓄压箱为两端带有半球形封头的圆筒形压力容器，内存 $C_B \approx 2\,400$ ug/g 的含硼水，用压力约为 4.2 MPa 的氮气覆盖，每个安注箱能提供淹没堆芯所需容积的 50%。安注箱的隔离由每条注入管线上的两个串联的逆止阀来保证，为了对止回阀的泄漏进行试验，还设置了试验管线。在每条管线上还设有一个电动隔离阀，正常运行工况下一般是打开的。正常停堆期间，当一回路绝对压力低于 7.0 MPa 时，关闭此隔离阀，防止安注箱向 RCP 注入硼水。两台机组共用的水压试验泵是容积式泵除用于一回路水压试验，也用来从换料水箱向蓄压箱充水。在全厂断电事故情况下，该泵还用于向主泵供应轴封水。

蓄压箱注入系统为非能动系统即不需要任何安注信号就可启动任何电气设备是安注系统三个子系统中的唯一一个非能动系统。由于蓄压箱注入系统这种无须信号触发，不需要任何电气系统支持的特点，在某种程度上增加了其可靠性，在先进轻水堆核电厂设计中被广泛采用。

当失水事故发生时，出现一回路系统的压力比蓄压箱的注入压力低的情况后，将会打开安注箱内氮气压力止回阀，使安注箱内的含硼水能够迅速注入堆芯。当大破口失水事故发生时，一回路压力大幅度下降，安注系统的三个子系统都将投入运行。由于高压安注泵和低

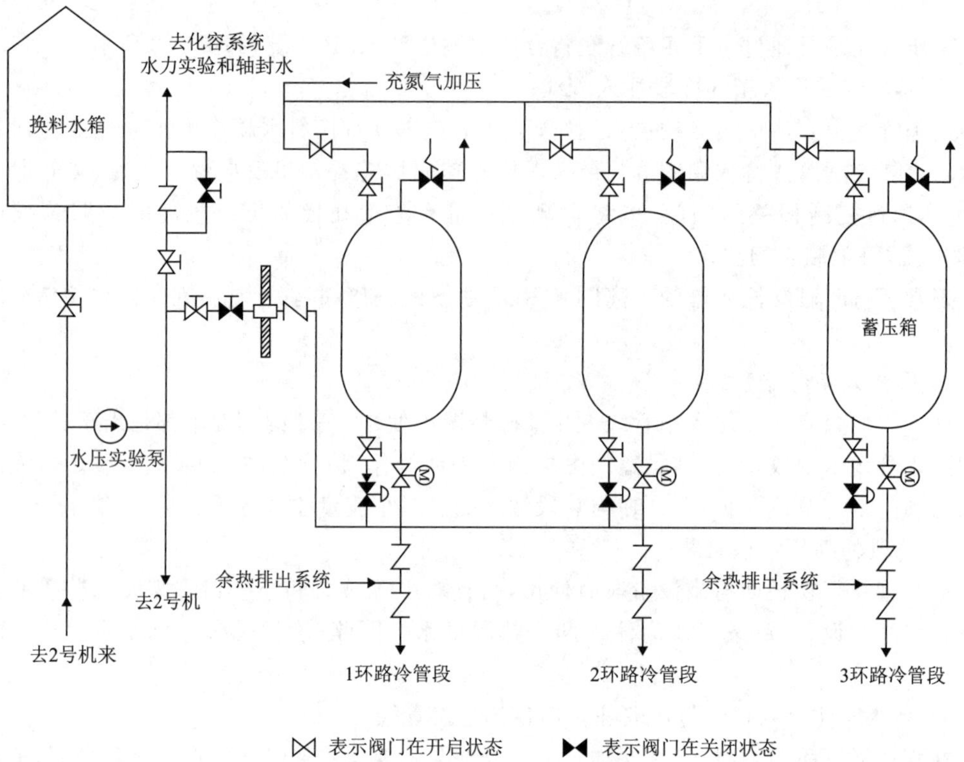

图 5.3 蓄压箱注入系统图

压安注泵的启动存在时间延迟加之流量也会受到一定的限制,因此在这种情况下,蓄压箱注入系统起到了至关重要的作用,它能够迅速地向堆芯注入大量含硼水,保证堆芯得到及时冷却。

3. 低压安注系统

在冷却剂管道大破裂,冷却剂压力急剧降低时,低压安注系统能够淹没堆芯并保证堆内水的流动,以便导出余热。低压安注系统由两个相互独立的系列组成,每个系列含有一台低压安注泵。低压安注泵的出口通过隔离阀接到高压安注泵吸入联箱上,为高压安注泵增压,低压安注泵排出的水通常情况下送到高压安注泵人口,但是当泵出口压力高于一回路压力时则直接注入一回路。低压安注泵与 RCP 的冷、热段也有连管(与高压安注管线共用),其中两台低压安注泵分别与第二和第三环路的热管道连接。当冷、热段同时注入时,冷段注入流量改变其原有线路走装有节流孔板的旁路管线(见图 5.4)。

(1) 两条吸水管线

1) 两台低压安注泵通过两台独立管线从换料水箱抽水。

2) 两台低压安注泵通过两条独立管线从安全壳地坑抽水。

低压安注系统在冷却剂压力降到 0.7 MPa 时由安全注射信号启动,将换料水箱中的含硼水注入每个环路的冷管段。当换料水箱中的含硼水被汲完(水位低到一定程度)后,低压安全注射泵可改为抽取安全壳底部的地坑水,这些水来自泄漏和喷淋下来的含硼水。两台低压安注泵从安全壳地坑吸水口吸水,每个泵的吸水口有一台长方体过滤器,这两台过滤器

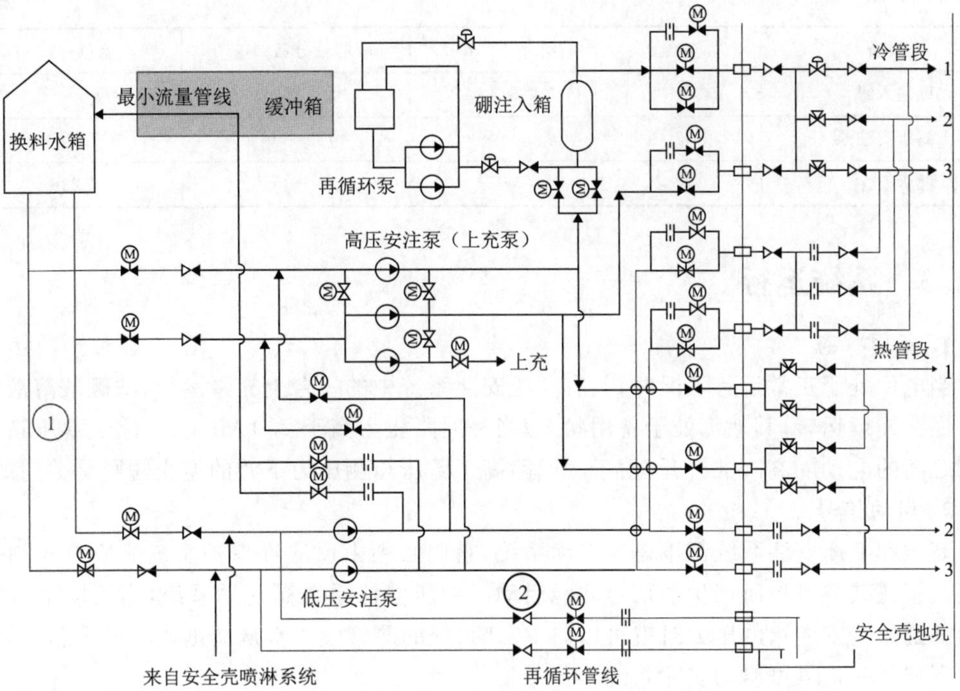

图 5.4　低压安注系统

与安全壳喷淋系统的过滤器一起被一个大碎片拦污栅包容。

(2) 两条注入管线

1) 热管道注入

2) 冷管段注入

当反应堆正常运行时，两台低压安注泵是不工作的。在这种情况下，热段和冷段的隔离阀处于不同的状态，前者是关闭的而后者则是打开的，泵的进口隔离阀也处于打开状态，相应管线由止回阀隔离，这样可以保证低压安注泵接到安注信号以后，能够快捷响应，从换料水箱抽水，并且在 RCP 压力迅速下降时能尽快直接向其大量注入。

位于安全壳内侧的所有冷管段和热管段注入管线，都装有手动调节阀或节流孔板，这些可以用来调节流量平衡。三个逆止阀串联在冷管段注入管线与一回路管道之间，两个逆止阀串联在热管段注入管线与一回路热管道之间，尽可能地使这些阀门靠近反应堆冷却剂管道，从而实现安注管线在安全壳内侧的隔离并降低由安注系统管道破裂导致的 LOCA 的风险。

为了保证尽快地实现安全功能，除蓄压安注系统布置在安全壳内离堆非常近的地方外，RIS 系统的其余设备均布置在核辅助厂外内，以减少由于冷却剂管道破裂产生的飞射物引起的后果。表 5.1 给出了安注系统的主要参数。

表 5.1　安注系统的主要参数

设备	数量	水容量/m^3	硼质量分数/10^{-6}	流量/(L/s)
换料水箱	1	1 600	2 400±100	—
蓄压箱	3	33.2×3	2 400±100	—

续表

设备	数量	水容量/m^3	硼质量分数/10^{-6}	流量/(L/s)
硼注入罐	1	3.4	7 000	—
高压安注泵	3	—	—	44.4
低压安注泵	2	—	—	236

5.2.3 系统运行

1. 备用状态

当电厂处于正常运行工况时，只有高压安注系统中的一台上充泵运行，浓硼酸溶液的再循环回路连续运转，其他都处于备用状态；当一回路压力高于 7.0 MPa 后，位于蓄压箱与一回路之间的电动隔离阀被打开，由于一回路高于蓄压箱侧压力下游的逆止阀则是关闭的。

2. 启动信号

高压和低压安注系统都不是非能动系统，它们必须由反应堆保护系统响应冷却剂丧失和蒸汽管道破裂事故所产生的信号才能启动。中压安注系统是能动系统，当反应堆冷却剂压力降到低于安注箱的压力时就可以向 RCP 系统的冷管段注水从而迅速冷却堆芯。

下列任一信号可启动安注系统：

来自一回路的信号：

稳压器低压力(低达 11.9 MPa)。

来自二回路的信号：

1）两台蒸汽发生器蒸汽流量高(高于定值 20%)且主蒸汽压力(3.55 MPa)；

2）两台蒸汽发生器蒸汽流量高(高于定值 20%)且一回路平均温度低(T_{avg}=284 ℃)；

3）蒸汽管道间主蒸汽压差高(ΔP=7 bar)。

其他：

1）安全壳压力高(高达 0.14 MPa)；

2）手动安注信号。

安注信号发出的同时，还引起下列自动操作：

1）反应堆近期停闭；

2）安全壳隔离和停止通风；

3）汽轮机脱扣；

4）二回路蒸汽发生器正常给水隔离；

5）辅助给水投入；

6）应急柴油发电机组启动。

3. 安注过程

(1) 冷段直接注入阶段

这一阶段是利用一回路冷却剂正常运行时的流向，使硼酸溶液尽快地注入堆芯，当出现安注信号时，立即自动执行下述动作：

1）启动备用的高压安注泵和两台低压安注泵；

2）打开高压安注泵与换料水箱之间的电动隔离阀，在这两个阀达到全开位置时，然后关闭高压安注泵与容控箱之间的阀门；

3）打开硼酸注入箱周围的4个阀门，将硼酸注入箱与硼酸循环回路间的阀门关闭；

4）隔离上充管线和上充泵最小流量管线，但仍保持轴封水注入管线上的阀门开着；

5）打开蓄压箱冷段注入管线上的阀门；

6）分别打开低压安注泵与换料水箱之间间，与高压安注泵之间，与换料水箱的最小流量管线上的阀门。

在完成上述一系列动作以后，则进入所谓的直接注入阶段。发生中、小破口失水事故时，一回路压力下降的速度比较缓慢，当低压安注泵出口压力比一回路系统压力低时，低压安注泵相当于高压安注的前置增压泵在运行，自动关闭最小流量管线，以增加注入一回路的流量；当一回路压力持续下降直到比蓄压箱注入压力还要低时，蓄压安注系统投入运行，蓄压箱迅速将其内部的含硼水注入堆芯；当一回路压力继续下降比低压安注泵的出口压力还要低时，低压安注泵直接向一回路冷管段注入含硼水。

直接注入阶段是抽取换料水箱中的水注入到一回路冷管段，换料水箱中的水位不断下降，其水位与贮水量的对应管线如表5.2所示：

表5.2　换料水箱水位与贮水量的对应管线

	MIN1(正常水位)	MIN2(低水位)	MIN3(低-低水位)
水位(距箱底)/m	15.3	5.9	2.1
贮水量/m^3	1 600	580	200

图5.5所示为处于直接注入阶段高压、低压安注系统的状态。

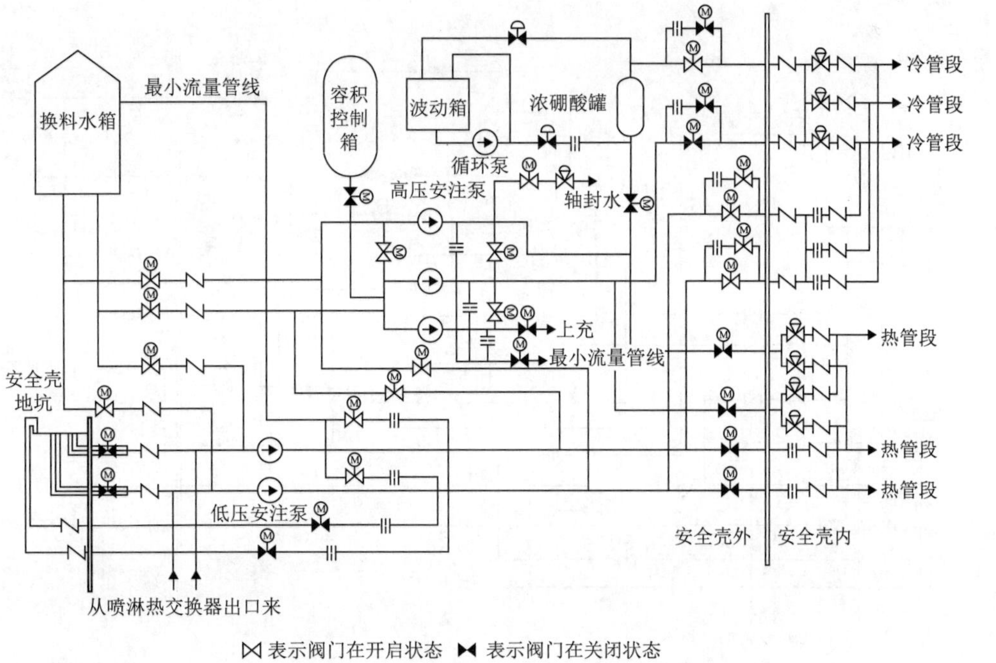

图5.5　直接注入阶段高压、低压安注系统的状态

当出现低水位信号(MIN2)时(此时水位为 6.92 m,高出换料水箱底 5.9 m),系统进入再循环过渡阶段。这时如果低压安注泵流量小于 300 m^3/h,自动将低压安注泵出口通往换料水箱的最小流量管线切换到通往地坑,以避免转入再循环注入后安全壳地坑的水污染换料水箱,值得注意的是这时仍属于直接注入阶段。

(2) 再循环注入阶段

当换料水箱出现低—低水位信号(MIN3)(水位为 3.12 m,高出换料水箱底 2.1 m)且安注信号继续存在时,安注系统进入再循环阶段。所执行的操作是:打开低压安注泵通往安全壳地坑的隔离阀,关闭通往换料水箱的隔离阀,在这种情况下,低压安注泵从安全壳地坑吸水,水升压后被送往高压安注泵入口或直接注入一回路冷管段进行再循环。

(3) 冷、热段同时注入

在事故后 12.5 h,操纵员在主控室将安注系统从冷段注入切换到冷、热段同时注入。冷、热段同时注入时,通过打开冷段注入管线的节流孔板的并联支路上的阀门从而减小冷段注入流量,使热段注入流量占据主导地位,冷段流量只通过旁路阀门进行,主阀门是关闭状态。由于蒸汽带走硼酸的质量是很少的,冷段注入再循环阶段时间过长将会导致压力容器内的硼酸不断累积,燃料元件表面将出现硼酸结晶的现象,这不利于燃料元件的热传导。如果热段注入占据主导地位,堆芯内的流体将会改变流动方向,这对堆芯起到反冲洗作用,使得压力容器内硼的质量分数与安全壳内的地坑水相当。

在失水事故发生 24 h 后,关闭两台高压安注泵汲入管间的电动阀,使高压泵的两个系列隔离,进入长期再循环阶段。

图 5.6 是进入长期再循环注入阶段后,采用冷热段同时注入、以热段注入为主的注入方式时系统的状态。

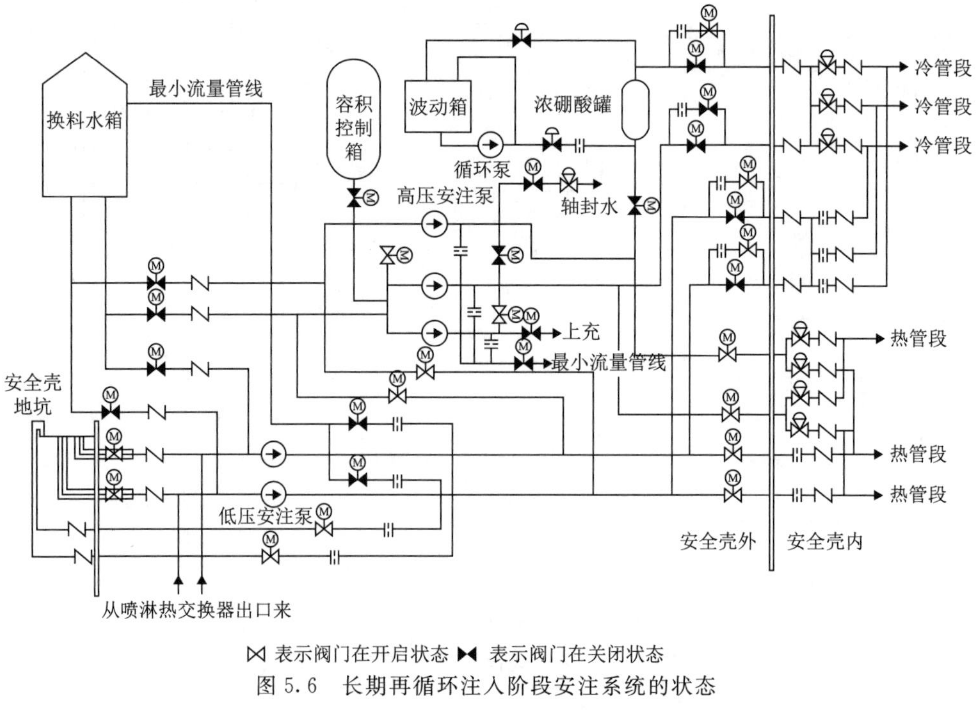

图 5.6 长期再循环注入阶段安注系统的状态

在发生失水事故后15 d,地坑积水经过安全壳喷淋系统冷却后再注入一回路用来排出堆内余热。这个过程描述如下:安全壳地坑水被安全壳喷淋系统汲取后,再流经喷淋热交换器冷却输送到低压安注泵入口,这个过程需要安注系统与安全壳喷淋系统联合完成。

(4) 安注的停运

在安注信号出现后的前5 min内,不能执行“手动复位”操作,这可以确保操纵员在确定是否需要安注系统之前安全设施的相关功能能得到正常运行;在安注信号出现的5 min后,操纵员可以根据具体情况及相关要求,执行”手动复位”相关操作,改变或停运设备的运行状态。

5.3　安全壳隔离系统

5.3.1　安全壳隔离系统的功能

安全壳隔离系统主要由各种贯穿件、隔离阀和相应管道组成,以便在发生事故时接到安全壳隔离信号后能将安全壳隔离保证安全壳作为第三道安全屏障的功能不受到损害。其主要功能如下:

1) 在发生LOCA事故或主蒸汽管道发生破裂时,安全壳隔离系统使除专设安全设施以外的穿过安全壳的管道及时隔离,承受内压,容纳喷射出的汽水混合物,从而减少放射性物质的对外释放,保证安全壳边界的完整性。

2) 在确保安全壳边界完整性的同时允许流体在正常运行工况或紧急情况下通过安全壳边界。

5.3.2　安全壳的形式

对于在压水堆核电厂中的运用,目前已经研发了几种不同类型的安全壳,它们都是以大容器、能耐高压、高温汽水混合物源于破口失水事故和蒸汽管道破裂事故为前提。在发生破口失水事故或蒸汽管道破裂事故后,安全壳内的温度和压力将会先增加到最大值,然后随着安全壳隔离系统的启动开始降低。

在电站运行的寿期中都必须确保安全壳的功能完整性和可行性,从设计的观点来看,安全壳设计必须考虑以下因素:

1) 由于设计基准事故所引起的温度和压力的瞬态现象;

2) 热负荷,例如在正常或瞬态运行工况下,沿着压力容器壁的温度梯度;

3) 恒负载,包括混凝土墙,圆顶、底板、内部混凝土、机械和其他永久负载贡献的应力;

4) 条件负载,包括雪负载、移动设备的负载和其他负载所发生的变化;

5) 地震负载,如那些与地震相关的基础操作和安全停堆地震;

6) 龙卷风的影响,考虑到一定程度上的导弹撞击;

7) 在最糟糕情况下的洪水影响;

8) 外部负荷压力,以安全壳内部与外部之间最大的压差;

9) 预应力负荷,考虑到所有部件的装载;

10) 压力测试负载高达1.15倍设计压力。

由设计基准事故、反应堆冷却系统故障和地震所引起的负载称为临界负载。

按上述所说，安全壳的形式多种多样，从结构材料的角度来看：有钢结构的、钢筋混凝土、预应力混凝土的，钢与钢筋混凝土相结合的、预应力混凝土的复合结构；从结构层次来看：单层、双层；从性能角度来看：干式、冰冷凝式的；从几何形状角度来看：圆柱形、圆形的。下面来介绍几种典型的安全壳。

1. 带密封钢衬的预应力混凝土安全壳

它是一种在压水堆中比较常用的干式安全壳，衬里厚达 6 mm、壁厚近 1 m，上部穹顶通常是半球或椭圆形，由于预应力钢索的设计使得安全壳混凝土墙能够承受轻微的压缩，在某种程度可以说安全壳承压能力增加。使用锚固在混凝土墙上的钢衬作为防漏膜。安全壳的尺寸大小由反应堆堆功率大小决定。图 5.7 所示的纵剖面图给出了安全壳内的主要设备布置情况。目前我国秦山和大亚湾等多数核电厂使用这种安全壳。

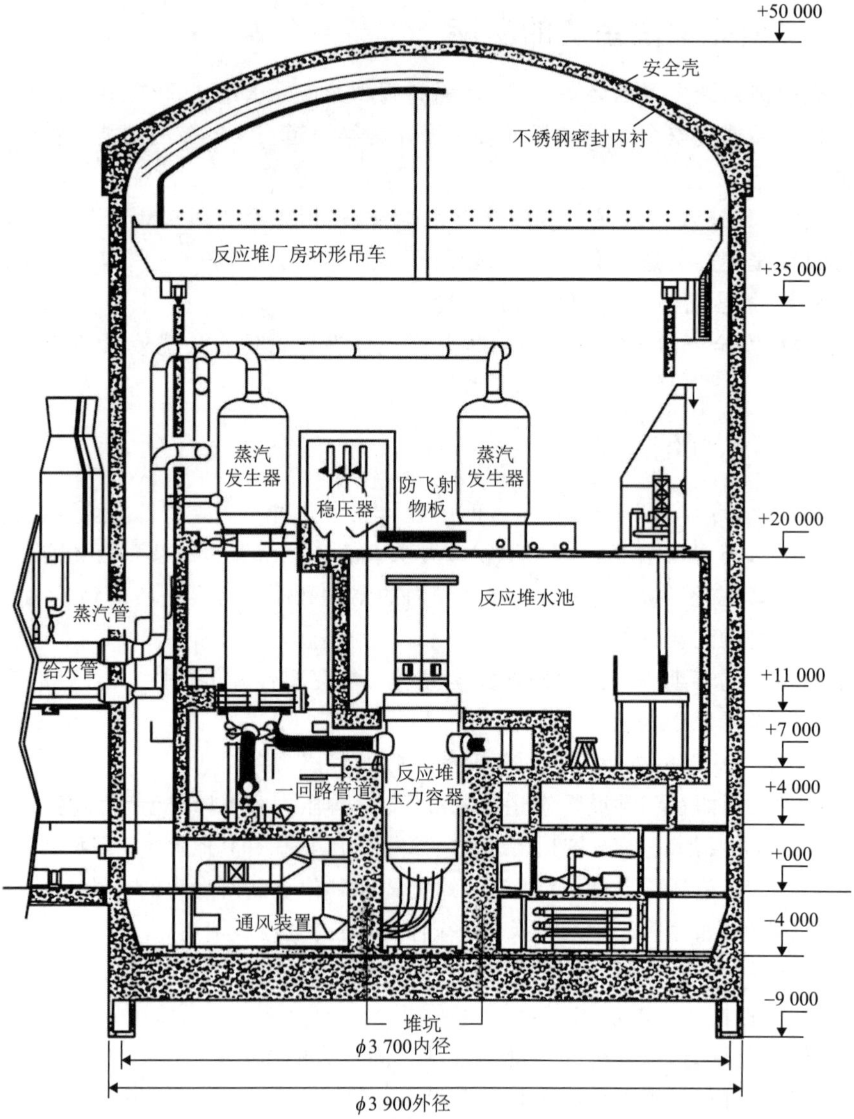

图 5.7 安全壳内纵剖面图

2. 双层安全壳

田湾核电厂的安全壳是双层结构：内层是含有钢衬的预应力混凝土壳，上部结构是半球形的；外层安全壳是带有半球形圆顶的重混凝土结构，厚度为 0.6 m。外壳作为内壳的“防护服”，不仅能够使内壳避免遭受外部危害而且还能对内部的放射性物质释放起到阻挡作用，内、外层安全壳之间自由空间达到 1.8 m，这样在事故情况下能够容纳足够多的放射性物质有利于安全壳的完整性。环形空间内部保持微负压并且过滤通风系统，能够抑制放射性物质泄漏到环境中去。目前德国所使用的双层球形安全壳：内层是球形钢壳，外层则是半球形混凝土壳，在两者之间的环形区域内也保持着负压，并且保证内壳的任何微小泄漏都能得到净化再释放到环境之前。

3. 负压安全壳

负压安全壳是由干式安全壳发展而来，它能够承载低于大气压力(约 0.069 MPa 的绝对压力)的条件下工作，这样可以减少安全壳的体积。因为发生失水事故时，压力大约需要升高 0.032 MPa 才能达到大气压力，此外，在发生失水事故后被加热空气的量也减少了，因此失水事故后可以降低安全壳内峰值压力，安全壳体积也就可以稍微小一点。

5.3.3　安全壳贯穿件

安全壳设有各种供穿过安全壳管道用的机械贯穿件和穿过安全壳电缆用的电气贯穿件，这些贯穿件锚固在安全壳壁中。通常将穿过安全壳壁的管道和设备称为安全壳贯穿件。主要的安全壳贯穿件有：

1) 设备闸门：重型设备的进出口，直径 7.4 m，滑动门封住；

2) 人员闸门：直径为 2.9 m 的双封门钢构件，双门有连锁机构，不能同时开启；

3) 燃料运输管：一端为电动闸，另一端为密封塞；

4) 管道、电缆贯穿件。

为了不使贯穿件处泄露，均有特殊设计，各种电缆、管道的贯穿件的结构示意如图 5.8 所示。

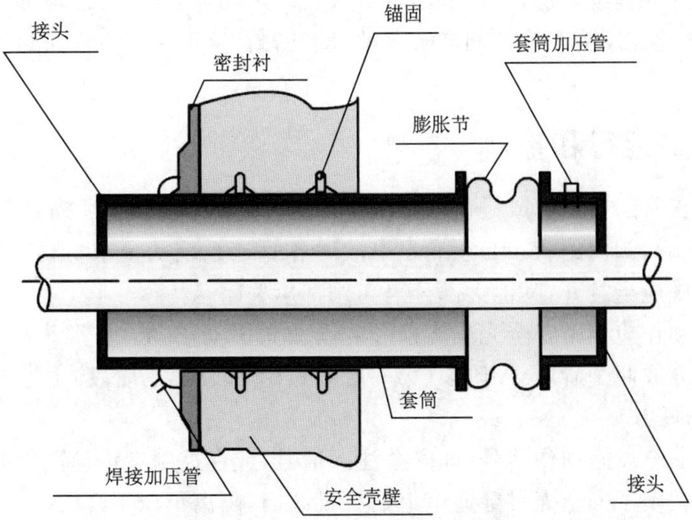

图 5.8　安全壳管道贯穿件示意图

大多数的安全壳贯穿件都是双屏障构件周围含有封闭套，贯穿加压系统对中间的空间连续加压，监测这个系统的泄漏便能够发现贯穿点的泄漏。

5.3.4 系统的设计

当安全壳内发生失水事故时，安全壳与外界的一切联系通道都将被关闭，这样可以降低放射性产物释放到环境中去的概率，将其封闭在安全壳内。这种隔离主要是通过操控贯穿安全壳管到系统的前后隔离阀来实现。隔离阀的分类有以下几种：

采取在安全壳内外各设一个隔离阀必须满足这些情况中的任意一个：主回路中的一部分、直接与安全壳内大气相同的贯穿管路、安全壳内并未形成封闭结构。隔离阀的设置有以下几种方式：

1) 安全壳内、外侧各有一只手动隔离阀；

2) 安全壳内、外侧分别是自动隔离阀、手动隔离阀；

3) 安全壳内、外侧各一只自动隔离阀；

4) 要求在事故后运行且只能在安全壳外侧运行，可在安全壳外侧设置两只自动隔离阀。

在外侧只设一只隔离阀，则必须满足这些情况中的任意一个：系统在安全壳外是个封闭系统、系统属于专设安全系统、系统中由安全壳贯穿件至阀门的一段置于一个封闭套管和围封中的。

至少在安全壳外侧设一只隔离阀，则必须满足这些情况中的任意一个：非主回路的一部分、不直接与安全壳内大气相通的贯穿管路，这些隔离阀可以是封闭的、自动的，也可以使远距离操作的(见图5.9)。

当阀门关闭时，在各隔离阀之间的管道内的液体受热膨胀可能会形成超压，通常将止回阀或者是泄压阀设置在安全壳内侧隔离阀的反向管线上进行超压保护。

AP1000安全壳隔离系统相对于传统的压水堆系统而言具有明显的进步，最突出的特点表现在极大程度上减少了贯穿件的数量(常打开的贯穿件减少了60%)。所有的贯穿件都连接着安全壳和辅助厂房，贯穿件不具有事故缓解功能，一旦发生泄漏使得放射性物质先进入辅助厂房，比如反应堆冷却剂屏蔽泵就没有密封，这避免了失去密封冷却所引起的密封失水事件。

5.3.5 系统运行和控制

无论是在正常运行工况或是停堆工况下，隔离阀的状态都必须满足各个系统的运行要求；在事故发生后，阀门的状态必须满足事故时各管道系统的要求，通常情况下专设安全设施系统的隔离阀应当打开，其他大部分隔离阀都应关闭。

隔离阀的动作应当由安全壳隔离信号启动或者手动启动。按照事故发展的过程，可将安全壳隔离划分成两个阶段：A阶段(第一阶段)、B阶段(第二阶段)。

1. A阶段隔离

任一专设安全设施动作信号(即安全注入信号)或在控制室手动产生的信号都能够引发A段隔离。它关闭了安全壳贯穿通道上的一批阀门，隔离了以下管线：

1) 安注系统试验管线；

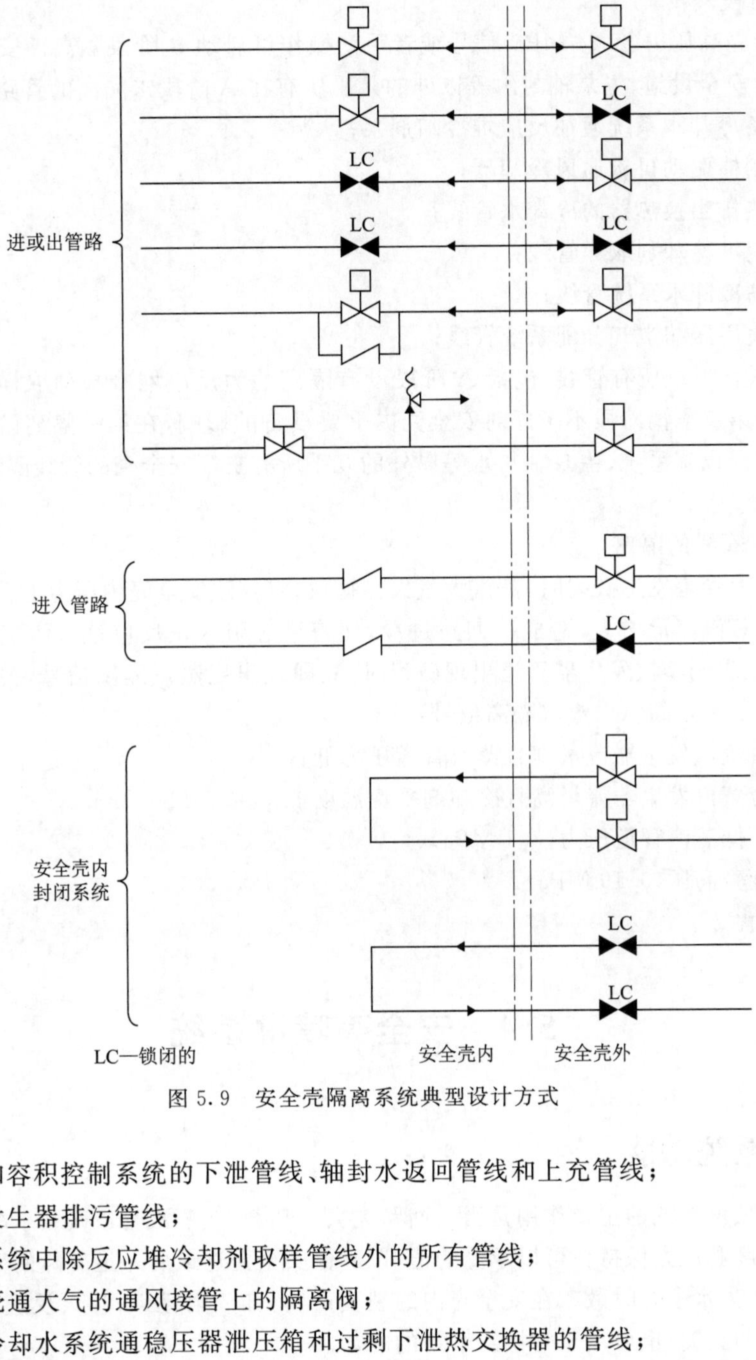

图 5.9　安全壳隔离系统典型设计方式

2）化学和容积控制系统的下泄管线、轴封水返回管线和上充管线；

3）蒸汽发生器排污管线；

4）取样系统中除反应堆冷却剂取样管线外的所有管线；

5）安全壳通大气的通风接管上的隔离阀；

6）设备冷却水系统通稳压器泄压箱和过剩下泄热交换器的管线；

7）核岛氮气分配系统管线；

8）硼和水补给系统的补充水分配管线；

9）核岛排气疏水系统的冷却剂排放管线、工艺排水管线、地面排水管线、含氢排放管线的隔离阀。

原则上这些阀门的关闭短期内不会导致安全壳内重要设备的破坏，它主要的目的是防止放射性物质通过这些管道扩散到安全壳外侧的系统中去。

2. B阶段隔离

当安全壳高压力(0.24 MPa)信号或者手动操作可启动B阶段隔离。安全壳B阶段隔离把除专设安全设施、主泵轴封水等以外的几乎所有在A阶段未隔离的管路隔离。

1) 设备冷却水系统通往反应堆冷却剂泵;

2) 控制棒驱动机构通风冷却器;

3) 余热排出换热器的冷却水管线;

4) 反应堆冷却剂取样管线;

5) 核岛冷冻水系统管线;

6) 仪表用压缩空气分配系统管线;

7) 核取样系统所有管线,包括A阶段没有隔离的为反应堆冷却剂取样所需的那些管线。安全壳第二隔离阶段不考虑对安全壳内重要设备的影响,在第一隔离阶段的基础上实现除专设安全设施系统、主泵轴封水等以外的几乎所有贯穿安全壳的管线隔离,实现对裂变产物的完全包容。

3. 蒸汽管线的隔离

当主蒸汽管道发生破裂时,蒸汽大量失控排放,将导致安全壳内压力上升;同时,由于蒸汽发生器内蒸汽流量增大,造成一回路过冷,使得堆芯引入正反应性。为避免这些严重后果,当有迹象表明蒸汽发生器管道出现破裂时,立即发出主蒸汽隔离信号,关闭主蒸汽管道上的隔离阀及旁路阀。主蒸汽隔离信号:

1) 两台蒸汽发生器流量高且蒸汽管道压力低;

2) 两台蒸汽发生器流量高且冷却剂平均温度低;

3) 低—低蒸汽管道压力(3.1 MPa);

4) 安全壳高压(0.19 MPa);

5) 手动。

5.4 安全壳喷淋系统

5.4.1 系统功能

安全壳喷淋系统的主要作用是当一回路失去冷却剂,或蒸汽管道破裂事故情况下,使安全壳内部温度和压力保持在可以承受的值,以确保安全壳这最后一道屏障的完整性,除此之外,还能带走失水事故时散布在安全壳内的裂变产物,如放射性碘;扑灭反应堆冷停闭时安全壳内发生的火灾;也可用于对换料水箱的冷却。

安全壳喷淋系统所要排除的热量来自于:

1) 反应堆剩余功率;

2) 一回路构件和流体的显热;

3) 二回路所带的热量;

4) 锆-水反应的热量。

5.4.2　系统描述

本系统由两条冗余而又互相独立的两个系列组成，每个系列包含喷淋泵、两台喷淋水热交换器和一个氢氧化钠贮存箱以及管道、阀门的系列组成，共用一个化学剂回路（包含一个化学剂添加箱、一台搅混泵）（见图 5.10）。任一系列都能单独满足系统要求，都能保证 100%的喷淋功能。在安全壳圆顶下不同高度的两条喷淋环管上安装两组喷嘴，通过专设管道将喷淋泵与集水地坑之间连接起来。四条环形喷淋管（每个系列两条）围绕反应堆厂房中心线分布在安全壳的拱顶上，共计 506 只喷头（每个系列的喷头数分别为 252、254 只），喷出水滴平均直径为 0.27 mm。系统运行时，任一系列都能覆盖安全壳内的全部面积。喷淋泵为立式轴筒泵，分布在核燃料厂房地下室的竖井中，每台泵都具有 100%的喷淋功能。在每台泵上装有一条旁路管线，当喷淋泵出现故障无法运行时，可以利用低压安注泵从地坑取水经过旁路管线和该系列的热交换器（热流体走管内，设备冷却水流过壳侧）注入一回路。安全壳喷淋系统的每个系列的热交换器出口到任一低压安注泵入口的连接管线上装有两只手动隔离阀，当需要用安全壳喷淋泵代替低压安注泵或反之，所用系列的阀才打开。系统运行时，从喷淋泵旁路经过的喷淋水通过喷射器时，将氢氧化钠吸入并与喷淋水混合后送入喷淋泵入口，含有氢氧化钠的喷淋液经泵升压后喷出。与安注系统相似，安全壳喷淋系统也将其供水阶段分成两个部分：直接阶段（从换料水箱取水）、再循环喷淋（从安全壳地坑取水）。表 5.3 给出了安全壳喷淋系统主要参数。

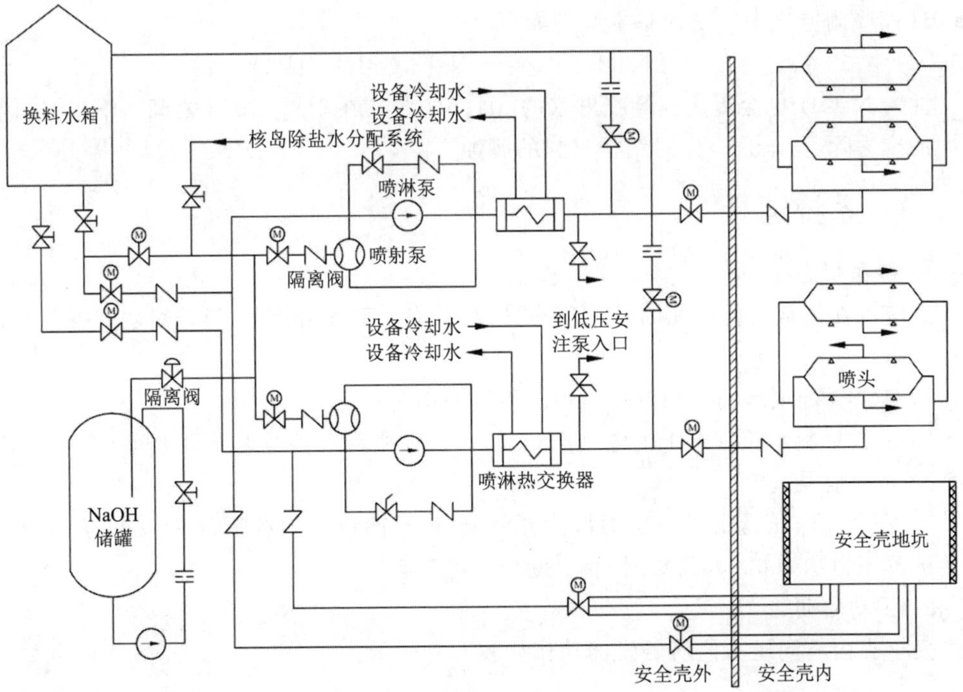

图 5.10　安全壳喷淋系统

表 5.3 安全壳喷淋系统主要参数

	直接喷淋	再循环喷淋
额定流量/(m^3/h)	850	1 050
额定压头(水柱)/m	131	115
最高进口水温/℃	7～40	120
最高进口压力(泵停运)/MPa	0.92	0.92
转速/(r/min)	1 500	1 500
最大耗用功率/kW	490	
喷淋流量(一个系列)/(L/s)	236	292

氢氧化钠添加回路的主要目的是去除安全壳大气中的悬浮碘和碘蒸气，它由一个化学添加罐、一台化学添加剂循环泵和两台位于喷淋泵旁路管线上的喷射器及相应的阀门管道组成。化学添加剂箱装有 10 m^3 质量分数为 30％的 NaOH 溶液，通过溢流管与大气相通，用氮气覆盖化学添加罐可以防止空气进入化学添加罐生成碳酸钠堵塞喷头，内置水位传感器，出现低水位时发出警报信号并停运搅混泵。搅混泵每隔 8 h 运行 20 min，可充当化学添加剂箱疏水使用，它的部分输出送入化学添加箱内部的管道内，从而防止该管段被堵塞。喷射器以喷淋泵的部分出口流量为动力从化学添加箱内吸入 NaOH 溶液与主水流混合，进入喷淋集管。在喷射器上都装一只电动阀，这可隔离化学添加罐与喷淋系统。喷淋水中的 NaOH 能吸附空气中的碘的基本原理如下：

$$2NaOH + I_2 = NaI + NaIO + H_2O$$

注入 NaOH 也会提高提高喷淋水的 pH(pH 维持在 9.9～10.5 之间)，下限是有利于空气中的碘去除，上限是避免对结构材料的腐蚀。

5.4.3 系统运行

1. 待命状态

反应堆在正常运行工况的时，安全壳喷淋系统处于备用状态，但仍然还有一些设备处于开启状态：

1) 搅拌泵定时运行，以保证 NaOH 溶液的均匀；

2) 通往换料水箱管线上的电动阀开启，以保证换料水箱与喷淋泵之间的管线充满水。

2. 启动信号

1) 安全壳内压力由 4 个压力探测器测量，根据四取二的逻辑，即当安全壳内有 2 个压力传感器压力达到 0.24 MPa 时，将自动启动喷淋系统；

2) 手动启动。

安全壳内不同压力值所触发的动作如表 5.4 所示：

表 5.4 安全壳压力信号

安全壳压力(绝对)	触发动作
0.11 MPa(MA×1)	ETY 隔离

续表

安全壳压力(绝对)	触发动作
0.13 MPa(MA×2)	反应度紧急停堆 汽轮机脱扣 备用柴油机启动 安全注入 安全壳隔离阶段 A 主给水泵跳闸 主给水隔离 辅助给水系统启动
0.19 MPa(MA×3)	主蒸汽管隔离
0.24 MPa(MA×4)	反应堆紧急停堆
	安全壳隔离阶段 B
	EAS 系统启动
	柴油机启动

3. 直接喷淋

喷淋信号启动后,喷淋泵开始运行,将通往换料水箱的隔离阀及喷淋热交换器的设备冷却水供水阀打开,因此进入直接喷淋阶段。在喷淋系统启动的 5 min 后才能注入氢氧化钠溶液,这段时间是为了让操纵员对事故进行分析,避免误喷时注入氢氧化钠。在直接喷淋阶段,换料水箱中的含硼水以 814 m^3/h 喷入,每个系列以 14 t/h 流量将 NaOH 溶液注入喷淋水内。

4. 再循环喷淋

由于在直接喷淋阶段所用的水源来自换料水箱且使用后被安全壳地坑收集,当换料水箱水位到达 MIN3 水位时且安全壳喷淋信号仍然存在,自动地过渡到再循环阶段,喷淋泵改从安全壳地坑取水。这个动作的发生需要进行以下操作:① 打开喷淋水热交换器的冷却水阀;② 打开安全壳地坑吸水管线上的阀门;③ 关闭从换料水箱的吸水阀门。

上述的是自动地从直接喷淋阶段向再循环阶段过渡,通过一系列的手动操作也可以完成这一转变(只有在异常的情况下才使用)。

1) 当两个系列都在运行时,先完成一个系列的转换。即手动复位该系列的喷淋信号,停运喷淋泵,关闭对应的换料水箱的出口阀,开启地坑隔离阀,最后才重新启动喷淋泵。另一系列同之。

2) 当只有一个系列运行,则不需要停运喷淋泵,只要开启该系列的地坑隔离阀,关闭换料水箱的入口即好。

比较喷淋系统和安注系统启动的压力阈值,可以发现喷淋系统的启动比安注系统的启动要困难。所以在一般情况下,在喷淋系统启动前,安注系统可能已经运行了一段时间。而安注系统的水源也是来自换料水箱,所以可能存在喷淋系统启动时换料水箱水位已经达到 MIN 3,这样的话,喷淋系统直接浸入再循环喷淋阶段。当大破口事故发生时,如果安注和喷淋同时启动,那么换料水箱中的水足以支持直接喷淋阶段持续大约 20 min。

通常对事故后反应堆的冷却,再循环喷淋阶段可能持续好几个月,操纵员可以根据具体情况停运一个系列。

5.5 可燃气体控制系统

5.5.1 概述

可燃气体控制系统用来监测、控制安全壳气体空间的氢气体积分数，防止失水事故后安全壳内氢气积累到超过燃烧或爆炸限值水平。

在发生失水事故后，造成安全壳内氢气积累的原因如下：

1）由燃料包壳材料 Zr 与水发生化学反应；

2）冷却剂中溶解氢的释放；

3）水在堆芯内的辐射分解；

4）水在安全壳地坑内的辐射分解；

5）喷淋溶液与安全壳内材料（与喷淋液不相容的材料在安全壳设计要求中是有限制的）化学反应产生的氢气。

5.5.2 系统描述

为了满足失水事故后对安全壳内可燃气体的监测和控制要求，压水堆核电厂设计中采用了氢气取样系统、事故后安全壳气体混合系统、氢气复合系统和氢气排放系统。

1. 事故后氢气取样系统

事故后氢气取样系统，用来提供安全壳气体样品，通过取样分析监测安全壳内氢气的体积分数，确保氢复合器的及时投入。该系统由若干台风机、管路和一个样品容器组成，管路应保证可从安全壳内若干有代表性的点采集样品。

2. 安全壳气体混合系统

该系统用来混合安全壳大气，防止局部空间氢气体积分数增高；该系统由若干风机和配气管路组成，管路的布置应防止出现氢气体积分数可能增高的滞流区；该系统事故后投入运行，搅拌安全壳大气。

3. 内部热力氢复合器

氢复合器用来使氢气和氧气在受控的速率下合成水，从而去除安全壳大气中的氢气。图 5.11 为电热式热力氢复合器示意图。这种装置由一个入口预热段、一个加热复合段和一个混合室组成。空气靠自然对流通过入口百叶窗被汲入并进入预热段，预热段由直管护套型电加热元件组成，预热提高了系统的效率并能蒸发可能被空气夹带的微小水滴。预热的热空气经一个孔板向上流入加热段。孔板用来控制进入整个装置的空气流量。在加热段，空气温度升高到 620～760 ℃，导致氢和氧的复合，复合温度大约为 613 ℃。空气离开加热段后进入设在装置顶部的混合室，在这里热空气与较冷的安全壳空气混合后，以较低的温度排回安全壳。电加热器由 IE 级配电系统供电。

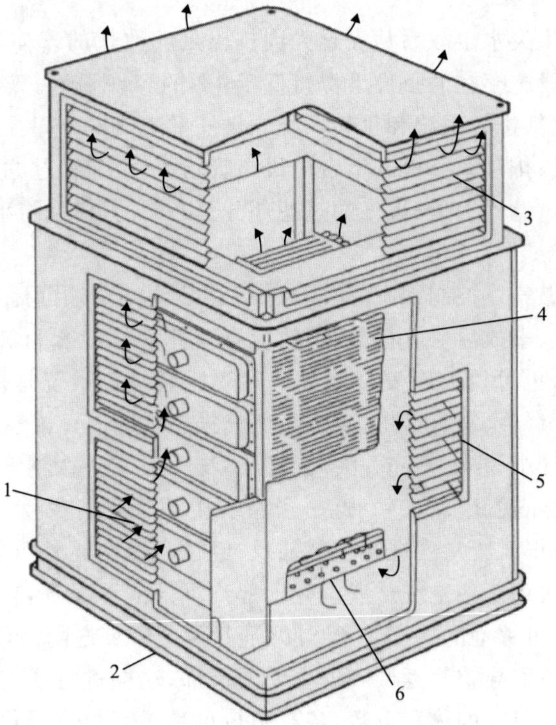

图 5.11　电热式热力氢复合器示意图

1—冷却空气；2—滑橇；3—排气；4—电加热器；5—吸入口；6—流量孔板

该装置是完全封闭的，内部构件是防安全壳喷淋水冲击的。除底座用碳钢、加热器套管用因科洛伊合金之外，其主要结构部件都是用不锈钢和因科镍-600 合金制造的。

4. 外部氢复合器系统

图 5.12 所示为法国设计的 900 MW 压水堆核电厂氢复合系统原理图。该系统由一台空气压缩机、一台气体加热器、一个反应室、一台冷却器和相应的管道、阀门仪表组成。安全壳空气由空气压缩机抽出，加热至 320 ℃左右，进入催化床，在钯催化剂的作用下，氢与氧复合成水，除氢后的空气经冷却、除湿后返回安全壳内。

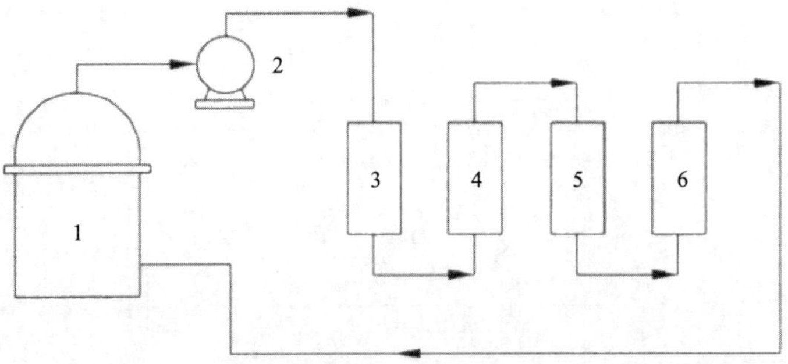

图 5.12　法国设计的 900 MW 压水堆核电厂氢复合系统原理图

1—反应堆厂房；2—压缩机；3—加热器；4—催化装置；5—冷却器；

6—除湿器两台轻便式氢复合器平时放置在燃料厂房，失水事故后，接入系统

5. 事故后氢气排放系统

该系统用来在发生失水事故后从安全壳内排出足够数量的气体，使安全壳内氢的体积分数在假定其他除氢设施存在的条件下保持低于4%的容许限值。该系统是冗余氢复合器系统的后备系统，它包括排气系统和供气系统。供气系统向安全壳提供外部空气，它由若干风机和管路、阀门组成；排气系统由若干台风机与管路、一个前置过滤器、一个高效微粒空气过滤器和一个活性炭过滤器组成，排气的过滤部分是必需的，借以将事故后剂量控制在规定的限值以内。

上面所述各种可燃气体控制系统，并非在一个设计中全部采用。西屋公司压水堆的设计中，采用了氢气取样、事故后氢气排放、事故后安全壳大气混合和氢复合等措施。氢复合器可以放在安全壳内，也可以放在安全壳外。事故后氢复合系统是氢复合器的冗余备用。如果复合器不能控制氢气水平，可通过事故后氢气排放系统进行排气。

大亚湾核电厂设计中，在安全壳内大气监测系统中设有一个混合、取样和复合子系统，该子系统属于安全设施(见图 5.13)。这个子系统由两根平行的管线组成，一根供正常使用，一根作为备用。这根风管从安全壳顶部抽风，经位于安全壳外侧的两个密封的蝶阀，百分之百容量的电动风机用于使空气从安全壳顶部到下部的再循环，在每台风机的进出口侧有一个管嘴，使用一部可移动的取样装置，使之通过两个管嘴之间循环的空气小流量取得空气样品。一根返回管道引导空气返回到安全壳的下部，这样进行了安全壳大气的混合和取样。为了降低安全壳内氢气的体积分数，备有两台可移动氢复合器供两个机组使用。正常情况下，分别在每个机组的燃料厂房安放一台，发生失水事故后，两台氢复合器全部移到出故障机组的燃料运输罐吊装大厅内。氢复合器启动后不超过 2 h，返回安全壳的气体中氢的体积分数低于 0.1%。分析计算表明，失水事故后 11～22 d 之间，有必要将氢复合器投入运行。

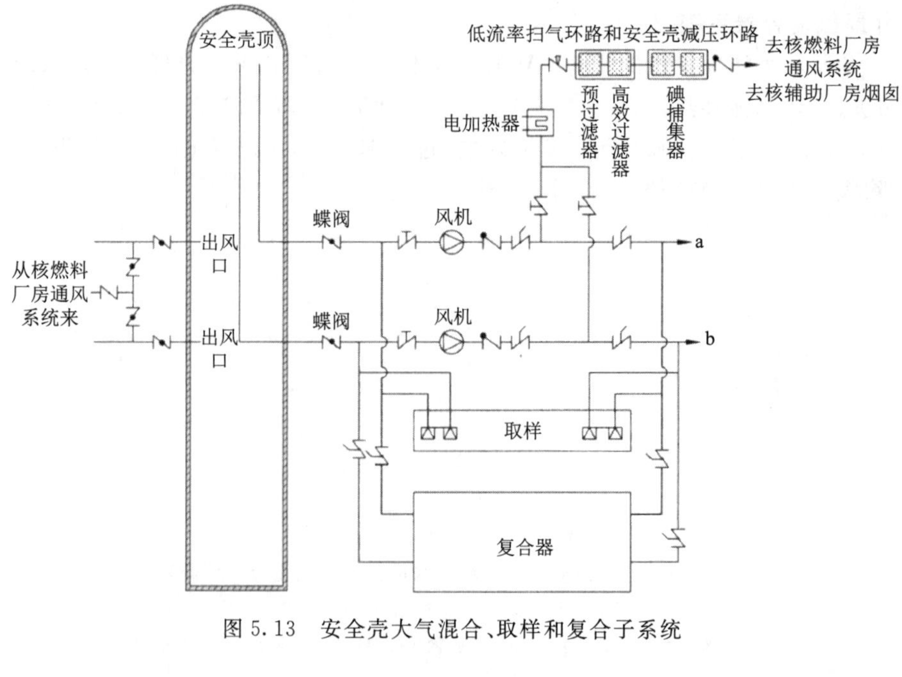

图 5.13 安全壳大气混合、取样和复合子系统

5.6　辅助给水系统

5.6.1　系统功能

辅助给水系统是压水堆核电厂专设安全系统之一，它用来保证蒸汽发生器的给水维持一个冷源，从而确保导出堆内的尽可能多的热量。辅助给水系统的具体功能如下：

1）当主给水系统无法正常运行时，辅助给水系统向蒸汽发生器供水；

2）反应堆启动时，向蒸汽发生器供水；

3）核电厂热备用、热停闭、冷停闭（余热系统未投入运行前），向蒸汽发生器供水。

辅助给水系统能够自发启动，并提供足够多的冷却水通过稳压器安全阀来补偿主冷却剂量。辅助给水系统必须有足够的流量容量维持反应堆在热备用状态一段时间，能够将冷却剂冷却到某一温度，在这个温度下，余热排出系统可以投入运行。

5.7.2　系统描述

系统主要由一个辅助给水贮存箱，两台 50％额定流量的电动辅助给水泵，一台 100％额定流量的汽动辅助给水泵及其相应的管路和阀门及两台机组共用的除气装置。每一个电动辅助给水泵为两个不同的蒸汽发生器供水，汽动辅助给水泵则为四个蒸汽发生器供水，这三个给水泵在接收自动启动信号的一分钟以内会自动地开始运行。辅助给水泵的水源来自贮水箱（内置除盐除氧水），流量管道在电动给水泵的出口处分成三路，经过节流阀和节流孔板后，分别与汽动给水泵出口处的三个流量管道连接，然后接入三台蒸汽发生器的主给水管道进入蒸汽发生器。核电厂的辅助给水系统的示意图如图 5.14 所示。

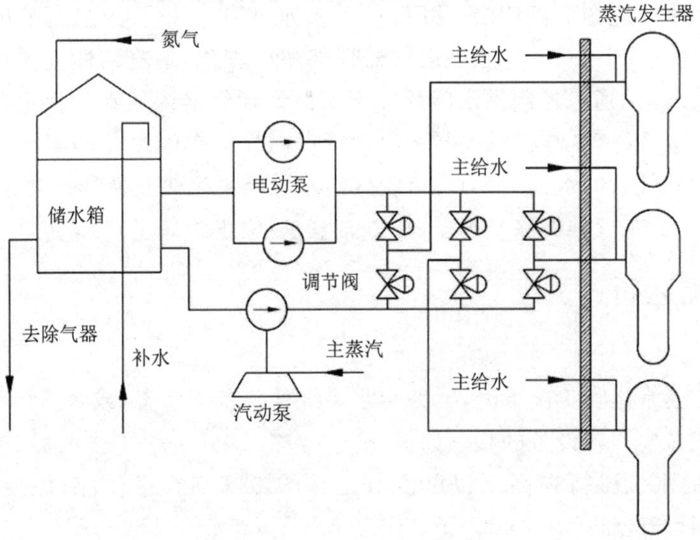

图 5.14　辅助给水系统示意图

辅助给水系统的除氧装置由一台除氧器、两台循环泵、一台再生式热交换器、加热用蒸汽冷凝水贮存箱及冷却器、三通控制阀组成。两台循环泵分别由两台机组提供 360 V 的交流电，在正常情况下，这两台机组只有一台机组投入运行而另一台则处于备用状态。这个装置主要的作用在于：

1）对来自 SED(常规岛除盐水分配系统)的除盐水进行除氧，为辅助给水系统的贮水箱充水；

2）对来自 SED(核岛除盐水分配系统)的除盐水进行除氧，为 REA 系统的贮水箱供水；

3）必要时对辅助给水系统的贮水箱进行除氧或加热。

辅助给水系统的除氧装置如图 5.15 所示。

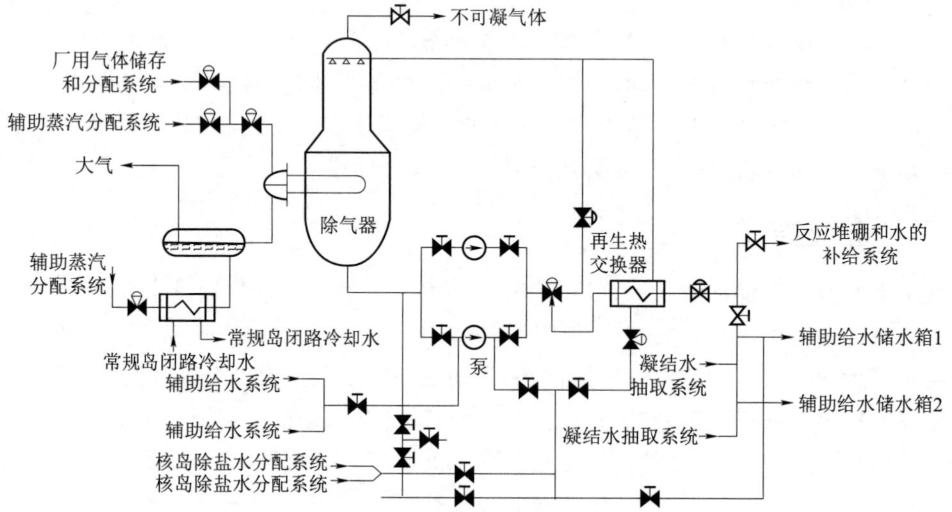

图 5.15 辅助给水系统的除气装置

其工作的基本原理如下：SER 或 SED 的除盐水在 5～40 ℃的温度下进入再生热交换器，经加热温度达到 88～96 ℃。水从脱气器顶部喷出雾化，不凝结性气体从脱气器顶部排出，排气量为 60 kg/h，通过控制供水阀的开度来保证除气器内的水位稳定。加热用的蒸汽来自辅助蒸汽供应系统，蒸汽在脱气器下部的管束内凝结后经冷却的凝结水返回辅助蒸汽供应系统。经过除气后的水约 105 ℃，由脱气给水泵经再生热交换器排向相应的贮水箱，其水温在 50 ℃以下。脱气器的除气因子(输入含氧量/输出含氧量)为 800。

5.7.3 系统运行

1. 备用状态

核反应堆在正常运行工况下时，辅助给水系统处于备用状态，或者进行不影响系统最小供水能力的短期试验。各设备的状态如下：

1）贮水箱的水位维持在高水位以便有足够的冷却剂容量供应，保持压力在 0.11～0.112 MPa 之间，温度维持在 7 ℃以下；

2）电动辅助给水泵和启动辅助给水泵都停运，保持备用状态；

3）给水流量阀保持全开状态；

4) 当为了 REA 系统补水时，则投入运行。

2. 启动信号

辅助给水系统的电动给水泵和汽动给水泵都可以通过自动或手动操作来启动，而除气装置就必须手动操作。自动启动信号如下：

1) 一台蒸汽发生器出现低低水位信号(2/4)，延时 8 min 后同时启动电动和汽动辅助给水泵；若同时出现给水流量低($<6\% Q_n$)信号，则不延时；

2) 失去厂外电源时，将引起主泵转速降低，这时需要用汽动辅助给水泵为蒸汽发生器供水，以带出堆芯余热。因此在两台主泵转速降低到 2 365 r/min 且存在 P7 信号(机组功率>10%)时，启动汽动辅助给水泵；

3) 当凝结水泵供电母线失电($U<0.7U_n$)时，延时 6 s 后启动电动辅助给水泵；

4) 安注信号启动两台电动辅助给水泵；

5) 如果汽动主给水泵(APP)和电动主给水泵(APA)都脱扣，延迟 5 s 后启动两台电动辅助给水泵(延迟 5 s 是为了检验是否电源继电器故障)；

6) 两台蒸汽发生器给水流量$<6\% Q_n$，且反应堆功率大于 $30\% P_n$ 时，产生 ATWT 信号(停堆保护系统拒动时增设的一个信号)，启动电动和汽动辅助给水泵。

启动信号的关系如图 5.16 所示：

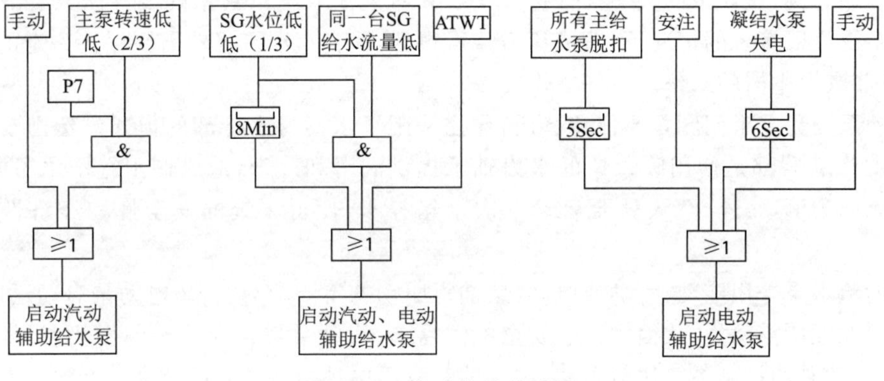

图 5.16 启动信号关系图

5.7.4 系统的设计改进

运行经验与安全分析表明，辅助给水系统在绝大多数设计基准事故后都起着非常重要的作用。概率安全分析也表明，该系统在很多超设计基准事故中对于防止堆芯熔化也起着极为重要的作用，因而出现过多种不同的辅助给水系统设计，设计的改进围绕在以下方面。

1. 增设启动给水回路，实现功能分离

长期以来，大多数压水堆核电厂的辅助给水系统都设计成兼容的系统，即在电厂启动和停堆期间执行正常运行功能，并在事故下执行应急供水的功能，这样增加了辅助给水系统的运行时间。世界核电界的运行经验表明，由于辅助给水系统承担了在反应堆启动和停堆阶段向蒸汽发生器提供给水的功能，它的故障率是专设安全系统中最高的。

URD(先进轻水堆用户要求文件)和 EUR(先进轻水堆欧洲用户要求文件)均明确提出了“应急给水系统用作专门的安全系统”的要求，应设置专门的启动给水系统，用于反应堆的正常启动和停堆。在正常运行工况下不需要应急给水系统运行。岭澳一期核电厂的设计中，增设了一个启动给水回路。该回路主要由一台小容量电动泵及管道阀门组成，按非专设安全设施设计，在电厂启动和停堆后向蒸汽发生器供水，而辅助给水系统只用于事故时的应急供水。准确点说，这样的辅助给水系统应称为应急给水系统。比较新的压水堆核电厂，都设置了专门的启动给水系统（如法国的 N4 和法、德的 EPR，西屋的 M314 型设计及我国的 1 GW 二代改进型电厂等）。这样的辅助给水系统承担单一的安全功能。

2. 系统动力源的多样性

为了应对丧失电源事故，应急给水泵都有多样化的动力源。一般系统中都较多采用电动泵和汽动泵。正常电源丧失的情况下，电动泵都可以通过应急柴油机加载。即使在全厂断电事故下，汽动泵也能向蒸汽发生器供水，完成堆芯的余热排出任务。

汽动泵的供汽来自主蒸汽系统，在二回路大破口的事故工况下，汽动泵汽源会受到影响，供水主要靠电动泵。通常汽动泵的转速很高（达 7 000～9 000 r/min）。

从目前汽动应急给水泵的设计和运行来看，汽动泵至少存在两个问题。首先是蒸汽压力变化和转速控制的问题。对于不同工况，汽动泵的蒸汽压力在 0.58（余热排出系统接入时）～8.89 MPa（发生未能停堆的预期瞬态 ATWS 时）之间。这就要求，在高蒸汽压力下，汽动泵不会触发超速保护。若转速和扬程过高，会为系统设计带来很大困难。以秦山二期和岭澳二期为例，汽动泵的关闭扬程接近 18 MPa，迫使泵出口管系的设计压力提高。在余热排出系统可以接入的情况下，蒸汽压力降得很低，此时汽动泵仍然需要保持一定的注入流量，维持蒸汽发生器的水位。

汽动泵的另一个问题是要保持备用，往往采用了水润滑水冷却的模式。秦山二期和岭澳二期的汽动泵都是使用吸入口的水为轴承提供润滑和冷却，造成储水箱中水不断流失。以秦山二期为例，每隔 17 天就要启动一次水箱补水，使得系统的安全性和经济性都受到影响。

辅助给水泵采用电动、汽动或电动、柴油机驱动的不同动力组合，电动泵启动迅速，但需安全电源保证所需动力，从而增大了安全电源需求；汽动泵需长期处于备用状态，供汽压力范围广，汽动泵的控制系统比较复杂，常见的是采用电动与汽动泵的组合。岭澳二期的辅助给水泵采用两台容量各为 50%的电动泵系列和两台容量各为 50%的汽动泵系列。欧洲压水堆（EPR）则提出了不设置汽动应急给水泵而又保持动力源的多样性的方案。

3. 给水接管位置改进

在以往的设计中，应急给水的接管是与主给水管道相连的，应急给水也是通过主给水管道进入蒸汽发生器。这样应急给水受主给水管道破裂的影响较大。目前 N4、EPR 和 VVER 的应急给水管线都是直接与蒸汽发生器相连，这就保证了应急给水系统的可靠性。

4. 储水箱容量

URD 要求应急给水水箱能够使反应堆维持在热备用状态至少 8 h，而 EUR 则要求水箱的容积足以支持 24 h 的热停堆。

增大应急给水水箱的容积可以延长反应堆的热备用和热停堆时间，可以为运行和维修人员提供很长的时间裕量对出现的事故进行分析诊断，对失效的设备进行修理或更换，无须在事故（或事件）后立即将反应堆冷却到冷停堆工况，从而提高了电厂运行连续性。热备用和热停堆时间的延长还可以为余热排出系统（RHR）的接入准备提供充足的时间裕量，使反应堆的运行更平稳安全。计算表明，按照 URD 要求，岭澳二期这样 1GW 机组的储水箱容积扩大到 1 210 m^3 就可以满足 URD 的水量要求。

5. 可靠的水源补给水量

对于法国设计的大亚湾、岭澳这类 1 GW 级核电厂，应急给水箱优先使用凝结水抽取系统的凝结水泵进行充水或补水。这样做的优点是：第一，速度快，不像除氧器装置那样在投入之前要进行一系列的准备工作，而且还可将除氧器留给硼和水补给系统使用。第二，使用应急给水除氧器系统充水或补水，该系统将核岛或常规岛除盐水除氧后，通过给水泵为应急给水箱补水。第三，直接将核岛或常规岛除盐水通过给水泵或重力流的方式为应急给水箱补水（不经除氧）。最后，直接将消防水接入应急给水泵，向蒸汽发生器供水。

6. 限流器的改进

应急给水系统在设计时，不但要考虑到满足堆芯冷却的最小流量要求，还应防止流量过大，在主给水或主蒸汽管道破裂的Ⅳ类工况下，在破口隔离前，要限制通过破口流失的水量。因此需要在应急给水管道上装限流装置。

计算表明，限流器的阻力占整个系统阻力的 50%左右。若限流器的阻力太大，会导致给水泵扬程升高；如果限流器的阻力太小，则流量限制作用小，会导致从管道破口的跑水增多，需要更大的储水箱。

法国的压水堆电厂通常采用简单的节流孔板来进行流量控制。目前比较好的限流装置是文丘里限流器（也称为汽蚀文丘里管，cavitating venturis），它利用汽蚀原理，在正常流量下的阻力系数较小，一旦发生管道破裂或流量陡增，则可以提供较大的阻力系数，减少流体的过量流失。汽蚀文丘里管已经应用于美国西屋公司设计的压水堆核电厂及 EPR 的应急给水系统。

7. 控制应急给水量过大

在保证堆芯冷却的最小流量的同时，URD 中还明确规定要防止应急给水的流量过大。如果应急给水流量过大，会带来负面影响。首先，会造成蒸汽发生器的满溢和二次侧系统超压，影响到二回路的正常运行。事故后如果过多的水充入安全壳，有可能引起安全壳的压力上升。此外，应急给水流量过大，则需要更大功率的电机，这就增大了应急柴油机的负荷。

思考题

5.1　压水堆有哪些专设安全设施，各有什么功能？

5.2　压水堆有哪些常见的运行工况，各工况下的安全准则是什么？

5.3　什么是设计基准事故，有哪些设计基准事故？

5.4　有哪 7 种典型带有放射性后果事故？

5.5　简述安注系统的主要功能和辅助功能，安注过程分为哪两个阶段？

5.6　简述安全壳喷淋系统的功能及安全壳喷淋过程的两个阶段。

5.7　简述辅助给水系统的正常功能和安全功能，其运行时需要注意的问题有哪些？

第6章　压水堆核电厂检测、控制与保护系统

6.1　概　述

在介绍专业化程度较高的AP1000数字化仪控系统前，有必要了解一般压水堆核电厂检测、控制与保护系统的工作原理。核电厂数字化核电厂仪表和控制系统提供一体化的数字控制系统，覆盖了核电厂的所有过程系统，实现了核电厂的所有工艺系统和设备的数字监测、诊断、控制、保护功能。仪表和控制系统明显改善了主控制室人机界面，便于操纵员正确掌握核电厂的运行状态，指导操纵员进行正确的操作；协助操纵员分析、判断电厂状态，以便于正确处理复杂工况；利用计算机运算功能，显示非测量参数，如反应性、DNBR等；可在线诊断和监测系统，及时发现系统与设备缺陷或故障，提高系统与设备的可靠性；诊断异常工况并且触发相应的安全相关功能来完成电厂的安全停堆并维持停堆工况，防止核反应堆状态超过规定的安全限值或在超过安全限值时减轻所造成的破坏。可以说该系统不仅能提供信号，还具备监测功能和安全功能。

6.2　压水堆核电厂仪表及测量系统

6.2.1　一回路工质测量系统

在所有的运行工况，核反应堆冷却剂系统的仪表用来监测核反应堆冷却剂压力边界内的过程参数。冷却剂温度测量用电阻温度计监测；流量用压差变送器测量推算；冷却剂压力用压力测量传感器测量；稳压器水位用目视水位指示器进行测量。

1. 冷却剂温度测量

第二代核电厂核反应堆冷却剂温度信号分两类。一类只用于指示，由装在套管内的宽量程电阻温度计监测，套管伸入冷却剂管道；另一类用于有关的控制和保护系统，由装在冷却剂旁路支管上的窄量程直接浸入式电阻温度计监测。

利用每个环路的测温旁路，测得窄量程冷却剂热段温度 T_h 和冷段温度 T_c，可计算出每个环路冷却剂平均温度 T_{avg} 和温差 ΔT，即

$$T_{avg}=\frac{T_h+T_c}{2} \tag{6.1}$$

$$\Delta T=T_h-T_c \tag{6.2}$$

2. 流量测量

在每个环路蒸汽发生器出口弯管处的管道上，设置了三个测量流量的压差变送器。由于离心力的作用，弯管外径和内径处存在压差 Δp 和流量 Q 之间的关系为：

$$\Delta p\propto Q^2 \tag{6.3}$$

因此，通过测量 Δp 可推算出环路相对流量（额定流量的百分比）。在弯管外径处有一个共同的高压侧接口，在内径处有三个低压侧接口，连接三个流量测量压差计。

3. 压力测量

在核反应堆冷却剂系统和余热排出系统连接管线的入口处（位于 2 号环路）设有冷却剂压力测量传感器。这些压力传感器是宽量程变送器，量程为 0—20 MPa。在一回路启动和停堆的单相阶段，用它们来指导运行人员对核反应堆冷却剂压力进行控制，并在核反应堆冷却剂系统压力（表压）高于 2.7 MPa 时闭锁余热排出系统入口隔离阀的开启，以免余热排出系统超压。

4. 稳压器水位测量系统

核反应堆在正常热态运行工况下，核反应堆压力容器和冷却剂管道均充满水，整个核反应堆冷却剂系统中只有稳压器上部存在蒸汽空间，因此核反应堆冷却剂的水位等同于稳压器水位，由稳压器水位传感器测量。这些水位传感器在稳态工况下测量很精确，其信号送往核反应堆保护系统和稳压器水位调节系统。

上述水位计只能用于热态。在冷态工况下，则利用另一个水位计监测稳压器水位（它在冷态下标定）。

目视水位指示器是沿着稳压器而下安置的透明管柱，与核反应堆冷却剂系统连通，其量程覆盖了从稳压器顶部到冷却剂环路管道底部的整个区间。正常运行时，它与一回路隔离。在一回路降压、排水期间，当冷态稳压器水位计量读数小于某个预设水位时，投运目视水位指示器。

6.2.2　中子注量率测量系统

每发生一次裂变都产生带能量的裂变碎片、中子、光子以及其他粒子，这些粒子的数量正比于裂变的数量，粒子的发生率正比于裂变率，因而正比于核反应堆的功率。我们可以通过计算瞬发裂变的发生率来确定核反应堆的功率。中子注量率测量系统的主要功能是测量出堆芯三维中子注量率分布，而三维中子注量率分布图可用于保护与安全监测系统修正中子监测、优化堆芯布局。AP1000 中子注量率测量系统分为堆芯内、外中子注量率测量系统：

1. 堆内中子注量率测量系统

堆芯中子测量系统包括控制监测柜、分配柜和测量通道设备等组成。由驱动装置和组选择器、路选择器构成的机械组件驱动中子探头进行中子注量率测量；由安装在堆芯测量室的分配柜实现控制设备和机械组件之间的接口；由一组密封段和球阀来保证核反应堆冷却剂和堆芯中子注量率测量系统之间的密封性。所有选择器、自动阀的电气连接采用可拆式接头连接，在移动小车时电缆和导管能快速拆卸。

以 AP1000 电厂为例，其堆内中子注量率测量系统采用固定的堆内探测器系统来获得堆内中子注量率分布。AP1000 堆内测量系统有 42 个堆内仪表指套管组件，内有固定的堆内探测器、堆外热电偶、信号与数据处理设备。并且每个堆内测量管组件包括多个堆内探测器及仅有的一个热电偶。堆内测量组件设计在燃料组件内，其长度大于燃料组件，一直从压力容器顶部穿出至安全壳。固定式堆内探测器和堆芯出口热电偶信号通过电缆传送到不同的数据加工、处理工作站。堆内仪表系统为 AP1000 的堆芯运行最佳评估分析系统在线生成三维注量率图。该三维注量率分布数据如前所述,可用于校准和保护安全监测系统中使用的中子探测器以及堆芯布置的优化(例如降低功率峰因子等等)。堆内仪表系统为保护和安全监测系统以及多样性驱动系统提供热电偶信号,用于事故后堆芯欠冷监测系统来监测堆芯出口温度。

AP1000 堆芯在线监测系统根据堆内固定探测器提供的信号向操纵员提供堆芯径向和轴向的功率分布信息。操纵员也可以接收到在压力容器外垂直放置的 4 个长电离室的信号。电离室的信号通过处理后与堆内测量进行互校,从而得到堆芯上半部功率减去下半部功率的指示信号,从而得到上下堆芯的功率差异。互校得到的上、下堆芯的功率差异称为轴向中子注量率偏差 ΔI。轴向中子注量率偏差主要为超温 ΔT(DNB 保护)和超功率 ΔP(超功率保护)提供形状惩罚函数。正常工况下,堆芯测量系统数据处理接收堆内固定式的探测器信号,结合测量数据和电厂仪表传感器信号,生成完整的堆芯核功率分布的三维显示。核反应堆堆芯运行最佳评估分析系统分析功率分布的三维显示,提取合适的功率分布参数供电厂操纵员和工程师使用。分析软件提供可视报警信息,用于警告操纵员核反应堆当前或潜在的超出正常运行的界限。

2. 堆外中子注量率测量系统

核反应堆从启动至满功率运行,其核功率的动态变化范围达 11 个数量级,具体说从额定功率的 $10^{-9}\%$至额定功率的 200%,使用一种探测器和电路是不可能满足要求的。因此核仪表系统采用三种不同量程的 8 个独立测量通道来测量核反应堆功率:即 2 个源量程、2 个中间量程及 4 个功率量程。它们各自配备性能各异和测量范围不同的探测器。3 种量程之间两两互有重叠(至少两个数量级),确保从停堆直到满功率运行的整个阶段,系统都能连续提供信号控制和保护核反应堆。

6.2.3　堆芯温度测量系统

堆芯温度测量系统的功能:

1) 提供堆芯温度分布图,并显示最高堆芯温度及最小温度裕度;

2) 给出堆芯径向功率分布不平衡程度;

3) 判断是否有控制棒脱离所在棒组;

4) 堆芯出口温度监测系统向保护与安全监测系统提供信号,用于监测事故后堆芯冷却不当情况。

AP1000 堆芯温度测量一般使用镍合金制成的热电偶,包壳为不锈钢,氧化铝作绝缘材料。

6.2.4　压力容器水位测量系统

压力容器水位测量的功能:

1) 失水事故发生时监测堆芯淹没情况;

2) 正常充、排水时观察核反应堆内水位情况;

3) 主泵启动时,监测堆芯压差。

压力容器水位测量系统主要由水位探测部分、数据处理部分和显示部分组成。在核反应堆压力容器侧壁的两个密封段上游装有仪表接头和隔离阀,用于连接压力容器水位测量压力管线;连接到宽量程和窄量程仪表上。水位探测器上、下取压、测点分别位于核反应堆压力容器顶部和底部。

6.3　核电厂控制调节系统

6.3.1　系统的基本功能

核电厂控制系统按功能集成,以增强电厂瞬态过程的响应特性。它可以建立电厂运行并将其保持在预先设定的限值以内,能够通过减少触发保护动作的次数提高电厂的安全性以及减轻操纵员日常负担。核电厂控制系统的功能可分为三大类:

1) 稳态运行期间,维持主要运行参数尽可能接近核电厂设计时的最优值,使电厂的输出功率维持在合理的范围内;

2) 使核蒸汽供应系统能适应各种瞬态工况,能够顺利改变系统的运行状态,以配合外电网的要求以及运行的需要;

3) 当核电厂处于运行瞬态或者某些设备发生故障时,保持电厂主要参数在所允许的范围内,以尽可能减少保护系统的动作,从而降低操纵员的工作负担。

控制系统能够根据核电站自身条件的变化和外电网负荷需求的变化而自动调整电站的运行状态。这些运行条件包含以下内容:

1) 核功率分布。运行极限包括堆芯核功率分布和它的平均值。核功率轴向分布控制在设定的限值内。

2) RCS 温度。控制系统将 RCS 温度维持在一个程序值上,或者该值附近。该值是电厂负荷或者其他运行条件的函数。汽轮机的蒸汽参数取决于核反应堆冷却剂所维持的温度。RCS 温度也用于控制反应性。

3) RCS 压力。RCS 处于高压以防止在运行时出现大量的沸腾。将压力控制在限值内,防止由于压力太低使得燃料棒暴露在可能的偏离泡核沸腾的工况下,或压力太高则可能超过核反应堆冷却剂系统承压边界的压力设计值。

4) 蒸汽发生器水位。将蒸汽发生器水位维持在限值以内,以提供足够的排热能力并避免携带湿蒸汽。

5) 蒸汽排放(汽轮机旁路排放)。对于快速和巨大的瞬态工况(如甩负荷),在核功率下降前,要求排放额外的热负荷(指蒸汽排放或汽轮机旁路排放)起作用。在汽轮机带负荷前,蒸汽排放用于维持热态零功率或热态低功率工况。它也为电厂冷停堆提供了一种方式。

6) 稳压器水位。为了对电厂瞬态工况提供足够的缓冲,RCS 稳压器具有预定的汽水容积,它取决于电厂的负荷和运行温度。

除上述控制系统外,还有汽轮机调节(负荷控制)系统、给水流量控制系统、汽水泵速度控制系统、电动泵速度控制系统、发电机电压控制系统等。

6.3.2 核电厂控制模式

控制模式指操纵时采用的方案，按照该方案，运行人员在确保整个装置安全运行在允许范围内的同时还能够使机组所发功率很好地适应电网需求。

压水堆核电厂发展初期采用的是基本负荷运行模式，即连续以可行的最大功率运行，因而所考虑的控制摸式是采用强吸收中子的调节棒组即黑棒束，它能以较大的功率变化速度进行调节，但引起的很大的中子注量率密度畸变。当核电份额上升到一定程度时，核电机组必将参与实时的发电功率与用电负荷相平衡的精细调节，即要求核电厂参与电网的负荷跟踪，实现调峰运行。为了提高电厂的灵活性，后来的核电厂采用了一种称为“G 模式”(负荷跟踪)的运行模式，其特点是：

1）在控制棒组件中加入一些称为“灰棒”的棒束，这种棒束由 8 根 Ag-In-Gd 吸收棒和 16 根不绣钢棒组成，而黑棒束由 24 根 Ag-In-Gd 吸收棒组成。灰棒共有两组，其中 G1 组由 4 个灰棒束组成，G2 组由 8 个灰棒束组成。

2）共设有两个调节系统，一个为开环调节回路，它跟踪汽轮发电机组功率依次调节棒组 G1、G2、N1、N2；而另一个回路通过调节 R 棒组来控制核反应堆平均温度。

在负荷跟踪运行时，功率调节棒组 G1、G2、N1、N2 依次插入堆芯并有一定的重叠，它们的位置取决于根据汽轮机发电机组功率转换而来的整定值，而可溶硼用于补偿因氙、燃料燃耗引起的慢反应性变化。由平均温度调节系统的 R 棒组的作用则是补偿由于弱的氙变化或因灰棒组整定不准确而产生的剩余反应性变化，以及限制轴向功率偏差。然而，R 棒组的移动被限制在一个调节带内，以免引起过度的轴向功率畸变。一旦 R 棒组的移动超出调节带，运行人员必须改变硼浓度，以使 R 棒回到调节带内。

G 模式的优点是任何一种负荷跟踪形式都不需要运行人员的干预，而且对功率分布不会产生轴向振荡。G 模式的缺点是由于硼和棒束的作用清楚地分开，所以不允许负荷降低后用控制棒补偿由氙变化引起的功率效应，因此导致运行灵活性大为降低，特别是在循环末期紧急停堆后需要重新启动的时候。

6.3.3 功率控制系统

AP1000 功率大小及其功率分布自动控制是功率控制系统的基本功能，主要通过调整控制棒的位置来调节功率大小及功率分布。功率控制系统能够使电厂响应不同的负荷变化瞬态，在日负荷跟踪和负荷调节瞬态时，自动控制轴向偏移。在负荷变化后，系统将使冷却剂平均温度恢复到程序温度调节带内的某一值上。操纵员须在规定的插入极限范围内，手动控制功率控制棒(M 组)或轴向偏移控制棒(AO 组)。

AP1000 功率控制系统采用不同的控制方法分别用于调节堆芯功率(M 子组)和轴向偏差(AO 子组)。在负荷跟踪和负荷调节瞬态过程中，功率控制和轴向偏移控制联合动作，控制堆芯功率和轴向偏移。

1. 功率控制

功率控制子系统通过调节 M 控制棒组位置来控制反应堆冷却剂平均温度。冷却剂环路平均温度由每条环路的冷管段和热管段测量值所确定。每条环路的平均冷却剂温度(T_{avg})为：

$$T_{avg}=\frac{(T_h+T_c)}{2} \tag{6.4}$$

根据程序参考温度(由汽轮机冲动级压力确定)和由每条冷却剂回路测得的最高温度T_{avg}之间的差值得到主控制信号。程序冷却剂温度随汽轮机负荷由零功率到满功率线性增加。功率控制子系统温度输入信号来自保护通道(经过隔离装置和信号选择器)。附加控制输入信号来自核反应堆功率和汽轮机负荷失配信号。该附加控制输入信号通过改善响应特性和降低瞬态峰值来改进系统性能。核反应堆冷却剂温度和程序温度值之间的偏差作为功率控制的基本控制变量。功率控制子系统有一个死区，当温度误差处于死区范围内时，控制棒不会动作。当温度偏差变大时，棒速将增加。

每种控制模式都有各自的控制死区。如果电厂处于负荷跟踪或者负荷控制运行模式，死区比基本负荷运行模式有所增宽。这就可以利用反应性反馈来稳定电厂运行，减少总的控制棒移动和随之而来的控制棒磨损。

低功率水平下(主要是当汽轮机脱扣和采用蒸汽排放系统调节冷却剂温度时)使用下述不同的控制方法。在这种模式下，直接控制核功率，核功率定值计算器允许操纵员输入一个希望得到的功率水平(低于或高于当前核功率水平)和合理的变化率(在预先确定的最大范围以内)。经过核功率定值计算得到一个变化的定值，这个变化的定值按照选定的变化率来达到堆芯功率的线性变化。

2. 轴向偏移控制

对于负荷跟踪和电网频率变化的瞬态过程，轴向偏移控制子系统控制核反应堆堆芯轴向功率偏移(上部和下部堆芯之间的功率差)，将它控制在一个预期的控制范围内，这是通过轴向控制棒子组来实现的。轴向偏移的测量值是轴向偏移控制子系统的输入，然后跟一个轴向偏移控制的“窗口”进行比较。这个“窗口”是根据经补偿的堆外中子注量率测量值，以及操纵员输入的预期轴向偏移目标值、目标带宽和控制模式(负荷跟踪、负荷调节、或者基本负荷)计算得到的。用冷管段温度测量信号对核测中子注量率信号进行补偿，以考虑核反应堆压力容器下降环腔流对中子慢化产生的影响。如果电厂处于负荷调节控制模式，中子注量率和轴向偏移信号采用“滞后”补偿。这为轴向偏移控制器提供了平滑的核中子注量率和轴向偏移信号输入值，从而避免了由于投入轴向偏移控制产生快速瞬间变化。当轴向功率偏移差值超出可接受的控制“窗口”时，轴向偏移控制棒就会以固定速度移动，使轴向功率偏移差值回到控制“窗口”以内。

为了最大限度减少功率和轴向偏移棒控子系统之间可能的相互干扰，功率控制子系统优先于轴向偏移控制子系统。如果移动功率控制棒信号存在，那么轴向偏移控制棒就禁止移动。只有当温度偏差在核反应堆功率控制器死区内和相关控制棒组已经停止移动时，才允许移动轴向偏移控制棒。

6.3.4　平均温度调节系统

1. 功能

如前所述，功率控制系统也有温度控制的功能。功率控制系统主要靠变速控制棒驱动程序器实现温度调节，如果是为了将堆内冷却剂平均温度控制在一个小的温度死区内，就使用低速控制来引入很小的反应性；如果出现了甩负荷等大反应性瞬态，则使用高速控制。那么，平均温度系统又是怎么实现温度调节的呢？

2. 平均温度调节的物理机理

二回路功率 P_2 由下式决定：

$$P_2=K(T_{av}-T_v) \tag{6.5}$$

式中，T_{av}为一回路平均温度，T_v 是蒸汽发生器内饱和蒸汽温度，K 为比例系数。由式(6.5)可见，降低蒸汽发生器蒸汽温度或者增加一回路平均温度都可以使二回路功率增加。大亚湾核电厂平均温度整定曲线如图 6.1 所示，平均温度调节系统在二回路功率变化时调节 R 棒位以使平均温度满足这种关系。只要平均温度等于由二回路功率决定的整定值，即满足图 6.1 所示的关系，我们就说一回路功率与二回路功率匹配。

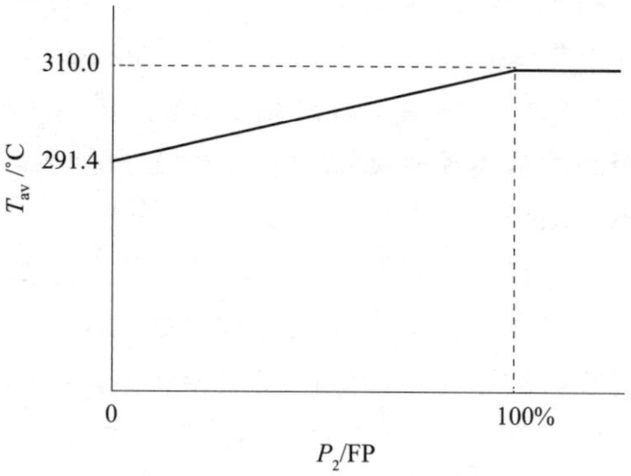

图 6.1　平均温度整定值

平均温度调节系统的干扰量很多，如二回路功率、硼浓度等，但二回路功率是主要的干扰量。当二回路功率改变时，如果不作任何调整，则会引起平均温度反向变化。平均温度变化又会引起堆功率反向变化，这是因为慢化剂具有负的反应性温度系数。动态过程结束以后，堆功率重新变得与二回路功率相等，此时称堆功率与二回路功率平衡。核反应堆这种自动地维持自身功率与二回路功率相平衡的性质称为堆的自稳性或自调性。靠核反应堆的自稳性虽然能维持功率平衡，但不能保证功率匹配，即不能保证平均温度等于整定值。

我们暂时假设当二回路功率改变时，核反应堆功率调节系统正常工作，而平均温度调节系统不工作。那么功率调节系统移动功率调节棒使之达到改变后的二回路功率对应的位置上，从而使核反应堆功率作同向改变。如果此时符合功率调节棒位的标定条件，就可以使堆功率与二回路功率相匹配。但实际上 R 棒位、硼浓度、燃耗、氙毒等不可能与标定时完全相同，所以只能说功率调节系统使堆功率与二回路功率几乎匹配。功率的高度匹配只有依靠平均温度调节系统才能完成，因为平均温度调节系统是以使平均温度等于整定值为目标的。

3. 温度调节棒 R 的棒位

平均温度调节棒 R 棒是黑棒，插入堆芯过深会引起严重的畸变。不管功率水平如何，R 棒只能插入少许，通常控制在堆芯顶部一个 24 步的范围内，通常称这个 24 步的调节范围为调节带。大范围内的反应性变化已由功率调节棒补偿，燃耗和氙毒引起的慢性反应性变化可用调节硼浓度的办法补偿，因此需用 R 棒补偿的反应性变化并不大，24 步的调节带范围在一般情况下是足够的。在运行中，如果 R 棒超过调节带上限，则靠减少硼浓度(稀释)使其返回调节带；如果 R 棒超过调节带下限，则靠增加硼浓度(硼化)使其返回调节带。调节带上限由实验确定，要求该处 R 棒的微分价值≥2.5 pcm。除了调节平均温度外，R 棒还有两种作用：一是在阶跃负荷变化、厂用负荷运行或大于 2%～3% Pa/min 的线性负荷变化中协助功率调节棒；二是控制轴向功率分布。这两种情况下，R 棒均有可能超出调节带。

6.4　压水堆核电厂保护系统

1. 系统的功能

安全是核电的生命，需尽最大的努力避免核事故的发生。安全保护系统的任务首先是监测电厂的异常状态，如发现异常情况迅速发出警告信号，以便采取相应的纠正措施，防止异常状态进一步发展，确保核电厂安全、连续地运行。如果核电厂运行过程中，由各种测量仪表、仪器测得的运行参数超过了所规定的极限值，则自动快速停堆。紧急状况时，安全系统将自动地把全部控制棒落入堆芯以实现快速停堆。AP1000 反应堆保护和安全监视系统就是先诊断异常工况并触发相应的安全相关功能，来完成对 AP1000 电站的安全停堆并维持停堆工况，防止反应堆状态超过规定的安全限值。

安全保护系统的设计和组成是以事故分析为依据，出现威胁核反应堆的现象，如果控制系统发生故障不能维持电厂变量在容许值以内时用来保证安全，那么安全保护立即动作，停堆以防止发生破坏性的事故。安全保护系统应在任何情况下都能确保堆芯不发生熔毁，以及避免损坏压力壳和一回路管道等设备；还应能探测事故状态，当发生严重事故时，能启动与安全有关的系统和部件，以防止事故的扩大和减轻事故的后果；保护三大安全屏障（即燃料包壳、一回路压力边界、安全壳）的完整性，缓解、减轻事故后果。

2. 保护类别

核电厂中专门设置了一整套的专设安全设施系统。在二代压水堆核电厂中有安注系统、安全壳喷淋系统、安全壳隔离系统、消氢系统，以保证核反应堆的安全，缩小事故范围，防止一回路失水事故、主蒸汽管破裂事故时堆芯熔化以及放射性物质向周围环境扩散。在事故状态下，这些安全设施系统就相应开动起来。核反应堆安全保护大致可分为堆芯保护、启动保护、停堆反应性裕量保护以及快速停堆保护等。

(1) 堆芯保护

最主要的目的是防止堆芯烧毁，即必须在任何情况下防止燃料元件包壳过热，保证燃料包壳不破裂，防止裂变产物释出；一般会设计几个保护参数：超功率-超温保护、超功率保护、冷却剂回路高压保护、冷却剂回路低压保护、冷却剂流量保护、主泵供电低频率和低电压保护

(2) 启动保护

在核反应堆启动或低功率升到高功率的过程中，可能由于误操作、提升棒过快等原因造成功率变化速度太快，引起超温和超功率。因此，应限制核反应堆功率的提升速度。较常使用的是以下两个保护参数：

1) 短周期保护。在源量程或者中间范围量程内，如果核反应堆功率变化速度太快、反应堆周期过短，就可能造成瞬发临界；另一方面，功率提升速度过高会导致很大的堆芯结构材料热应力，因此，反应堆周期过短，也需要停堆，短周期整定值一般为 15 s 左右。

2) 高通量低值保护。在反应堆功率变化过程中，由于功率提升太快可能造成中子通量过高，这时就有堆芯烧毁的危险，因此规定了几个安全限值：原量程和中间量程不大于额定功率的四分之一、功率量程中子通量（低定值）不大于额定功率的四分之一。

(3) 停堆反应性裕量保护

核反应堆在功率运行期间,其安全棒处在完全抽出位置,调节棒部分插在堆芯。如果冷却剂中硼浓度稀释,调节棒必然下插,为了保证调节棒有足够的停堆反应性裕量(即停堆反应性储备),必须限制调节棒的下插深度;

(4) 快速停堆保护

在各种意外情况下实现自动或者手动快速停堆

必须注意的是,在启动、低功率运行或者某些系统实验的过程中,要切除所规定的某些停堆保护。因为这时不需要这些保护,若不切除,则可能干扰设备的正常操作和运行。当然,切除保护一定要再三确认,否则就会造成因为切除保护带来的严重核事故。

3. 设计准则

为了确保其安全功能的实现,保护系统在设计时就需符合以下原则:

(1) 单一故障准则

要求保护系统的任何单一故障或单次事件均不应妨碍系统的保护功能。对每一个保护参数设置多个功能完全相同的冗余通道,各通道相互独立,并采取逻辑组合。

(2) 失效安全原则

即当设备故障时,应使设备处在有利于反应堆安全的状态下。

(3) 设置多重的保护参数

针对反应堆每一事故工况,设置几个保护功能相同的保护参数,即使在某一保护参数的全部保护通道同时失效的最坏情况下,仍能确保反应堆安全。

(4) 在线检查的功能

在反应堆运行过程中,在任何时候能够手动或自动地检查系统的完整性,如果发现某个设备故障,立即将它切除,组织人力维修或换上备用设备,在进行这些检查时都不需要中断反应堆的运行。

(5) 保护动作要快

一旦出现事故危险状态,安全保护系统应尽快投入。

(6) 冗余性和独立性

安全监测通道的冗余、安全逻辑装置的冗余和整个系统的冗余。为了排除由于环境因素、电气的物理现象相关影响,具有相同保护功能的重复通道之间应该彼此独立,保持物理(或实体)上的分离及电气上的隔离,以免丧失冗余性。独立性是采用冗余技术的前提,是克服共模故障、实现在线检验和维修的重要措施。在保护系统与控制系统乃至与其他系统之间,要求在电气上和结构上也是相互独立的。

3. 系统的组成

压水反应堆保护系统包括从探测器到安全驱动器输入端的所有设备和线路,包括安全监测装置与安全逻辑电路等,设置目的是为了实现紧急停堆和安全联锁功能,当然,必要时还可启动专设安全设施。保护系统中的过程仪表系统和核仪表系统分别对监测到的变量进行变换和加工,根据不同变量的不同阈值输出开关量信号送至报警系统和保护系统。保护系统接收到各路送来的紧急停堆信号后经逻辑处理判断形成保护指令,送到执行机构触发紧急落棒停堆以及启动专设安全设施。

4. 系统的保护参数

核反应堆运行是否处于正常状态，要看其运行参数是否正常，当它的主要运行参数超出正常范围而超过了危险值，此时核反应堆就处于危险状态，此时三大核安全屏障就有可能受到破坏。为了保险起见，当我们发现运行参数异常，在达到危险值前也就是达到停堆整定值时就要触发紧急停堆动作。保护参数安全极限值减去停堆整定值所得到的差值就是所谓的"安全裕度"。

5. 紧急停堆保护

常见的紧急停堆保护有：

1）核功率保护。核功率保护是指中子通量密度在指定的量程内偏高或者变化率偏高导致的危害核反应堆堆芯安全，为保证核反应堆安全而设置的保护措施。具体来讲，核功率保护包括源量程中子通量密度偏高紧急停堆、中间量程中子通量密度偏高紧急停堆、功率量程中子通量密度偏高紧急停堆、中子通量密度变化率高紧急停堆。

2）超温 ΔT 和超功率 ΔT 保护。为了杜绝燃料芯块烧毁以及预防燃料元件包壳表面出现偏离泡核沸腾现象，必须限制燃料芯块和燃料包壳的最高温度，为保险起见，要确保偏离泡核沸腾比 DNBR 大于等于 1.3。然而，燃料包壳极限温度和 DNBR 都不能直接测量，但是它们的值都依赖于反应堆功率、冷却剂平均温度及流量、一回路压力、功率轴向分布等。因此可以通过这些可测的物理量，在对堆芯保护的物理机理分析的基础上，利用公式计算出超温保护整定值 ΔT_t 和超功率保护整定值 ΔT_P。当核反应堆堆芯进、出口温差的测量值 ΔT 大于或等于 ΔT_t（或 ΔT_P）时，就会发出紧急停堆信号。当局部热通量过高时，超功率 ΔT（与 ΔT_P 比较）提供紧急停堆保护，防止燃料芯块熔化。当主回路流量、压力偏低或冷却剂温度异常变化时，由超温 ΔT（与 ΔT_t 比较）提供紧急停堆保护，防止 DNBR 下降。

3）反应堆主回路流量偏低和压力偏低保护。流量偏低保护用来防止由于流量低不能把堆芯发热及时导出而引起燃料和包壳温度上升。

4）防止超压的保护。主回路压力偏高或温度迅速变化有可能引起反应堆主回路因应力增加而破坏。当三个稳压器压力测量线路中有两个测得压力值达到预定值时，就会产生稳压器压力高紧急停堆保护动作。

除了上述保护，还有防止主回路温度上升太快的保护等。

6.5　AP1000 数字化仪控系统

仪表和控制系统（instrumentation and control system，I&C）是核电厂不可或缺的重要组成部分，核电厂的经济、安全、可靠运行在很大程度上取决于仪表控制系统的性能水平。核电厂仪表和控制系统为核岛、常规岛及电厂配套设施（BOP）提供各类保护、控制、监测信息。由于核电厂的控制对象非常复杂，必须采用最为合适的技术，使核电厂仪表和控制系统的软硬件功能满足核电厂生产工艺过程的需要，以及顺利完成对过程设备在核电厂机组各工况下进行有效的监督及控制，才能实现核电厂的安全、稳定和经济运行。

从核电厂仪表和控制系统的发展角度来看，核电厂仪表和控制系统经历了两个主要的技术发展时期：模拟系统和数字化系统。

模拟系统经过长时间的应用与研究,各国在设计及应用方面已经积累了相当丰富的经验,模拟系统因其具有成本低廉、响应速度快、设备的检验分析相对简单等优点,模拟系统的可靠性和安全性也基本能满足核电厂运行要求,所以过去大多数在运行的核电厂一般都使用模拟技术系统。当然,模拟系统也存在着诸多问题:1)模拟技术系统算法简单而且精度较差,模拟系统难以实现某些情况下所要求的复杂保护算法;2)模拟系统定期检验所需的时间较长,且不能达到实时在线检验;3)模拟系统在超出维护周期的时候,可能会发生"仪表漂移"现象。"仪表漂移"是影响系统可靠性的一个重要的因素,而且其导致故障的概率将随时间增加以超线性的速度增长,这个难题如果仅依赖模拟技术难以很好地处理;4)模拟技术信息储存、显示的能力较差,难以显示监控变量的当前值与预定值的关系和变量的变化趋势,不能以符合人因工程的方式提供有关信息及状态显示;5)模拟系统设备及技术在数字化产品的大量普及的今天均显得过时,由于厂家大部分精力都投入到数字化产品的生产中,模拟系统所需维修、更换零部件都不容易找到匹配的零件。

随着电子技术及计算机技术的发展,我们核电厂领域也开始过渡到数字化仪控系统,不少已建成的电厂正根据自身的计划有步骤的进行数字化仪控系统的替换。我国目前在建以及计划建设的电厂(包括二代改进型核电以及引进的第三代核电或正在研究的第四代核电)都将采用全数字化系统,图 6.2 即为 AP1000 数字化主控室示意图。从国外采用数字化仪控系统核电站的经验反馈来看,电厂采用数字化仪控系统后,可以更好地优化电厂管理、提高人员对电厂的监测与控制,并且数字化系统的硬件可靠性也较模拟系统对应功能部件的可靠性有所提高。

图 6.2 AP1000 数字化主控室立体示意图

AP1000 仪控系统通过使用数字化控制和保护系统,集成了电厂各个独立的工艺系统,为电厂的保护与操作提供了一个统一的界面,如图 6.3 所示。这种集成的仪控系统减少了接口和软件平台的数量,从而提供了一个优化的结构和更好的性能。AP1000 仪控系统采用两种类型的平台：Ovation 平台和 Common Q 平台。(平台是指构造功能系统所必需的标准设备和软件的总称，平台包括计算机、操作员站、机柜、多路调制器和远程输入输出(I/O)等)Common Q 平台属 1E 级，用于实现安全仪控功能，设备具有抗震要求，经过核电应用环境适用性考验，经过批准的 V&V 程序及质保程序评价。保护和安全监测系统(PMS)使用 Common Q 平台来实现。Ovation 平台属非 1E 级，它被用于实施正常运行仪控，是一个成熟的商业化产品，之前主要应用在工业和发电控制领域，在国内很多的常规电厂都采用了 Ovation 平台。还有一些特殊的设备，例如棒控系统电源柜，多样化驱动系统(DAS)，保护和安全监视系统的爆破阀控制/接口模块，特别是一些特殊的传感器和驱动设备，不属于 Ovation 平台和 Common Q 平台。基于 Ovation 平台和 Common Q 平台上的系统有：运行和控制中心系统(OCS)、电厂控制系统(PCS)、保护和安全监测系统(PMS)、堆内测量系统(IIS)、特殊监测系统(SMS)、多样化驱动系统(DAS)、数据显示和处理系统(DDS)、主汽轮机控制与故障诊断系统(TOS)、放射性监测系统(RMS)、地震监测系统(SJS)。除了 OCS 和 DDS 系统，这些系统都是独立运行的，所有系统，通过各种方法，与控制室通讯并产生数据，多数能接受操纵员的命令。

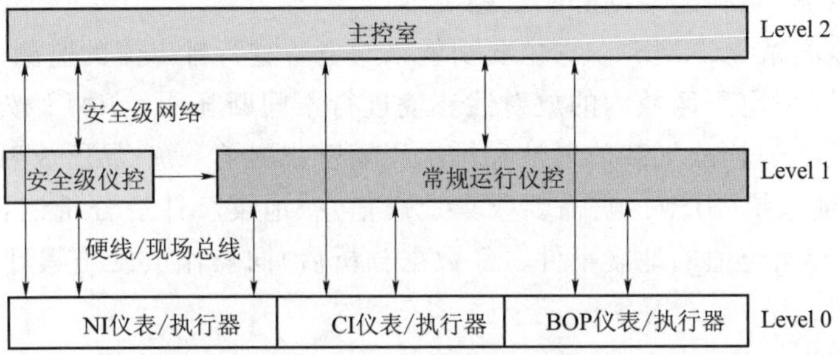

图 6.3 AP1000 数字化仪控系统

AP1000 核电厂采用先进的数字化技术，通过多样化的安全级、非安全级核电站仪控系统和信息提供与处理，避免发生共模失效。AP1000 仪表与控制系统分为以下几个子系统：

1) 运行及控制中心系统(OCS)。它包括主控室、技术支持中心、远程停堆工作站、应急操作设施、本地控制站和与这些中心相关的工作站。除了控制台结构外，控制室的其他设备都是其他系统的一部分(例如，保护和安全监测系统、电厂控制系统、数据显示和处理系统)；

2) 电厂控制系统(PCS)。电厂控制系统在电厂从冷停堆到满功率正常运行过程中发挥必要功能。它包括非安全相关的控制和监测设备，它们用以改变核反应堆功率、控制稳压器压力和水位，也包括提供和发电相关的其他功能；

3) 保护和安全监测系统(PMS)。它的功能是发现偏离额定工况和触发相应安全相关功能，使电厂进入和保持在安全停堆状态；

4) 堆内测量系统(IIS)。它的主要功能是提供堆内中子注量率的三维分布图。这个分布图用于标定保护与安全检测系统(PMS)使用的中子探测器，也用于优化堆芯运行。另一个功能则是为 PMS 提供事故后堆芯欠冷度监测器所需的热电偶信号，该功能是监测过程必要的补充手段。堆内测量器包含固定的堆内中子探测器和堆芯出口热电偶；

5) 特殊监测系统(SMS)。它不执行任何安全相关或者纵深防御功能，由专有子系统构成，这些子系统和核电厂仪表和控制系统结构相互交接，提供诊断和长期监测的功能。以金属撞击监测系统为例，金属碎片撞击核反应堆冷却剂系统(RCS)内部构件的过程中，它可以探测出金属碎片的存在；

6）多样化驱动系统(DAS)。它为非安全相关的多样化系统，为驱动停堆和触发选定的专设安全设施(ESF)，也为操纵员提供电厂信息提供了一种可替代的方式；

7）数据显示和处理系统(DDS)。它设置了数据处理设备，为AP1000核电厂的正常或紧急运行提供非安全相关的报警和显示，用于AP1000核电厂数据分析、数据日志、历史存储以及检索，也为核电厂人员提供运行支持；

8）主汽轮机控制和诊断系统(TOS)。它提供了各种方法来控制和保护汽轮发电机组。主汽轮机控制和诊断系统(TOS)接收伺服阀的反馈和命令，控制主汽阀的开度。主汽轮机控制和诊断系统(TOS)能够自动控制汽轮机转速和负荷。当自动控制移除，自动切换到备用的手动控制器。它包括在保护停堆、自动紧急停堆、汽轮机超速时切断通往高压和低压缸体的蒸汽流量；向电厂控制系统(PCS)传送数据，使得其余系统能够获得主汽轮机控制和诊断系统(TOS)的状态；电厂控制系统(PCS)与主汽轮机控制和诊断系统(TOS)系统的直接接口，以便控制汽轮机来响应其他系统的状态，比如给水泵停泵，润滑油泵故障以及其他类似故障；汽轮机转速、负荷的自动和手动控制等；

9）放射性监测系统(RMS)。它主要功能是对电厂进行排出流的监测、工艺过程的流质监测、气载监测，并对电厂区域内的放射性环境进行不间断显示。RMS按功能可分成两个子系统，分别是：工艺过程、气载放射性和排出流辐射监测子系统；场所放射性监测子系统；

10）地震监测系统(SJS)。它需要收集地震信息、地震事件后分析地震数据、向操纵员报警发生了一起超出定值的地震事件、(经数据分析后)向操作员发出累计的绝对速度超出定值的报警。

思考题

6.1 试述数字化仪控系统的特点。

6.2 核电厂有哪些控制模式？

6.3 压水堆核电厂保护系统的功能及保护类别是什么？

第7章　二回路蒸汽系统与设备

7.1　常规岛简介

常规岛也称二回路，它由蒸汽发生器、汽水分离再热器、汽轮发电机组、凝汽器、凝结水泵、给水加热器、除氧器、给水泵等设备组成。进入蒸汽发生器二次侧的给水在蒸汽发生器内吸收热量变成高压饱和蒸汽，然后进入高压缸做功，高压缸排汽在汽水分离再热器中进行汽水分离和再热后变成过热蒸汽，之后进入低压缸做功，由于蒸汽的做功从而驱动汽轮发电机组发电。做功后的乏汽在凝汽器内冷凝成水，凝结水由凝结水泵输送，经低压加热器进入除氧器，除氧后的水由给水泵加压后送入高压给水加热器，之后返回蒸汽发生器，如此形成热力循环，常规岛系统如图7.1所示。

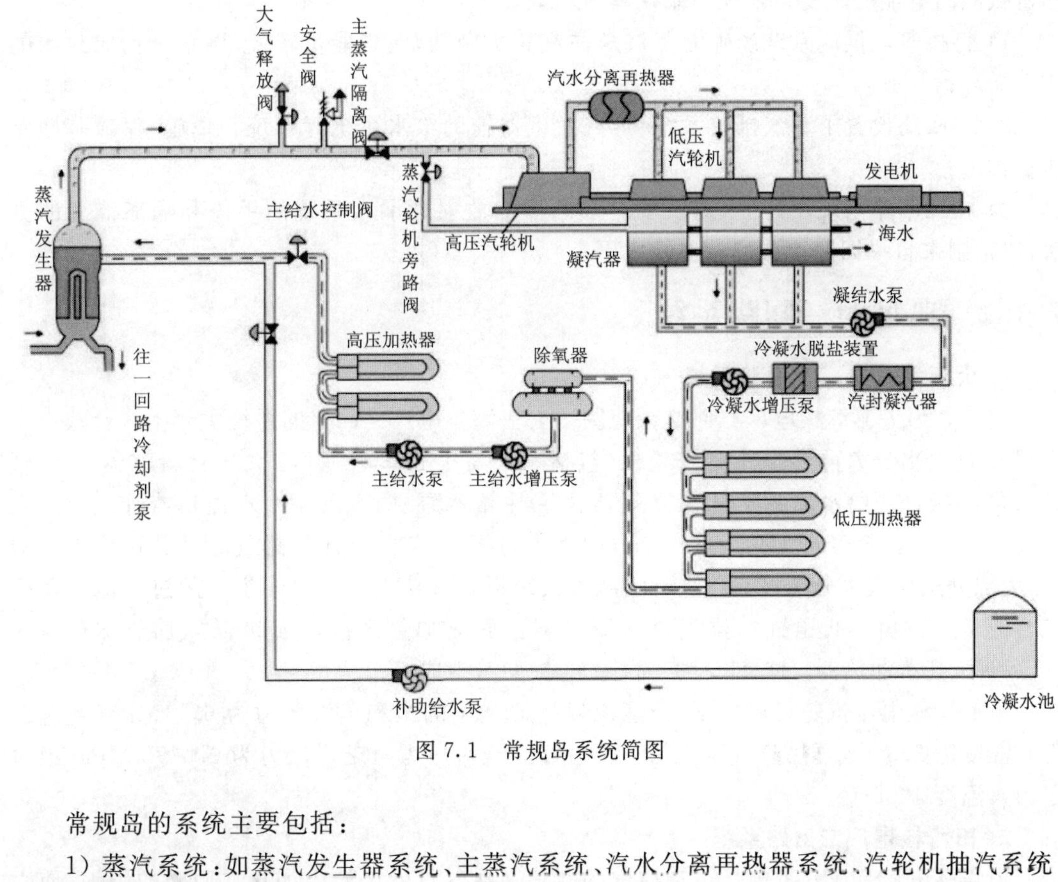

图7.1　常规岛系统简图

常规岛的系统主要包括：

1）蒸汽系统：如蒸汽发生器系统、主蒸汽系统、汽水分离再热器系统、汽轮机抽汽系统、汽轮机旁路排放系统等；

2）给水系统：如凝结水系统、主给水和启动给水系统、凝结水精处理系统、加热器疏水和排气系统等；

3）汽轮机及其辅助系统：如主汽轮机系统、汽轮发电机组润滑油系统、汽轮机油系统、汽轮机轴封系统、凝汽器抽真空系统等；

4）主发电机及其辅助系统：如主发电系统、励磁和电压调节系统、发电机定子冷却水系统、氢气密封油系统、发电机氢气等；

5）常规岛的辅助系统：汽轮机房闭式冷却水系统、开式循环冷却水系统，常规岛化学加药系统、二回路取样系统、压缩空气和仪表空气系统等。

常规岛中热能转变为电能的原理与火电厂基本相同，但两者也存在差别：现代典型的压水堆核电厂二回路蒸汽初压和温度都低于火电厂，压水堆核电厂的理论热效率低于火电厂；火力发电厂可以将高压缸做功后的排汽送回锅炉进行火力再热，而核电厂只能采用新蒸汽对高压缸排汽进行中间再热。

7.1.1 常规岛功能

常规岛中能量转换过程为：蒸汽在汽轮机内膨胀做功，推动汽机发电机转子高速旋转，实现了热能向机械能的转变，通过励磁回路给发电机转子回路加入励磁发出电，实现了转子的机械能向电能的转变。常规岛系统具体功能如下：

1）将核蒸汽供应系统产生的蒸汽送往汽轮机做功，实现能量转换，该系统构成封闭的热力循环；

2）二回路设置了蒸汽排放系统、蒸汽发生器辅助给水系统等系统和设施，保障一回路热量排出；

3）在二回路系统设计上，提供了有效的探测放射性漏入系统的手段和隔离泄漏的方法，以控制来自一回路泄漏的放射性水平。

7.1.2 典型的二回路系统

1. 大亚湾核电厂二回路系统

图 7.2 为大亚湾核电厂二回路系统图。大亚湾核电厂二回路的系统主要由 3 台蒸汽发生器、2 台汽水分离再热器、1 台汽轮机（包括 1 个高压缸、3 个低压缸）、3 台凝汽器、3 台凝结水泵、4 级低压给水加热器、1 台除氧器、3 台主给水泵、两级高压给水加热器等组成。主气阀进口处新蒸汽经进气阀后从 4 个方向进入高压缸做功，高压缸排气除部分送往除氧器外，大部分送往汽水分离再热器进行除湿和二级再热。从汽水分离器出来的过热蒸汽送往三台低压缸做功。低压缸的排气进入凝汽器。回热加热系统由 4 级低压加热器（H4～H7）、两级高压加热器（H1，H2）和一台除氧器（H3）组成。

大亚湾核电站汽轮机满功率时，蒸汽发生器产生的饱和蒸汽压力为 6.71MPa（绝对压力），温度为 283 ℃，再热蒸汽压力为 0.78 MPa（绝对压力），乏汽压力为 0.0075 MPa（绝对压力），温度 40.5 ℃。

2. 田湾核电厂二回路系统

田湾核电厂是压水堆电厂。反应堆的冷却剂在蒸汽发生器内加热二回路的给水，使之成为饱和蒸汽送入汽轮机做功。二回路系统如图 7.3 所示。在满功率运行状态下，蒸汽发生器产生的饱和蒸汽（$P=6.28$ MPa，$T=278.5$ ℃）由主蒸汽管道首先送到汽轮机的高压阀组以调节进入高压缸的蒸汽量，从高压阀组出来的蒸汽通过 4 根环形蒸汽管道进入高压

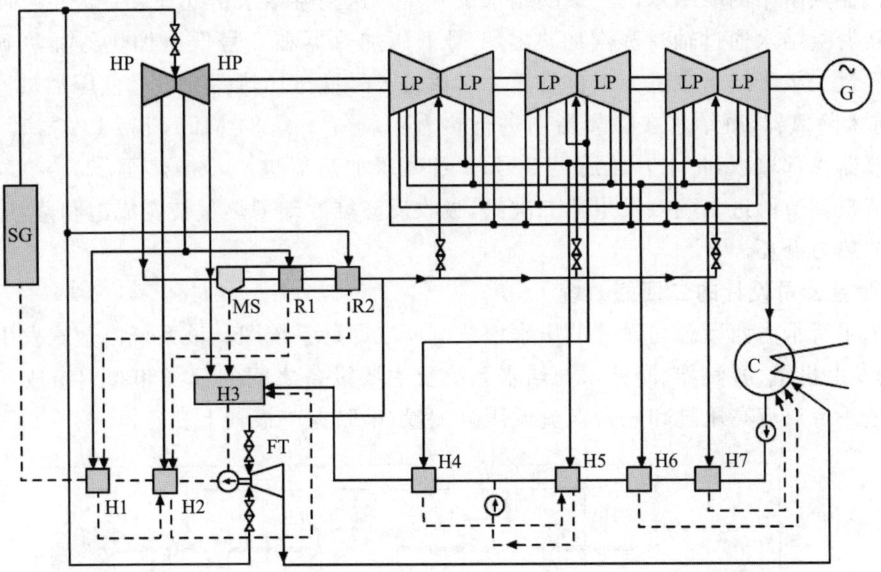

图 7.2　大亚湾核电厂二回路系统图

HP—高压缸；LP—低压缸；MS—汽水分离器；R1—第一级再热器；

R2—第二级再热器；C—凝汽器；G—发电机

缸膨胀做功。在膨胀过程中，从高压缸前后流道不同的级后抽取部分蒸汽送入 6 号、5 号高压加热器和除氧器用于加热给水。高压缸的排气（$P=0.54$ MPa，$Y=15.4\%$）一部分送往 4 号低压加热器用于加热凝结水，大部分通过 4 根管道排往位于低压缸两侧的 4 台汽水分离再热器，在这里进行汽水分离，并由新蒸汽对其进行再热。从汽水分离再热器出来的过热蒸汽（$P=0.52$ MPa，$T=250$ ℃）经 4 根管道送入 4 台低压缸内膨胀做功，从 4 台低压缸前后流道抽取部分蒸汽分别送往 3 号、2 号和 1 号低压加热器用于加热凝结水；低压缸的排气排人凝汽器，并被海水冷却为凝结水。

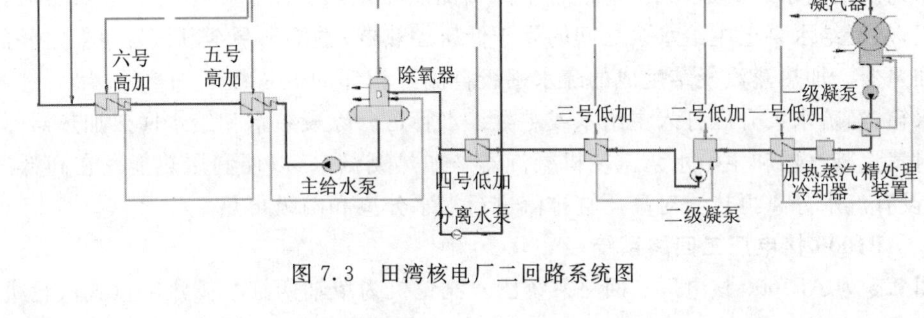

图 7.3　田湾核电厂二回路系统图

凝汽器热阱中的凝结水由一级凝结水泵升压后送到凝结水精处理装置进行二回路水质净化。接着凝结水通过轴封蒸汽加热器、1 号低压加热器和 2 号低压加热器加热到 87 ℃。凝结水经过二级凝结水泵进一步提升压力后通过 3 号低压加热器和 4 号低压加热器加热至 151 ℃进入除氧器，凝结水在除氧器中进行热力除氧（$P=0.84$ MPa，$T=172$ ℃）。主给水泵从除氧器底部取水，将水升压后经 5 号、6 号高压加热器进一步加热至 217.6 ℃，最后通过给水流量调节阀进入蒸汽发生器二次侧，吸收反应堆冷却剂热量转变成饱和蒸汽，从而形成完整的热力循环。

3. 西屋公司设计的二回路系统

图 7.4 所示为西屋公司设计的压水堆核电厂二回路系统图。该系统由蒸汽发生器二次侧、汽轮发电机组、凝汽器、凝结水与给水系统及主要设备之间的管线和阀门组成。汽轮机采用的是一台双流高压缸和三台双流低压缸配置，串联在一根轴上。

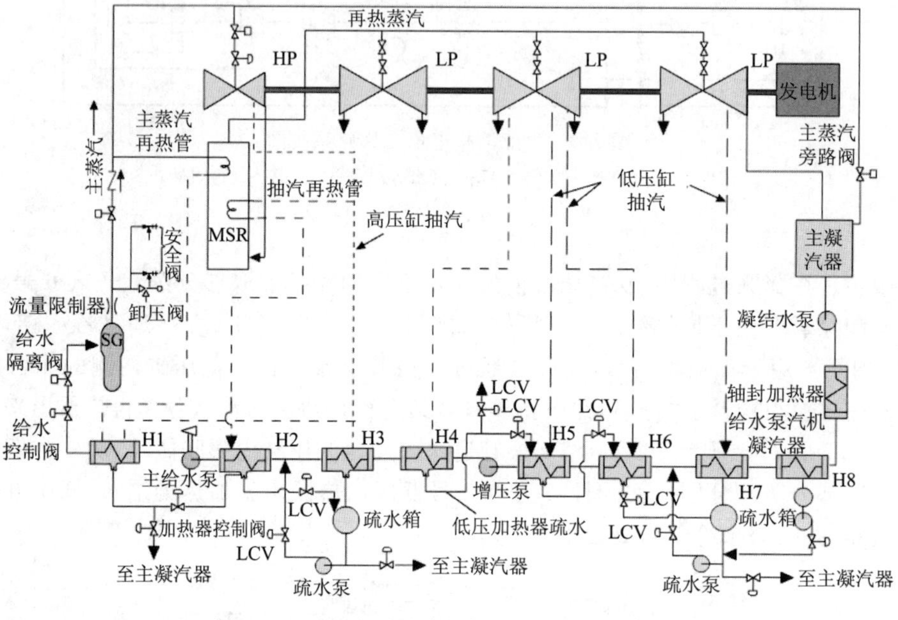

图 7.4　西屋公司设计的核电厂二回路系统图

LCV—疏水阀；H1～H7—第 1 级至第 7 级加热器；MSR—汽水分离再热器；SG—蒸汽发生器；HP—高压缸；LP—低压缸

该系统的一个特点是凝汽器真空除氧，在给水泵上游没有单独设置除氧器。凝结水由凝结水泵及主给水泵唧送，顺次经过若干回热加热器加热。图 7.4 中的七级回热加热器分成两组，从凝结水泵至主给水泵之间的属于低压加热器；主给水泵至蒸汽发生器之间的属于高压加热器。加热蒸汽凝结生成的疏水逐级自流到相邻的低一级的加热器，然后进入加热器疏水箱，经疏水泵升压打入主给水或主凝结水管道。除凝结水和给水回热加热器外，还设有轴封蒸汽凝汽器和主给水泵汽轮机凝汽器来加热凝结水，以便利用热能。在高低压缸之间，还设有汽水分离再热器对高压缸排汽进行汽水分离和两级再热。

4. AP1000 核电厂二回路系统

图 7.5 为 AP1000 核电厂二回路系统图。汽轮机为单轴四缸六排汽凝汽式汽轮机，配有

一级汽水分离和两级再热装置。通过四根环形导汽管，主蒸汽进入高压缸膨胀做功，高压缸排汽通过高压排汽管输送到位于机组两侧的汽水分离再热器中进行汽水分离，并由抽汽和主蒸汽进行再热。每个汽水分离再热器有 3 个进汽口和 3 个排汽口，经过汽水分离和再热的蒸汽通过 6 根排汽管道送入 3 个低压缸继续膨胀做功，在每根排汽管道上设一组再热蒸汽联合阀，共设六组。再热蒸汽联合阀均为蝶阀形式，每组由一个关断阀和一个控制阀组成。汽轮机乏汽排入凝汽器，最后凝结成水。汽轮机共设 7 级抽汽，两级高压加热器、四级低压加热器和一级除氧。高压缸上有三级抽汽分别为 7 号高压加热器、汽水分离再热器第一级再热器和 6 号高压加热器提供加热蒸汽，高压缸排汽至汽水分离再热器，高压缸排汽的一部分作为除氧器的正常加热汽源，低压缸上有四级抽汽分别至 4 号、3 号、2 号和 1 号低压加热器。

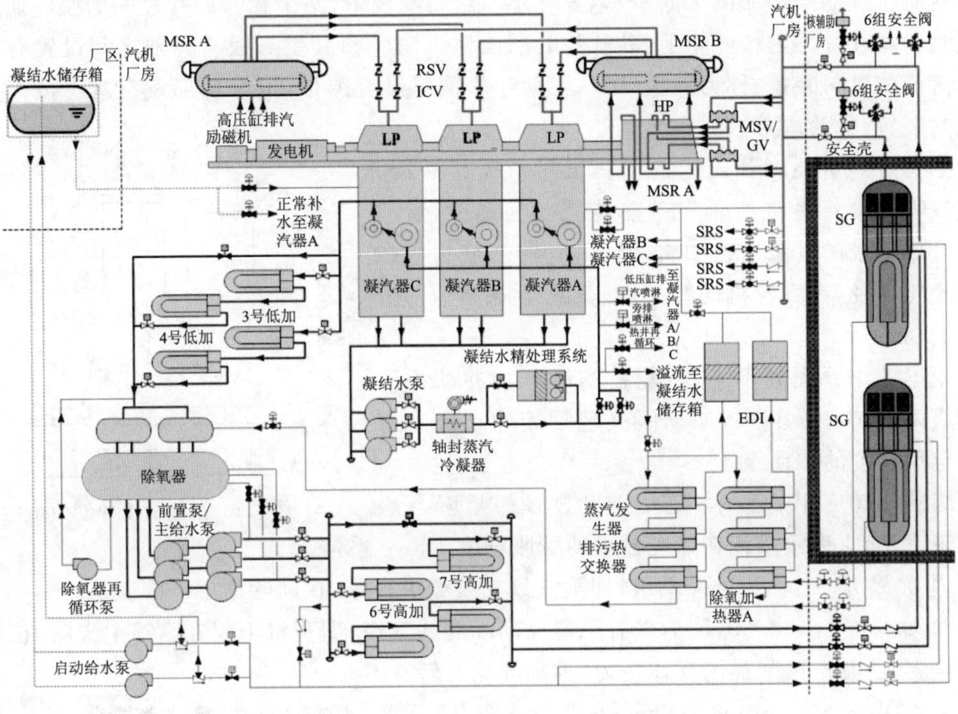

图 7.5　AP1000 核电厂二回路系统

额定工况下，主蒸汽压力为 5.53 MPa(绝对压力)，主蒸汽温度为 270 ℃，主蒸汽湿度 0.45%。主蒸汽流量 6 799 t/h。汽轮机为半转速汽轮机，汽轮机额定转速为 1 500 r/min，相对于全速汽轮机而言，汽轮机通流部分尺寸可以增大，可以获得较大的低压缸排汽面积，从而可以降低汽轮机级间蒸汽泄漏量、降低排汽损失，获得较高的热效率。

7.2　核电厂汽轮机组

7.2.1　汽轮机的作用

汽轮机是热动设备，属于正常运行设备，其功能是不断地将水蒸气流的热能转变为汽轮机转子高速旋转的机械能,并带动发电机发电。

7.2.2 汽轮机工作原理

1. 工作原理

蒸汽的热能转变成机械能是通过汽轮机中级的工作来完成的。因此,要了解汽轮机的工作原理,必须首先掌握级的概念和工作原理。

汽轮机的级,是汽轮机最基本的工作单元,由一列喷嘴和一列动叶栅构成。汽轮机通常由许多级组成,在多级汽轮机中,蒸汽的热能转变成机械能就是通过各个级的工作来完成的。

汽轮机级的结构如图 7.6 所示,静叶片固定在隔板中,两个相邻静叶片间的汽流通道称为喷嘴。动叶片固定在叶轮上,动叶片的剖面称为动叶栅。在隔板与转轴之间设置有减少蒸汽旁流的密封装置,称为隔板汽封;在动叶片顶部设有围带,围带顶部设有减少蒸汽旁流的密封装置,称为围带汽封。

当具有一定温度和压力的蒸汽通过汽轮机级时,首先在喷嘴中将蒸汽所具有的热能转变为动能,然后在动叶栅组成的汽流通道中将蒸汽的动能转变为机械能。换句话说,在汽轮机的级中,蒸汽总焓降的一部分转变为功。

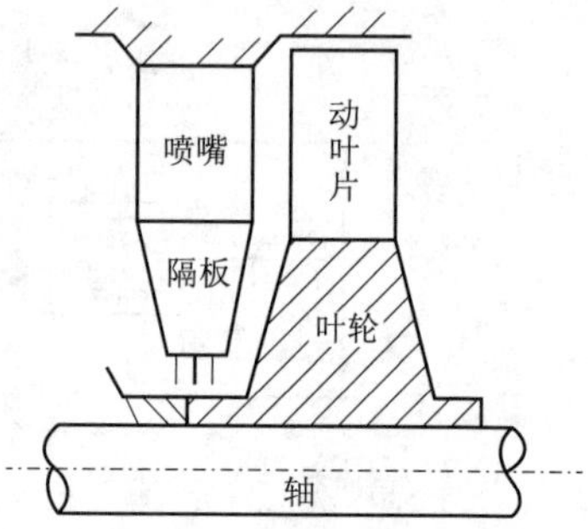

图 7.6 汽轮机级的剖面图

根据工作原理的不同,汽轮机的级分为冲动级和反动级两种类型。其中,冲动级又包括纯冲动级和带有一定反动度的冲动级。

级的反动度用 ρ 表示,是指动叶栅理想焓降与级的焓降之比,它表示蒸汽在动叶栅中的膨胀程度。

1) 如果 $\rho=0$,称为纯冲动级,即蒸汽只在喷嘴中膨胀,在动叶栅中不膨胀;

2) 如果 $0<\rho<0.25$,称为带有一定反动度的冲动级,即蒸汽不仅在喷嘴中膨胀,在动叶栅中也膨胀,并产生附加的反作用力,推动叶轮旋转;

3) 如果 $\rho=0.4\sim0.6$ 及以上,称为反动级,即蒸汽在喷嘴和动叶栅中都膨胀。

根据工作原理,按冲动作用原理工作的汽轮机称为冲动式汽轮机,按反动作用原理工作的汽轮机称为反动式汽轮机。

2. 冲动式汽轮机和反动式汽轮机

(1) 冲动式汽轮机

图 7.7 为冲动式汽轮机工作原理,蒸汽在喷嘴中发生膨胀,压力降低,速度增加,热能转变为动能。高速汽流流经动叶片 3 时,由于汽流方向改变,产生了对叶片的冲动力,推动叶轮 2 旋转作功,将蒸汽的动能变成轴旋转的机械能。

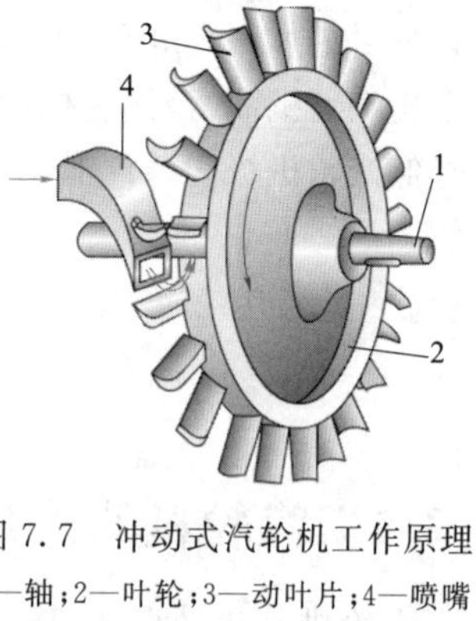

图 7.7 冲动式汽轮机工作原理

1—轴;2—叶轮;3—动叶片;4—喷嘴

图 7.8 所示为单级冲动式汽轮机工作原理图。蒸汽在喷嘴中发生膨胀,压力由 p_0 降至 p_1,流速从 c_0 增至 c_1,将蒸汽的热能转变为动能。蒸汽进入动叶栅后,改变流动方向,产生了冲动作用力使叶轮旋转作功,将蒸汽动能转变为转子

的机械能。蒸汽离开动叶栅的速度降至 c_2。由于蒸汽在动叶栅中不膨胀，所以动叶栅前后压力相等，即 $p_1 = p_2$。

在单级汽轮机中，当喷嘴中比焓降较大时，喷嘴出口的蒸汽速度很高，从而使蒸汽离开动叶栅的速度 c_2 也很大，这将产生很大的损失，降低了汽轮机的经济性。为了减小这部分损失，可如图 7.9 那样，在第一列动叶栅后安装一列导向叶栅 7，使蒸汽在导向叶栅内改变流动方向后再进入装在同一叶轮上的第二列动叶栅 6 中继续做功。这样，从第一列动叶栅流出的汽流所具有的动能又在第二列动叶栅中加以利用，使动能损失减小。如果流出第二列动叶的汽流还具有较大的动能，还可以再装第二列导向叶栅和第三列动叶栅。这种将蒸汽在喷嘴中膨胀产生的动能分几次在动叶栅中利用的级，称为速度级。通常把蒸汽动能在两列动叶栅中加以利用的级称为二列速度级，在三列动叶栅中加以利用的级称为三列速度级。

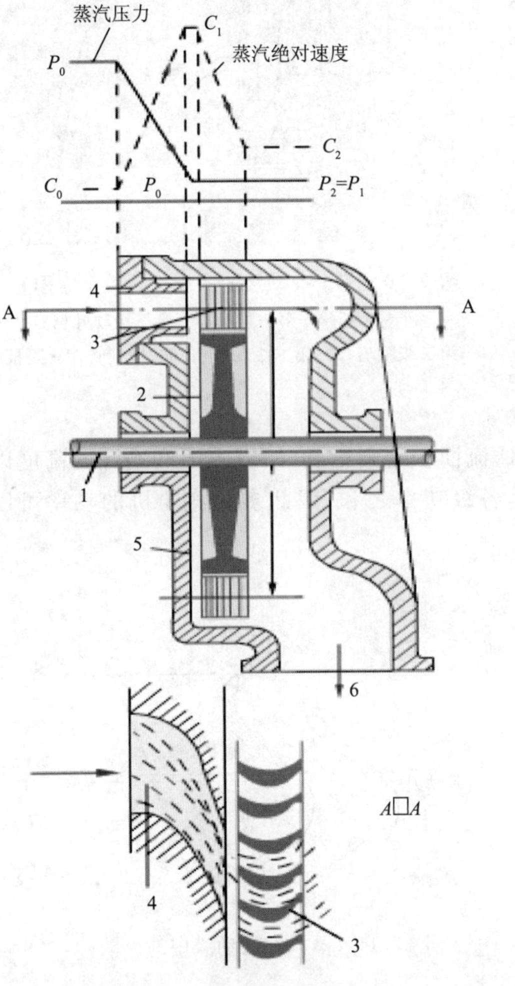

图 7.8　单级冲动式汽轮机工作原理图

1—轴；2—叶轮；3—动叶栅；4—喷嘴；5—气缸；6—排气管

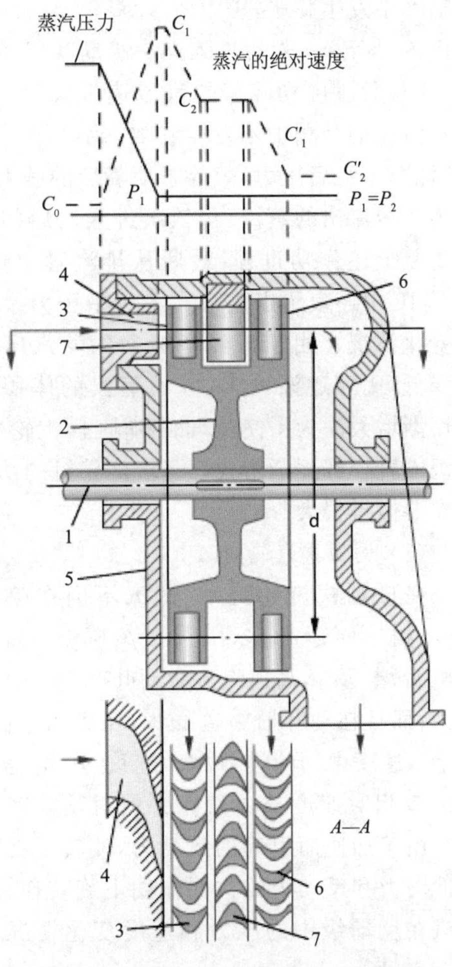

图 7.9　速度级(两列)汽轮机工作原理

1—轴；2—叶轮；3—第一列动叶栅；4—喷嘴；5—气缸；6—第一列动叶栅；7—导向叶栅

图 7.9 还表示出蒸汽在速度级中压力和速度的变化规律。蒸汽在动叶栅中和导向叶栅中都不发生膨胀，因而第二列动叶栅后的压力等于喷嘴后的压力。

由若干个冲动级依次叠置而成的多级汽轮机，称为多级冲动式汽轮机。随着汽轮机向高参数、大功率和高效率方向发展，单级汽轮机便不能适应需要，从而产生了多级汽轮机。

图 7.10 所示为一种具有三个冲动级的多级冲动式汽轮机。

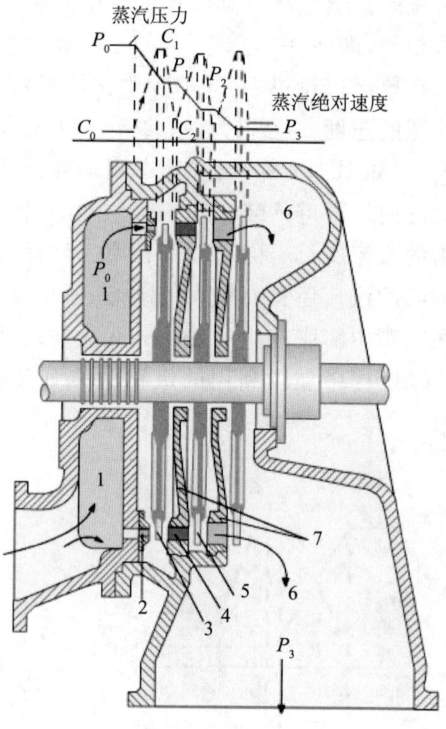

图 7.10 三个冲动级的多级汽轮机示意图

1—新蒸汽室；2—第一喷嘴；3—第一级动叶栅；4—第二级喷嘴；5—第二级动叶栅；6—排气管；7—隔板

图 7.10 整个汽轮机的比焓降分别由三个冲动级加以利用。蒸汽进入汽缸后，在第一级喷嘴 2 中发生膨胀，压力由 p_0 降至 p_1，汽流速度由 c_0 增至 c_1，然后进入第一级动叶栅 3 中作功，作功后流出动叶栅的汽流速度降至 c_2，由于蒸汽在动叶栅中不发生膨胀，动叶栅后的压力(即第一级后压力)即等于喷嘴后的压力 p_1，从第一级流出的蒸汽，再依次进入其后的两级并重复上述作功过程，最后从排汽管中排出。图 7.10 中还表示出蒸汽在各级中压力及速度的变化情况。由于流经各级后的蒸汽压力逐渐降低，比容逐渐增大，因而蒸汽的体积流量也逐渐增大。为了使蒸汽顺利流过，汽轮机的通流面积逐渐增加，所以喷嘴和动叶的高度以及级的直径都逐渐增大。多级汽轮机的功率是各级功率之和，因此多级汽轮机的功率可以按需要做得很大。

(2) 反动式汽轮机

在反动式汽轮机中，蒸汽不但在喷嘴(静叶栅)中产生膨胀，压力由 p_0 降至 p_1，速度由 c_0 增至 c_1，高速汽流对动叶产生一个冲动力；而且在动叶栅中也膨胀，压力由 p_1 降至 p_2，速度由动叶进口相对速度 w_1 增至动叶出口相对速度 w_2，汽流必然对动叶产生一个由于加速而引起的反动力，使转子在蒸汽冲动力和反动力的共同作用下旋转作功。蒸汽在反动级中的压力和速度变化情况如图 7.11 所示。

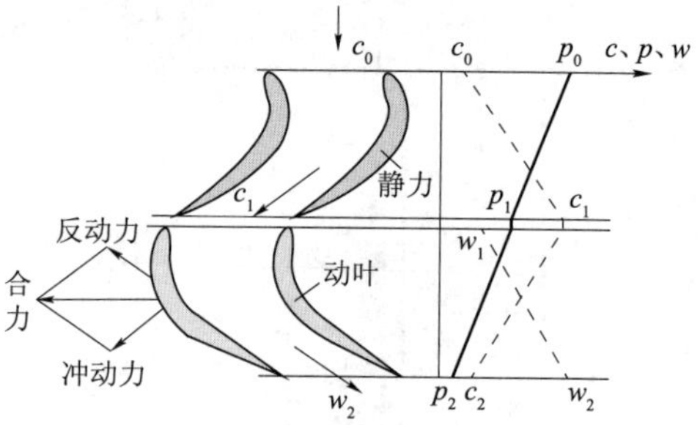

图 7.11 蒸汽在反动级中的流动

图 7.12 为轴流式多级反动式汽轮机示意图。它的动叶片直接装在轮鼓上，在每列叶片之前，装有静叶片。动叶片和静叶片的断面形状基本相同。压力为 p_0 的新蒸汽由环形汽室 7 进入汽轮机后，在第一级静叶栅中膨胀，压力降低，速度增加。然后进入第一级动叶栅，改

变流动方向，产生冲动力。在动叶栅中，蒸汽继续膨胀，压力下降，流速增高。汽流在动叶栅中速度的增高，对动叶栅产生反动力。转子在冲动力和反动力的共同作用下旋转做功。从第一级流出的蒸汽依次进入以后各级重复上述过程，直到经过最后一级动叶栅离开汽轮机。由于蒸汽的比容随着压力的降低而增大，因此，叶片的高度相应增高，使流通面积逐级增大，以保证蒸汽顺利地流过。由于反动式汽轮机每一级前后都存在压力差，因而在整个转子上产生很大的轴向推力，其方向如图7.12所示。为了减小这个轴向推力，反动式汽轮机不能像冲动式汽轮机那样采用叶轮结构，而是在转子前部装设平衡活塞8来抵消轴向推力。活塞前的空间用联通管9和排汽管联通，使活塞上产生一个向左的轴向推力，以达到平衡转子轴向推力的目的。

图7.13为辐流式多级反动式汽轮机示意图。汽轮机有两个轴4和5，叶轮1和2分别安装在这两个转轴上，叶片6和7分别垂直安装在两个叶轮的端面上，组成动叶栅。辐流式反动式汽轮机是利用反动作用原理来工作的，新蒸汽从新蒸汽管3进入汽轮机蒸汽室，然后流经各级动叶栅逐渐膨胀，利用汽流对叶片的反动力推动叶轮旋转做功，从而将蒸汽的热能转变成机械能。辐流式汽轮机的两个转子按相反的方向旋转，可以分别带动两个发电机工作。

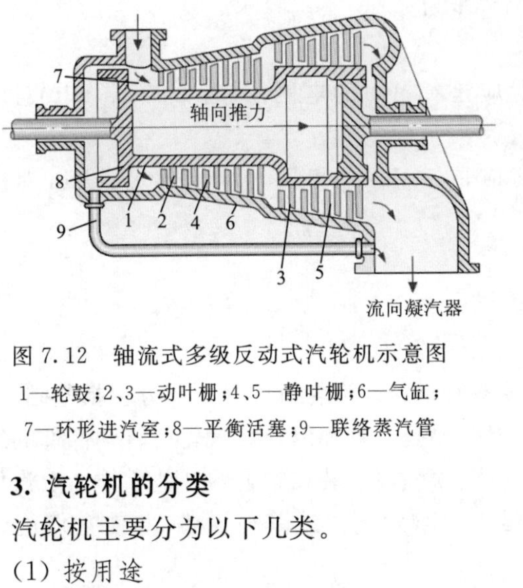

图7.12　轴流式多级反动式汽轮机示意图

1—轮鼓；2、3—动叶栅；4、5—静叶栅；6—气缸；7—环形进汽室；8—平衡活塞；9—联络蒸汽管

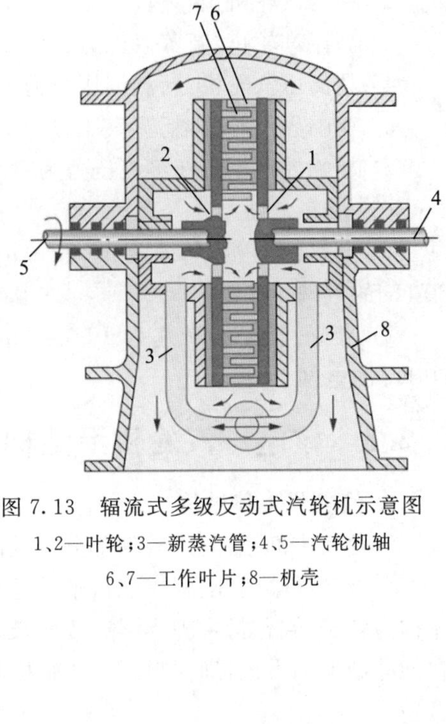

图7.13　辐流式多级反动式汽轮机示意图

1、2—叶轮；3—新蒸汽管；4、5—汽轮机轴

6、7—工作叶片；8—机壳

3. 汽轮机的分类

汽轮机主要分为以下几类。

(1) 按用途

1) 电站汽轮机；2) 工业汽轮机；3) 船用汽轮机等。

(2) 按热力过程特性分类

1) 凝汽式汽轮机

进入汽轮机的蒸汽，除很少一部分泄漏外，全部排入凝汽器，这种汽轮机称为纯凝汽式汽轮机。在现代汽轮机中，多数采用回热循环。此时，进入汽轮机的蒸汽，除大部分排入凝汽器外，尚有少部分蒸汽从汽轮机中分批抽出，用来回热加热锅炉给水。这种汽轮机称为有回热抽汽的凝汽式汽轮机，简称凝汽式汽轮机。

2）背压式汽轮机

排汽压力高于大气压力的汽轮机称为背压式汽轮机。其排汽可供工业或采暖使用，当其排汽作为中、低压汽轮机的进汽时，称为前置式汽轮机。

3）调节抽汽式汽轮机

在这种汽轮机中，部分蒸汽在一种或两种给定压力下抽出对外供热，其余蒸汽做功后仍排入凝汽器。由于用户对供汽压力和供热量有一定要求，需对抽汽压力进行调节。因而汽轮机装备有抽汽压力调节机构，以维持抽汽压力恒定。

4）中间再热式汽轮机

新蒸汽经汽轮机前几级做功后，全部引至加热装置再次加热到某一温度，然后再回到汽轮机继续做功。这种汽轮机称为中间再热式汽轮机。

(3) 按工作原理分类

1）冲动式汽轮机；2）反动式汽轮机；3）混合式汽轮机。

(4) 按新蒸汽压力分类

1）低压汽轮机：新蒸汽压力为 1.2～2 MPa；

2）中压汽轮机：新蒸汽压力为 2.1～8 MPa；

3）高压汽轮机：新蒸汽压力为 8.1～12.5 MPa；

4）超高压汽轮机：新蒸汽压力为 12.6～15.1 MPa；

5）亚临界汽轮机：新蒸汽压力为 15.1～22 MPa；

6）超临界汽轮机新蒸汽压力为 22.12 MPa 以上。

(5) 按汽轮机转速分类

1）全速汽轮机：转速为 3 000 r/min，对应是 50 Hz 的电网；或者 3 600 r/min 对应是 60 Hz 的电网。

2）半速汽轮机：转速为 1 500 r/min，对应是 50 Hz 的电网；或者 1 800 r/min 对应是 60 Hz 的电网。

7.2.3 核电厂汽轮机组结构

1. 汽轮机本体结构

汽轮机由静止部分、转动部分及其附属设备所组成。汽轮机的静止部分包括基础、台板（机座）、汽缸、喷嘴、隔板、汽封、轴承等部件，但主要是汽缸和隔板。汽轮机转动部件的组合体称为转子，它包括主轴、叶轮（或转鼓）、动叶片、联轴器及装在轴上的其他零件。蒸汽作用在动叶栅上的力矩，通过叶轮、主轴和联轴器传递给发电机或其他设备，并使它们旋转而做功。

(1) 气缸

汽缸的作用是安置转子，并把汽轮机的通流部分与外界隔开，保证蒸汽在汽缸内按一定顺序膨胀流动。为了安装转子，主汽轮机的汽缸都具有水平中分面，将汽缸分为上、下两部分，中间法兰处用螺栓紧固，有时为了满足强度和汽热应力的双重要求，将汽缸作成双层结构的。汽轮机水平法兰因为受力很大而做得很厚。汽缸分为高压缸和低压缸。在汽缸上布置有进汽口、配汽结构、喷嘴箱、排汽口、抽汽口等。整个汽缸呈圆柱形或圆锥形，形状非常复杂、厚度不均等。汽缸内部要加工出很多具有同轴线的凹槽，用来安放喷嘴叶片，或安放隔板、隔板套。图 7.14 为气缸结构剖面示意图。

(2) 隔板和汽封

在冲动式汽轮机中有隔板，是汽轮机各级的间隙，其作用是把汽缸所围成的空间沿轴线方向分成若干相互串连的、不同压力的汽缸所围成的空间沿轴线方向分成若干相互串连的、不同压力的汽室。并用以固定喷嘴和阻止级间漏气，为了保证隔板运行的安全性与经济性，在结构上要求它必须具有足够的强度和刚度、较好的汽封、合理的支撑和定位，以保证隔板在静止和运行状态下均能与转子同心。

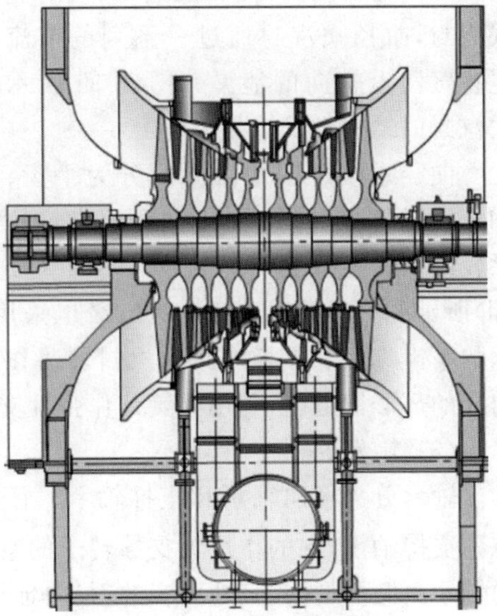

图 7.14　气缸结构剖面图

蒸汽经过装在隔板上的喷嘴槽道膨胀流动时，流速上升，压力下降，因此隔板两侧存在压力差，隔板受力面积很大，所以承受的压力也很大，因此隔板均做成较厚的承力件，承受的压力也很大，因此隔板均做成较厚的承力件。为简化汽缸结构，常将几块隔板固定在隔板套中。

根据制造工艺的不同，隔板有焊接和铸造的两类。喷嘴叶栅和隔板体、隔板外缘焊成一体的隔板称为焊接隔板；喷嘴叶栅铸入隔板体和隔板外缘的隔板称为铸造隔板。图 7.15 是焊接隔板的结构图，轧制成型的喷嘴叶片 1 先焊在预先冲好型孔的内、外围带 2、3 上，然后再焊上隔板外缘 4 和隔板体 5 而成。焊接隔板具有较高的强度和刚度、较好的汽密性，制造也较容易，因此焊接隔板广泛应用于中、高参数汽轮机的高中压部分。

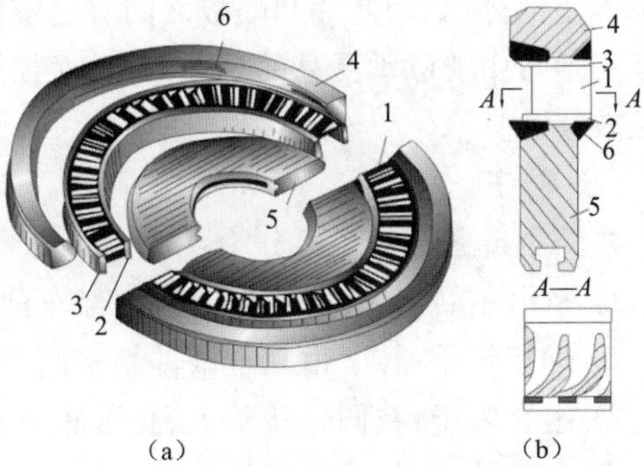

图 7.15　轧制式喷嘴叶片焊接隔板

(a) 隔板组成；(b) 隔板断面图

1—喷嘴叶片；2、3—喷嘴叶片的内、外围带；4—隔板外缘；5—隔板体；6—焊接处

汽轮机通流部分的动、静机件之间，为了避免碰磨，必须留有一定的间隙，而间隙的存在又会导致漏汽，使汽轮机效率降低。为此，在汽轮机动、静机件的有关部位设有密封装置，通常称为汽封。汽封的作用是在转动部分和静止部分构成的有压力差的间隙处，为防止汽缸内蒸汽向外泄漏或不流过正常流道而损失工质或汽缸内为负压时，空气漏入汽缸，破坏凝汽器正常工作而装设的防漏装置。从汽封位置可分为端部汽封和内部汽封，但其工作原理都是一样的，目前广泛使用的汽封为金属曲径汽封，其工作原理是通过蒸汽流过一系列的环形窄缝的节流作用，使压力下降，流速上升，蒸汽流过窄缝后有小气室，因涡流作用而消耗气体动能，使容积增大，这样蒸汽逐次节流膨胀，使气体压力降到环境压力，容积则相应增大很多倍。当汽封间隙相同时，就减小了蒸汽的泄漏量。

在汽轮机的高、低压缸端部，装有金属曲径式汽封，曲径式汽封通过一系列的节流作用来阻止蒸汽沿轴向的泄漏。图 7.16 所示为曲径式汽封的结构形式。

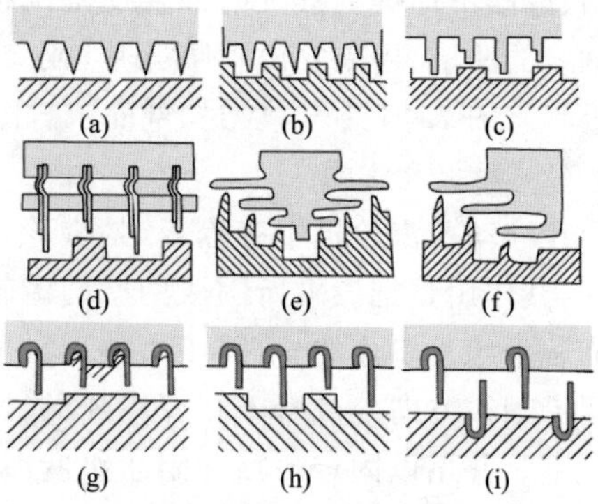

图 7.16 曲径式汽封的结构

(a) 整体平齿；(b)，(c) 整体高低齿；(e)，(f) 整体纵树型；(d)，(g)，(h)，(i) 镶片式

曲径式汽封按其齿形可分为平齿、高低齿和枞树形等多种形式，其中平齿汽封的密封效果较差。隔板汽封常采用图 7.16 中(b)、(c)、(d)所示的三种形式，有些低压级也采用(a)所示的平齿汽封。隔板汽封的汽封环装在隔板体内孔的环形槽道内，利用弹簧片作弹性支撑。

(3) 轴承

轴承分为径向轴承和止推轴承。径向轴承也称支持轴承，它的作用为支撑转子的重量及的其他作用力，保证转子中心与汽缸一致。径向轴承由椭圆形的、带球面座的、径向轴承由椭圆形的、带球面座的、水平分开的轴承壳体组成，由于球面的作用，轴承体可以随轴径倾斜度的改变，自动调整轴径与轴瓦间的间隙。径倾斜度的改变，自动调整轴径与轴瓦间的间隙。轴承的下部可以移动和替换而不用将轴的支架抬起来。为了使轴承连续可靠工作，必须不断地向轴承供油。

止推轴承也叫推力轴承。推力轴承位于高压缸与低压缸之间，其作用是维持汽轮机转子和静止部分，如动叶片和隔板之间有足够的轴向间隙，推力轴承为密切尔斜瓦块型式，该轴承在运行中能够承受高的轴向推力，而损失较小。轴承结构简单，没有移动部件，因此可靠性较高。

(4) 转子

按照制造方法转子可分为：

1) 整锻型转子：转子由整个锻件经车削加工制成。

2) 焊接转子：转子由几个锻件焊接制成的。

3) 组合转子：在同一转子上，高压部分采用整锻结构，中、低压部分采用套装结构。

4) 套装转子：是把锻造加工后的轮盘套装在轴上，组合成大型转盘式转子。

整锻转子的结构如图 7.17 所示。这种转子的叶轮和主轴及其他主要零部件是用整体毛坯加工制成的。主轴的中心通常钻有中心孔，其作用是去掉锻件中残留的杂质及疏松部分；用来检查锻件的质量；减轻转子的重量。

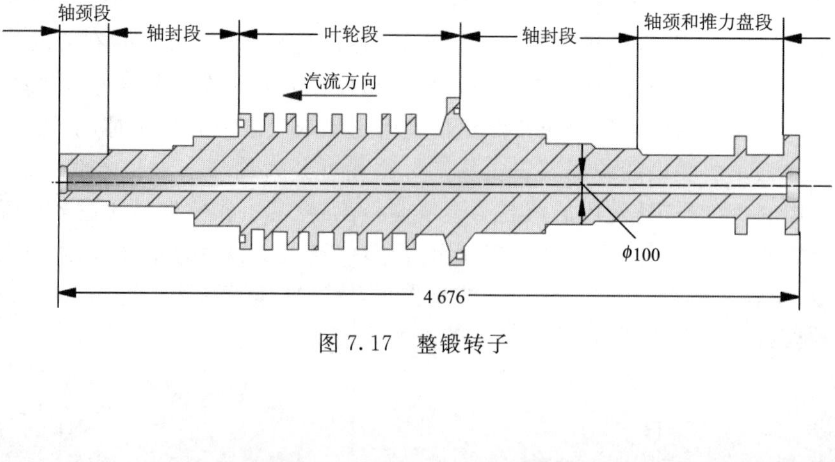

图 7.17 整锻转子

整锻式转子的优点是：转子轴向尺寸缩短，装配零件少，节省工时；没有红套的零件，对启动和变负荷的适应性较强；与套装转子相比，可以在较小的内孔应力下获得较好的刚性。其主要缺点是：锻件尺寸大，工艺要求高；转子各部分只能用同一种材料制造，材料的潜力得不到充分利用；转子只能集中在少数机床上加工，制造周期较长，任何部位的缺陷都会影响到整个转子的质量。对于高参数或超高参数机组的高压转子，防止高温下松动是主要的，因此广泛采用整锻转子。

焊接转子的结构如图7.18所示。它是由若干个实心轮盘和端轴拼合焊接而成。焊接转子的主要优点是：不存在松动问题；采用实心的轮盘，强度高，不需要叶轮轮壳，结构紧凑；轮盘和转子可以单独制造，材料利用合理，加工方便且易于保证质量；焊成整体后转子刚性较大等。但是焊接转子要求材料的可焊性好，焊接工艺及检验技术要求高且比较复杂，这一切在一定程度下妨碍了焊接转子的应用。随着技术的不断发展，焊接转子将越来越得到广泛的应用，既可用于高压汽轮机，也可用于低压汽轮机。

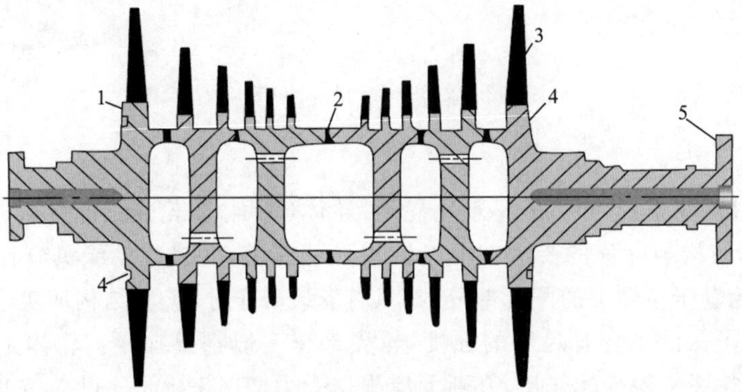

图7.18　焊接转子

1—叶轮；2—焊缝；3—动叶栅；4—平衡管；5—联轴器的链接轮

组合转子的结构如图7.19所示。这种转子可以根据各段的工作条件不同，在同一转子上，高压部分采用整锻结构，中、低压部分采用套装结构，从而兼得整锻转子和套装转子的优点。组合转子广泛用于高参数、中等功率的汽轮机上。

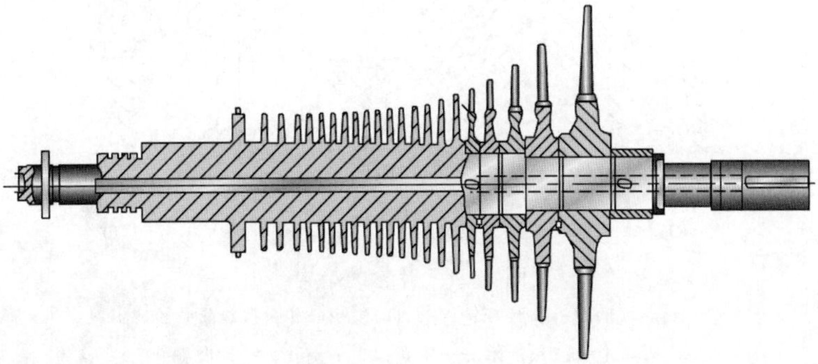

图7.19　组合转子

套装转子的结构图7.20所示。套装转子的优点是：锻件尺寸小，质量容易保证；各零件可以同时加工，缩短了制造周期；不同部位的零件可用不同的材料制造，材料能充分利用。其主要缺点为：装配零件多，装配工作量大；红套结构要考虑因叶轮径向温差引起的松动，一般只在中低参数的汽轮机或高参数汽轮机的中低压部分才采用；套装叶轮内孔应力较大。因此这类转子只适用于中、低参数的汽轮机和高参数汽轮机的中、低压部分，其工作温度一般在 400 ℃以下。

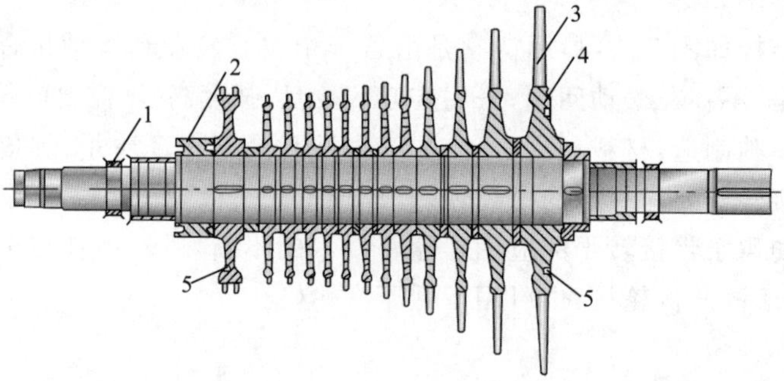

图 7.20 套装转子

1—油封环；2—轴；3—动叶栅；4—叶轮；5—平衡槽

(5) 叶轮结构

叶轮是一种圆盘形的零件，它一般由轮缘、轮体（轮面）和轮壳三部分组成。轮缘用来固定叶片，其具体结构与叶片的受力情况及叶根形状有关，大多数轮缘具有比轮体为大的截面。轮壳是叶轮套于主轴上的配合部分，故只有套装转子才有，其结构取决于叶轮在主轴上的套装方式，为了保证轮壳有足够的强度，轮壳部分一般都要加厚。轮体是叶轮的中间部分，它起着连接轮缘与轮壳的作用，其断面应根据受力情况来确定。叶轮按其轮体的断面型线可分为等厚度叶轮（图 7.21(a)、(b)、(c)）、锥形叶轮（图 7.21(d)、(e)）、双曲线叶轮 7.21(f)、等强度叶轮。

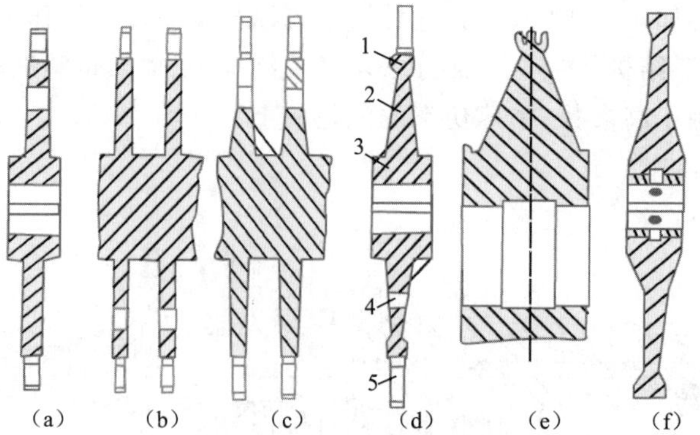

图 7.21 叶轮的结构

(a),(b),(c)等厚叶轮；(d),(e)锥形叶轮；(f)双曲叶轮

1—轮缘；2—轮体；3—轮壳；4—平衡孔；5—动叶栅

(6) 工作叶片

汽轮机的工作叶片安装在汽轮机转子叶轮外缘或转鼓外缘的沟槽内。工作叶片在气动

力和离心力的作用下,是承受很大载沟槽内。工作叶片在气动力和离心力的作用下,是承受很大载荷的重要零件之一。工作叶片气动性能的好坏,直接影响到汽轮机的经济性和工作可靠性。

每个工作叶片由三部分组成:

叶根——用来固定叶片,传递弯矩。其形状、种类很多,按固定方式分为两大类:嵌装式固定和跨装式固定。

叶身——与蒸汽接触,是用来完成能量转换的工作部分。

叶顶——叶片的顶部。叶顶的形状很多,有的铣成铆钉头,用来安装围带,有的把围带部分与叶片做成一体,还有的把叶片顶部削尖铣薄。

叶片的类型很多,按工作原理可分为冲动式和反动式两大类;按制造工艺可分为铣制、轧制、模锻及精密铸造等类型;按叶片的截面形状还可分为等截面和变截面(扭曲)叶片。图7.22所示为轧制叶片和铣制叶片的结构。

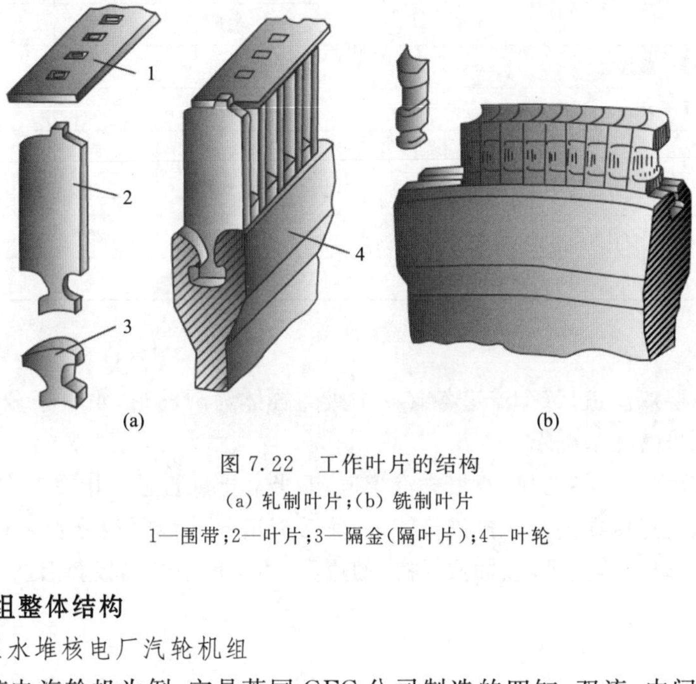

图 7.22　工作叶片的结构

(a) 轧制叶片;(b) 铣制叶片

1—围带;2—叶片;3—隔金(隔叶片);4—叶轮

2. 汽轮机组整体结构

(1) 二代压水堆核电厂汽轮机组

以大亚湾核电汽轮机为例,它是英国GEC公司制造的四缸、双流、中间再热、冲动式汽轮机,如图7.23所示。

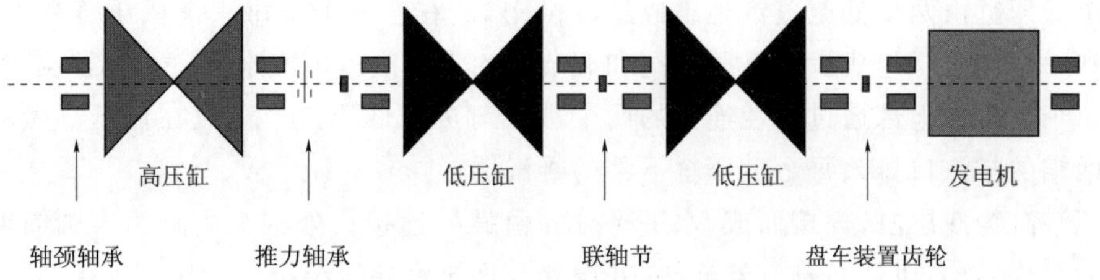

图 7.23　大压湾核电厂汽轮机图

该汽轮机共有四个汽缸：一个双流高压缸和三个双流低压缸。四个转子通过刚性联轴器连成一个轴系，再通过刚性联轴器与发电机转子相联。每个转子都有两个经向轴承支承。整个轴系只有一个推力轴承，安装在高压缸和第1号低压缸之间的轴承座内。

高压转子前端接有短轴，其上装有主油泵和机组的危急保安器(又称危急遮断器)，电动盘车装置装于机组尾部励磁机后。汽轮机其主要参数如表7.1所示(满功率状况)：

表7.1 大亚湾核电厂汽轮机主要参数

最大额定功率/MW	983.8	低压缸进汽参数		
额定转速/(r/min)	3000	压力 MPa(绝对压力)		0.74
旋转方向	顺时针(面对机头)	温度/℃		265.1(约96 ℃过热度)
高压缸进汽参数：		流量/(kg/s)		1011.634
压力/MPa(绝对压力)	6.11	低压缸排汽参数：		
温度/℃	276.7	压力/MPa(绝对压力)		0.0075
湿度/%	0.69	温度/℃		40.3
高压缸排汽参数：		湿度%		9.3
压力/MPa(绝对压力)	0.783	流量/(kg/s)		3×76.47=829.412
温度/℃	169.5	结构参数：	HP	LP
湿度/%	12.2	长/m	6.31	3×7.3
流量/(kg/s)	1 274.138	宽/m	3.25	7.95
		高/m	3.89	5.57

1）高压缸

高压缸为单层双流道，每个流道各有5个级。缸体为圆筒形，水平平分并由螺栓连接，下半缸通过猫爪坐落在基础上。

四根进汽管道，上下各两根；八根排汽管道，下半缸排汽管道焊接在下汽缸上，上半缸排汽管道用法兰螺栓连接在上汽缸排汽接管上；前后流道各五级隔板分别装在两个独立定位的隔板套中，隔板套为蒸汽进汽、抽汽、排汽的边界，两流道中的隔板套因抽汽参数不同而不对称。

2）低压缸

三个低压缸结构大致相同，均为双流，每个流道中各有5个压力级。内外缸同心布置内缸布进汽室和隔板，外缸低阻力排汽流道及传递反冲动力矩；隔板直接与汽缸相连接。

每个低压缸由两个低压蒸汽柜组成进汽机构，左右各一个。每一个低压蒸汽柜由一个截止阀和一个调节阀组成。所有截止阀和调节阀均为蝶阀。由汽水分离再热器出来的再热蒸汽沿每个低压缸上部通过法兰连接的两个进汽口进入低压缸。蒸汽在低压缸做完功后，沿各自两端的排汽口排入每个低压缸下部的凝汽器。

低压汽缸为双层缸，焊接而成，水平平分并由螺栓连接。外缸上半缸为半圆筒形结构，下半缸为箱形结构，以便与凝汽器连接，并设置合理排汽导流结构。低压缸外壳与轴承座是完全分开的。低压缸轴承座直接放在机座(或台板)上，而低压缸采用由下缸伸出的支承面支承在台板上。因此，大气压力引起外缸的任何变形不影响转子之间对中和轴承的载荷。

内缸体为两端开口的圆筒形结构，同心置于外缸体上，低压缸隔板组件就固定在内缸体上。

3）转子

高压转子为整体锻造，转子叶轮、联轴器、汽封台、推力盘等都是整体锻造后车削而成；高压转子叶轮直径小，叶片长，气动性能好，可以提高效率。各流道均装有5级动叶，动叶通过叉形叶根与叶轮相连，叉齿数量不同；叶片顶端装有围带，围带分段组装，并在外缘加工出凸肩，与汽封齿相配合。

三个低压转子都是整体锻造而成，并通过联轴器刚性连接。

低压转子均为整锻制造，低压转子每一流道中布置有5级叶轮，1～4级的叶片与叶轮之间依靠叉形叶根进行装配，第五级叶片靠枞树形叶根与叶轮相连接；1～4级的叶片叶顶装有围带，第五级叶片未安装围带，只是将其顶部铣薄，在靠近叶片顶部装有拉金，每两个相邻叶片之间装一根拉金。

(2) AP1000汽轮机组

汽轮机采用日本三菱重工技术，关键重要部件进口，哈尔滨汽轮机厂和三菱联合供货。汽轮机为工作转速1 500 r/min、单轴、四缸六排汽的反动凝汽式核电汽轮机，有两个两级再热的外置式中间汽水分离再热器，末级动叶片长1 375 mm。

主汽轮机由一个高压缸、三个低压缸及其附件组成。附件包括进汽阀、盘车装置、润滑油系统(包括顶轴油系统)及仪表和控制系统。四个缸通流部分均是双流对称分布式。一个高压转子、三个低压转子通过刚性联轴器接成一个轴系，再通过刚性联轴器与发电机转子相联。每根转子都有一对径向轴承支承。整个轴系只有一个推力轴承，位于1号低压缸和2号低压缸之间。主要设计参数见表7.2。

表7.2　AP1000主汽轮机主要设计参数

额定功率/MW	1 253	最大连续功率/MW	1 284
工作转速/(r/min)	1 500	旋转方向(从汽轮机向发电机看)	顺时针
主汽阀前主蒸汽流量/(t/h)	6 066	主汽阀前额定压力/MPa(绝对压力)	5.38
再热阀前额定温度/℃	257	再热阀前额定蒸汽压力/MPa(绝对压力)	0.932
末级叶片高度/mm	1 375	额定工况背压/kPa(绝对压力)	4.4
盘车转速/(r/min)	1.44	抽汽级数	7

1）高压缸

主蒸汽通过4个主调节阀和4根高压导汽管后进入高压缸轴向中部的进汽导流环，之后蒸汽经汽机高压缸的10个级逐级膨胀做功，乏汽经6根高压排汽管经汽水分离器的低部进入外置的汽水分离再热器，部分排汽供到除氧器用于给水加热。另外，高压缸还设有三级抽汽，第一级送到汽水分离再热器系统作为再热器的第一级再热汽源，第二级和第三级分别送到7号高压加热器和6号高压加热器用于回热给水。

高压缸通流部分为双流对称分布，正反向各10级，动叶片采用全3维设计的整体围带式结构，叶根型式采用人根部/枞树型。为了提高汽轮机的效率，在设计上不采用调节级。

高压缸为单层缸结构，缸体材料为碳铜，水平结合处分开，形成汽缸上半部分和下半部分。静叶栅安装在隔板上，隔板由隔板套固定。隔板套是在水平结合而支撑在汽缸上的独立部件，定位销在顶部和底部定位隔板套，使它们保持相对于汽机轴向的正确位置，并容许随温度变化自由地膨胀和收缩。高压缸隔板套用不锈铜制造以增强耐腐蚀性。

无论是冲动式汽轮机还是反动式汽轮机，都承受着很大的轴向推力。这个推力是由两部分组成：轴向动推力和静推力。轴向动推力是由动叶栅中蒸汽方向变化引起的，静推力是由叶轮两端的压差引起的。汽轮机采用双流道，且使蒸汽在汽缸内的流动方向相反，可大大减少轴向推力。

2）低压缸

传统的低压缸双层缸结构中，转子和内缸都由外缸支撑。随着运行工况的变化，如凝汽器真空负荷等，外缸可能发生变形，从而也可能改变转子的垂直位置。在某些情况下，转子表面和轴封会相互接触从而产生摩擦，摩擦产生的热量使转子垂向弯曲，最终可能导致明显的横向振动。

AP1000 核电厂低压缸是经过改良的双层缸结构，内缸和外缸分别落在基座上。由于外缸和轴系互不关联，低压转子的垂直位置绝不会因运行工况的变化而发生改变。轴封直接由位于基座上的轴承箱支撑，也避免了转子和轴封之间的摩擦。低压外缸的变形由安装在外缸和轴承箱之间的波纹管吸收，所以变形绝不会传送到轴承箱。

流入给水加热器的蒸汽从湿区抽取，通过抽汽最大限度地除去水分低压缸通流部分为双流对称分布，正反向各 10 级，采用全 3 维设计的反动式叶片，这种叶片的效率高。在设计低压末级叶片的过程中慎重考虑了防蚀能力和增强性能。经过汽水分离再热器后的高压缸排汽先通过 6 根低压缸进汽管，后经每个低压缸时的再热主汽阀和再热调节阀进入三个低压缸，在喷嘴和动叶中膨胀作功。每个低压缸进汽口设在低压缸的顶部，通过法兰与蒸汽管道相连。低压缸的第 4、3、2、1 级抽汽分别为 4 号、3 号、2 号、1 号低压加热器供应回热蒸汽。低压缸做完功的蒸汽由两侧的 2 个排汽口直接排入各自的凝汽器中。低压外缸上半部分和下半部分再由 3 个轴向模块组成，即调端模块、电端模块和中间模块。电端模块和调端模块相同，中心模块的结构与两个端侧模块不同。

3）转子

高压转子为合钢整锻件且经过精加工而制成，主轴与叶轮是一体锻造的，解决了套装转子在高温叶轮和轴之间的松动问题，且有利于机组快速启动，同时也降低了产生汽轮机飞射物的可能性。高压转子调端用螺栓固定一只单独的接长轴，该短轴上装主油泵和危急遮断器。两台机组的高压转子具有互换性。高压转子采用无中心孔整锻转子。维修中不必做周期性中心孔检查，从而减少维修费用。

低压转子材料为低合金钢锻件，相对套装转子而言，可减小离心切向应力，对减小汽轮机产生飞射物的概率非常有效。叶轮和联轴器与主轴锻造为一个整体，叶轮重量可减小。每个汽机转子装有两个径向滑动轴承，两端各一个，这些轴承均为强制润滑型。末级叶栅高度为 1 375 mm，最大转动直径 5 556 mm，轴的跨度 8 500 mm。

低压缸底部通过柔性膨胀接头与凝汽器外壳连接。1 号和 2 号低压转子之间以及 2 号和 3 号低压缸转子之间用短轴连接，即中间轴。推力轴承立装在 1 号和 2 号低压转子之间的中间轴上。中间轴材料为低合金钢锻件，且无中间孔。法兰连接的刚性联轴器用于连接高压转子、低压转子、发电机和中间轴。转子连接法兰用液压夹紧联轴器螺栓连接。

7.2.4　核电厂汽轮机的特点

对于轻水堆核电厂，多数采用饱和蒸汽汽轮机，与常规电厂汽轮机相比，核电厂汽轮机的主要特点有：

(1) 新蒸汽参数在一定范围内变化

对常规火电厂来说，汽轮机的新蒸汽参数(P_0、t_0)在运行期间是不变的(在起、停过程中的滑参数运行不包括在内)。

对于压水堆核电厂来说，如果仍然要设法保持这种运行方案，在汽轮机新蒸汽参数 P_0、t_0保持不变的情况下提升核电厂机组功率，从蒸汽发生器的热平衡方程式可以看到：

$$Nr = K \cdot F \cdot \Delta t = KF(t_{avg} - t_0)$$

式中：Nr——蒸汽发生器产生的热功率；

K——蒸汽发生器传热系数；

F——蒸汽发生器换热面积；

Δt——蒸汽发生器平均温差；

t_{avg}——反应堆冷却剂平均温度；$t_{avg}=(t_{out}+t_{in})/2$。

要想提高热效率，就必须提高反应堆冷却剂的平均温度 t_{avg}。为此一般都采用在一回路冷却剂流量不变的情况下，增加反应堆冷却剂进出口温升($t_{out}-t_{in}$)的同时，增加堆内平均温度。

这种方案对常规岛比较有利(P_0、t_0=常数)，有比较成熟的运行经验。但对核岛来说，就产生了以下的问题：

1) 由于反应堆冷却剂平均温度变化比较大，就要求一回路具有很大体积的压力调节器——稳压器，使一回路的压力补偿问题变得严重了；

2) 对于具有负温度系数的压水堆，在功率提升中要求有较大的控制棒位移，要求有较大的反应性补偿。

这些问题给一回路的设计和运行带来了困难，因此目前都不采用这种运行方式。

与此相应的还有一种反应堆平均温度 t_{avg}不变的运行方式。对于具有负温度系数的反应堆来说，这是一个很有利的方案，它只需要最少的外部控制，在理想情况下，甚至可以不需要移动控制棒来变动功率。另外，t_{avg}不变，所以一回路系统冷却剂的体积、压力补偿问题也大为简化。当然与此相反，汽轮机的新蒸汽参数 P_0、t_0在不同工况下将会有较大的变化，降低了二回路汽水循环的效率。

目前压水堆电厂中常采用一种折衷的方案，也就是选择一个反应堆平均温度 t_{avg}和汽轮机新蒸汽参数 P_0、t_0都作适当变化，而变化又都不太大的方案。

AP1000 反应堆的运行方式选择为：反应堆入口温度 t_{in}随功率增加而线性降低，t_{avg}随功率增加而线性增加，t_0随功率增加而线性减小。因此，新蒸汽压力在零负荷的约 7.56 MPa(绝对压力)到 100%负荷时 5.53 MPa(绝对压力)的范围内变化。图 7.24 为冷却剂温度和主蒸汽压力随功率的变化情况。

(2) 新蒸汽参数低，且多用饱和蒸汽

对于压水堆核电厂来说，二回路新蒸汽参数取决于一回路的温度，一回路温度主要受燃料包壳材料性能限制，如一回路温度过高则会加速燃料包壳的高温腐蚀。因此，压水堆核电厂汽轮机的新蒸汽压力，应按照反应堆压力容器计算的极限压力和燃料包壳温度限制选取，一般不超过 6～8 MPa(绝对压力)的饱和蒸汽。对于三门核电厂（AP1000）的汽轮机为 5.53 MPa(绝对压力)。

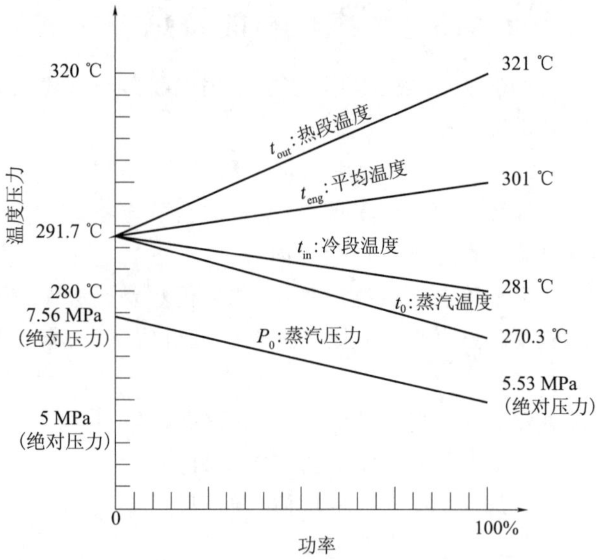

图 7.24　冷却剂温度—主蒸汽压力随功率变化趋势图

与火电厂的高蒸汽参数汽轮机相比，核汽轮机的蒸汽可用比焓降仅为火电厂机组的一半左右，因此：

1）汽耗率约比常规电厂高一倍；

2）与高参数汽轮机相比，低压缸发出的功率较大，达到整个机组功率的 50%～60%，而高参数机组中，低压缸仅占 20%～30%。这样，低压缸的效率对整机的效率有更大的影响；

3）排汽速度损失对效率有较大影响，这要求增大排汽流通截面以降低排汽速度。

(3) 体积流量大

由于蒸汽参数低，蒸汽可用比焓降小，加之为了降低投资将单机功率取得很大，这都导致核汽轮机组的体积流量大，反映到核汽轮机配置和结构上：

1）600～800 MW 以上核电机组高压缸也做成双流；

2）通常只设高压缸和若干低压缸，不设中压缸；

3）低压缸体积流量大，要求增加排汽口数和排汽截面以及采用更长的末级叶片。考虑到汽轮机轴的长度限制，低压缸排汽口不多于 8 个，因为排汽口再多，轴长度增加导致较大的径向相对膨胀间隙会使效率降低。

(4) 核汽轮机组多数级工作在湿汽区

饱和汽轮机组需采取除湿措施，以提高效率和保障安全运行，高压缸中的湿度是核汽轮机特有的高压缸内除湿、水滴分布等问题尚需进一步研究。

(5) 采用汽水分离器

由于新蒸汽是饱和汽，膨胀后即进入湿汽区，为保证汽轮机安全经济运行，在蒸汽经过高压缸后，对高压缸排汽进行汽水分离再热，以保证低压缸的效率和安全性。因而，饱和汽轮机组设有汽水分离再热器。这也是与火电机组的重要区别之一。

(6) 汽轮机中积聚的水分多，容易使汽轮机组产生超速

由于核汽轮机组多数级工作在湿蒸汽区，通流部分及管道表面覆盖一层水膜，发生机组甩负荷时，压力下降，水膜闪蒸为汽，导致汽流速骤增，这是核汽轮机组易超速的主要原因。

如同火电厂中的中间再热式汽轮机一样，核电厂汽轮机各缸之间也有大量蒸汽和连接管道，所以在甩负荷时会使转子升速。另外，在使用湿蒸汽的汽轮机中，还要考虑在转子表面、汽机静止部件上和汽水分离器及其他部件上蒸汽冷凝水的再沸腾和汽化而引起的加速作用。计算和经验表明，由于这一原因，在甩负荷时，水膜汽化可使机组转速增长 15%～

25％。为了减少核电厂汽轮机转速飞升，可采取以下措施：

1）在汽水分离再热器后蒸汽进入低压缸之前的管道上装设专用的截止阀；

2）缩小高低压缸之间的管道尺寸，将分离器和再热器连在一起；

3）完善汽轮机的管道疏水。

7.3　汽轮机轴封系统

7.3.1　系统概述

主汽轮机在启动、停运过程中和带负荷情况下，低压缸排汽端处于真空状态，为了防止大气沿轴承漏入损坏轴封齿以及影响真空，必须采取密封措施。在机组负荷较低时，高压缸排汽端压力也较低，为了防止大气沿轴承漏入损坏轴封齿以及影响真空，也必须采取密封措施。当机组负荷增高后，为了防止高压缸缸内的蒸汽沿轴承漏向大气，同样也需要采取密封措施。

7.3.2　系统功能

汽轮机轴封系统向主汽轮机轴封提供充足的具有一定的压力和流量密封蒸汽，在汽轮机正常运行、启动和停止时，防止环境中的空气从轴封处漏入汽轮机或汽轮机汽缸中的蒸汽漏入外界环境中；回收汽轮机轴封和汽机进汽阀（包括主汽门、主调门、低压主汽门、低压主调门）阀杆的漏汽，漏汽的凝结水经凝结水回收箱返回到凝汽器热井，这样能够最小化二回路补水的需求。

7.3.3　系统描述

AP1000汽轮机轴封系统主要部件有4种蒸汽压力调节阀、一个轴封蒸汽凝汽器、两个轴封排风机、汽封、阀门、管道以及有关的控制和仪表组成。高低压汽缸转子的两端都装有很多曲径式汽封片，这些汽封片安装在汽封环上，同汽机轴共同组成曲径式汽封。

该系统中各汽封的供汽阀门站采用独立调节的调节方式。由于三个低压缸六组轴封供汽阀门站距新蒸汽汽源的距离不等，管道的压力损失也不一样，所以采用了低压缸每个汽封由一套独立的阀门站控制供汽，从而使进入低压缸汽封的蒸汽压力保持一致。

在汽机启动和低负荷（＜10％～15％）运行期间，高压缸和低压缸排汽口压力低于大气压力。如图7.25所示，密封蒸汽供应到汽腔X后分成两路，一路流入汽轮机，另一路流入汽腔Y后会同漏入的空气一起通过一个回流管流入轴封蒸汽凝汽器。

高负荷运行时，高压缸排汽口压力高于汽腔X的压力，流过轴封内侧密封环的轴封蒸汽流动方向发生改变。随着排汽压力上升、流量增加，高压缸轴封变为自密封。在高负荷期间，高压缸汽封蒸汽溢流到1号低压给水加热器。

功率运行期间，低压缸汽封处的排汽压力一直保持在真空状态。启动期间轴封系统接收辅助蒸汽供应系统供应的蒸汽；功率运行时接受主蒸汽系统供应的主蒸汽。汽轮机轴封的供汽压力由三种压力调节阀来调节：第一种是第一级减压阀（主供汽压力调节阀），将轴封

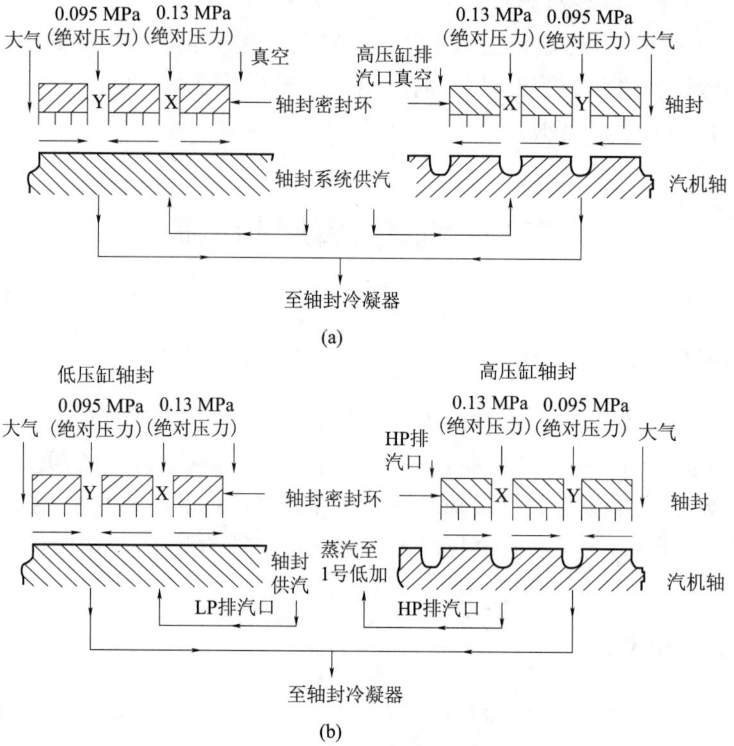

图 7.25　转子轴封压力分布图

(a) 汽轮机无负荷或低负荷;(b) 汽轮机高负荷

供汽母管的压力调节并保持在大约 1.55 MPa(绝对压力);第二种是高压缸和低压缸轴封的二级减压阀(高压/低压轴封供汽压力调节阀),维持到高压缸和低压缸轴封入口的蒸汽压力恒定为 0.13 MPa(绝对压力)。主供汽压力调节阀、高压缸和低压缸轴封供汽压力调节阀故障时都锁定为开启状态,它们串联布置,在任何一个阀门发生单一故障时能保证密封蒸汽的连续供应。压力调节由主汽轮机控制和诊断系统通过每个阀门下游的一个压力传感器实现。第三种压力调节阀门是溢流阀,在功率>15%电功率时,汽轮机高压缸处于自密封,溢流阀调节从高压缸轴封溢流到 1 号低压给水加热器的溢流流量,如轴封供汽压力调节阀故障打开,该阀门同时将过剩的蒸汽溢流到 1 号低加。为保证汽轮机轴封的连续供汽,溢流阀故障时锁定为关闭状态。溢流阀调节高压缸轴封压力并维持高压缸轴封出口压力为 0.13 MPa(绝对压力)。从轴封排出的空气、蒸汽和疏水以及汽轮机主要阀门的阀杆漏汽,用集管收集后疏排到轴封蒸汽凝汽器壳侧冷却,其中的蒸汽在壳侧得到冷凝,冷凝后的凝结水经一个 U 形水封后排向凝结水回收箱,U 形水封用来防止凝结水回收箱的空气进入轴封蒸汽凝汽器,进而维持轴封蒸汽凝汽器的压力。在轴封蒸汽凝汽器壳侧装轴封排风机来维持微真空,引导轴封漏气的流向,使空气内流,防止蒸汽沿着转子向外泄漏。

7.3.4　主要设备

(1) 轴封蒸汽凝汽器

轴封蒸汽凝汽器是一个表面式、单流程、直管管壳侧热交换器,冷却表面积 305 m^2,壳侧材料为碳钢、管侧为不锈钢，外径 15.88 mm，厚度 1.0 mm，管子数量 3 122，最小凝结水流量 860×10^3 kg/h。通过冷凝的方法，在汽机的端汽封处维持一个稍低于大气压的真空，将从高压缸和低压缸漏出的密封蒸汽全部抽吸掉，防止汽机端汽封处密封蒸汽漏出。同时，轴封凝汽器也冷却和冷凝从汽机阀门。管侧流动的是凝结水泵来的凝结水。

(2) 轴封排风机

2 台 100%容量的电动卧式离心风机，容量为 85 m^3/min，压头为 7.55 kPa。电机容量为 75 kW，额定转速为 3 000 r/min。正常运行时一台排风机运行，另一台备用。轴封蒸汽凝汽器壳侧压力由一个压力传感器监测。如运行的排风机跳闸则备用的排风机自动启动。排风机疏水流向废水系统。

正常情况下，从轴封排风机排出的不凝性混合气体没有放射性。然而，在发生蒸汽发生器破管导致一次侧向二次侧有明显泄漏时，排出的气体可能有放射性。轴封系统通过安装在排气管线上的一个放射性监测器监测。当放射性水平达到不可接受水平时，控制系统将停运轴封系统，防止放射性气体向大气释放。

(3) 调节阀

蒸汽压力调节阀和溢流阀是气动阀。主供汽压力调节阀接受从主蒸汽系统供来的蒸汽，并维持轴封供汽母管的压力恒定为 1.55 MPa(绝对压力)。低压轴封供汽压力调节阀调节到低压缸轴封供汽出口压力，并在所有功率范围内维持供汽压力恒定为 0.13 MPa(绝对压力)。高压轴封供汽压力调节阀维持供应到高压缸转子轴封的出口压力为 0.13 MPa(绝对压力)。轴封溢流调节阀与高压缸轴封供汽压力调节阀相连，在所在运行工况下通过将过剩的密封蒸汽导流到 1 号低加，维持高压缸轴封联管的入口压力为 0.13 MPa(绝对压力)。

(4) 安全阀

轴封系统有两个安全阀，防止在供汽压力调节阀故障时超压。一个位于轴封供汽母管上主供汽压力调节阀后，在主供汽压力调节阀发生故障时为轴封供汽母管提供保护。另一个位于高压缸轴封蒸汽供应管线高压轴封供汽压力调节阀后、溢流阀前，在溢流阀故障时将过剩的蒸汽排到大气，控制这部分管段的压力，允许轴封系统在发生单一阀门故障时连续运行。

7.3.5 系统运行及主要参数

1. 正常运行

高压缸轴封变为自密封方式。当高压缸轴封变为自密封时，轴封处将会有大量蒸汽，远远超过高压缸轴封密封的蒸汽量要求。随着汽轮机负荷增加，高压缸轴封排汽压力上升，溢流阀工作，将多余的密封蒸汽从高压缸轴封溢流到 1 号低加。溢流阀保持高压缸轴封排汽口压力在 0.13 MPa(绝对压力)。低压缸轴封运行同低负荷时相同，保持在 0.13 MPa(绝对压力)。

2. 异常运行

轴封系统自动响应异常运行工况和电厂扰动，比如功率水平瞬态，不需要电厂操纵员的干预。但由于设备故障造成的某些电厂扰动要求操纵员干预以防止或减轻设备损坏。

3. 注意事项

(1) 轴封蒸汽凝汽器水位

应避免轴封蒸汽凝汽器高水位。水位高时，轴封蒸汽凝汽器的效率会恶化，如水位过高堵塞了疏水流程也可能导致从轴封出来的蒸汽进入汽轮机轴承座，这将使水进入汽轮机润滑油中。另外,水位高也导致汽轮机进水的风险。

(2) 汽轮机轴封带水运行

轴封长期带水运行会导致转子的凹槽和表面破裂。为防止对汽轮机转子造成损坏,必须对冷凝的蒸汽进行彻底疏水。汽轮机轴封系统主要技术参数如表 7.3 所示。

表 7.3 AP1000 汽轮机轴封系统主要参数

蒸汽供应设计流量 正常(稳定运行,标准间隙) 最大(启动,最大间隙)	 14 400 kg/h 26 800 kg/h
ASS 蒸汽供应运行压力/温度	1.44 MPa(绝对压力)\196.4 ℃
MSS 蒸汽供应压力/温度 (额定运行工况/主蒸汽母管)	5.53 MPa(绝对压力) 270.3 ℃
低压缸轴封供汽联管运行压力	0.13 MPa(绝对压力)
高压缸轴封供汽联管运行压力	0.13 MPa(绝对压力)
通过轴封蒸汽凝汽器的凝结水流量 正常 最小	 4.080×106 kg/h 0.860×106 kg/h
轴封蒸汽凝汽器壳侧运行压力	0.095 MPa(绝对压力)
轴封蒸汽凝汽器管侧运行压力	管侧凝结水的压力

7.4 主蒸汽系统

7.4.1 系统功能

1. 二代压水堆核电厂主蒸汽系统功能

1) 主蒸汽系统是用来将蒸汽发生器产生的新蒸汽输送到主汽轮机及其他用汽设备和系统。这些设备和系统如下:主汽轮机高压缸,汽轮机轴封系统,汽水分离再热器系统,蒸汽旁路排放系统,主给水泵汽轮机,辅助给水泵汽轮机,除氧器,蒸汽转换器等。

2) 压力和流量信号用于调节向大气排放阀,调节蒸汽发生器的水位等,用作形成反应堆保护系统、安全注入系统和蒸汽管道隔离等保护信号。

3) 与主给水和辅助给水系统配合,排出反应堆产生的热量。

2. AP1000 主蒸汽系统功能

(1) 主蒸汽输送

主蒸汽系统将来自蒸汽发生器的蒸汽输送至主汽轮机系统,在正常运行时为分离再热器提供二级再热蒸汽。也为辅助蒸汽系统及汽轮机轴封系统提供蒸汽汽源。

(2) 汽轮机保护

主蒸汽系统可以防止瞬态工况时给水加热器中的水或饱和蒸汽进入汽轮机。主蒸汽系统通过合理的布置系统的管道及阀门位置,减少瞬态工况时主汽轮机系统传递至主汽轮机的能量，从而防止汽轮机的超速。

(3) 蒸汽发生器隔离

主蒸汽系统必须能够限制主蒸汽隔离阀上游管线破口后蒸汽发生器蒸汽排放。上述功能也能实现在主蒸汽管线破口后自动中断蒸汽流量，或在蒸汽流量未中断的情况下将流量限制在各用户支管可接受的水平。

(4) 输送汽轮机抽汽

主蒸汽系统抽汽管线将汽轮机各级抽汽输送至相应的给水加热器，用于正常运行期间的凝结水和给水的加热。

7.4.2　系统描述

1. 二代主蒸汽系统描述

大型压水堆核电厂主蒸汽系统流程如图 7.26 所示。每台机组由 3 台蒸汽发生器提供新蒸汽。从每台蒸汽发生器顶部引出 1 根蒸汽管道。3 根主蒸汽管分别穿过反应堆厂房(安全壳)，经过主蒸汽隔离阀管廊后进入汽轮机厂房，然后合并为 1 根公共蒸汽集管，再将蒸汽从蒸汽集管引向各用汽设备及系统。

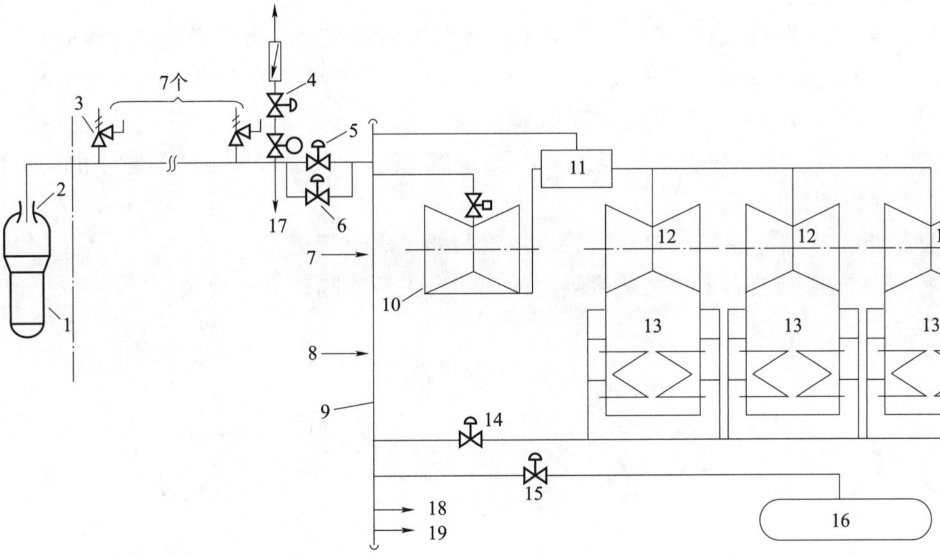

图 7.26　主蒸汽系统示意图

1—蒸汽发生器；2—限流器；3—安全阀；4—大气释放阀；5—主蒸汽隔离阀；6—主蒸汽隔离旁通阀；7、8—2、3 号蒸汽发生器主蒸汽管线；9—蒸汽母管；10—高压缸；11—汽水分离再热器；12—低压缸；13—凝汽器；14—通向凝汽器的蒸汽排放阀；15—通向除氧器的蒸汽排放阀；16—除氧器；17—辅助给水泵汽轮机；18—去主给水泵汽轮机；19—去汽轮机轴封供汽

每根主蒸汽管道上装有 7 个安全阀、1 个向大气排放系统的接头、1 个向辅助给水泵汽轮机供汽的接头、1 个主蒸汽隔离阀及其旁路阀。大气排放系统接头和辅助给水泵汽轮机供在主蒸汽隔离阀两侧还接有 1 条旁路管线，其上装有 1 个气动隔离阀和 1 个气动控制阀，用于在电厂启动期间开启主蒸汽隔离阀时平衡主蒸汽隔离阀两侧的蒸汽压力以及在二回路管线暖管时提供暖管蒸汽。

在主蒸汽隔离阀上游还接有一个疏水管线，以便于在主蒸汽隔离阀关闭时排出蒸汽管中的疏水，疏水收集在疏水罐中，正常情况下排放到凝汽器中，当凝汽器不可用时，疏水排往常规岛废液排放系统。

蒸汽集管汇集 3 台蒸汽发生器的蒸汽，并平衡 3 台蒸汽发生器的压力及汽轮机进口的压力和分配蒸汽。从蒸汽集管上引出 4 根管道向汽轮机高压缸供汽。从蒸汽集管两头的延伸管引出 12 根通往凝汽器的蒸汽排放管以及去主给水泵汽轮机、除氧器、蒸汽转换器、汽水分离再热器和轴封系统的供汽管。最后两条延伸管由一根平衡管线连接在一起。

在蒸汽集管上，接有 3 根疏水管线，正常情况下，疏水经疏水器排入凝汽器，在低负荷情况下，开启疏水器的电动旁路阀进行大流量疏水。

2. AP1000 主蒸汽系统描述

主蒸汽系统主要由管道、阀门和相关仪表组成。主蒸汽系统管道和部件主要布置于汽轮机房内，包括从蒸汽发生器出口到主汽阀之间的主蒸汽管道以及与连接到汽轮机上的主蒸汽管道相连的设备和管道。主蒸汽系统与蒸汽发生器系统（核岛）的分界在核岛的辅助厂房外墙处；旁路系统与凝汽器设计分界在凝汽器入口处；抽汽系统设计分界自各级抽汽逆止阀至对应各级加热器、除氧器入口处；主蒸汽系统至汽水分离再热器二级加热器、轴封系统设计分界至各设备接口。

两根主蒸汽管道将从蒸汽发生器来的主蒸汽引送到设在汽轮机厂房内蒸汽母管进行汇流，然后经 4 条主蒸汽管道从主蒸汽母管引送到汽轮机高主汽门的入口。主蒸汽系统设计压力为 8.27 MPa（绝对压力），主蒸汽系统设计温度 316 ℃。

常规岛主蒸汽系统与核安全功能无关。图 7.27 表示 1 台蒸汽发生器的蒸汽供应系统，它由下列主要设备组成：

1）从蒸汽发生器的蒸汽出口到汽轮机主汽门的主蒸汽管道；

2）每根蒸汽管道上的 1 台主蒸汽隔离阀和 1 台主蒸汽隔离的旁通阀；

3）6 台主蒸汽安全阀；

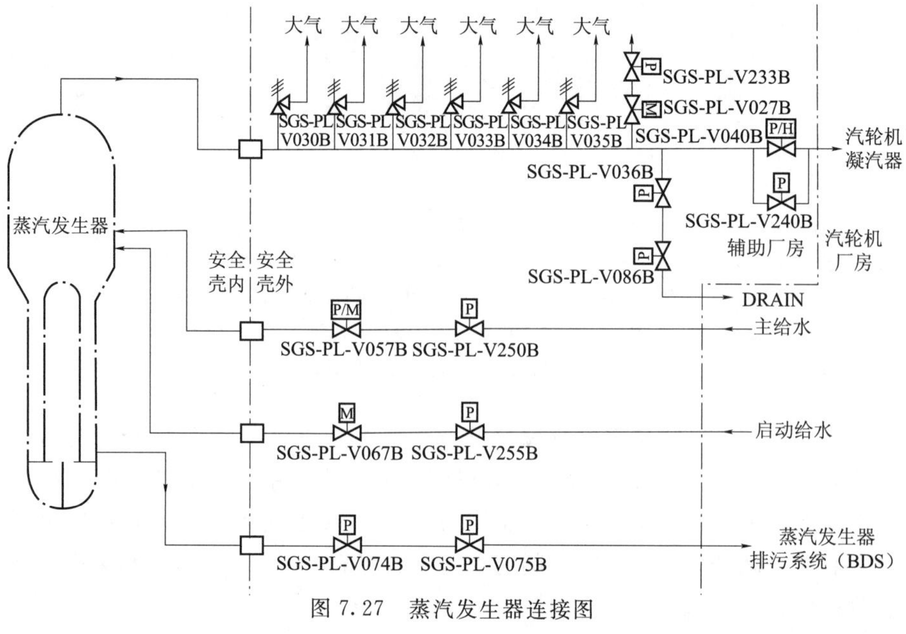

图 7.27 蒸汽发生器连接图

4) 1台大气气动释放阀及其电动隔离阀;

5) 在每台蒸汽发生器蒸汽出口管内装有限流器。

(1) 主蒸汽输送

在电力生产过程中,主蒸汽系统将来自蒸汽发生器的蒸汽送至主汽轮机系统。当主汽轮机系统不可用时,通过旁路系统直接排至凝汽器。主蒸汽系统与蒸汽发生器系统的分界在核岛的辅助厂房外墙处,两条主蒸汽管道与相对应蒸汽发生器系统主蒸汽管道相连接,将主蒸汽输送至靠近高压缸的主蒸汽母管。从该母管通过4根独立的蒸汽管道、4组主汽阀联合组件向高压缸供汽。主汽阀联合组件是主汽轮机系统的组成部分。

从主蒸汽母管接出两路支管向汽水分离再热器二级再热器管束供再热蒸汽。机组启停时,再热蒸汽通过设置的调节阀进入再热器,以控制进入再热器的蒸汽流量,调节阀进出口设置电动隔离阀。正常运行时再热主蒸汽通过电动隔离阀进入二级再热器。

(2) 向辅助蒸汽系统供汽

从主蒸汽管道接一路支管至辅助蒸汽系统,为辅助蒸汽系统提供蒸汽。在下列情况下,辅助蒸汽系统采用主蒸汽来作为供汽汽源:

1) 机组启动过程中,主蒸汽参数达到要求后可以作为启动锅炉辅汽汽源的补充。

2) 汽轮机跳闸后采用主汽汽源维持除氧器压力。

主蒸汽至辅助蒸汽系统管道上的电动隔离阀、控制装置和控制阀设置在辅助蒸汽系统中。由于5级抽汽参数与辅助蒸汽系统参数接近,因此从该级抽汽管道接出一路支管作为辅助蒸汽母管暖管汽源。保持辅助蒸汽系统母管在适当的温度,可以减小汽轮机跳闸后辅助蒸汽汽源自动切换到主蒸汽送汽时带来的热冲击。辅助蒸汽系统向除氧器供汽,在启动过程中为除氧器预热凝结水。在汽机跳闸后,主蒸汽通过辅助蒸汽的这条管道向除氧器提供加热蒸汽。

(3) 向汽机轴封供汽

主蒸汽母管接一路支管为汽轮机轴封系统供汽。辅助蒸汽系统在机组启动过程中向汽轮机轴封提供蒸汽,机组启动后,随着负荷上升轴封汽源从辅助蒸汽切换至主蒸汽供汽。主蒸汽至轴封供汽支管设置电动阀,在轴封不采用主汽作为汽源时将主蒸汽与轴封系统隔离。

(4) 输送汽轮机抽汽

抽汽管道的范围从汽轮机抽汽口至各级低压加热器、高压加热器及除氧器壳体入口。采用7级回热加热器系统,设置4级低压加热器,1个除氧器和两级高压加热器。各级加热器由汽机的抽汽进行加热。第7级、第6级抽汽来自高压缸,分别向7号和6号高压加热器和提供蒸汽,第5级抽汽来自冷再热管道并向除氧器(凝结水系统)提供蒸汽。第4、3、2、1级抽汽来自低压缸,并分别向4号、3号、2号和1号低压加热器提供蒸汽。1号和2号低压加热器位于凝汽器喉部。

供热水加热系统蒸汽支管去除氧器的5级抽汽管接出。在热水加热系统不运行时或辅助蒸汽用作热水加热系统的汽源时,通过管道上的电动阀将抽汽与其隔离,同时气动止回阀连锁关闭,防止蒸汽倒流进入抽汽管道,汽轮机跳闸时连锁关闭。

去7号、6号高压加热器、除氧器、4号和3号低压加热器的抽汽管线均有气动止回阀和电动隔离阀。止回阀的主要功能是通过阻止突然降负荷时的蒸汽逆流,降低汽轮机超速的可能性。电动隔离阀的主要功能是防止加热器水位上升时造成汽轮机进水。止回阀和电动隔离阀均在汽轮机跳闸或在加热器高三水位(3号低压加热器为疏水箱高高水位)时联锁关闭。在高三水位(3 号低压加热器为疏水箱高高水位)信号时自动停止通往加热器的逐级疏水,此时来自前一级加热器的逐级疏水通过其危急疏水管路至凝汽器。抽汽电动隔离阀执行机构动作的速度取决于从加热器高三水位(3 号低压加热器为疏水箱高高水位)到壳体满水的时间长短。

(5) 疏水系统

为了最大程度地减少汽轮机进水的可能性,在主蒸汽管道可能聚集疏水的低位点设置疏水点,机组正常运行时疏水由常规岛排汽、疏水和泄放系统母管排至凝汽器。疏水系统设置由用于连续导出疏水的疏水器,用于自动疏水的气动疏水阀旁路及用于停机检修时放水旁路组成。

气动疏水阀的开关通过疏水集管上的水位控制装置来完成自动控制。为保护汽轮机,气动疏水阀还会在汽机跳闸时联锁打开。在正常运行时,疏水集管中的疏水由疏水器连续导出,在负荷瞬变时疏水量的增加可能超出疏水器通流能力,此时通过疏水集管上的水位控制联锁打开气动疏水阀,排放多余的疏水。

所有气动疏水阀可由运行人员远程控制。疏水装置在高水位时报警并将各自电动阀的阀位信息提供给运行人员。

正常运行过程中的疏水主要由管道中蒸汽冷凝或蒸汽的湿度产生。影响系统中形成疏水和各疏水集管中的疏水量的因素包括保温效率;系统压力降,随着机组的老化而增加;汽轮机中的机械和热力性能降低,随着设备的老化而增加;管道的几何形状,诸如弯管的数量和位置;蒸汽流速。

及时排出管道内疏水是汽轮机防进水保护的必要手段,疏水系统携带的热量会不可避免地排往凝汽器。连续疏水系统的设置能在热能损失最小的情况下疏出蒸汽管线的疏水。

1) 主蒸汽管道自动疏水

主汽至汽水分离再热器的供汽管道调节阀和隔离阀之间设置自动疏水系统。电动隔离阀前水平管道布置坡度坡向主蒸汽母管,因此管道布置不存在低点,不用设疏水。气动疏水阀前后设置隔离阀,气动疏水阀在失气或故障但需要打开时,运行人员可手动开启阀门,以保证系统正常的疏水,防止汽轮机进水。

在反应堆跳闸后,机组运行人员根据需要关闭部分气动疏水阀门限制一回路的冷却。疏水器的选择保证正常满负荷运行过程中产生的疏水能顺利排出,疏水器进出口设置隔离阀。

2) 汽轮机旁路控制阀前连续疏水

汽轮机旁路控制阀入口低位点设置疏水管路。用于管道的连续疏水,防止汽轮机旁路控制阀上游积水。这种布置减少了控制阀突然开启后对凝汽器内部件的汽水冲击。

3) 抽汽管线自动疏水

为了最大程度地降低汽轮机进水的可能性,在所有抽汽管道低点和可能聚集疏水和冷凝蒸汽的位置设置自动疏水系统。疏水通过汽轮机疏水系统排至凝汽器。去 7 号和 6 号高压加热器、除氧器、4 号和 3 号低压加热器的各抽汽管线均在汽轮机和抽汽逆止阀之间设置疏水点及自动疏水装置。各疏水装置由用于连续疏水的疏水器和用于自动疏水的气动疏水阀并联组成。

气动疏水阀的开启和关闭由疏水集管上的水位控制装置来控制完成。气动疏水阀在汽轮机跳闸、加热器高三水位(3号低压加热器为疏水箱高高水位)或抽汽电动隔离阀关闭时打开。在机组正常运行期间疏水集管中的水由疏水器连续排出。

在机组负荷阶跃变化过程中疏水集管中的水量可能超出疏水器的通流能力,此时通过疏水集管的水位控制气动疏水阀打开来排放多余的疏水。该气动疏水阀可由机组运行人员远程操纵。

疏水集管在高水位时自动报警并向机组运行人员提供气动疏水阀阀位信息。疏水器容量选择要保证正常满负荷运行时预期的疏水流量。气动疏水阀在开启位置时,蒸汽和水的连续排放可确保在汽轮机负荷骤降时汽轮机免于进水。气动疏水阀可设置手轮,可手动关闭该阀。但是,在机组带负荷运行期间不得手动关闭这些阀门,以免造成汽轮机自动保护功能的丧失。

去2号和1号给水加热器的抽汽管道在凝汽器喉部,所以这些管线未设置自动疏水系统,管道的布置保证不形成低点。

(6) 保护汽机设置

汽轮机防进水保护是AP1000核电厂设计的一个重要考虑因素。提供这些保护措施以防止汽轮机损坏并提高机组可靠性和可利用率。在机组正常运行期间和瞬态工况时,通过防止加热器或抽汽管道的水进入汽轮机为其提供防进水保护。

3号、4号低压加热器和6号、7号高压加热器、除氧器需要为汽轮机提供防进水保护措施。抽汽管线中的电动隔离阀在机组瞬态工况时关闭以防止加热器水位上升导致汽轮机进水。位于凝汽器喉部的1号和2号低压加热器在抽汽管线中没有设置电动阀,而是通过隔离加热器管侧凝结水的方法为汽轮机提供防进水保护。

此外汽轮机防进水保护还通过主蒸汽、冷再热、汽轮机旁路和抽汽管线中的低点自动疏水系统来保障。这些系统(经由疏水器)连续排除在机组正常运行过程中收集的疏水,并在机组瞬态工况时(经由气动疏水阀)迅速排除多余的积水。在机组负荷变化时,主蒸汽系统通过防止加热器中的蓄能进入汽轮机防止汽轮机超速。

对于3号、4号低压加热器和6、7号高压加热器、除氧器提供汽轮机超速保护措施。抽汽管线中的气动止回阀在机组瞬态工况时关闭,以防止加热器及止回阀后管道蓄存的能量进入汽轮机。位于凝汽器喉部的1号和2号低压加热器在抽汽管道中没有气动止回阀。这些加热器中的蓄能有限,几乎没有因逆流导致的汽轮机超速的可能性。

7.4.3 主要设备

1. 二代压水堆核电厂主蒸汽系统主要设备

(1) 主蒸汽隔离阀

在每根主蒸汽管道上设有主蒸汽隔离阀,主蒸汽隔离阀为快速隔离阀,在正常运行工况为全开;在事故工况下(比如一根主蒸汽管道破裂),在收到主蒸汽隔离信号后5 s内关闭。它是对称楔形双闸板闸阀。

(2) 主蒸汽安全阀

主蒸汽安全阀是防止一、二回路超压的安全保护措施,其具体功能是:

1) 为蒸汽发生器二回路侧和主蒸汽系统提供超压保护;

2) 防止一回路过热和超压;

3）限制蒸汽释放流量以防止堆芯过冷。

每条主蒸汽管线上安装有7个安全阀并分为两组：

第一组为动力操作安全阀，共3只。所谓动力操作，是指阀门在开启和关闭时有外力（压缩空气）来协助其动作。该组阀门动作整定值为83bar（绝对压力），保证不超过蒸汽发生器的设计压力[86bar（绝对压力）]。

第二组为弹簧加载安全阀，共4只。这一组安全阀的整定值为87bar（绝对压力），用来限制蒸汽发生器二回路侧和主蒸汽管线中的最高压力不超过设计压力的110%。

安全阀的总排放量一般都取额定蒸汽量的110%。但单个安全阀的排放量设计成在反应堆热停堆工况下，不会引起反应堆所不允许的过度冷却。

2. AP1000主蒸汽系统的主要设备

(1) 主蒸汽管道

主蒸汽管道用来输送两台蒸汽发生器产生的蒸汽。少量主蒸汽用于汽轮机的辅助用途（再热器、蒸汽密封等），主要的蒸汽输送到汽轮机中带动汽轮发电机组发电。从蒸汽发生器出来的主蒸汽管道由辅助厂房的墙体来支承，他具有足够的挠度来承受主蒸汽管道的热胀冷缩。管道及其支承按抗震Ⅰ类要求设计。

在蒸汽发生器和安全壳贯穿件之间的主蒸汽管道满足"先漏后破"（LBB）的设计准则。在安全壳贯穿件和主蒸汽隔离阀下游之间的管道部分是破口排除区。

为了最大限度地减少汽轮机进水的可能性，蒸汽管道有适当的倾斜度并在低位处设置疏水点。来自两台蒸汽发生器的蒸汽管道合并到一根公共母管后，随即分路至每台主汽门。这样布置可以使进入主汽门的流量和压力相等，也可当在线试验每台主汽门时不致超出蒸汽发生器压差的允许限值。每台蒸汽发生器的出口接管内有限流器，用以在主蒸汽管道破裂的情况下，限制主蒸汽的流量。

汽轮机旁路（蒸汽旁排）阀位于主蒸汽隔离阀与汽轮机主汽门之间。

主蒸汽管道的设计考虑了腐蚀/侵蚀的问题。含有单相干蒸汽的管道由碳钢制造；含有两相湿蒸汽管道由抗腐蚀/侵蚀的低合金钢或内衬不锈钢的碳钢制造。为降低管道可能的侵蚀，对进入高压缸之前的蒸汽流速进行限制。

(2) 主蒸汽安全阀

主蒸汽安全阀在以下两种情况下，防止主蒸汽压力超过主蒸汽系统设计压力的110%：

1）在汽轮机脱扣、反应堆不停堆和保持主给水流量的情况下；

2）在汽轮机脱扣、反应堆延迟停堆和失去主给水流量的情况下。

整个主蒸汽安全阀的额定容量必须满足表7.4的要求，表7.4列出了系通压力等于主蒸汽系统设计压力加上10%的超压的情况下各台安全阀的最大允许蒸汽释放量。这个最大释放量限制了可能发生的失控喷放流量，并在单台安全阀误开或卡在开启的位置时，保证反应堆的瞬态效应不超过允许值。

核电厂每根主蒸汽管道上有6台安全阀，表7.4列出了6台主蒸汽安全阀的设定压力。不同的设定压力使6台安全阀顺序打开，避免蒸汽压力过大地波动。主蒸汽安全阀位于主蒸汽隔离阀的上游，安全壳外的辅助厂房内。每个安全阀通过一个伞状过渡件连到通气烟囱。通气烟囱是非安全级的，但按安全停堆地震（抗震Ⅰ类）等级设计。

表7.4 AP1000主蒸汽安全阀设计参数

每根蒸汽管道所需的阀门总数	6	
每台阀门在110%设计压力下的释放容量	172.6 kg/s	
每根蒸汽管道在110%设计压力下的释放容量	1 038.2 kg/s	
两根管道在110%设计压力下整个释放容量	2 076.4 kg/s	
设计标准	ASME第Ⅲ卷第二级	
阀编号	设定压力/(MPa,表压)	释放容量/(kg/s)
SGS PL V030A(B)	8.17	164.9
SGS PL V031A(B)	8.25	166.2
SGS PL V032A(B)	8.33	168.0
SGS PL V033A(B)	8.41	169.3
SGS PL V034A(B)	8.49	171.0
SGS PL V035A(B)	8.56	172.5
两跟管道的整个容量	2023.3	

(3) 大气释放阀

反应堆在正常冷停堆期间,当主蒸汽隔离阀关闭或汽轮机旁路系统不可用时,位于每台蒸汽发生器出口管道上的大气释放阀,可以用来排出堆芯余热所产生的蒸汽。为了在一台阀门误开或卡在开启的位置时,能够减小反应堆瞬态变化的程度,大气释放阀的最大排汽量应受到限制。

大气释放阀位于安全壳外的辅助厂房内,主蒸汽隔离阀的上游,与蒸汽发器相连的主蒸汽管线安全相关的管段上。这个位置使阀门可在瞬态工况后动作,不受主蒸汽隔离阀关闭的影响。

核电厂运行期间,大气释放阀的开启是由蒸汽管道压力自动控制的。当蒸汽管道压力超过整定值时,大气释放阀自动开启并将蒸汽向大气排放。当蒸汽管道压力下降时,大气释放阀自动关闭,阀门的回座压力至少比开启压力低10 psi(0.069 MPa)。阀门动作压力设定在零负荷蒸汽压力和主蒸汽安全阀最低整定压力之间。

当汽轮机旁路系统不可用时,大气释放阀向大气排放蒸汽作为达到核电厂冷停堆的一种非安全相关手段。在这种情况下,大气释放阀和主给水、启动给水系统一起,保证核电厂以可控的冷停堆速率冷却到正常余热排出系统可投入的压力整定点。

核电厂冷停堆期间,大气释放阀由蒸汽管道压力自动控制,从主控室或远距离停堆工作站手动调节压力整定点。为实现冷停堆,操纵员以阶梯方式手动调低压力整定点。可获得的最大冷停堆速率受到以下条件的限制:大气释放阀的流量、在役的蒸汽发生器数量(及其大气释放阀数目)、启动给水泵的有效容量以及核电厂冷停堆期间维持/恢复蒸汽发生器水位的要求等。

大气释放阀也有助于防止某些瞬态下触发安全阀,并能在安全阀起跳后通过自动降低和调节蒸汽压力到低于安全阀回座压力值来促使安全阀回座。每台大气释放阀的动作由相关蒸汽管线上的4个独立测压装置的测量值控制。

阀门操作器为气动调节式，在一定的蒸汽压力范围内提供调节气流的能力。大气释放阀的控制系统是非安全相关的，一个安全相关的电磁线圈用来排放阀门动力头中的空气，以关闭大气释放阀和结束蒸汽管的卸压瞬态。

每台大气释放阀的上游设置了一个远距离控制隔离阀，以便隔离泄漏或者卡开的大气释放阀。上游隔离阀允许功率运行时维修大气释放阀的操作器。电动隔离阀使用安全相关的操作器，在蒸汽管低压时隔离阀自动关闭以结束蒸汽管卸压瞬态。隔离阀是安全壳的隔离边界，因此，它是安全相关的、能动的、符合ASME第Ⅲ卷规定的安全2级阀门。

(4) 主蒸汽隔离阀

主蒸汽隔离阀的功能是在主蒸汽管道破裂时，限制蒸汽排放为一台蒸汽发生器的汽量：

1）对堆芯的影响限制在规定的燃料设计限值之内；

2）把安全壳压力限制在设计值之下。

主蒸汽隔离包括：每根主蒸汽管上的快关隔离闸阀，主蒸汽旁通隔离球阀及其相关的执行机构和仪表。这些阀门位于安全壳外的辅助厂房内，在主蒸汽安释放阀的下游。在阀门上游或下游管线破裂的情况下，隔离阀最先隔离。

主蒸汽隔离阀在接收到手动或自动隔离信号时关闭，并保持全关状态。即使执行机构或仪表丧失了所需的服务功能，主蒸汽隔离阀仍能完成关闭。当汽—液驱动力丧失时，阀门处于失效关闭状态。在控制室和远距离停堆工作站中有隔离阀的阀位指示，可以进行远距离手动操作。此外还提供了隔离阀在役检查的措施。

主蒸汽隔离阀和主蒸汽旁通隔离阀在收到下列信号时关闭：

1）任一蒸汽管低压；

2）安全壳高压；

3）任一蒸汽管快速的负压力变化；

4）任一冷管段温度低；

5）手动触发。

主蒸汽管的手动隔离有4个控制。其中两个提供系统级隔离操作，也就是隔离两条蒸汽管线；另外两个，每个环路一个，提供单条蒸汽管线的隔离。另外，还有两个控制可以手动复归蒸汽管道隔离信号，每个控制与每个蒸汽管的控制逻辑分区相连。每个控制能够用来手动复归一个分区的蒸汽隔离信号。

每台主蒸汽隔离阀是双向楔型闸阀，阀体焊接在系统管线上。主蒸汽隔离闸阀带有液压/气动执行机构。阀门执行机构由带有贮能系统的液压缸组成，用来关闭隔离阀。驱动阀门的能量贮存在执行机构一端的压缩氮气中。主蒸汽隔离阀用高压液体维持在常开位置。紧急关闭时，多重的电磁线圈通电使高压液体排放到液体贮存池中。

当启堆之前主蒸汽隔离阀关闭时，允许打开主蒸汽旁路隔离阀来暖管。旁路阀是可调节的气动球阀。有多重的IE级电磁线圈末触发紧急关闭，每个电磁线圈分别由独立的安全相关母线供电。

7.4.4　系统运行及主要参数

1. 二代压水堆核电厂主蒸汽系统运行及参数

在电厂正常运行期间，主蒸汽隔离阀开启，所有旁路以及主蒸汽隔离阀上游疏水管线都隔离。辅助给水泵驱动汽轮机供汽管线的隔离阀开启，使管线不断加热。主蒸汽压力等于给定蒸汽发生器温度下对应的饱和蒸汽压力。汽轮机负荷的增加使汽轮机蒸汽入口调节阀开度增大，蒸汽流量增加使蒸汽压力降低，如图 7.28 所示。

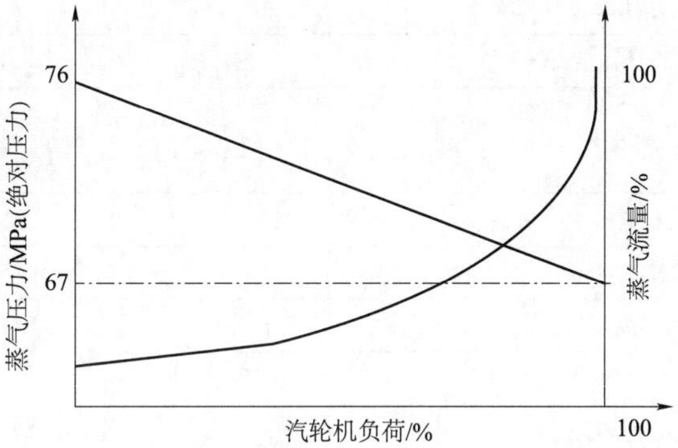

图 7.28　蒸汽流量、压力与机组负荷的关系

机组在额定负荷 983.8 MW 下运行时，蒸器发生器产生总的蒸汽量为 1 613 kg/s。其中通向汽轮机主汽阀的蒸汽为 1 534.8 kg/s；通向每台主给水汽动泵的蒸汽为 0.139 kg/s；通向汽水分离再热器新蒸汽加热器的蒸汽为 78 kg/s；蒸汽旁路排放至凝汽器管线暖管用汽为 0.48 kg/s。

2. AP1000 主蒸汽系统运行

AP1000 的主蒸汽供应系统在正常运行时能够接受±10%的阶跃负荷变换后再加上±5%/min的线性变化，无需将蒸汽通过主蒸汽安全阀排向大气或者通过蒸汽旁路系统排向凝汽器。对于大的负荷阶跃骤降过程，蒸汽通过蒸汽旁路排放系统直接旁通到凝汽器。与蒸汽旁路系统相连的主蒸汽供应系统，在反应堆不停堆和安全阀不开启的情况下，能够接受 100%的净功率甩负荷。如果蒸汽旁路排放系统不可用，蒸汽必须通过大气释放阀和主蒸汽安全阀排向大气。

AP1000 紧急运行时核电厂在主蒸汽管道隔离时停堆，主蒸汽隔离阀和它相关的蒸汽旁通阀以及与主蒸汽管道相关的其他阀门都可以关闭。接着用大气释放排放阀排出反应堆的余热和一回路系统显热所产生的蒸汽，直到堆芯冷却到正常余热排出系统来完成余下的冷却功能。如果单根主蒸汽管道上的大气释放阀由于失去了控制或动力而不可用，各自的安全阀将提供超压保护。余下的大气释放阀足以将反应堆冷却。

在发生蒸汽管道大破口设计基准事故的情况下，主蒸汽隔离阀和相关的主蒸汽隔离旁通阀自动关闭。这将确保只有一个蒸汽发生器向破口释放蒸汽。在蒸汽排放和给水系统不可用的情况下，非能动余热排出系统提供了安全相关的余热排出功能。AP1000 主蒸汽系统主要技术参数如表 7.5 所示：

表 7.5 AP1000 主蒸汽系统主要技术参数

蒸汽流量/(kg/s) 每台蒸汽发生器总共/(kg/s)	943.7 1 887.4
新蒸汽压力/MPa(绝对压力)	5.53
新蒸汽温度/℃	270.3
新蒸汽湿度/%	0.36
高压缸入口蒸汽流量/(kg/s)	1 834
主蒸汽管道设计压力/MPa(绝对压力)	8.27
主蒸汽管道设计温度/℃	316
公称尺寸和壁厚	1016A/t51.8(从蒸汽发生器至蒸汽母管) 711A/t34(从蒸汽母管至汽轮机)
管道材料	碳钢
主蒸汽管道流速/(m/s)	51(满负荷正常工况)
主气阀前主蒸汽湿度目标值	小于 0.5%
新蒸汽压力/MPa(绝对压力)	5.53
新蒸汽温度/℃	270.3

7.5 蒸汽旁路排放系统

7.5.1 系统功能

蒸汽旁路系统又称为蒸汽排放系统，他直接将蒸汽发生器产生的主蒸汽以可控的方式旁通汽轮机，输送到凝汽器中，以排出热量，减小启动、热停堆、冷停堆与外负荷阶跃下降时，对反应堆冷却剂系统的瞬态效应。当反应堆热功率与汽轮机功率不一致时，该系统可为反应堆提供一个人为的负荷，从而达到反应堆负荷与汽轮机功率相适应之目的。其具体功能可归纳如下：

1) 允许紧急停堆或大幅度甩负荷时，避免一回路过热和主蒸汽安全阀起跳，并维持一回路平均温度在规定值上；

2) 允许在一定条件下(小于 40%额定负荷)汽轮机跳闸，而不引起反应堆紧急停堆；

3) 在反应堆启、停过程中(反应堆余热排出系统 RRA 未投入或已退出)导出堆内热量。

本系统为部分和安全相关系统，旁路系统不适宜的投入(如一个阀门意外打开等)相当于二回路一个蒸汽破口，造成一回路过冷。

7.5.2 系统描述

1. 二代压水堆核电厂蒸汽旁路排放系统

二代核电厂的蒸汽旁路排放系统由凝汽器排放系统、除氧器排放系统和大气排放系统三部分组成，如图 7.29 所示。

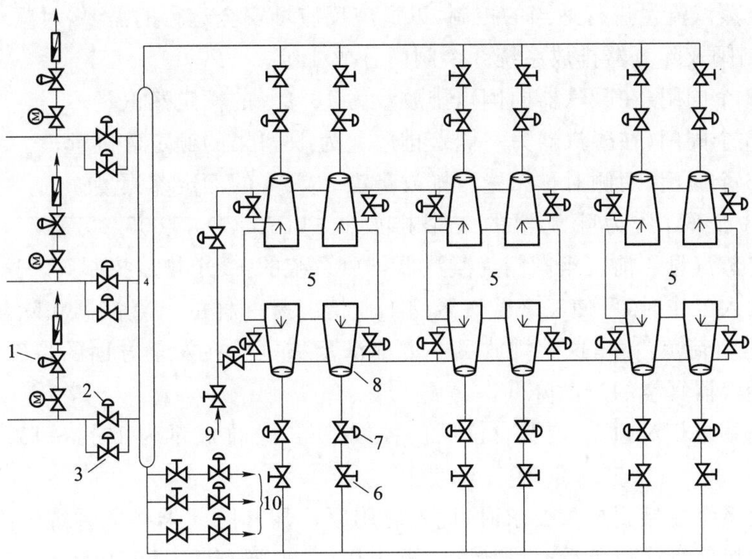

图 7.29 蒸汽旁路排放系统示意图

1—大气释放阀；2—主蒸汽隔离阀；3—主蒸汽隔离旁路阀；4—蒸汽母管；5—凝汽器；6—隔离阀；7—排放控制阀；8—扩压器；9—凝结水；10—到除氧气的排放管线

(1) 凝汽器排放系统

凝汽器排放系统由蒸汽集管两端的延伸管上引出12根管线，每根排放管线上有1个手动排放隔离阀、1个气动排放控制阀。排放管线进入凝汽器后和安装在凝汽器喉部的6个扩散器连接，每2根排放管线共用1个扩散器。

12根排放管均匀分配到3个凝汽器，即每个凝汽器接4根排放管，而且是对称布置，即每边各两根。

扩散器是一个减压减温器。由于排放蒸汽为新蒸汽，压力、温度较高，若直接进入凝汽器，对凝汽器的冲击破坏较大。因此，用扩散器降低排放蒸汽的压力和温度，以减轻对凝汽器的冲击。扩散器的冷却用水来自凝结水泵出口。经过一个手动隔离阀后，供水管分为两路，分别去凝汽器的两侧扩散器。在每根供水总管上装有一个气动流量控制阀和一个减压孔板。

(2) 除氧器排放系统

除氧器排放系统由蒸汽集管的延伸管上引出的一根管道，然后分为三根支管及安装在每根支管上的气动排放控制阀和隔离阀组成。

这三根排放管线中有两根还用来作为除氧器的新蒸汽进汽管在低负荷或甩负荷时维持除氧器压力。排放蒸汽利用除氧器的主蒸汽鼓泡器进入除氧水箱的底部，由除氧水箱中的水来进行冷却。

(3) 大气排放系统

当凝汽器和除氧器不能接受排汽时，使用大气排放系统。

大气排放系统由3条各自独立的排放管线组成，分别接自相应的主蒸汽管线主蒸汽隔离阀的上游。每根排放管线上装有1个电动隔离阀和1个气动排放控制阀。

(4) 排放阀分组及工作特性

为对排放蒸汽流量进行适当的控制,以适应反应堆安全运行的需要,对凝汽器排放系统12个排放控制阀及除氧器排放系统3个阀门分成4组。

第一组:3个阀门(在凝汽器同侧),排放量为18.2%的额定蒸汽量;

第二组:3个阀门(在凝汽器另一侧),排放量为18.1%的额定蒸汽量;

第三组:6个阀门(两侧对称布置),排放量为36.3%的额定蒸汽量;

第四组:3个阀门,为除氧器的三个排放阀门(ADG003/005/007VV),其排放量为10.4%的额定蒸汽量。前三组阀门为凝汽器排放系统的12个排放控制阀。这种分组方法,在排放系统投入工作时,可使三个凝汽器的工作情况是一样的。凝汽器和除氧器的总排放量为85%额定负荷蒸汽量,这一排放量一方面满足核电厂在安全方面的特殊要求,同时也不至于导致凝汽器真空的过度降低。

大气排放系统相对独立,有其自己阀门控制信号,总排放量为10%～15%额定负荷蒸汽量。

蒸汽排放系统在接到排放要求时,优先启用凝汽器和除氧器排放系统。除氧器排放系统用来在汽轮机停机或甩负荷时维持除氧器内压力,当凝汽器不可用时,大气蒸汽排放系统投入工作,提供10%～15%额定流量的排放能力,避免安全阀开启。

2. AP1000 蒸汽旁路排放系统

AP1000的蒸汽旁路排放系统由一个位于汽轮机主汽门上游,连接主蒸汽管道的母管和带有旁通调节阀的到每个凝汽器的外壳的管道组成,其系统图如图7.30所示。从排放蒸汽母管上接出三根排放蒸汽管道,在每根排放蒸汽管道上分别并连接出两路旁路阀组到凝汽器。汽轮机旁通阀是一个电器控制的球阀。当失去信号或电信号时,旁通阀将故障关闭。阀门的调节位置响应控制系统的电信号向执行机构提供合适的空气压力,以调节旁通阀的开度。

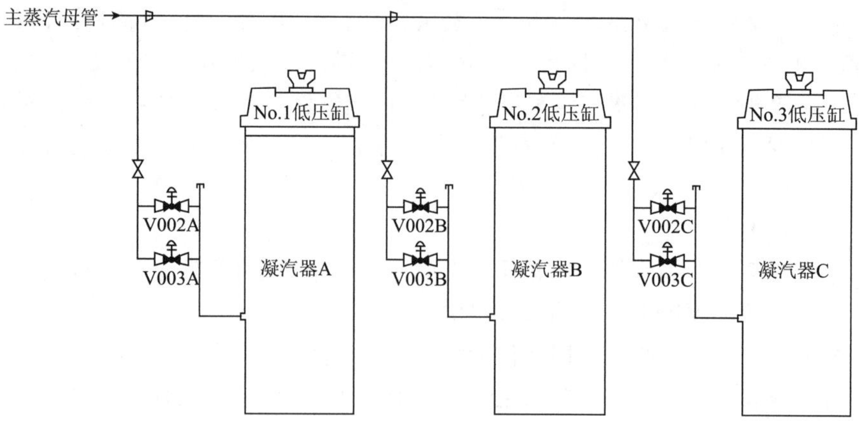

图7.30 蒸汽旁路排放系统图

系统共设置了6台旁排阀,每台旁排阀设计流量为126 kg/s。旁排阀从全关到全开动作时间为3 s,旁排阀从全开到全关动作时间为5 s,旁排阀行程时间为20 s。汽轮机旁通阀是一个电/气控制的球阀。当失去气信号或电信号时，旁通阀将故障关闭。阀门的位置控制系统向执行机构提供合适的窒气压力，以调节旁通阀的开度。在额定负荷主蒸汽压力时，可将40%额定主蒸汽流量直接排放至主凝汽器。在机组负荷迅速大幅度降低时，旁排系统将多余蒸汽排放至凝汽器，不会引起汽轮机跳闸。在反应堆100%功率跳闸，汽轮发电机100%甩负荷，或汽轮机从100%功率跳闸而反应堆未跳闸情况下，旁排系统及反应堆控制系统协调工作防止蒸汽发生器和主蒸汽系统超压，从而降低了主蒸汽安全阀、大气释放阀和稳压器安全阀动作的可能性。开关站及厂外电源系统还可用于机组启动过程中蒸汽发生器的升负荷。该系统还可作用于机组停运，从而降低了对实现相关功能的安全系统的依赖。

7.5.3　系统运行及控制模式

1. 二代压水堆核电厂蒸汽旁路排放系统运行及控制

在正常情况下，蒸汽旁路排放系统不投入工作，但必须处于可用状态，当出现功率瞬变幅度较大，导致一、二回路功率匹配失调以及在机组启、停和事故情况下，该系统投入运行执行其功能。为防止由于旁路排放系统误开启或其他原因而造成对机组的扰动，设置了允许开启信号。只有允许开启信号和阀门开度信号同时存在时，阀门才能开启。

凝汽器和除氧器排放阀有两种控制模式，即温度控制模式和压力控制模式，如图7.31所示。

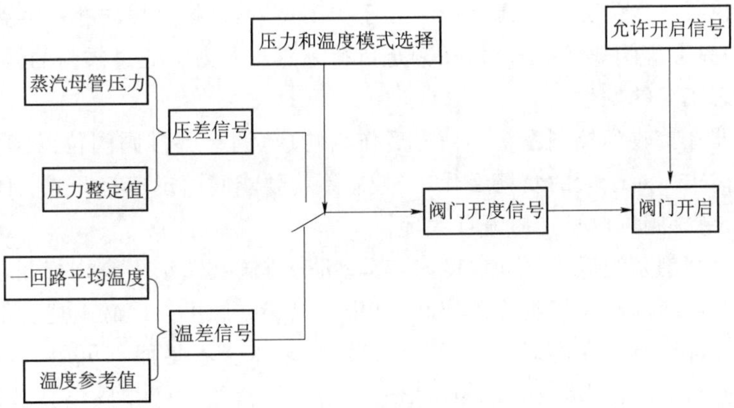

图7.31　蒸汽旁路排放系统控制模式原理图

温度控制模式(T模式)：排放阀的开度信号正比于反应堆冷却剂平均温度与代表汽轮机负荷的参考温度之差。

压力控制模式(P模式)：排放阀的开度信号比例于蒸汽集管的压力与整定压力之差，整定压力可由操纵员手动给定，也可由内部设定，此模式控制第1、2组排放阀。

温度控制模式用于自动负荷控制、甩负荷情况下，压力控制模式用于低负荷、机组启、停过程中。

2. AP1000蒸汽旁路排放系统运行

对于AP1000，当机组阶跃负荷变化不大于10%或机组负荷变化率不大于每分钟5%时，蒸汽旁路排放系统不启用。机组总的负荷变化由反应堆功率控制系统、稳压器液位和压力控制系统、蒸汽发生器液位控制系统来控制。

对于大于10%但小于50%的机组甩负荷或汽轮机50%负荷以下跳闸时，蒸汽旁路排放系统协同上述控制系统动作满足机组负荷变化的要求。

对于大于50%的甩负荷，核岛快速甩负荷系统、蒸汽旁路排放系统和上述控制系统共同动作以满足机组功率变化的要求。核岛快速甩负荷系统可迅速降低反应堆功率至蒸汽旁路排放系统和主凝汽器能够接受的水平。

在蒸汽发生器液位波动而反应堆未跳闸情况下，蒸汽旁路排放系统性能(容量、响应时间等)能够保证汽轮发电机的并网运行。

旁排阀接受来自蒸汽排放控制系统的信号并在其控制下动作，并可以在平均温度控制模式或蒸汽联箱压力控制模式下运行。

系统配备有6只旁排阀(V002A、V002B、V002C、V003A、V003B&V003C)。6只阀门是用于APl000电厂的最佳数量。从运行的角度将阀门分为两个阀组。这些阀组按顺序打开:“阀组A”(V002A、V002B、V002C)在0%至50%蒸汽排放量范围内运行，“阀组B”(V003A、V003B、V003C)在50%至100%蒸汽排放量范围内运行。每两只阀出口管道汇成一个母管排入对应的凝汽器壳体。

位于主凝汽器中的扩散器保证了旁排阀出口有一定背压，以限制旁排阀两端的压差。这一功能有助于改善阀门的工作条件，提高阀门性能，且与真空背压相比，阀后管道可选择较小管径。

旁排阀在执行机构失去动力源情况下处于关闭位置，这样可以防止一回路的过度冷却。此外，在其中一只旁排阀故障打开时，在额定负荷主蒸汽压力下通过阀门的最大流量不至于引起反应堆瞬态工况的发生。

阀门定位器在接收到控制系统的信号后作出响应，调节旁排阀阀位以满足机组小负荷变化时的系统需求。对于大的负荷变化，当控制系统要求阀门迅速打开或关闭时，旁排阀调节功能被屏蔽，旁排阀可以迅速打开或关闭。

在反应堆冷却剂系统低于平均温度时，汽轮机旁排阀被闭锁不允许打开，以避免反应堆冷却剂系统被过度冷却。在机组冷却期间，其中一只旁排阀可以屏蔽上述功能，手动开启该阀用于机组的冷却运行。在主凝汽器因背压高或循环水量不足而不可用时，汽轮机旁排阀被闭锁不允许开启，在有主蒸汽系统隔离信号的情况下汽轮机旁排阀也会被闭锁不允许开启。表7.6给出了蒸汽旁路排放系统的主要技术参数。

表7.6 AP1000蒸汽旁路排放系统的主要参数

数量	6
设计压力/MPa(绝对压力)	8.27
设计温度/℃	316
设计流量/(kg/s/阀门)	126
总排放流量/kg/s	756 [在6.36MPa(表压力)]
运行方式	气动、具有调节功能

7.6　汽水分离再热器

来自蒸汽发生器的饱和汽进入高压缸膨胀做功，蒸汽的压力和温度逐级降低，汽的湿度增大。蒸汽在高压缸作完功后，其排汽湿度已达到 12.2%。如果不采取措施，继续送往低压缸做功，低压缸末级蒸汽湿度可能达到 30%左右，远超出 12%～15%的允许值，将危及汽轮机的安全运行。因此，在高、低压缸之间设置了汽水分离再热器。

7.6.1　系统功能

汽水分离再热器其功能是：

1）汽水分离再热器接收高压缸排汽，通过分离器和再热器将高压缸排汽中的水分去除并再热，避免汽轮机叶片腐蚀，并提高电厂效率，防止和减少湿蒸汽对汽轮机零部件的腐蚀；

2）提高进入低压缸蒸汽的温度，使其具有一定的过热度，做功能力得到了提高。

7.6.2　结构形式

现代核电厂普遍采用一体化的汽水分离再热器，按结构形式，有卧式和立式的两种。

1. 卧式汽水分离再热器

图 7.32 所示为大亚湾核电厂的汽水分离再热器。每台机组配置两台，分别置于汽轮机低压缸的两侧。汽水分离再热器的壳体是一个由碳钢制作的圆筒形构件，内表面有不锈钢衬里保护。汽水分离器元件布置在下方，它由一系列波纹板组成，这些波纹板由固定杆固定到分离器框架上，构成一个栅板，栅板直接焊在内支承架上。在汽水分离栅板入口，有多孔流量分配板，每台汽水分离器有 32 个栅板，分成两组，呈“V”形沿纵向布置在筒体下方。

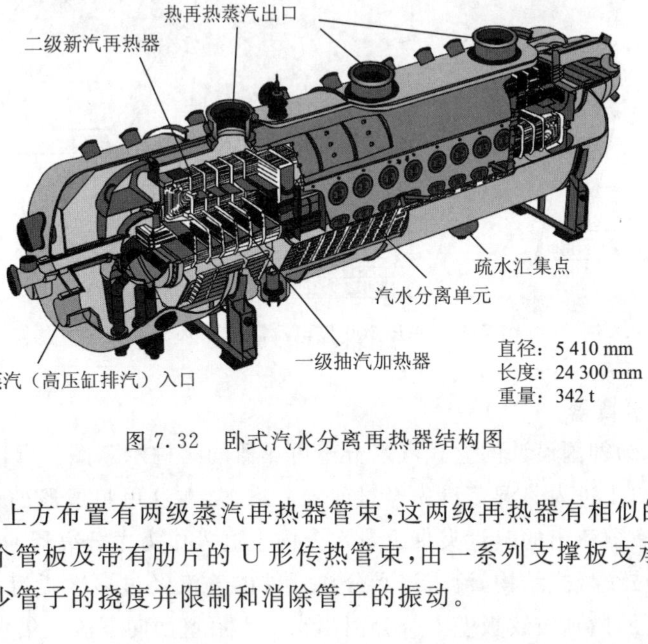

图 7.32　卧式汽水分离再热器结构图

在汽水分离器上方布置有两级蒸汽再热器管束，这两级再热器有相似的结构，每级包括一个蒸汽联箱、一个管板及带有肋片的 U 形传热管束，由一系列支撑板支承，管以控制传热管之间的间距，减少管子的挠度并限制和消除管子的振动。

高压缸排汽由进汽管沿纵向进入由壳体和支承架构成的环腔，穿过流量分配板和汽水分离栅板，除去约98%的水分。分离出的水在重力作用下通过水槽和下降管排入分离器的疏水箱。经汽水分离后的蒸汽向上，顺序通过第一、二级再热管束，经筒体顶部的三根蒸汽管进入低压缸。

在汽水分离再热器壳侧，设有超压保护装置，它是由1只先导安全阀和8个爆破膜板组成，其排放量为汽轮机的全流量。排放装置全部安装在邻近汽机旁外侧墙的一个汽水分离器壳体上。表7.7给出了大亚湾核电厂汽水分离再热器主要参数。图7.33为AP1000核电厂汽水分离器，采用卧式结构。

表 7.7 大压湾核电厂汽水分离再热器的主要参数

参 数	数 值	参 数	数 值	参 数	数 值
筒体直径/m	5.35	肋片高度/mm	1.5	高压缸排汽入口温度/℃	169
筒体长度/m	24.38	每级加热管束			
筒体重量/t	342	传热管根数	1321	高压缸排汽压力/MPa	0.78
汽水分离器类型	人字形	新汽压力/MPa	6.43	高压缸排汽湿度	0.14
再热管外径/mm	19.05	新汽温度/℃	279	再热后出口温度/℃	265
再热管内径/mm	13.3	抽汽压力/MPa	2.76	再热后蒸汽压力/MPa	0.74
每米肋片数	750	抽汽温度/℃	229		

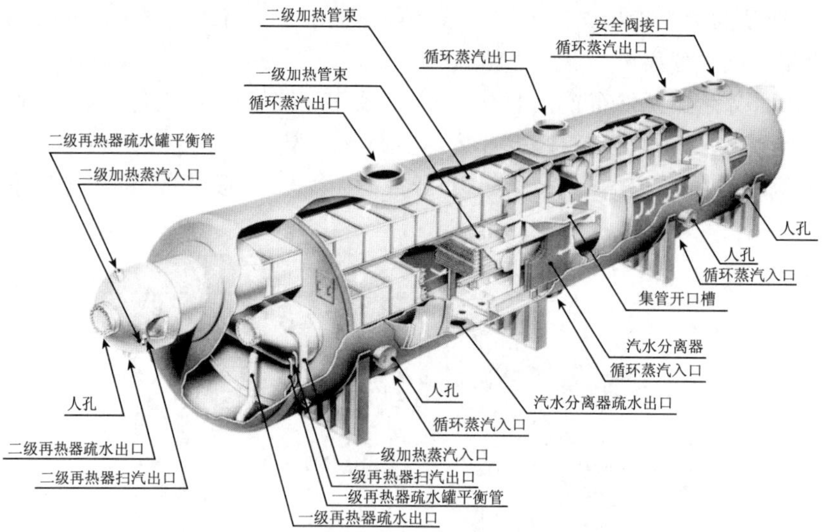

图 7.33 AP1000核电厂卧式汽水分离器

2. 立式汽水分离器

图7.34所示为德国设计的立式汽水分离再热器的结构示意图。湿度约为13%的高压缸排汽由下部入口1进入。湿蒸汽先经过前置分离器，在这里将成股的水流和大水滴分离出去。从前置分离器流出的蒸汽夹带少量水分向上进入作为主分离器的精细分离元件。精细分离元件采用波纹板式结构，流入汽水分离元件的蒸汽经过多次折流，由于惯性力作用，液滴偏离蒸汽流径，撞到波纹板壁上。分离出来的水沿壁面向下流入集水槽，然后被引至凝

结水排出管道。从前置分离器和主分离器分离出来的水，均收集到汽水分离器疏水容器内。在主分离器后面的蒸汽区域有一个抽汽口。

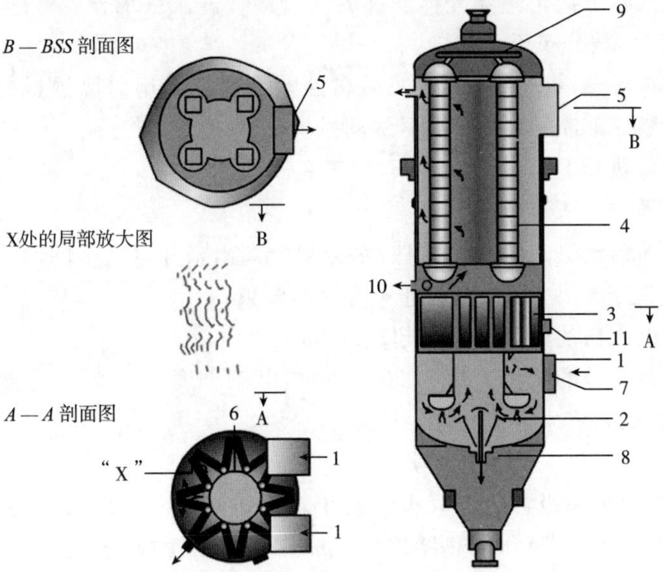

图 7.34　立式汽水分离再热气机构图

1—蒸汽入口；2—前置分离器；3—汽水分离元件；4—中间再热器；5—蒸汽出口；6—百叶窗；7—汽水分离元件排水口；8—前置分离器排水口；9—加热蒸汽入口；10—加热蒸汽凝结水出口；11—抽气口

7.6.3　系统描述

经汽水分离的蒸汽进入中间再热器，中间再热器由直管束组成。加热蒸汽走管内，从上部进入，流过加热器管而被凝结成水。凝结水沿管内壁流到管束下面的空腔中，再从那里排入中间再热器疏水容器内。

汽水分离再热器其加热蒸汽为主蒸汽和高压缸抽汽。疏水被排到各自的疏水罐中。根据汽水分离再热器的运行方式调节主蒸汽的压力以控制再热蒸汽的压力和温度。

当电厂负荷增加的时候主蒸汽的压力是线性降低的。汽水分离再热器二级加热蒸汽由主蒸汽来提供。一级汽水分离再热器加热蒸汽由高压缸抽汽来提供。

在汽水分离再热器的二级加热蒸汽管道上布置了隔离阀，气动控制阀和旁路阀。控制阀的功能是防止进入低压缸的再热蒸汽产生过大的温度变化。在汽水分离再热器的一级加热管道上布置了隔离阀和气动逆止阀以防止疏水倒流闪蒸而引起汽轮机超速。

使用过量蒸汽用于净化凝结水及降低凝结水的过冷度。每个加热管束的流速由安装在管板上的节流孔板来分布。

7.6.4　主要设备

AP1000 汽水分离再热器由以下三个主要部分组成：

1）壳体——水平圆筒，球形焊接封头；

2）两级再热器——由一级再热器管束和二级再热器管束组成，以加热蒸汽；

3）汽水分离器——由四排波纹板组成，以去除高压缸排汽的水分。

1. 蒸汽进入汽水分离再热器壳体

1）湿蒸汽从汽水分离再热器壳体底部的入口接管进入汽水分离再热器，先至半圆形的冲击盘，再至集管盘，被分布于壳体内。

2）对于暴露在湿蒸汽中并会造成明显腐蚀的部件需采用耐腐蚀材料。也可以在汽水分离再热器湿蒸汽入口部分采用一层不锈钢衬里。

3）汽水分离再热器上有 7 个安全阀，用于超压保护。

3. 汽水分离器

1）当分布开的蒸汽进入波纹板组件，水分被分离出来并以疏水的形式排走。通过汽水分离器后，蒸汽接近于干蒸汽，并向上进入再热器管束。

2）再热器管束入口的蒸汽湿度不超过 0.25%。

3）汽水分离器入口的蒸汽干度为 88.5%时，出口干度可达 98%。被分离的水分从分离器下面的疏水孔流入汽水分离再热器壳体疏水罐。

4. 再热器

二级再热器由两个一级再热器管束和两个二级再热器管束组成。再热器为 U 形管带翅片和一个半球形水室，与高压加热器相似。加热管焊在管板上。过热蒸汽通过壳体上部的出口送至低压缸。

7.6.5 系统运行及主要参数

AP1000 采用了 2 台汽水分离器，分别布置在汽轮机的两侧。高压缸的排气首先进入汽水分离再热器的底部汽水分离元件，将水分离出来，然后在其中部和上部分别用高压缸的抽气和新蒸汽进行两级再热，使蒸汽温度再加热到 254.2 ℃。汽水分离元件将高压缸排气中 98%以上的水分离出来，用疏水泵送到给水系统中去。分离器和再热器具有独立的疏水管线和系统，保证疏水通畅。不凝结气体排放装置保证连续不断地进行排气。

1. 正常运行

在凝汽器真空上升和汽轮机复位后，二级汽水分离再热器排气孔板旁路阀和汽水分离再热器预暖阀打开。在图 7.35 中，冷启动模式参考："A—B—C—D—E—F"。冷启动时，二级汽水分离再热器预暖阀在汽轮机复位后打开，少量蒸汽被引入汽水分离再热器用来加热汽水分离再热器和吹扫不凝结气体。

在大于 35%负荷时，二级汽水分离再热器加热蒸汽控制阀逐步打开，用来控制汽轮机低压缸进口蒸汽温度。在 50%负荷时温度控制结束，控制阀全开。

温度控制结束后，电动旁路阀打开，以减少加热蒸汽管线的摩擦损失，提高汽轮机低压缸进口蒸汽温度。

对于热启动模式为："M—K—L—I—C—D—E—F"。

机组停运时为："F—G—H—C—I—J"。

对于一级汽水分离再热器没有温度控制，并且流量和蒸汽状况由汽水分离再热器和汽轮机高压缸的热平衡和质量平衡来决定。

2. 电厂瞬态与事故

当汽轮机跳闸后，通过关闭汽水分离再热器二级加热蒸汽控制阀入口阀和它的旁路阀

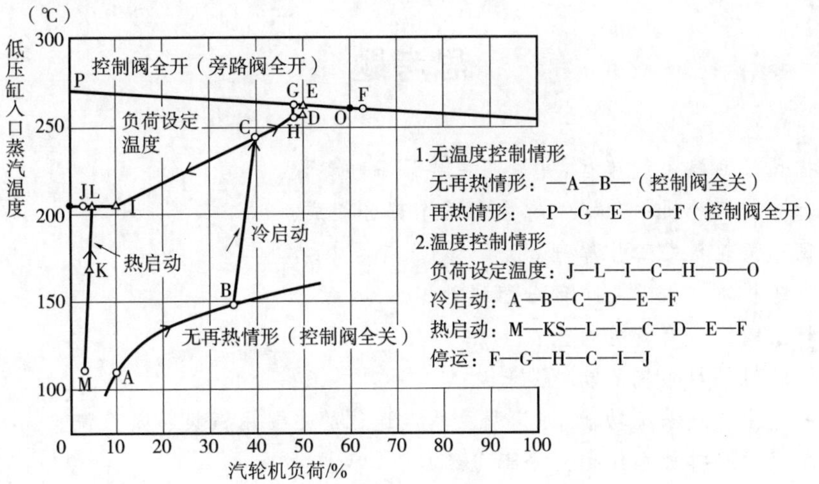

图 7.35　AP1000 汽水分离器运行图

将汽水分离再热器的二级加热蒸汽隔离。

3. 系统异常工况

汽水分离再热器部分和全部退出运行的异常运行是可以接受的。在异常运行工况，两个加热蒸汽管线(蒸汽发生器侧和调阀侧)都应隔离。

4. 预警和限制

T-G 设置上可以在下述限制条件下稳定运行：

1) 1 号再热器退出运行机组可以在额定工况下连续运行；

2) 2 号再热器退出运行。

在汽水分离再热器维修工作时，机组可以短期内工作在额定工况下(如，在 1 到 2 周内)。两台 2 号再热器应同时退出运行，以避免两个连接到低压缸交叉管进入汽轮机低压缸的进口温度存在偏差。在机组 2 号再热器退出运行超过 2 周时，机组功率应降至 65%额定功率。2 号再热器长期退出运行会导致汽轮机末级叶片严重腐蚀，原因是汽轮机低压缸进口温度下降导致汽轮机末级叶片处蒸汽湿度上升，因此应限制运行时间。

3) 1 号和 2 号再热器均退出运行

运行限制同 2)中描述的 2 号再热器退出运行。

表 7.8 为 AP1000 汽水分离再热器的主要技术参数。

表 7.8　AP1000 汽水分离再热器技术参数

MSR 型式	两级、双程、表面式、翅片管
MRS 数量	2 台
再热蒸汽入/出口温度	178.6/257.0 ℃
再热级数	两级
一级再热蒸汽流量	45.06 kg/s
二级再热蒸汽流量	25.37 kg/s
汽水分离器除湿装置类型	人字形叶片
汽水分离器除湿效率	98%

思考题

7.1　描述二回路系统流程，并说明主要设备和参数。

7.2　什么是汽轮机的“级”？它由哪几个部分组成？

7.3　简述汽轮机的工作原理。

7.4　汽轮机本体由哪几个部分组成？

7.5　核汽轮机组有哪些特点？

7.6　汽轮机轴封系统的功能是什么？

7.7　简述主蒸汽系统功能，并说明主蒸汽送往的主要用汽设备及系统。

7.8　蒸汽旁路排放系统由几个部分组成？

7.9　核电厂为什么要采用汽水分离再热器？卧式汽水分离器的共有几个加热热源？各在什么情况下使用？

7.10　核电厂二回路系统与火电厂二回路系统有哪些差别？

第8章　二回路凝结水系统与给水系统

凝结水系统和给水加热系统利用汽轮机抽汽对凝结水和给水加热，以提高热循环的经济性。从凝汽器热井到除氧器的部分属于凝结水系统，从给水泵到蒸汽发生器的部分属于给水系统。

凝结水和给水加热系统主要由凝汽器、凝结水泵、回热加热器、疏水泵、除氧器、给水泵、疏水箱、疏水冷却器及抽汽、疏水管道及阀门等组成。

8.1　凝结水系统

8.1.1　系统功能

AP1000 凝结水系统的功能可简单概括为凝结、除气、抽真空、收集、输送等功能，具体如下：

1）蒸汽的冷凝及收集：凝结水系统冷凝低压缸排汽和旁排阀排汽，并将凝结水收集在主凝汽器热井中。凝结水系统还收集来自于二次侧的排放、排气和疏水。

2）凝结水装量：凝结水系统保持二次侧循环凝结水和给水装量，并调节失水和电厂瞬态引起的水装量变化。

3）凝结水水质：凝结水系统通过除氧、凝结水精处理系统和常规岛化学供给系统的作用，净化凝结水并保持凝结水水质。

4）凝结水输送：凝结水系统按所要求的流量为主给水系统和启动给水系统输送高品质的凝结水。

5）给水加热：凝结水系统通过低压加热器加热凝结水，并带走轴封冷却器和蒸发器排污热交换器的热量。

8.1.2　凝汽器工作原理

凝汽器实际上是一种表面式热交换器，循环冷却水（海水）在管束内流过，冷凝在管束外流动的蒸汽，如图 8.1 所示。在热力循环中它起着冷源的作用，凝汽器工作质量的好坏直接关系到汽轮机热力循环效率的高低。

在凝汽器蒸汽凝结空间为汽水两相共存，其压力是蒸汽凝结温度下的饱和压力。一般情况下，蒸汽凝结温度接近环境温度，如 40 ℃ 的蒸汽凝结温度所对应的饱和压力约为 0.007 5 Mpa（绝对压力），远低于大气压力，因此形成了高度真空。同时凝汽器抽真空系统及时抽出凝汽器内不凝结气体，维持凝汽器内的压力恒定不变。

8.1.3　凝汽器的结构

凝汽器作为热力循环中的热阱，是二回路中的重要设备之一，正常运行时，将低压缸排

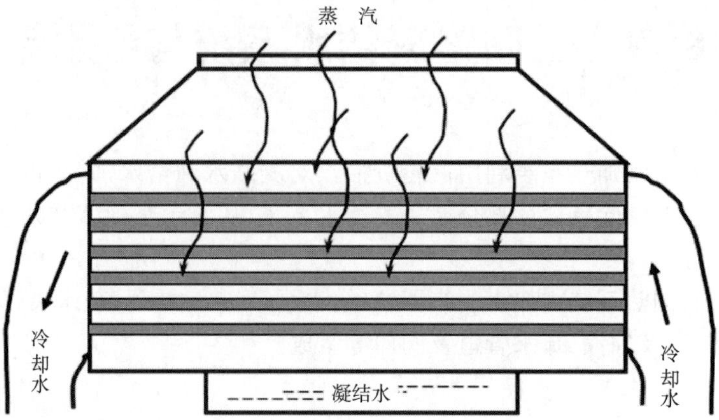

图 8.1 凝汽器工作原理简图

气冷凝成水,并为汽轮发电机组提供一定的背压。图 8.2 为 AP1000 凝汽器的基本结构。每台凝汽器有两组单流程管束,循环水从一侧的水室经管板进入钛管束,再从出口水室排出。低压缸的排汽则从上部进入凝汽器,向下经过钛管管束,下降过程中被冷凝成水,后进入底部的热井。

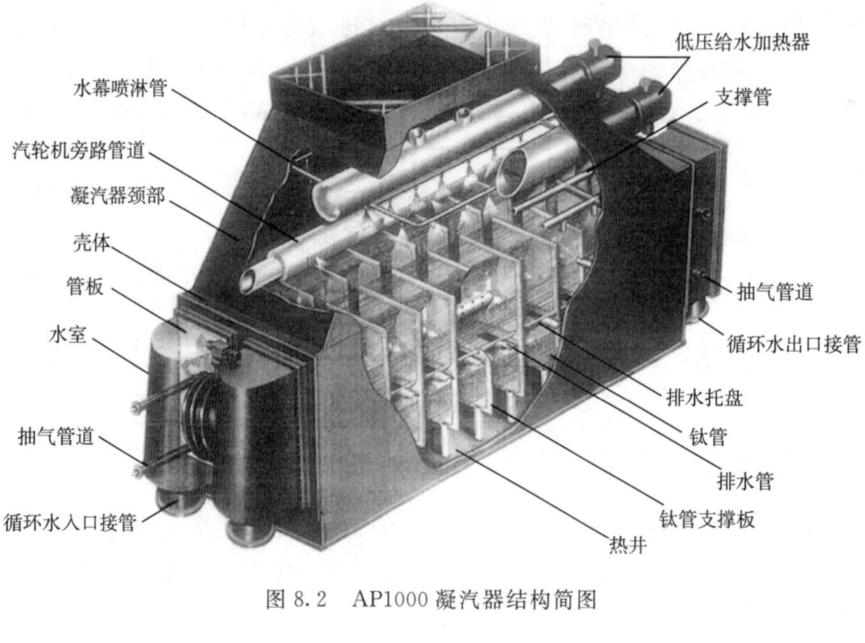

图 8.2 AP1000 凝汽器结构简图

凝汽器由排汽颈部、壳体、热井、水室、管板、钛传热管及旁路排放膨胀器等组成。

(1) 壳体和排汽颈部

壳体和排汽颈部为成型钢板全焊接。在凝汽器壳体两端支撑法兰之间装有柔性膜板,这样管板和水室可以吸收壳体和管束之间的膨胀差。柔性膜板也支撑管板和水室。

为了平衡三个凝汽器壳体在各种工况下的压力平衡,排汽颈部装有平衡管。在凝汽器壳体和排汽颈部装有接口,引入蒸汽和疏水。

排汽口与低压缸由橡胶波纹连接。排汽口的设计可使排汽与整个管束充分接触。支撑管牢固地支撑着凝汽器排汽颈部。

(2) 热阱

热阱为成型钢板全焊接,其上带有人孔和凝结水出口。凝结水出口处装有防涡器。基于汽轮发电机额定工况下的凝结水流量,热阱水装量为 5 min 用量。

(3) 水室

由成型钢板制造,与海水接触的内表面有橡胶衬里,用于保护。水室为底部出入口、分隔独立、矩形结构。支撑法兰焊接在柔性隔板上,每个水室独立安装在法兰上。此种独立布置可使凝汽器半侧运行。水室容易拆下进行传热管更换,而无需拆下循环水管。水室上有人孔,用于内部的检查。

(4) 管板和管支撑板

管板上钻孔及倒角,然后装传热管。管板用双头螺栓与支撑法兰相连。此种方式在拆水室时不影响管板。管板表面钛覆层。传热管的两端装在管板上,传热管由支撑板支撑。

(5) 传热管

钛制传热管两端与钛覆面管板的连接采用胀管加密封焊,可以防止凝汽器泄漏。钛管的管径为 25.4 mm×0.5 mm。传热管布置为辐射状。为了从凝汽器中抽出空气和没有凝结的蒸汽,凝汽器上设有排气口。聚集在传热管束区域的不凝性气体由布置在传热管束中心的排气管来有效控制。额定功率下,凝结水出口处的溶解氧含量不超过 20 ppb。空气和蒸汽混合物通过传热管被充分冷却,然后不凝空气通过布置在水室内的排气管被排出凝汽器,送到抽真空系统。

(6) 凝汽器内的旁路排放膨胀器

旁排母管出口蒸汽压力约 1.4 MPa(绝对压力),微过热。旁路排放膨胀器设计为两次降压。旁排蒸汽经过膨胀后,从膨胀器中均衡喷出,由布置在凝汽器颈部的喷头抽取凝结水进行冷却,低至 60 ℃。

8.1.4　系统描述

AP1000 凝结水系统主要设备包括 1 台三壳体的凝汽器、3 台 50% 容量的凝结水泵,四级低压加热器、一台除氧器、调节阀和相关的系统仪表。

1. 蒸汽的冷凝和收集

凝汽器的功能是作为热交换器,用来冷凝汽轮机排汽、汽轮机旁排蒸汽、低压抽汽、饱和疏水的闪蒸蒸汽。凝汽器收集蒸汽凝结水和各处来的疏水。电厂正常运行期间,来自 1 号低压加热器的逐级疏水排入凝汽器。另外,来自于任何给水加热器和汽水分离器疏水罐的高位疏水根据需要也可以排入凝汽器。其他各种疏水也由主凝汽器收集,包括汽轮机疏水系统的疏水。

凝汽器系统的加热器冷凝抽汽及汽化的疏水。加热器中的凝结水和疏水由加热器疏水系统控制。除氧器中的蒸汽冷凝水与凝结水进行混合加热。

主凝汽器为三壳体、单背压、除氧型、表面式凝汽器,布置在三个低压缸的排汽口下面。每台凝汽器包含两条并列单流程循环冷却水管路。

凝汽器中的凝结水收集在热阱中,并通过连接管来使三个热阱中的水位和压力相等。

当主凝汽器有足够的冷凝面积，循环水入口温度为 16 ℃时，汽轮机平均背压为 3.89 kPa 可满足电厂满负荷运行。凝汽器的性能在不超过汽轮机背压极限的情况下，能够在一个循环水泵跳闸时满功率运行。

电厂运行期间如果传热管泄漏，则需要通过关闭泄漏管束进、出口隔离阀将泄漏的管束隔离。隔离一个通道的管束凝汽器失去 16%的冷凝面积，凝汽器背压将会上升。

主凝汽器的热力性能受传热管结垢的影响。为了减少传热管的结垢，根据常规岛化学药剂供给系统的规定，对循环水进行化学处理。并设置了凝汽器传热管清洁系统，包括胶球清洗和二次滤网。

2. 凝结水装量

凝汽器系统与除盐水贮存和输送系统的凝结水箱相连，以保持二回路的水装量。凝结水、给水、加热器疏水的温度变化都会引起水装量的变化，凝汽器可对水装量进行调节。蒸汽发生器内含汽率的变化(膨胀或收缩)也会引起水装量的变化。凝汽器响应上述各种瞬态，补偿二回路水装量损失。

水装量的补充和溢流由补水阀和溢流阀来完成。补水阀阀门与除盐水贮存和输送系统的凝结水箱相连，由凝汽器热阱水位来控制。

凝汽器补水由并联的正常补水阀和应急补水阀来完成。阀门为气动阀且有不同的行程范围。当凝汽器真空建立，凝汽器需要补水时，正常补水阀调节器打开向凝汽器传热管上面的除气区域补水。正常补水阀依靠凝汽器的真空抽取来达到其流量。如果补水要求超过正常补水阀的能力，应急补水阀调节器打开，向凝汽器热阱补水。应急补水阀较正常补水阀更大，在非正常情况下能够为凝汽器热阱提供更快的补水。应急补水阀依靠凝结水箱的静压头和凝汽器的真空抽取来建立其流量。凝汽器真空没有建立时，应急补水阀也可以为凝汽器热阱补水。

凝结水泵出口母管接有溢流阀，溢流阀和补水管路并联，将凝结水的排水送回凝结水的储水箱中。阀门为气动型。在设备正常加热凝结水和给水体积膨胀时，按要求打开正常溢流阀。在异常工作条件下需要快速排放凝结水时，打开较大的高水位溢流阀。在对凝汽器进行维护以前，也可用较大的阀将热井抽到一个较低的水位。溢流阀与凝结水泵的工作回路联锁，在没有泵工作时关闭。此联锁特性是为了防止在没有泵工作的情况下，此阀通向凝结水贮存箱可能造成对凝汽器放水。

3. 凝结水水质

凝结水在凝汽器和除氧器中进行除气。在主凝汽器中，低压缸排汽流过管束两侧的排管并加热下落的凝结水，将凝结水加热到接近饱和温度并释放出其中的可溶性气体。

不凝性气体连同少量的蒸汽一起被集中和收集到位于管束中心的凝汽器空气排出区域。对于每组管束凝汽器上都有一个相关的排出空气出口接管用来和凝汽器抽真空系统的外部管道相连接。不凝性气体被真空泵压缩并排出。除氧器排出了凝汽器中没有排出的大部分的不凝性气体并且排出了由于疏水闪蒸和凝汽器下游其他来源引入的不凝性气体。在正常功率运行期间，除氧器供向主给水系统的给水的溶解氧含量不能超过 5 ppb。在处于由辅助蒸汽供汽的低负荷和启动/再循环运行模式下时，除氧器的除氧效果也是很有效的。

在凝结水泵出口管的下游设置凝结水精处理装置，在精处理设备的凝结水管道下游注入化学药品以控制凝结水系统免于腐蚀。化学药品包括 2%的联胺和 25%的浓氨水。凝结水系统的化学添加是通过凝结水精处理单元下游的主凝结水管道来实现的。一个接管用来添加诸如除氧剂(例如联氨)和pH控制剂(例如氨水)之类的药物。用于化学添加的所有设备包括泵,储罐和仪表都是常规岛化学加药系统的一部分。

4. 凝结水输送

凝结水系统设三台50%容量的凝结水泵。在正常负荷运行下,两台泵工作,第三台泵处于自动启动的备用状态,或用于维护。置于备用状态的泵会在工作泵跳闸时自动启动。或者,当在泵的总管测量的压力达到偏离或故障状态的低压点时启动。

凝结水泵对凝汽器的热井凝结水出口的总管进行抽吸。各凝结水泵的进口支管上有一段法兰连接的管道,以允许安装用于初始启动的临时滤网或进行主要的维护,或修改凝汽器及上游管道。当安装过滤器时,可安装临时差压监测仪器。在各泵的吸管处提供一个膨胀节,以吸收总管和各种工作泵组合工况可能的热位移。

当泵不工作时,在各泵出口的止回阀可防止凝结水的反向流动。隔离阀使得在运行中可以将泵、滤网和止回阀拆下进行维护。在各泵的进口和出口侧,还有到凝汽器的排气管。当对泵进行隔离维护时,进口侧排气管上的隔离阀是关闭的,但是在正常运行时,通常保持开启。在机组正常运行中,泵出口管路上的排气隔离阀通常是关闭的,而在泵和相关管道的注水和排气过程中保持开启。

泵的出口支管汇总到一根总管上。总管提供各泵的机械密封水。除了润滑和从密封中带走热量外,密封水还可防止通过不工作泵的机械密封产生空气泄漏。当对隔离的泵进行维护时,各密封水管上的隔离阀是关闭的。

5. 凝结水加热

凝结水系统中的给水加热是通过五级加热器完成。前四级加热使用低压加热器(详见8.2节),第五级使用直接接触式的除氧器(详见8.3节)。除氧器位于凝结水系统中的高点。AP1000的若干个系统在给水加热器上有接口。系统边界通常位于加热器的各种管嘴处,而加热器本身包括在凝结水系统中。加热器中的加热蒸汽是主蒸汽系统中的抽汽。通过加热器疏水系统收集和控制各低加中的疏水。加热器疏水系统包括控制加热器内壳体侧水位的水位仪表。加热器疏水系统也包括疏水入口接口(不包括4号加热器)。加热器的运行排气是由汽轮机疏水系统来完成;各加热器持续地向凝汽器排气,以移除不凝结物。疏排水和卸压系统也可以直接从壳侧排放引导到屋顶排气口。

低压加热器为管壳式换热器,其中凝结水流经管侧。各低压加热器的抽汽凝结成由疏水排汽系统的加热器疏水。内置的疏水冷却段,在疏水出加热器以前将疏水的温度降低到饱和点以下。加热器疏水被逐级疏水到较低一级的低压加热器(除了3号低压加热器)中,这样额外的热量从疏水传输到凝结水中。而1A、1B、1C号低压加热器的疏水被引至凝汽器。1号、2号低压加热器为三列式,每列与一个凝汽器壳体相连。在工作过程中,每列加热器都可以从运行中解列。低压加热器入口和出口的电动阀可将加热器的凝结水断开。电动隔离阀在主控制室手动控制,但是在疏水排汽系统水位仪表检测到加热器壳侧的高-高水位时,电动隔离阀也会自动关闭。这样可以防止汽轮机在管道破裂时进水。在达到高-高除氧器水位时,入口电动隔离门也会自动关闭。

除氧器中的凝结水是由汽轮机高压缸的排汽、高压加热器的闪蒸疏水和汽水分离再热器壳侧疏水加热的。加热器中的水流汇合会使得除氧器中的凝结水有效地加热和除氧。除氧器提供主给水泵给水。未凝结物从除氧器的顶部排出，经过一个孔板和阀组件(作为疏排水和卸压系统的一部分)，流到凝汽器。

6. 真空破坏阀

一个真空破坏阀用来缩短汽机跳闸后惰转的时间。真空破坏阀通过密封水的作用将阀座紧紧关闭来阻止空气的进入。真空破坏阀是一个电动阀。在真空破坏时，它就打开而使得空气进入凝汽器。

在正常停堆期间，真空破坏以10%额定开启速度来进行以防止由于鼓风损失造成的叶片损坏。

8.1.5 凝结水过冷原因及改善措施

凝结水过冷的危害主要表现为凝结水含氧量增加。水中溶解气体的能力是随温度而降低的，当水温接近于饱和温度时，溶解于水中的气体几乎全部逸出。因此，凝结水过冷度的增加，意味着漏入凝汽器的空气有一部分溶解于凝结水中，于是凝结水中含氧量增加了。现在，核电厂二回路水质指标对含氧量提出了严格的要求。即使设置了热力除氧器，凝汽器真空除氧性能至少对于凝结水系统(即凝汽器至除氧器之间的管道系统)的腐蚀行为有重大影响。因此，对于核电厂中的凝汽器，必须采取有效措施，减少凝结水的过冷。

造成凝结水过冷的原因如下：

(1) 凝汽器中汽阻

蒸汽在管束流动过程中存在流动阻力，因此造成压力分布不均匀。在抽气口附近的压力低于排汽口处压力，其压差称为“汽阻”。显然，沿着汽流流动方向，相应的饱和温度是逐渐降低的。

(2) 凝汽器中存在空气

在凝汽器进口处，空气在总汽流中所占的重量百分比一般不大于0.01%，因此凝汽器上部的蒸汽分压力可以认为等于蒸汽空气混合物的总压力。随着蒸汽向抽气口方向流动并不断凝结，空气所占的比例逐渐增加。在抽气口附近，空气含量所占重量百分比可达到50%～60%。此时，蒸汽分压力大大低于混合气体的总压力。相应的凝结水温度也显著降低。造成这一区域凝结水进一步过冷。

改善的措施：

(1) 合理的管束布置

合理的管束布置，对于强化回热作用，降低流动汽阻具有重要意义。回热式凝汽器常采用的一种管束布置形式是辐射型，其特征是回旋状的带形管束排列。带形外侧形成逐渐变窄的蒸汽流道，使蒸汽均匀分配。带形内侧形成的流道使蒸汽空气混合物能直接通往空气冷却区的抽气口。蒸汽在任何方向穿过的管排数不超过(12～16)排，这样不仅能对凝结水回热有利，而且使流动汽阻大大降低。

(2) 改进抽汽系统

在各种电厂负荷运行下，有效地抽除空气对于获得良好的凝汽器除氧效果是很重要的。许多凝汽器在高负荷下能充分地除氧，但在低负荷下除氧效果较差。

在低负荷下，循环水温升减小，凝汽器压力和相应的蒸汽饱和温度也降低，蒸汽凝结区面积缩小而空气冷却区面积增大，引起氧浓度增加。试验结果证明，在 25%负荷时，空气的泄漏量约为 100%负荷时的一倍。因此，在低负荷启动时，必须抽除更多的空气并保持凝汽器的最低压力。这意味着在较低的凝汽器压力下抽气器要有更强的能力。

(3) 鼓泡式除氧装置

不论管束设计如何改进，一些氧气仍溶解在凝结水中，在机组启动、低负荷运行方式时尤其如此。排除这些氧气的有效方法是在热井中设置除氧装置。

8.2　低压给水加热器系统

8.2.1　回热加热器简介

回热加热器按汽水介质传热方式不同可分为混合式和表面式两种。混合式加热器为汽水直接混合传热；表面式则由传热管将加热蒸汽和被加热水分隔开，通过传热管壁实现热传递。

AP1000 回热系统为 7 级配置，由 2 个高压加热器、4 个低压加热器和 1 个除氧器组成，汽水分离系统采用一级分离和二级再热。回热加热器的疏水除 4 号低压加热器配有疏水泵外，其他的加热器采用逐级自流方式。

8.2.2　给水加热器工作原理

回热系统中的热交换设备主要是给水加热器和除氧器。给水加热器一般为表面式热交换设备，有一个壳体、水室、U 形换热管束等组成，如图 8.3 所示。

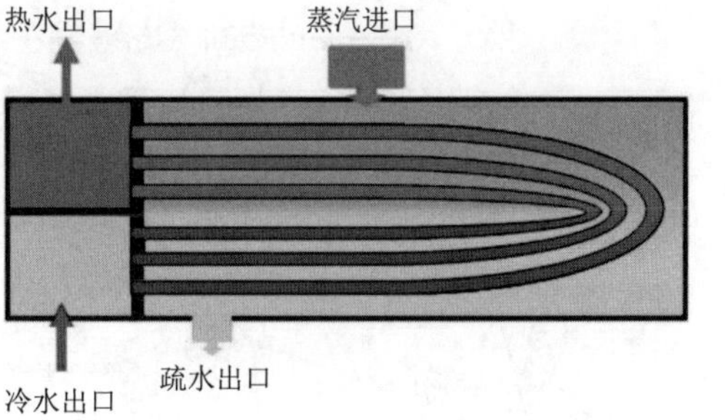

图 8.3　加热器工作原理示意图

蒸汽进入加热器壳体流经换热管束外表面，加热在管束里流动的水，其本身凝结成疏水经疏水管线排出加热器。凝结水经进口水室流入换热管束被蒸汽加热，经出口水室流出完成加热过程。加热器传热效率与加热器的传热面积、传热管子的清洁度、给水流速、加热蒸汽和给水的温度等因素有关。

一般把位于凝结水泵以后和除氧器以前的给水加热器处于凝结水泵出口压力下工作，称为低压给水加热器；位于主给水泵出口以后的给水加热器处于给水泵高压力下工作，称为高压给水加热器。

8.2.3　低压给水加热器系统功能

低压给谁加热器系统的主要功能是：

1）接受低压缸抽汽，消除低压缸流通部分的水分。

2）用抽汽来加热凝结水，提高二回路循环热效率。

8.2.4 低压加热器结构

1. 二代压水堆核电厂低压加热器

某大型压水堆核电厂总共有四级低压加热器。1、2 级为复合式加热器，3、4 级为表面式加热器。复合式加热器是指第 1 级和第 2 级低压给水加热器组合在一个共同的壳体内。每台机组有结构完全相同的三台复合式加热器，分别布置在三个凝汽器内。每台复合式加热器外壳内包容着两级用内壳体分隔开的 U 形管加热器，每级都是双流道 U 形管表面式热交换器。给水在 U 形管内流动，加热蒸汽在 U 形管外侧流动。第 3、4 级低压加热器均为两列各为 50%流量的 U 形管表面式加热器，图 8.4 为卧式低压加热器，它由一个壳体、U 形管束，防蒸汽冲击板、隔板、管板和给水进、出口水室等组成。U 形管胀接在管板上，管板再与水室和壳体焊在一起。给水从水室端下部进入，经 U 形管束从上半水室流出；加热蒸汽进入壳体遇到防蒸汽冲击板后，流向管束与壳体之间的环形蒸汽空间，沿 U 形管长度均匀分布，进入加热管束加热给水，凝结水由壳体底部的疏水口排出。

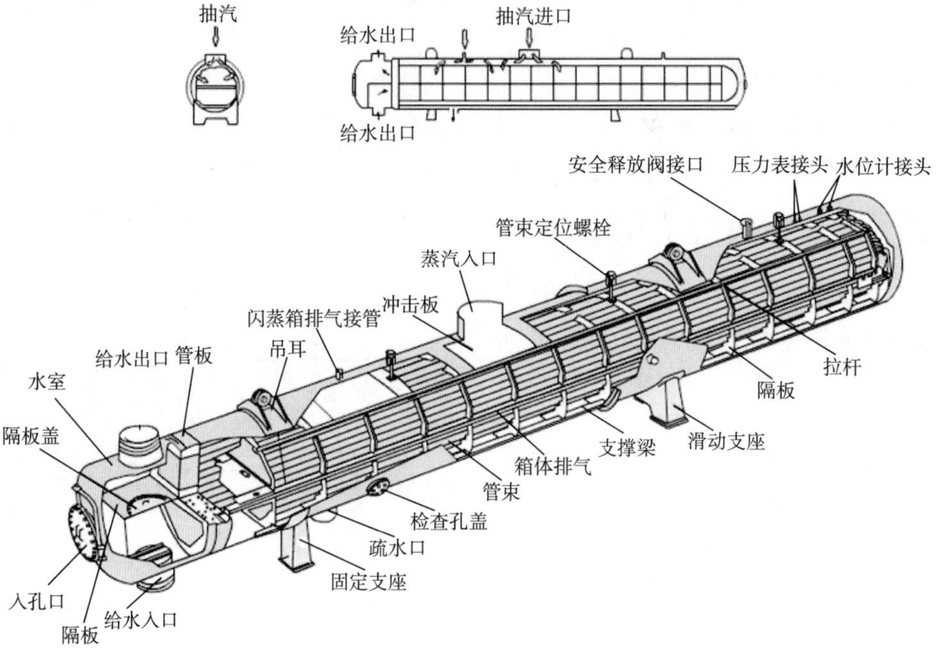

图 8.4 卧式低压加热器

第 3、4 级低压加热器结构基本相似，其主要差别是第 4 级低压加热器管束底部设有疏水冷却区，面积占总传热面积的 5.7%，使进入下级加热器的疏水温度得到进一步降低，增加循环效率。

2. AP1000 低压加热器

AP1000 低压加热器为卧式、管壳式、凝结式表面式热交换器。加热器壳体为碳钢，换热管为 304L 不锈钢，管板材料为碳钢并覆盖有不锈钢覆层。加热器的抽汽入口设有防冲挡板及疏水冷却段。1 号和 2 号加热器安装在冷凝汽颈部。低压给水加热器由壳体、管束、水室、管板和隔板等组成，其结构如图 8.5 所示。

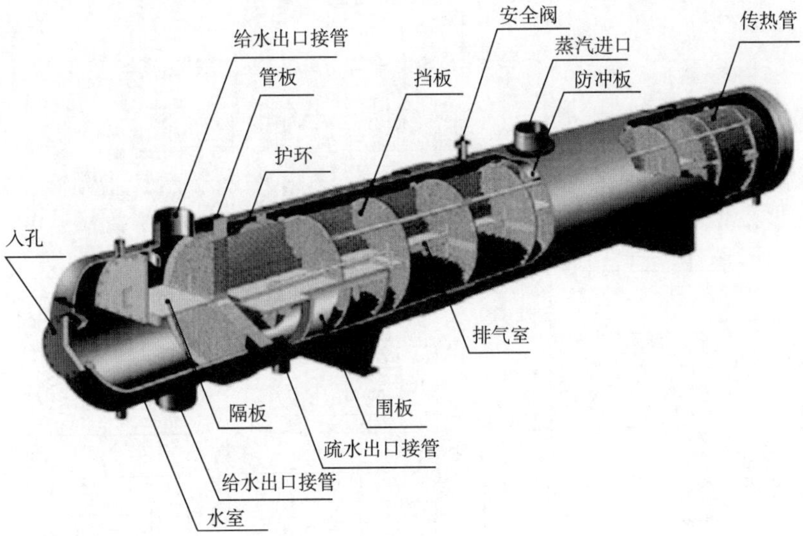

图 8.5　低压给水加热器结构图

每列 1、2 级低加设置一台水侧安全阀，避免管侧被隔绝而壳侧仍有蒸汽产生的过压。每列 3、4 级低加除设置一台水侧安全阀外，在每台加热器上还设置一台汽侧安全阀，管道破裂时，汽侧安全阀保护壳侧免于受到过压损坏。而 1、2 级低加由于壳体不会与汽轮机隔离，故汽侧不设置安全阀。

8.2.5　系统描述

1. 二代压水堆核电厂低压给水加热器系统描述

低压给水加热器系统可分为凝结水流程、抽汽流程、疏水流程、排气流程、卸压装置几部分，如图 8.6 所示。

(1) 凝结水流程

由凝结水抽取系统送来的凝结水，经过隔离阀 CEX001VL 后分成并列的三路，分别进入三台复式加热器中的第 1 级低压加热器的进口水室。经第 1、2 级加热器加热后，凝结水由 2 号低压加热器出口水室出来后又汇合在一起，再经隔离阀 CEX003VL 后分为两路，进入并列的第 3、4 级低压加热器。从两台 4 号低压加热器出来的凝结水汇集到一根凝结水管进入除氧器。

(2) 抽汽流程

各级低压加热器的加热蒸汽来自三台汽轮机低压缸抽汽。第 1 级加热器的抽汽来自 1、2、3 号低压缸的前后流道第 4 级后抽汽，每台加热器有 4 根抽汽管，每台低压缸对应一台加热器。第 2 级加热器的抽汽来自 1、2、3 号低压缸的前后流道第 3 级后抽汽，每台加热器有 2 根抽汽管，每台低压缸对应一台加热器。第 3 级加热器的抽汽来自 1、3 号低压缸前后流道的第 2 级后抽汽，两根抽汽管汇集成一根管子进入到加热器，每台低压缸对应一台加热器。第 4 级加热器抽汽来自 2 号低压缸的前后流道第 1 级后抽汽，每台加热器有 1 根抽汽管，分别对应 2 号低压缸的前后流道。

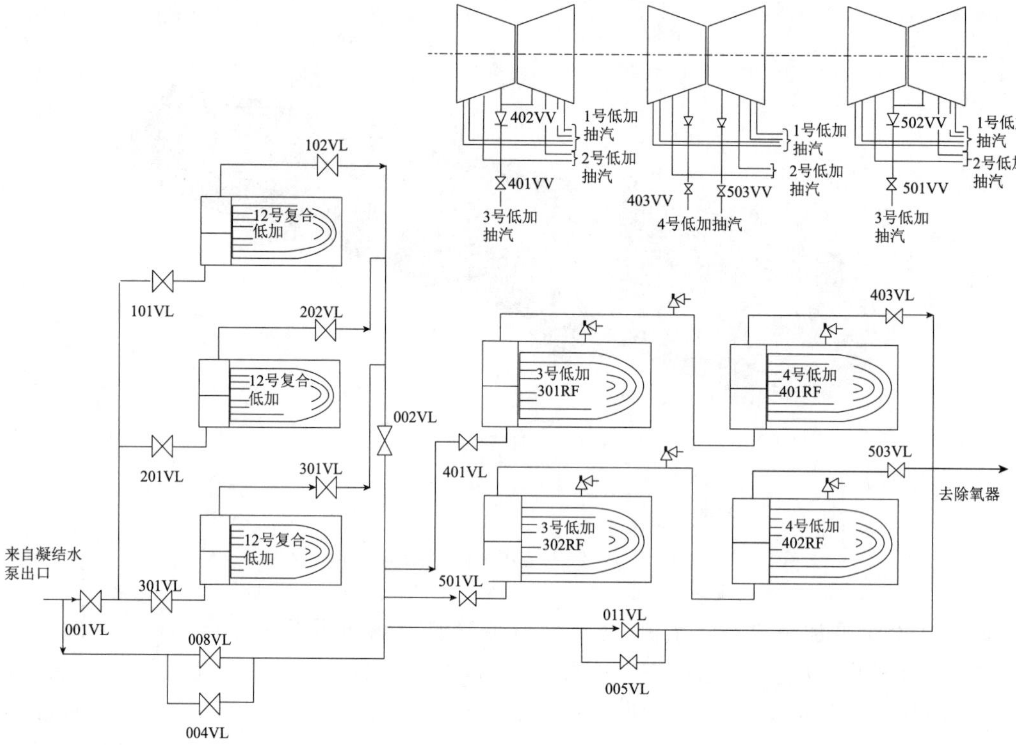

图 8.6 低压给水加热器系统流程简图

(3) 疏水流程

低压加热器系统的疏水来源一般有抽汽管疏水和加热器疏水。

1) 抽汽管疏水

第 3、4 级抽汽管道上的止回阀前后设置由疏水器和并联的电动旁路阀控制的疏水管线，机组低负荷时，电动旁路阀开启，将水排出。高负荷时，旁路阀关闭，疏水器投运。疏水均排到凝汽器。

2) 加热器疏水

第 1、2 级低压加热器的疏水采用逐级自流方式，2 号低压加热器的疏水溢流到 1 号低压加热器，再从 1 号低压加热器直接排到凝汽器。溢流管的尺寸设计为最多能对付 5 根传热管破裂。

第 3、4 级加热器设有专门的疏水系统——低压加热器疏水系统(ACO)。该系统由两列组成，分别对应两列低压加热器。

第 4 级低压加热器设有水位控制的疏水控制阀，将疏水排往低压加热器疏水接收罐(ACO301/302BA)。第 3 级低压加热器没有水位控制，其疏水是用不会堵塞的管子直接通往低压加热器疏水接收罐。

(4) 排气系统

排气系统是用来将聚集在加热器壳体内的不凝结气体排走，以免这些气体影响传热，从而影响加热器的性能。低压加热器的排气都直接通向凝汽器。每根排气管上在靠近加热器处有一个隔离阀，在终点处有一个孔板。但在复式加热器的排气管上没有隔离阀。

2. AP1000 低压给水加热器系统描述

低压给水加热器系统的设计是利用抽汽在 4 个独立的级内加热凝结水。1 级、2 级低加分三列布置，每列位于一个凝汽器壳体中。在工作过程中，每列加热器都可以从运行中解列。

3 级、4 级低压加热器使用两列式布置，每级都有两个加热器，布置在平行的通道上。在工作过程中，每列 3 级、4 级低压加热器能作为一组从运行中解列。当一列加热器被隔离时，25%流量的加热器旁路阀会打开。

(1) 水侧流程

正常时，由凝结水系统送来的凝结水，经过调节阀后分成 3 条并列管线，分别进入 3 列低压加热器的第 1 级低加的水室，经过第 1、2 级加热器的 U 形管，从第 2 级低压加热器的出口水室排出，汇集在母管中，然后分成 2 条并列的管线分别进入并列的第 3 级低压加热器的进口水室，然后进入第 4 级低压加热器，凝结水汇集成一条管线进入除氧器。每列的 1 级、2 级低压加热器和每列 3 级、4 级低压加热器可以从运行中解列，低压加热器部分解列后需要对汽轮机功率水平进行限制。

(2) 汽侧流程

各级低压加热器的蒸汽来自 3 个低压缸的抽汽。第 1 级抽汽来自 3 个低压缸前、后流道，各有 4 根管道进入 3 列第 1 级低压加热器；第 2 级抽汽来自 3 个低压缸前、后流道，各有 2 根管道进入 3 列第 2 级低压加热器；第 3 级抽汽来自第 1、3 级低压缸前、后流道，合成一根管道分别进入两列第 3 级低压加热器；第 4 级抽汽来自第 2 级低压缸前、后流道，各有一根分别进入两列第 4 级低压加热器。

进入第 3、4 级低压加热器的抽汽管道上都装有逆止阀和隔离阀，前者都尽量靠近汽轮机入口，以减少中间容积，防止汽轮机甩负荷时蒸汽或水倒入汽机，引起汽机超速或损坏叶片；后者靠近加热器侧，以防 U 形管泄漏或疏水受堵而引起满水倒入抽汽管道。3、4 级低压加热器抽汽布置如图 8.7 所示。

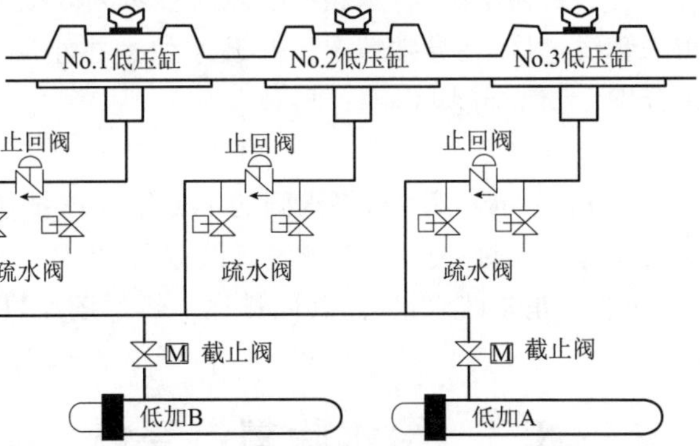

图 8.7　3、4 级低压加热器供气系统示意图

1、2 级低压加热器直接安装在凝汽器喉部，大大缩短了抽汽管道长度，减少了中间容积，减少了汽轮机超速的危险性，所以加热器的抽汽管道上不装逆止阀。1、2 级低加抽汽布置如图 8.8 所示。

(3) 疏水流程

1) 抽汽管道疏水

在第3、4级抽汽管道逆止阀前、后都设有电动疏水阀,将抽汽管的疏水排到凝汽器。第1、2级抽汽由于无阀门且管道短,所以没有疏水器。

2) 加热器疏水

加热器疏水是指抽汽进入加热器加热给水后凝结的水,这部分疏水量较大,在回热加热器疏水常采用逐级自流方式。

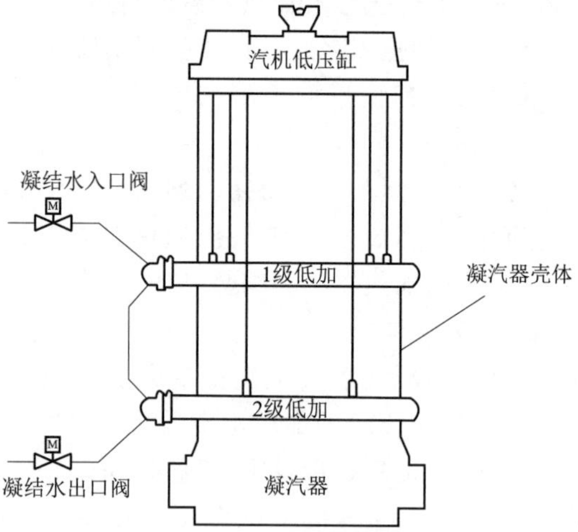

图8.8 1、2级低压加热器供气系统示意图

1、2级低压加热器的疏水:

2级低压加热器的正常疏水逐级自流到本列的1级低加,A列和C列的1级低压加热器的疏水排往本列凝汽器,B列1级低压加热器正常疏水排往C列凝汽器。正常疏水管线上设有调节阀以维持加热器汽侧的水位。

1、2级低压加热器都设置有紧急疏水管线,防止汽侧水位异常升高造成汽轮机水击。A列和C列低压加热器的紧急疏水排往本列的凝汽器,B列低压加热器的紧急疏水排往C列凝汽器。

3、4级加热器疏水:

第3、4级低压加热器疏水通过专设的疏水排汽系统实现。第3级低压加热器没有水位控制阀,疏水直接流向低压加热器疏水箱。第4级低压加热器设有水位控制阀,将疏水自流到低压加热器疏水箱,水位控制信号来自第4级低压加热器壳体上的水位变送器;另外4级低压加热器设有应急排往凝汽器的疏水管线。

每台低加疏水箱配有一台输水泵,将水箱中疏水排往本列3级低压加热器出口;另设置排往凝汽器的紧急疏水管线,以便在异常情况下将疏水快速排至凝汽器。低压加热器疏水箱水位在不同情况下分别由调节阀来控制。

(4) 排气流程

1、2级低压加热器上方设置排气管线,将汽侧的不凝结气体排往凝汽器,防止不凝结气体影响传热效果及对设备造成腐蚀。除上方排气管线以外,2级低加疏水冷却段也设置一条排排气管线,排气与加热器正常疏水汇合,共同排往1级低压加热器。

8.3 给水除氧器系统

8.3.1 系统功能

给水或凝结水中溶解的氧气会对热力设备和管道造成腐蚀。尤其是压水堆核电厂,运行经验表明,蒸汽发生器传热管破裂是多数核电厂会遇到的麻烦,严格控制二回路水质是减少蒸汽发生器传热管破裂事故发生频率的重要措施。给水(或凝结水)中溶解的氧气对热力设备和管道等都会产生腐蚀,溶解在其中的其他不凝结气体将影响传热,降低传热效果,因此必须除去。

给水除氧器系统的功能如下:

1) 向给水泵提供经过加热和除氧的水;

2) 维持给水泵增压泵的净正吸入压头,防止泵的汽蚀;

3) 除氧器具有一定储水空间,可以作为在蒸汽发生器需水量和凝结水给水量不匹配时的缓冲器;

4) 接收下列汽和水:由低压加热器来的主凝结水;经蒸汽发生器排污水加热的凝结水;给水泵的再循环管的回水;6 号高压加热器的疏水和排气;辅助蒸汽;5 级抽汽。

5) 排出分离出的不凝结气体;

6) 在回路净化、启动或试验时,将水排往主凝汽器。

8.3.2　热力除氧的原理

一般来讲,除氧一般由化学除氧和物理(热力)除氧,且在电厂中都有用到。在回热系统中,采用除氧器除氧是一种热力除氧方法,同时,除氧器又作为回热系统中的一级加热器。

除氧器除氧的工作原理基于如下两个定律:

1) 道尔顿定律(分压定律):容器里混合气体的总压力等于各种气体分压力之和。对除氧器来说,即

$$p = \sum p_i + p_{H_2O} \tag{8.1}$$

式中:p——除氧器内压力;

p_{H_2O}——除氧器内水蒸汽内分压力;

$\sum p_i$—— 除氧其内部凝结气体分压力。

水加热时,随着水的蒸发过程不断加强,水面上的水蒸气分压会逐步增加,相应其他气体的分压力比将不断减小。当达到饱和温度时,水蒸气的分压力几乎等于水面上气体的总压力,其他气体的分压力比便会趋于零。

道尔顿定律的理论意义在于提供了用加热水至沸腾时水面上气体分压力为零的方法。

2) 亨利定律:当溶于水中的气体与从水中逸出的气体处于动态平衡时,单位体积内溶解的气体量和水面上该气体的气体分压力成正比。

$$b = K\frac{p_b}{p} \tag{8.2}$$

水面上某气体的实际分压力 p 小于水中溶解该气体所对应的平衡压力 p_b,则会在不平衡压差 Δp 作用下自水中离析出来,直到平衡。反之,气体继续溶解在水中。

亨利定律的理论意义在于如能够使水面上某气体实际分压力为零,即排净该气体,在不平衡压差作用下就可以把该气体从水中完全除掉。

热力除氧的过程是一个传热传质过程,必须满足热力条件和传质条件。首先,要保证将水加热至相应压力下的饱和温度。实践表明,即使少许的加热不足,也会明显影响到除氧效果。图 8.9 给出了水中残余溶氧量与加热温度不足时的关系曲线。在大气压力下加热温度

低 1 ℃时，水中含氧量达 0.2 μg/g；其次，要提供有利于气体从水中离析的环境，式 8.3 气体从水中离析出来的量与传质系数、传质面积、和传质不平衡压差。为了排净气体，必须要有足够大的汽水接触面和不平衡压差。

$$G = K_m A \Delta p \tag{8.3}$$

式中：G——气体从水中离析出来的量；

K_m——传质系数；

A——传质面积；

Δp——传质不平衡压差。

为确保除氧效果，在机组运行过程中应做到以下几点：

1）将除氧器中的凝结水加热到除氧器工作压力下所对应的饱和温度；

2）及时排走由水中析出的气体，防止气体在除氧器内聚积，使其分压升高；

3）尽可能扩大凝结水与加热蒸汽的接触面积，加快加热过程；

4）除氧器有足够的空间，以保证有足够的时间加热凝结水，并使气体从水中析出；

5）运行中应尽量保证除氧器内的压力稳定。

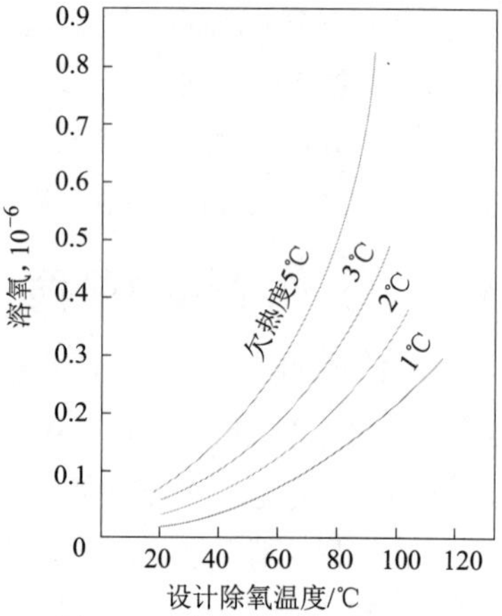

图 8.9 水中残余含氧量与欠热度的关系

8.3.3 除氧器的类型及结构

除氧气类型主要分为：真空式除氧器、大气式除氧器和高压除氧器。下面主要介绍两种类型的除氧器及 AP1000 除氧器的结构。

1. 大气式淋水盘式除氧器

大气式淋水盘式除氧器如图 8.10 所示。水由塔的上部进入，通过溢水口流入最上面的淋水盘。在盘的整个环形面积上开有直径为 5～6 mm 的小孔。通过这些小孔水呈细水柱状降落到下一块盘上，再经过同样的小孔流到再下面的淋水盘上。沿高度安装有 4～8 块淋

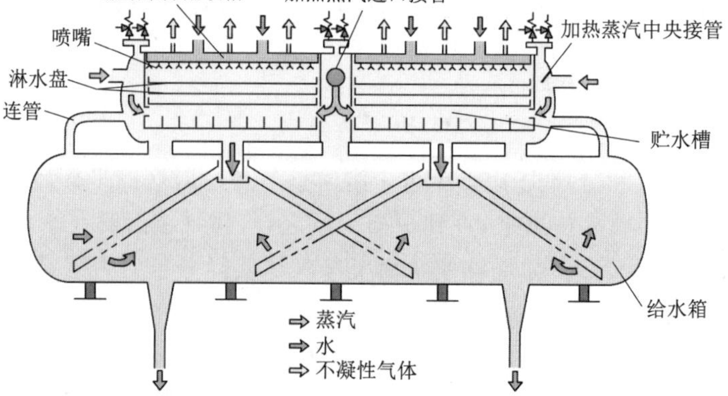

图 8.10 淋水盘式除氧器和给水箱示意图

水盘，其中一部分为圆形，另一部分为环形，相间布置。加热蒸汽从塔的下部进入，向上多次折流与下落水柱接触(蒸汽流动方向如图中箭头所示)。余汽和被除气体从塔顶部排出，除氧水汇集到下面的贮水箱。

2. 卧式喷雾式除氧器

图 8.11 所示为卧式喷雾式除氧器结构简图。与传统的除氧塔不同，它采用卧式结构，除氧水箱是一个圆筒形压力容器，其内径 4.3 m，长 50 m。水箱内沿筒体轴向在上部空间装有 3 个蒸汽分配装置，每个蒸汽分配装置包括一根供汽管，两根平行布置的蒸汽分配管和多根蒸汽鼓泡管(又称耙管)。每根蒸汽分配管下侧焊有若干耙管。蒸汽耙管直径 90 mm，长度 2 635 mm，下端被封住，且只钻一个直径 9 mm 的疏水孔。距封闭端面 284 mm 一段蒸汽耙管上，钻有 104 个直径 8 mm 的放汽孔。这些孔总是低于除氧水箱紧急低水位。

除氧水箱上部沿长度方向均匀布置了 4 个喷雾器，用来将被除氧的水雾化。喷雾器由一不锈钢薄片组成，它们在内部水压的作用下，将薄钢片张开，给水以很细的水滴喷出。

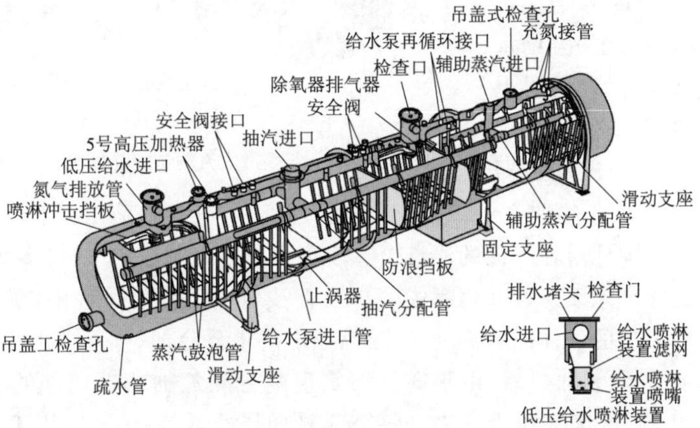

图 8.11　卧式喷雾式除氧器除氧器结构示意图

加热蒸汽经蒸汽进口管引至蒸汽分配管，然后分配到蒸汽耙管。蒸汽从耙管上的孔流出加热除氧水箱的给水。一部分蒸汽在与给水混合时凝结；未凝结的蒸汽从液面逸出，与喷雾器喷洒的给水进行热量和质量交换。喷雾器喷洒的给水水滴溅到水箱内的溅射挡板上，在周围空间形成雾化区，雾滴在向下降落过程中与上升的加热蒸汽充分接触，蒸汽对雾滴加热，使给水加热到除氧压力下对应的饱和温度，不凝结气体从排气管排至凝汽器。每个喷雾器的流量在 10%～100%范围内变化时，都能达到雾化和除氧效果。

这种除氧器工作压力 0.75 MPa，属于高压除氧器，凝结水含氧量$<12\times10^{-9}$时，经除氧后的给水含氧量$<5\times10^{-9}$。

3. AP1000 除氧器结构

AP1000 除氧器被安装在四级低压加热器(1,2,3,4 号低压加热器)和两级高压加热器(6,7 号高压加热器)之间，可以认为除氧器是第 5 级加热器。除氧器有三个功能：加热凝结水，去除凝结水中的不凝性气体和溶解氧以及为主给水前置泵提供足够的净正吸入压头。不凝性气体携带少量的蒸汽被排往凝汽器。除氧器为直接接触、喷雾浅盘式。除氧器由除氧加热器、除氧器水箱以及必要的管道、阀门和附件组成。正常运行水位时，除氧器水箱能为最大运行工况下的给水泵提供大约 5 min 的供水。除氧器水箱能容纳从零负荷到满负荷蒸汽发生器水装量的变化。

除氧器是给水回热循环的一部分，接受下列介质：汽轮机抽汽，用于加热给水和除氧；来自低压给水加热器的凝结水；高压给水加热器的疏水和排气；主给水泵的小流量循环水。图 8.12 为 AP1000 除氧器结构图。

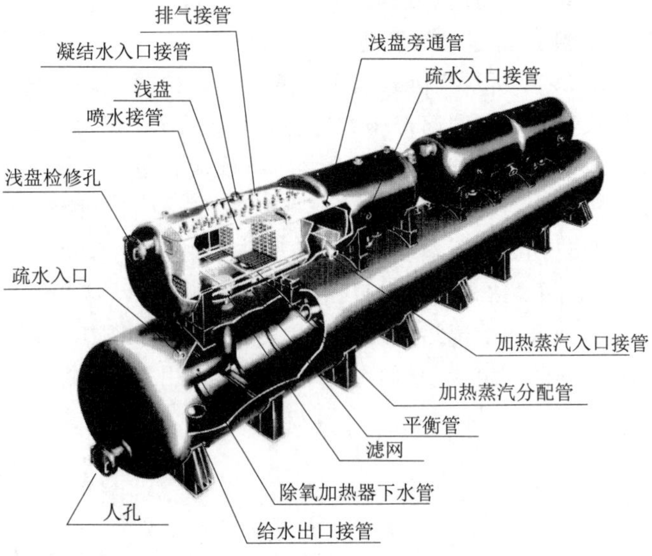

图 8.12　AP1000 除氧器结构图

(1) 喷雾浅盘式除氧加热器

除氧加热器由除氧器壳体、浅盘、浅盘结构支撑、水室、喷嘴、平衡管等组成。浅盘由内部结构进行支撑，其布置使得蒸汽和凝结水可以直接逆向接触，接触在两层上进行。水室置于除氧加热器顶部，其上装有喷嘴。来自低压加热器的凝结水由装在水室上的喷嘴喷入除氧器。喷嘴设计为在任何负荷工况下都能喷出均匀的水幕。喷嘴喷出的水均匀地落在下面的浅盘上。浅盘为不锈钢制成，分成许多级。这样，水滴落下时会被击碎并已深度除氧。在从喷嘴中喷出及在浅盘上下落的过程中，凝结水被加热及除氧。从凝结水中释放出的气体向上流动，被喷嘴喷出的水幕冷却，再通过孔板排向凝汽器。

除氧器共有两台除氧加热器，由平衡管来实现两台除氧加热器内部的压力平衡。除氧加热器上装有释放阀、温度和压力仪表。每个除氧加热器上都有开口，用于检查及更换内部零件。喷嘴和浅盘由不锈钢制成，除氧加热器壳体由成型钢板熔焊而成。

(2) 除氧器水箱

除氧器水箱由成型钢板熔焊而成，包括壳体、出水管、过滤器、平衡管等，还连接有给水泵的入口和再循环接管、溢流接管、疏水接管、仪表接管、自动水位控制器、玻璃水位指示管、取样接管。

被加热除氧的凝结水从除氧加热器通过下水管进至除氧器水箱中。除氧器水箱与除氧加热器之间装有平衡管。

除氧器到给水泵的供水管上装有过滤器，以过滤剥落的水垢和杂质。除氧器水箱上的人孔则用于检查和清洁水箱。除氧器水箱有足够的支撑，以应对负荷突然变化时给水闪蒸引起的应力。

除氧器水箱至给水泵出水管上装有防汽化和防涡流装置，以避免负荷突然变化引起的汽化和相应影响。除氧器水箱上装有高低液位报警开关。除氧器水箱的玻璃水位计为反射型，能够覆盖整个水箱高度。

8.3.4　系统描述

AP1000 除氧器系统可分为凝结水流程、加热蒸汽流程、再循环系统、排气系统和卸压系统几部分。

1. 凝结水流程

由低压加热器来的凝结水通过装在除氧器顶部的四个喷雾头进入除氧水箱内部，与加热蒸汽混合、加热、除氧后沿除氧水箱底部的三根下降管分别进入三台主给水泵的入口。

2. 加热蒸汽流程

除氧器的加热汽源有辅助蒸汽、高压缸排汽、新蒸汽三个汽源，分别在不同工况下使用。

辅助蒸汽是在除氧器系统启动时用于加热水箱内的水，同时也对水箱内的水进行初始除氧。它由辅助蒸汽分配系统通过一个隔离阀和一个控制阀提供，维持除氧器内压力为 0.143 MPa(绝对压力)。

高压缸排汽在正常运行时使用，蒸汽通过高压缸排汽管道上引出的一根蒸汽管经一个逆止阀和一个隔离阀进入除氧器蒸汽分配装置。此时，除氧器内压力取决于高压缸的排汽压力，是随机组工况变化的。

新蒸汽用在汽轮机脱扣、甩负荷或低负荷运行(小于 20%额定负荷)等瞬态运行工况下，主要为了维持除氧器的压力恒定，一方面防止因主给水泵吸入口压力低而跳闸，另一方面保证除氧效果。在进入除氧器之前的蒸汽管道和阀门(共有三根管道，每根管道由一个隔离阀和控制阀)属于蒸汽旁路排放系统除氧器排放部分，而进入除氧器时，则是和高压缸排汽共用相同的蒸汽分配装置。

3. 再循环系统

当利用辅助蒸汽对除氧水箱进行启动加热时，为了达到高度除氧和缩短加热时间，设置一个再循环系统。它由一台再循环泵及相应的管道和阀门组成。再循环泵由除氧水箱底部吸水，然后将水送到除氧器上部主凝结水管道内，通过其中一个喷雾头进入除氧水箱。为了保证箱内给水作最大的循环，再循环泵的吸水口和进水口距离较远。

另外在除氧水箱底部还设有一根向凝汽器的再循环管线，用于机组启动时除氧器系统的清洗，同时亦可以在启动、调试及紧急情况下降低除氧器的高水位。

4. 排气系统

为及时地排出除氧器中的不凝结气体保证除氧效果设置排气系统。除氧器壳体上的八条放气管合成一根母管后又分成两条排气管线，每条排气管线有一个隔离阀控制。一条管线通向大气，另一条通向凝汽器。当除氧器使用辅助蒸汽时，开启向大气排放的隔离阀。当汽轮机组正常运行时，这个阀关闭，而向凝汽器排放的隔离阀应开启。

5. 卸压系统

为防止除氧器超压，设置了卸压系统，它由 12 个完全相同的卸压阀门组成，以满足可能出现的最大流量要求。另外，还设有一个附加的卸压阀，卸压阀的整定压力为 1.071 bar(绝对压力)。

8.4　高压给水加热器系统

8.4.1　系统功能

AP1000 高压给水加热器系统的功能为：

1）利用汽机6、7级抽汽来加热给水，提高汽轮发电机组的效率；

2）作为高压汽缸抽汽的分流点；

3）收集汽水分离再热器的疏水和排气；

4）从蒸汽侧排出不凝结的气体到除氧器。

8.4.2 高压加热器结构

AP1000高压给水加热器系统有第6、7级两级四台加热器，分成并列的两列，每列承担50%的给水流量。

第6、7级高压加热器结构相似，均为双流程表面式U形管式热交换器，给水在管内流动，蒸汽在管外流动。加热器由一个壳体、管板、进出口水室、U形加热管束等组成。

传热管是外径为19 mm、壁厚1.75 mm的不锈钢有缝焊接的U形管。管板为表面堆焊了一层因科镍的碳钢管板，管子与管板的连接是先焊接后胀接。管板焊接在加热器壳体上。

加热器一端布置有给水进、出口水室，壳体上部设置加热蒸汽进口，进口处设有不锈钢防护片，防止蒸汽对管束的直接冲刷。此外壳体上还安装有排气、卸压、测量等装置。

加热器除凝结段外还有疏水冷却段，疏水冷却段设在加热器底部的一个独立的罩壳内，设有档板使疏水与给水逆向流动，提高传热效果。设置疏水冷却段的目的尽可能增加本级加热器的热量利用率，提高循环效率。6、7号高压加热器的主要差别在于疏水冷却段的大小，6号高压加热器的疏水冷却段占总传热面积的23%，而7号高压加热器的疏水冷却段只占总传热面积的10%。AP1000高压加热器结构图如图8.13所示。

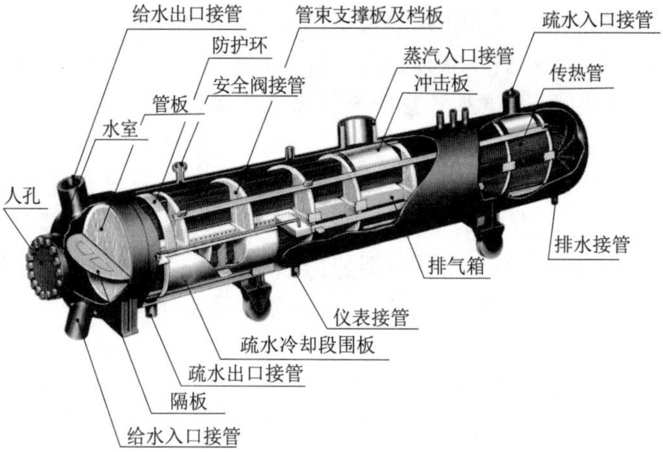

图8.13 AP1000高压加热器结构图

8.4.3 系统描述

高压给水加热器系统由给水系统、抽气系统、疏水系统、排气系统组成。

1. 给水系统

主给水泵出口集管的主给水，分两路分别进入两列高压加热器。两列高压加热器出口经过加热的给水汇入一条给水集管，再分别送入两台蒸汽发生器。高压加热器每列为50%

容量,单列高压加热器切除时给水旁路阀打开,旁路容量为25%满负荷给水流量。

2. 抽汽系统

供给7级高压加热器的抽汽为来自汽轮机高压缸的7级抽汽,供给6级高压加热器的抽汽为来自汽轮机高压缸的6级抽汽。抽汽管线逆止阀后分成两路到两台并列的高压加热器,逆止阀尽量靠近汽轮机,以减少中间容积,防止汽轮机甩负荷时蒸汽或水倒入汽轮机,引起汽轮机超速或损坏叶片;另外有一个电动隔离阀靠近加热器,以防止加热器满水倒流进入抽汽管线或汽轮机。

3. 疏水系统

(1) 加热器疏水

工作中,7级高压加热器汽侧接收来自汽水分离再热器1级和2级加热蒸汽凝结水以利用其剩余热量提高热力循环效率;7级高压加热器的疏水逐级自留到6级高压加热器汽侧,6级高压加热器的疏水排往除氧器。逐级自流的疏水管线上都设置了调节阀以控制高压加热器汽侧的水位。

为防止加热器满水,6级和7级高压加热器都设置了排往凝汽器的紧急疏水管线。紧急疏水管线和正常疏水管线的通流能力相同,都为正常疏水量的130%。

(2) 抽汽管道疏水

抽汽管道逆止阀前、后都设有管道疏水阀,将抽汽管道疏水排往凝汽器。

4. 排气系统

高压给水加热器的放气系统用于排出加热器壳体内收集的不凝结气体,改善加热器的热交换条件,以免阻碍传热,降低加热器的传热性能。

7级高压加热器向6级高压加热器的抽汽管排气,而6级高压加热器向除氧器排气,最后由除氧器排到凝汽器。每根放气管上有一只隔离阀和一个孔板。

8.4.4　回热系统运行

AP1000回热系统高压加热器疏水逐级自流到除氧器,1、2号高压加热器逐级自流到凝汽器,系统补水至凝汽器。AP1000回热系统采用1级高压加热器,因而各级加热器的传热端差增加而降低效率0.1%左右。

在4级低压加热器中,除4号低压加热器有疏水冷却段并将疏水回流到5号低压加热器外,其余低压加热器疏水分别直接流到凝汽器。回热系统疏水逐级自流,没有设疏水泵。

8.5　加热器疏水和排气系统

8.5.1　系统功能

(1) 高低压疏水传输

疏水系统将高压疏水逐级输送至除氧器。高压疏水包括汽水分离器(MS)本体疏水和汽水分离再热器(MSR)管侧疏水,也包括高压加热器加热蒸汽凝结下来的疏水。疏水系统将1、2号低压加热器的低压疏水逐级输送至凝汽器。而3、4号低压加热器的低压疏水则由加热器疏水泵输送至凝结水系统。疏水中的余热在给水回热循环被重新利用，从而提高了电厂热效率。必要时，疏排水系统也可以直接将MS本体疏水、汽水分离再热器管侧疏水高压加热器疏水以及低压加热器疏水输送至凝汽器。

(2) 汽水分离再热器管侧及给水加热器壳侧排气

疏水排汽系统为不凝结气体排出汽水分离再热器管束提供排气管道。高压加热器壳侧排气管道与除氧器相连，持续排出不凝结气体，以维持加热器传热性能。低压加热器壳侧排气管道逐级或直接与凝汽器相连，持续排出不凝结气体，以维持加热器传热性能。

8.5.2 系统描述

加热器疏水和排气系统是一个疏水排气的输送系统。疏水排汽系统主要在凝结水系统，主给水系统以及汽水分离再热器系统间传输疏水，与凝结水系统及主蒸汽系统配合来达到防止汽轮机进水的目的。疏水排汽系统主要设备有：两个MS本体疏水箱、四个汽水分离再热器一级疏水箱、四个汽水分离再热器二级疏水箱、两个50%的MS疏水泵、两个低加疏水箱、两个50%的低加疏水泵、调节阀、系统管道和相关系统仪表。加热器疏水系统管道及设备都位于汽轮机厂房内。高低压疏水传输。

正常工况下，汽水分离再热器一级加热器管侧疏水流入汽水分离再热器一级疏水箱，然后被输送到7号高压加热器。图8.14汽水分离再热器疏水系统图。

在MS中，高压缸排汽中的水分被分离出来并汇集到MS疏水箱中，正常工况下，MS疏水被MS疏水泵输送至除氧器。图8.15为MS疏水系统图。

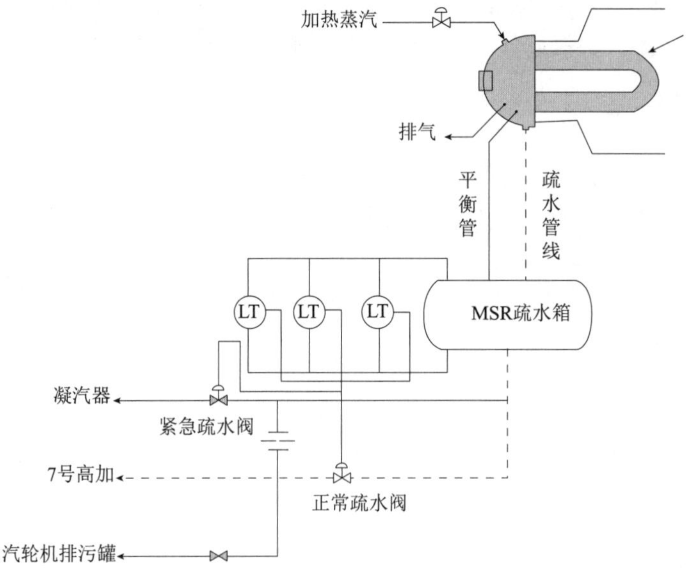

图8.14 汽水分离再热器MSR疏水系统

7号高压加热器的正常疏水要逐级自流到6号高压加热器，6号高压加热器的正常疏水要逐级自流到除器。图8.16为高压给水加热器疏水系统图。

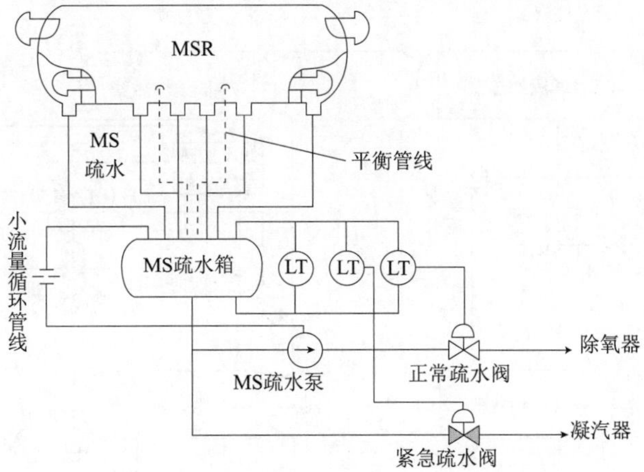

图 8.15　MS 疏水系统

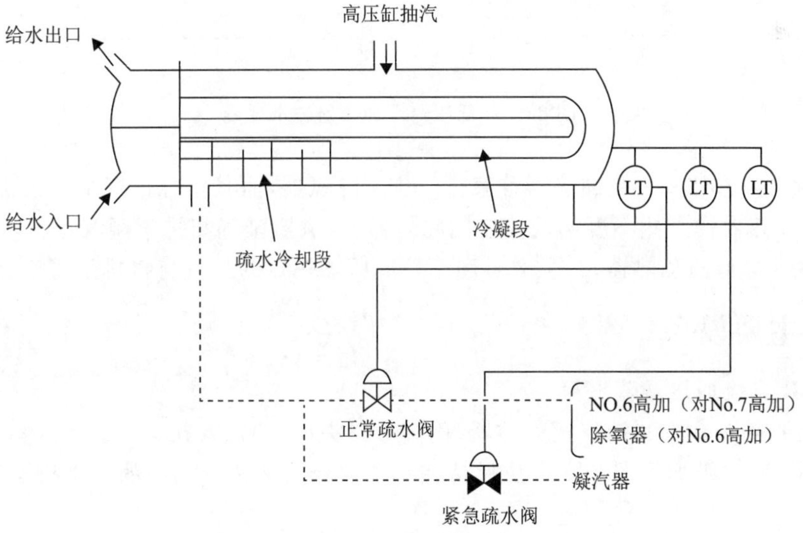

图 8.16　高压给水加热器疏水系统

每个高压给水加热器及 MS/MSR 疏水箱的疏水管道上都有一条直接与凝汽器相连的紧急疏水管道，该管道具有快速疏水能力，以防止在异常情况下加热器(或疏水箱)满水。

3、4 号低压给水加热器的正常疏水通过控制阀连接到低压疏水箱，然后由低压疏水泵输送到 3 号低压给水加热器下游的凝结水管道中。图 8.17 低压给水加热器疏水系统。

2 号低压给水加热器的正常疏水逐级自流到 1 号低压给水加热器，1 号低压加热器则正常疏水至凝汽器。四级低压给水加热器及低压疏水箱都有一条直接与凝汽器相连的紧急疏水管道。

8.5.3　汽水分离再热器管侧及加热器壳侧排气

电厂正常运行工况下，MSR 二级加热器管束排气排至 7 号高压加热器；而在异常情况或 7 号高压加热器未投运的电厂启动工况下时，排气则直接排至凝汽器。

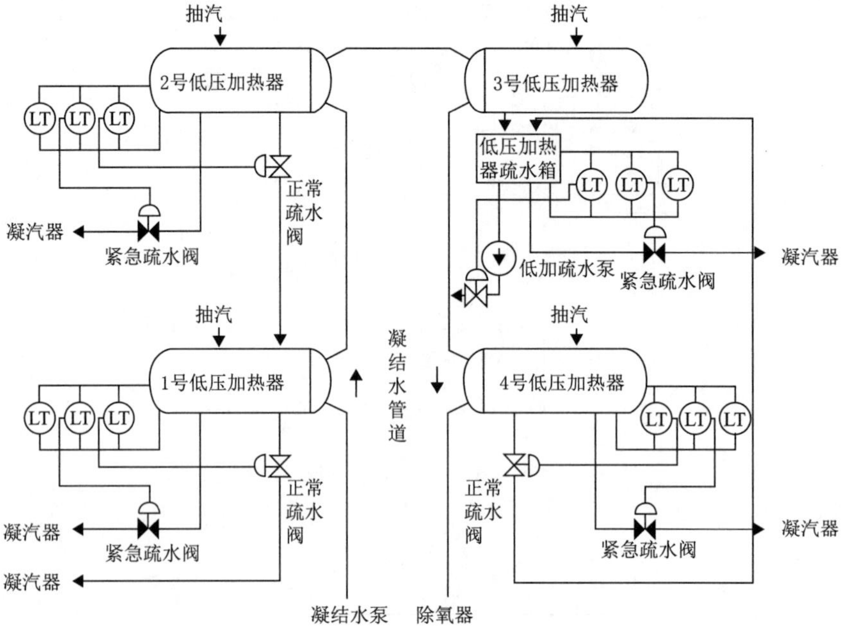

图 8.17 低压给水加热器疏水系统

正常情况下,MSR 一级加热器管束排气排至除氧器,而其紧急排气则直接排至凝汽器。6、7 号高压加热器的壳侧不凝结气体排向除氧器;除氧器排气则排至凝汽器。4 号低压加热器排气去往 3 号低压加热器,3 号、2 号和 1 号低压加热器的排气直接排至凝汽器。

8.5.4 主要设备

1. MSR 二级加热器疏水箱

二级疏水箱为水平圆筒形压力容器,椭圆形封头,铰接盖人孔。二级疏水箱设置的目的是为了将 MSR 二级加热器疏水水位保持在一个适合的液位。箱中的疏水排至高压给水加热器。

2. MSR 一级加热器疏水箱

一级疏水箱为水平圆筒形压力容器,椭圆形封头,铰接盖人孔。一级疏水箱的设置目的是为了将 MSR 一级加热器疏水水位保持在一个适合的液位。箱中的疏水排至高压给水加热器。

3. MS 本体疏水箱

MSR 壳体疏水箱为水平圆筒形压力容器,椭圆形封头,铰接盖人孔。MSR 壳体疏水箱的设置目的是为了将 MS 本体疏水保持在一个适合的液位。箱中的疏水通过 MSR 疏水泵排至除氧器。

4. 低压加热器疏水箱

系统配置了两台水平圆筒形低加疏水箱。疏水箱是低压加热器疏水泵的供水箱,处于 1 层,能为低压加热器疏水泵提供足够的净正吸入压头。

5. MS 疏水泵

MS 疏水泵是水平单级双吸泵,直立中分结构。

6. 低加疏水泵

低加疏水泵是单级双吸，双蜗壳泵，包括直立中分式泵壳，端盖，机械密封以及轴承。

8.5.5　主要参数

AP1000 加热器疏水和排气系统的主要参数如表 8.1 所示。

表 8.1　AP1000 加热器疏水和排气系统主要参数

项　目	参　数
MSR 二级疏水箱	
数量/个	4
容积/m^3	0.64
MSR 一级疏水箱	
数量/个	4
容积/m^3	1.08
MS 本体疏水箱	
数量/个	2
容积/m^3	3.37
低加疏水箱	
数量/个	2
容积/m^3	2.27
MS 疏水泵	
类型	立式单级双吸泵
数量/台	2
流量/(m^3/h)	470
总压头/m	40
电机功率/kW	75
低加疏水泵	
类型	立式单级双吸泵
数量/台	2
流量/(m^3/h)	320
总压头/m	170

8.6　主给水和启动给水系统

8.6.1　系统功能

1. 带走衰变热

主给水和启动给水系统不执行任何安全相关功能，但执行纵深防御功能，为蒸汽发生器系统提供启动给水带走反应堆的衰变热，以避免在失去主给水或失去正常交流电源时，安全相关的非能动余热排出系统投入。

2. 提供给水

在电厂热备用、启动、功率运行及需要保持蒸汽发生器液位的停堆期间，主给水和启动给水系统投用，以所要求的压力和流量为蒸汽发生器系统提供给水，并保持蒸汽发生器的水位。

3. 给水水质

主给水和启动给水系统通过除氧器热力除氧以及化学药品添加系统的作用，净化给水并保持给水水质。

4. 给水加热

功率运行期间，主给水和启动给水系统通过除氧器和高压给水加热器加热给水。给水回热提高了二回路的热效率。

5. 给水再循环

电厂启动前及启动期间，主给水和启动给水系统将给水再循环至主凝汽器，以净化和调节水质。在启动、运行和在停机过程中的任何时候当有过量介质流入除氧器水箱时，给水系统还起到将给水从除氧器水箱再循环到主凝汽器以防除氧器出现高水位的作用。

8.6.2 系统描述

主给水和启动给水系统主要设备：三台主给水前置泵，三台主给水泵，两台启动给水泵，两列高压给水加热器（每列包括一台 6 号高压加热器和一台 7 号高压加热器，详见 8.4 节）。主给水和启动给水系统管道和设备布置在汽轮机厂房中。

主给水和启动给水系统通过不同的路径为蒸汽发生器提供给水。供水路径定义如下：

1）通过蒸汽发生器系统主给水流量调节阀的给水路径称为主给水。主给水总是通过主给水泵从除氧器水箱取水。

2）通过蒸汽发生器系统启动给水流量调节阀的给水路径称为启动给水。启动给水既可以通过主给水泵从除氧器水箱取水（正常水源），也可以通过启动给水泵从凝结水贮存箱取水（备用水源）。

1. 主给水输送

主给水和启动给水系统的主给水起始于除氧器水箱。来自于除氧器水箱的给水通过三条独立的管路分别送到三台主给水升压泵。正常运行期间，除氧器水箱内为饱和水，但除氧器水箱的高度（27.13 m）可为主给水升压泵提供足够的净正吸入压头。

每台主给水升压泵的入口处装有法兰，其上装有过滤器，用于电厂正常运行、启动、上游管道/设备维修或改造后。过滤器上装有压差仪表。

三列并联的主给水升压泵和主给水泵为给水提供动力。每列泵的容量和特性是一样的。这些泵为定速泵，布置在汽轮机厂房 0 m 层。

每列升压泵/主给水泵提供主给水总流量的 33.3%。在正常满负荷期间，三列升压泵/主给水泵全部投运，不设置备用列，两台泵并列运行可以提供 70%的满负荷给水流量。

主给水泵出口装有止回阀，防止停泵时给水逆流。每列升压泵/主给水泵装有隔离阀，用于电厂运行时此列的维修。每列泵的出口隔离阀为电动阀，由运行人员手动控制打开。

当出口隔离阀置于自动装态时，当相应列的泵停泵时，此阀关闭，作为止回阀的备用。

从每个主给水泵出口至除氧器水箱接有一条再循环管线，用于提供最小流量保护每列升压泵/主给水泵。如果某列的流量低于最小流量要求(934 t/h)，再循环管线上的一台气动控阀自动调节打开，以保持泵的最小流量。控制阀由主给水泵出口流量值和再循环管线流量值控制。

三列升压泵/主给水泵出口合为一根母管，通向 6 号高压加热器。主给水从 7 号高压加热器出来，经过主给水母管后分为两路，向两台蒸汽发生器供水。主给水母管接有取样管线，通向二回路取样系统。

主给水母管上的压力和温度仪表向电厂控制系统提供输入用来控制蒸汽发生器系统主给水控制阀。主给水母管上设置的取样装置通过二次取样系统对给水进行取样分析。

2. 从主给水泵输送的启动给水

启动给水的正常来源是通过主给水泵组输送的来自除氧器水箱的给水。流程与主给水所述的那个流程相同一直到主给水泵出口管道上的一点；从这点引出管道将给水泵组输送的给水供给蒸汽发生器系统启动给水控制阀。启动给水通过启动给水母管分两路流入蒸汽发生器。至蒸汽发生器的分支管线是蒸汽发生器系统的一部分，每个管线包括一个流量测量装置、一个启动给水控制阀，一个逆止门和一个启动给水隔离阀。

启动给水可以由上述主给水泵提供，也可以由启动给水泵提供。从主给水泵后接出的连接管道上的逆止阀限制启动给水泵的给水流至主给水和启动给水系统的主给水部分。连接管道中的气动隔离阀打开以便让主给水泵提供给水至启动给水母管。在满负荷运行期间隔离阀是常闭的。启动给水隔离阀是常闭的，如果系统发出主给水跳闸信号，主给水泵组解列，启动给水隔离阀开启。这个隔离阀提供冗余的保护以防在主蒸汽管线断裂情况下主给水泵输送至启动给水管线，并且防止额外的质量和能量释放的安全壳。隔离阀是非安全相关设备，但能提供备用能力(需核岛供货商确认)。

启动给水母管上的压力和温度仪表可向电厂控制系统提供输入信号用来控制蒸汽发生器系统启动给水控制阀。在启动给水母管上配置一个取样接头以便由二回路取样系统进行给水取样分析。

在升负荷时，在 10%的满负荷流量以下，给水由启动给水部分供给。在降负荷时，启动给水一般在流量下降到大约 5%满负荷流量以下才提供。从启动给水到主给水，或从主给水到启动给水的转换是不连续的，因此，对每个蒸汽发生器，不是主给水调节阀在控制，就是启动给水调节阀在控制之中，但不同时作用。在从启动给水转向主给水的过渡点上，启动给水控制阀由控制系统命令关闭并且主给水控制阀开始打开并且调节至蒸汽发生器的流量以维持蒸汽发生器水位。从主给水向启动给水进行的过渡相同。这些过渡是自动完成的，蒸汽发生器水位在整个过程中保持在自动控制下。从主给水泵至启动给水母管的连接管道上的隔离阀在电厂控制系统将给水控制从主给水控制阀转换至启动给水控制阀时会自动打开(倘若没有反应堆保护和安全监视系统主给水隔离信号)。同样，在电厂控制系统将给水控制从启动给水控制阀转换至主给水控制阀之后隔离阀会自动关闭。

3. 从启动给水泵输送的启动给水

启动给水泵和其他相关流道在前置泵/主给水泵或其相关流道故障情况下提供后备给水能力。但是，相对低容量的启动给水泵一般用来在停机期间充注蒸汽发生器，并且一般在电厂启动的早期，当主给水流道中的水化学正在调节时投运。

除盐水输送和存储系统的凝结水箱是启动给水泵入口的给水供给来源。凝结水箱排空到大气并且存储通常在环境温度下的除盐水。凝结水箱中的温度可能略微高于环境温度，但随在凝结水系统凝汽器的凝结水放水而变化。凝结水箱中最低使用水位应在启动给水泵的中心标高上方，以提供所需净吸入压头以满足其性能要求。功率运行期间可从凝结水箱获得至少 200 000 加仑的凝结水。正常凝结水箱供给能力足以在主给水失去之后达到冷停机，根据：热备用下运行 8 h；以后 6 h 内反应堆冷却系统冷却到允许正常余热排出系统运行的条件；以及一台反应堆冷却泵连续运行。且在正常 AC 电源失去之后正常凝结水箱容量足以维持蒸汽发生器冷去至少 24 h。

两台启动给水泵并列布置，位于汽轮机房 0 m 层，与凝结水箱场地相邻。在失去主给水泵之后，每台启动给水泵可以提供 520 gpm(100%)的给水流量。

每台启动给水泵的最小流量保护通过从每台泵出口凝结水箱的再循环流道来提供。最小流量再循环由泵出口管道中的自动在循环控制阀进行控制。自动再循环控制阀还作为逆止阀起作用以防泵在不运行并且出口电动阀还没有关闭时通过这台泵倒流。自动再循环控制阀不需要外部电源并且根据内部流量检测能力从再循环流道调节流量。如果流至系统的正向流量下降到低于大约 150 gpm。则控制阀自动调节打开以便将总的泵流量保持在大约 150 gpm。

启动给水泵送至蒸汽发生器的启动给水流量以相同的方式由蒸汽发生器启动给水控制阀时进行控制并且采用与主给水泵的启动给水相同的控制系统。启动给水母管上的温度和压力仪表向控制系统提供输入以便计算主给水泵的给水与启动给水泵的给水之间液体条件上的差异。

启动给水泵一般保持备用并且在低主给水流量与蒸汽发生器水位的某些条件相一致时由电厂控制系统自动启动，或者仅在达到低窄范围蒸汽发生器水位时由水位自动启动。在主发电机跳闸情况下失去厂外电源之后，每台启动给水泵自动加载到其相关柴油发电机上，然后自动启动。

启动给水泵试验再循环管线可以在大约 65%设计流量下进行泵性能试验。该管线上有隔离阀，多级孔板和流量调整阀。在泵试验期间，流量调整阀可以略微节流以达到基准流速。

4. 给水加热

给水加热通过两级高压给水加热器完成。给水加热器为管壳式，给水走管侧。加热器中的抽汽在壳侧凝结并被疏排。疏水在排出加热器前由与加热器一体的疏水冷却器冷却至饱和温度以下。

5. 给水再循环

主给水和启动给水系统设有除氧器再循环和长循环管路，用于在向蒸汽发生器提供给水之前进行系统清洗和水质调节。

除氧器再循环从低压给水管道接出至凝汽器。除氧器再循环管道上设有气动流量控制阀。流动由重力压头和除氧器与主凝汽器之间的压差驱使。清洗时，运行人员通过手动控制器调节控制阀的开度以获得所需的流量。一般，在凝结水精处理系统凝结水精处理装置投入运行，大约 1 397 t/h 的流量被再循环到凝汽器。必须运行一台主给水泵组以获得设计流量。在清洗期间，投辅助蒸汽至除氧器将主给水和启动给水系统中的给水加热到大约 110～121 ℃并进行除氧。

除氧器再循环同时为除氧器水箱提供溢流保护。在除氧器水箱高水位时，控制阀调节开度使给水排放至凝汽器，必要时可超驰手动控制器。在除氧器水箱达到高高水位报警设定点之前，控制阀全开。在手动控制模式下，控制阀在低水位时应能自动关闭，以防除氧器水箱意外放水造成低水位。在水位恢复正常后，命令恢复到手动控制器。除氧器这个再循环控制阀还可以从控制室手动遥控操作，在此模式下，高、低水位的自动特性未被激活。

长循环从 7 号高压加热器下游的主给水母管接出至凝汽器。长循环管道上设有气动流量控制阀。在清洗过程中，从控制室手动遥控操作控制阀以获得所需的流量。凝结水精处理系统的凝结水精处理装置投入运行，大约 1 397 t/h 的流量再循环至凝汽器。必须运行一台主给水泵组以获得设计流量。在清洗期间，投辅助蒸汽至除氧器将主给水和启动给水系统中的给水加热到大约 110～121 ℃并进行除氧。

8.6.3　设备描述

1. 高压给水加热器

给水由两级双列、闭式高压加热器加热。这些加热器都是卧式、管壳式冷凝换热设备，高压给水加热器的结构详见 8.4 节。按热平衡的要求，每台加热器给水端差 2.2 ℃，疏水端差 5.6 ℃。加热器壳体为碳钢，管束为 $\phi 16\times 1.5$ 的 TP439 不锈钢管。管板材料为 20MnMoIV。管束与管板的连接均采用焊接加胀接的工艺。

2. 主给水泵

主给水泵为卧式离心泵。泵和增速齿轮箱安装在公用底板上。泵壳采用高强度防腐蚀、抗汽蚀的材料，叶轮、轴和耐磨环都是不锈钢制品。主给水泵轴采用迷宫密封。

每台主给水泵及其相关的前置泵为主给水提供动力。在正常满负荷运行期间，单台主给水泵能够输送总给水流量的 33.3%。

给水前置泵和主给水泵共同运行达到满足要求的系统压头。两台主给水泵组能够承担 70%的机组负荷，以此建立泵组要求的最大流量和负荷。单台主给水泵组以 35%设备负荷运行，没有特别的时间限制。

3. 主给水前置泵

前置泵将除氧器来水提升至满足给水泵净正吸入压头的压力。前置泵和主给水泵一同达到系统运行所需压头。前置泵应为主给水泵提供合适的扬程以满足主给水泵在各种工况下必须汽蚀余量的要求，并应留有足够的裕量。前置泵的设计还应考虑在最小流量工况下及系统甩负荷工况共同作用下，前置泵自身不发生汽蚀，其主要部件均应采用抗汽蚀材料制成，在结构上还应考虑热膨胀等因素。

单台给水前置泵在正常运行时输送总给水流量的 33%～34%。泵的规范包含 5%压头裕量用于磨损。给水前置泵为卧式离心泵，采用机械密封。

4. 启动给水泵

两台启动给水泵是卧式多级离心泵，由恒速电机通过绕性联轴节驱动。泵轴向分裂并通过带法兰的出入口接管与管道相连。每台启动给水泵能为两台蒸汽发生器提供 100%所需给水流量以导出衰变热。泵配有可更换的磨损环和轴套。轴固定在轴承套内，轴承套则通过法兰与泵两端相接。泵壳采用合金钢材料,而叶轮、轴及磨损环则由不锈钢制造。泵和电机安装在同一个底座上。

启动给水泵泵轴采用机械密封。泵第一级出口的部分水通过节流孔板进到轴封部件内,冲洗并冷却轴封材料。可更换轴承用于平衡泵的径向及轴向推力并减少磨擦,轴承由油润滑。

8.6.4 系统运行

AP1000 核电厂中,造成给水流量增加或给水温度降低的事件会导致从反应堆系统中排出的热量增加,这将由控制系统的动作来补偿。造成给水流量降低或给水温度增加的事件会导致从蒸汽发生器中传出的热量减少,正常情况下,自动控制系统的动作可以用来调节给水流量,以防止过多能量储存在反应堆冷却剂系统中,造成反应堆冷却剂温度升高而引起的反应性负反馈,从而降低反应堆功率。在控制系统不能运行的情况下,反应堆保护系统的反应堆冷却剂出口温度停堆信号,或反应堆冷却剂高压停堆信号将使反应堆自动紧急停堆。

AP1000 主给水通过主给水泵出口母管和启动给水母管之间的连通管,可以由任一给水增压泵/主给水泵,经过给水调节阀向蒸汽发生器供水。因此,在电厂热备用、电厂启动和低功率运行期间,从除氧器给水箱出来的给水可由水增压泵/主给水泵经过启动给水连通管输送到蒸汽发生器中。在连通管上的止回阀防止启动给水泵向主给水管供水,当给水隔离信号使主给水泵关闭时,在连通管上的非安全相关的隔离阀自动关闭。

8.7 蒸汽发生器排污系统

8.7.1 系统功能

AP1000 蒸汽发生器排污系统功能如下:

(1) 蒸汽发生器二次侧水化学控制

在电厂正常运行期间,蒸汽发生器排污系统通过每个蒸汽发生器二次侧的排污流来控制蒸汽发生器二次侧水的化学性质。排污流通常经过冷却、净化后回到二回路循环。

(2) 蒸汽发生器冷却

在电厂冷却期间蒸汽发生器排污系统提供蒸汽发生器的冷却功能,用于蒸汽发生器检查和维修前加快冷却。

(3) 蒸汽发生器湿保养

在电厂停堆期间,蒸汽发生器排污系统通过提供一个循环流量来保持蒸汽发生器二次侧水的化学性质在技术规格书要求之内。

(4) 蒸汽发生器疏水

在电厂停堆期间蒸汽发生器排污系统提供蒸汽发生器的疏水。

(5) 蒸汽发生器管板冲洗

蒸汽发生器排污系统通过排放蒸汽发生器管板上部的二次侧循环水,来清除蒸汽发生器管板上沉积的杂物。这个操作被称为管板冲洗。通过增大蒸汽发生器的排污流量而产生的高速流体可以冲走管板上沉积的污垢。冲洗操作可以在所有功率水平进行，并且时间通常少于 1 h。

8.7.2 系统描述

图 8.18 为 AP1000 蒸汽发生器排污系统示意图，蒸汽发生器排污系统有两条 50%处理能力的排污列，每台蒸汽发生器对应一列。每一排污列包含一台再生热交换器，一个流量控制阀，一个过滤器和一个 EDI 净化处理单元。排污流中的热量在再生热交换器中被来自凝结水系统的凝结水回收，以提高电厂的效率。每个排污列上均有一个排污流量控制阀以控制排污流量和降低流体压力。

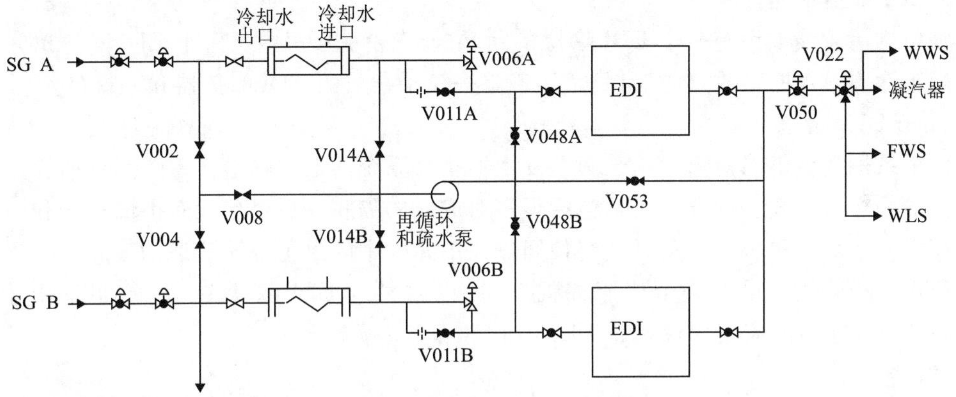

图 8.18　AP1000 蒸汽发生器排污系统示意图

在每一排污列的流量控制阀下游都设有一个过滤器，用于除去排污流中的悬浮颗粒。然后排污流进入 EDI 除盐单元除去杂质离子。EDI 除盐单元失效并且需要更换时，当可以通过一个公用旁路管线将除盐单元旁路掉。在管板冲洗期间，这条公用旁路管线也会被隔离。EDI 除盐单元设计的可处理排污流量为 0.061%至 0.61%的最大蒸汽流量。

两个排污列在 EDI 除盐单元下游合成一条公共排污母管。在公共排污母管上设有安全阀以提供超压保护。每个 EDI 除盐单元也设有一个安全阀以提供超压保护。在公共母管上还设有压力控制阀，用于在蒸汽发生器排污系统低压管线上保持适当的压力以防止压力控制阀的上游发生闪蒸。

一个再循环和疏水泵既用于对蒸汽发生器二次侧的疏水，又用于在蒸汽发生器湿保养和冷却运行中提供再循环流量。在蒸汽发生器湿保养或疏水运行时，排污流量控制阀、过滤器和 EDI 净化单元均被旁通，压力控制阀手动全开。在蒸汽发生器冷却运行时，排污流量控制阀、过滤器和 EDI 净化单元均被旁通，压力控制阀手动全开，排污流经再生热交换器冷却后重新返回蒸汽发生器。

在蒸汽发生器排污系统的不同运行方式下，排污流或流入凝汽器，或流到放射性废液系统进行处理，或通过给水系统管线返回蒸汽发生器。为了监控蒸汽发生器二次侧水的化学性质，需要持续对蒸汽发生器排污管线进行取样，并在二回路取样系统中进行分析。取样点位于排污热交换器下游，流量控制阀上游。

8.7.3 主要设备

1. 再生热交换器

每台蒸汽发生器的排污管线上都设有一台管壳式热交换器。热交换器位于汽轮机厂房内。排污流体在管侧流动,冷却用凝结水在壳侧流动。因此,壳侧是低压而管侧是高压。热交换器管子材料为不锈钢,壳体材料为碳钢。

2. 再循环和疏水泵

再循环和疏水泵是一台单级离心泵,位于汽轮机厂房内。它用来实现蒸汽发生器的冷却、疏水和湿保养运行模式。通过手动调节泵出口管线上的节流阀来控制泵的流量。

3. EDI 除盐单元

每条排污管线上设有一个 EDI 除盐单元,位于汽轮机厂房内。每个 EDI 除盐单元包括一个用于除去悬浮的杂质过滤器,一个用于除去离子杂质的 EDI 除盐器和一台泵。

(1) EDI 除盐器

两个系列的电解除盐单元用于蒸汽发生器排污系统的电解除盐。每个系列的除盐装置结构为堆叠布置形式。堆叠层通常包括很多对成叠的隔膜。每个单元对由阳离子和阴离子膜之间的一个离子稀释流通道以及交替间隔在单元对中的离子浓缩流道构成。

EDI 除盐管线上设有一个树脂捕捉器,可以收集从 EDI 除盐单元中流出的碎树脂。EDI 除盐单元中设有安全阀以防止 EDI 中的离子交换膜超压。

(2) 泵

每个电离装置设有一台离心盐水泵,用来维持盐水系统闭式回路中的恒定流量和冲洗电解装置堆叠层盐水通道中的离子杂质。这道电离盐水排污流直接排放到废水系统或液体废物系统。

(3) 过滤器

在每个 EDI 除盐单元上游均设有 5 微米的前置过滤器,以除去下泄流量中的悬浮颗粒。两个前置过滤器并联运行,一个在运行状态时,另一个就运行在备用状态。

4. 排污流量控制阀(V006A/B)

设有两个排污流量控制阀,每台蒸汽发生器所对应排污系列一台。在正常运行条件范围内,控制阀控制流量和压力。排污流量控制阀是气动阀门,由气动头和定位器组成。阀门在失气或失电时关闭。

5. 导向阀(V022)

在正常排污工况期间,一个气动三通流量控制阀将排污流体导向凝汽器。然而,如果探测到排污流很脏,那么通过关闭阀门 V028 和开启阀门 V033,排污流就会直接被导向废水系统。在管板冲洗时,排污流也被导向到废水系统。在正常排污期间如果探测到高放射性的存在,那么排污流就会被直接导向到放射性废液系统。当蒸汽发生器排污处于湿保养或冷却运行模式时,通过关闭阀门 V037,排污流就会被导向到给水系统,并最终返回到蒸汽发生器。

8.7.4　系统运行及主要参数

1. 正常运行

(1) 电厂启动

在电厂启动过程中，反应堆从冷停堆状态上升到零功率温度和压力状态，随后提升至满功率。在功率运行(反应堆功率>5%)之前，两个蒸汽发生器的排污流量均被设置在最大值，以有利于启动过程中启动给水流量控制阀的控制。但如果想获得足够的升温速率时，可以适当降低排污流量。若蒸汽发生器排污水中的杂质水平超过化学导则的要求，则将排污流排至生产废水系统。如果二回路水质满足化学导则的要求，则可以将排污流经除盐净化后送往凝汽器。

EDI除盐单元最高设计运行温度为51.7℃。在电厂启动运行时，凝结水流量控制阀通过调节壳侧的凝结水流量可以自动控制再生热交换器管侧出口温度低于51.7℃。当再生热交换器管侧出口温度升高到54.4℃时，排污流量控制阀将自动关闭，以保护EDI除盐单元不受损坏。

(2) 正常功率运行

蒸汽发生器排污系统系统在控制水化学上的效果取决于排污流量的大小。正常的排污流量范围是从0.061%最大蒸汽流量到0.61%的最大蒸汽流量，二回路取样系统对每个蒸汽发生器的排污流取样分析确定杂质的含量后确定具体的排污流量。在正常功率运行期间，杂质含量低，每台蒸汽发生器预期的排污流量大约为2.11 m^3/h。如果由于腐蚀产物累积、蒸汽发生器传热管破裂或凝汽器传热管破裂而导致二回路水质恶化，为了维持二回路水的化学性质，需要增大排污流量。排污流量最大值为21.1 m^3/h。排污流经过冷却、降压、净化和放射性监测后，最终被排至凝汽器。

(3) 蒸汽发生器管板冲洗

为了尽可能减少蒸汽发生器管板表面杂质的积聚，蒸汽发生器排污系统通常会进行一个短时的管板冲洗操作。此操作的时间基本小于一个小时，其流量为64 m^3/h。这个操作产生的高速流体足以清除管板上沉积的污垢。为了获得这种高速流体，一台蒸汽发生器的排污被隔离，而另一台蒸汽发生器的排污以大约32 m^3/h的流量同时通过每个再生热交换器。蒸汽发生器排污的隔离是通过两步来实现的，首先关闭两个排污列的排污流量控制阀，然后再关闭所对应蒸汽发生器的隔离阀。这时所有的排污流量控制阀、过滤器和EDI除盐单元都被旁路，而压力控制阀被全开。在排污流量控制阀的旁路上有一个节流阀和一个流量限制孔板。通过手动调节节流阀的开度可以获得一个合适的流量。这个操作过程中的排污流直接排向生产废水系统。

(4) 蒸汽发生器冷却

在电厂冷却期间，蒸汽发生器排污系统可以在蒸汽发生器压力低于0.862 MPa(表压)时，蒸汽发生器再循环和疏水泵将排污流打循环来冷却蒸汽发生器。这可以在蒸汽发生器检查和维修前加速蒸汽发生器的冷却速度。这个操作过程中排污流量控制阀和EDI除盐单元都被旁路，而压力控制阀手动全开。打开蒸汽发生器再循环和疏水泵上游的手动阀和其下游的节流阀后，再循环和疏水泵可以为每台蒸汽发生器提供一个最大约22.7 m^3/h的排污流量通过热交换器以循环冷却二次侧水。通过给水系统的管线再循环和疏水泵将冷却后的排污流送回到蒸汽发生器。

(5) 蒸汽发生器湿保养

在冷停堆状态下,湿保养可以维持蒸汽发生器中的二次侧循环水的化学性质在各自的限制之内。通过常规岛化学加药系统向排污循环流中添加的化学药剂来控制二次侧水的 pH 和溶解氧的含量。这个操作过程中排污流量控制阀和 EDI 除盐单元都被旁路,而压力控制阀手动全开。打开蒸汽发生器再循环和疏水泵上游的手动阀和其下游的节流阀后,再循环和疏水泵可以为每台蒸汽发生器提供一个最大约 22.7 m^3/h 的排污流量通过热交换器以循环冷却二次侧水。通过给水系统的管线再循环和疏水泵将冷却后的排污流打回到蒸汽发生器。

(6) 蒸汽发生器疏水

如果需要对蒸汽发生器内部进行检修或者维护,那么蒸汽发生器排污系统可以使用再循环和疏水泵对蒸汽发生器进行疏水。在这种运行方式下热交换器、流量控制阀和 EDI 除盐单元都被旁路,压力控制阀手动全开。再循环和疏水泵可以为每台蒸汽发生器提供大约 22.7 m^3/h 的排污流量。如果排污流没有放射性,则可以直接排放到生产废水系统;如果排污流具有放射性,则排污流被排放到核岛液体废物系统。

2. 异常运行

(1) 凝汽器传热管泄漏

如果凝汽器传热管发生泄漏,当二次侧循环水的杂质浓度超出蒸汽发生器运行限值时,排污流速将会增至最大值并且直接排向废水系统系统,并旁路 EDI 除盐单元。对于一个缓慢的小破口(<0.227 L/h),电厂可以维持在满功率运行。蒸汽发生器排污系统和凝结水精处理系统一起可以处理这种小破口所引起的水质恶化的情况,因此并不需要降功率。

如果凝汽器传热管泄漏速率为 22.7 L/h 或者更高,排污流速将会增至最大值并且直接排向废水系统。

电厂功率水平降至 30%左右并且蒸汽发生器排污系统和凝结水精处理系统一起可以维持这种功率运行,并可维持二次侧水的杂质水平不会超限。同时凝汽器水室可以被隔离以实现在线的维修。当凝汽器的维修完成后,电厂可以返回到正常运行状态。

(2) 高放射性

如果发生蒸汽发生器传热管的泄漏,那么辐射监控器将会探测到排污流中放射性的存在,排污流就会自动转向放射性废液系统。如果放射性达到一个高报值,那么排污流量控制阀和蒸汽发生器系统的排污隔离阀都会自动关闭。辐射控制器的附近有一个就地手动取样接口以对辐射控制器的读数进行周期性的确认。

(3) 其他异常工况

如果由于凝结水系统,蒸汽发生器系统或者蒸汽发生器排污系统的异常状态而使得蒸汽发生器排污系统出现异常的运行工况,如高流量或高温的存在,那么蒸汽发生器排污系统流量控制阀和对应的蒸汽发生器的排污隔离阀将自动关闭以隔离受影响的那个排污系列。在这种情况下,为了恢复被隔离的排污系列,操纵员必须手动开启蒸汽发生器的排污隔离阀。

3. 瞬态及事故工况

在一个设计基准事故工况下,蒸汽发生器排污系统将会与蒸汽发生器系统隔离开。蒸汽发生器排污系统在事故期间或事故后并不需要运行。

4. 注意事项

(1) 离子交换树脂

为了避免 EDI 中的薄膜被损坏，进入 EDI 除盐单元的排污流体的温度必须小于 51.7 ℃时。通过调节热交换器壳侧凝结水的流量来控制热交换器中管侧排污流体的温度在 51.7 ℃以下。如果热交换器不能维持排污流体的温度在 51.7 ℃以下，那么为了保护 EDI 除盐单元不受损坏，那么蒸汽发生器排污系统的排污流量控制阀将会在热交换器出口温度达到 54.4 ℃时关闭。

(2) 只使用一列排污管线时

如果一条排污系列不可用，那么蒸汽发生器排污系统可以使两台蒸汽发生器的排污都流经另外一条排污系列。在正常排污运行期间，最大的排污流量为 42.2 m^3/h。因此，如果两台蒸汽发生器的排污都流经一条排污管线，那么最大的排污流量为 21.1 m^3/h。表 8.2 给出了蒸汽发生器排污系统的主要技术参数。

表 8.2　蒸汽发生器排污系统主要技术参数

功率运行	
最小排污流量	2.11 m^3/h
最大排污流量	21.1 m^3/h
热交换器下游温度	51.7 ℃
热交换器上游温度	291.7 ℃(热备用)
	262.2 ℃(满功率)
其他工况下的排污流量	
SG 冷却	22.7 m^3/h
SG 疏水	22.7 m^3/h
SG 湿保养	22.7 m^3/h
SG 管板冲洗	63.6 m^3/h

8.8　二次侧水化学控制系统

二次侧水化学控制的主要目的是：

1) 通过控制二次侧水质以保持合适的 pH，以及将二次侧进入的氧气含量最小化(通过除氧来实现)，使二次侧的蒸汽发生器、汽轮机和给水系统的整体腐蚀最小。

2) 将二次侧进入的化学污染物最小化，以及通过凝结水的净化和蒸汽发生器的排污来控制二次侧的污染水平，使二次侧的蒸汽发生器、产给水系统的局部腐蚀最小。

8.8.1　污染物的进入

污染物主要通过三种方式进入二次侧水系统：二次侧的补水；凝汽器管道泄漏；凝汽器

或泵轴封位置的空气漏入。一般使用以下方式来探测二次水系统进入的污染物：

1）从除盐水处理车间开始就对除盐水进行连续不断的监测；

2）通过对凝结水泵排出管、加热器下游的给水、汽水分离器疏水管和蒸汽发生器排污整体流量的监测（过程连续监测或取样分析），来探测离子型污染物；

3）通过对凝结水泵排出的过量溶解氧气的监测和对凝汽器空气排出流的监测，来探测进入的空气。

8.8.2 凝结水精处理系统

凝结水精处理系统用来除去二次侧的腐蚀产物和离子型污染物，他的容量为凝汽器设计流量的1/3，在核电厂的所有运行阶段一般不使用凝结水精处理系统来净化给水。

在核电厂启动前以及启动期间，二次侧水系统有一部分给水会回流到凝汽器。在这一阶段，净化器能够用来排除给水中的腐蚀产物，从而阻止腐蚀产物进入蒸汽发生器。在核电厂启动或者低功率运行期间凝汽器低流量的情况下，凝结水精处理系统可能在全流量或者接近全流量状态下工作。

凝结水精处理系统的进水从凝结水泵出口母管接出，先经过前置阳床处理，使凝结水中绝大部分氨及腐蚀产物先行除去，然后经过混床处理，以彻底除去凝结水中的微量盐分以及前置阳床漏过的离子状杂质，满足蒸汽发生器对水质的要求。混床出口的净凝结水通过净凝结水泵送回主凝结水系统。

正常运行工况时，每台机组凝结水量约为4 138 m^3/h，凝结水泵确定为三台，每台凝结水量2 300 m^3/h（两用一备）。这样，凝结水精处理系统的出力为：

- 正常：4 138 m^3/h；
- 最大：4 600 m^3/h。

每台机组设有两套完整的再生装置，其中一套用于前置阳床的阳树脂清洗和再生，一套用于混床阳、阴树脂的清洗、分层、分离和再生。前置阳床的再生装置两台交替使用的再生罐；混床再生装置包括一台树脂分离罐，一台阳树脂再生罐和一台阴树脂再生兼贮存罐。

每台机组设有一台1 000H13除盐水箱，提供前置阳床、混合离子交换器再生用除盐水；设有一套完整的酸、碱贮存及计量设施。再生时酸、碱的输送及计量采用计量泵；并设有一套完整的酸、碱再生废水收集设施，废水收集后，泵入废水贮存排放及处理系统处理，废水经中和处理符合排放标准后排放。

8.8.3 化学添加系统

全挥发性化学添加系统的作用是使给水系统、蒸汽发生器和主蒸汽管道的整体腐蚀最小化。化学添加系统位于汽轮机厂房。

为了减少二次侧铁素体合金的整体腐蚀率，注入挥发性的pH调节剂（氨）来保持无腐蚀性的水环境，尽管pH调节剂是一种挥发性化学添加剂，不会在蒸汽发生器中聚集，但当它达到一个平衡水平时，将有利于核电厂二回路建立一个无腐蚀的环境。

在核电厂各种运行模式下，通过向给水系统注入除氧剂（联氨），将给水系统中的不溶性氧气浓度保持在给定的范围内，除氧剂同样有利于在铁素体表面形成一层保护性磁化层，防止系统进一步地整体腐蚀。

化学添加系统可使除氧器入口处的溶解氧不大于10 ppb，可保持高压给水加热器出口给水的pH为9.6至9.8。

化学添加系统由氨和联氨两组加药架及与相应的加药点连接的不锈钢阀门、管系组成，向二回路主系统自动加入联氨和氨两种化学药剂，其中联氨的加入点为启动给水泵进口管、凝汽器紧急补水管、除氧器水箱、热水系统、闭式冷却水系统及净凝结水泵出口母管与主凝结水泵出口母管汇合点的下游；对凝结水系统，氨的加入点设有两点，当凝结水净化运行时，加药点为凝结水净化系统混床出口母管，当凝结水净化退出运行时，加药点为净凝结水泵出口母管与主凝结水泵出口母管汇合点的下游。

凝结水、给水的加药将依据二回路水汽取样监测系统送出的信号来确定要求的氨、联氨加药量，加药量还和凝结水、给水的流量信号有关。闭式冷却水加药可以手动控制，也可以根据运行经验时间加药。

思考题

8.1　简述凝汽器的工作原理与结构。

8.2　低压加热器的加热热源来自何处？疏水到何处？

8.3　简述热力除氧的原理。

8.4　简述给水除氧器系统的功能和除氧器的结构。

8.5　除氧器有几个加热汽源？各在什么情况下使用？

8.6　简述高压加热器的功能和结构。

8.7　简述主给水和启动给水系统的功能。

8.8　简述蒸汽发生器排污系统的主要功能。

第9章　发电机及其辅助系统

9.1　发电机

发电机分为直流发电机和交流发电机，交流发电机又可以分为同步发电机和异步发电机两种。同步发电机的特点是由直流电流励磁，既可以提供有功功率，也可以提供无功功率，可满足各种负载的需要。

9.1.1　同步发电机的工作原理

图 9.1 是三相同步发电机工作原理的示意图。图中静止的部分称为定子，旋转的部分称为转子。在一般的同步发电机中，旋转的部分是磁极，大亚湾核电厂的发电机也是如此。转子上有绕组，当转子绕组通入直流电后便可激起一磁场，其极性如图中 $N—S$ 所示，$R_1—R_2$代表转子绕组，Φ_0为转子磁极产生的磁通。定子上有许多槽，槽内安置导体，即定子绕组，图中以 $A_1—A_2$、$B_1—B_2$、$C_1—C_2$代表定子的 A、B、C 三相绕组。三相绕组沿定子铁芯内圆各相隔 120°电角度(电角度是机械角度乘以极对数)安放。当发电机转子被原动机(汽轮机或水轮机)带动旋转起来之后，转子磁场是旋转的，其转向如箭头 n 所示。定子绕组切割磁通就会感应出电势，电势的大小与转子的转速以及磁通密度的大小有关。由于在设计和制造发电机时有意安排尽量使磁通密度的大小沿磁极极面的周向分布接近正弦波形，所以感应出来的电势也按正弦规律变化。转子不停地旋转，磁场的磁力线被三相定子绕组切割，于是就在三相绕组中感应出三相交流电来。

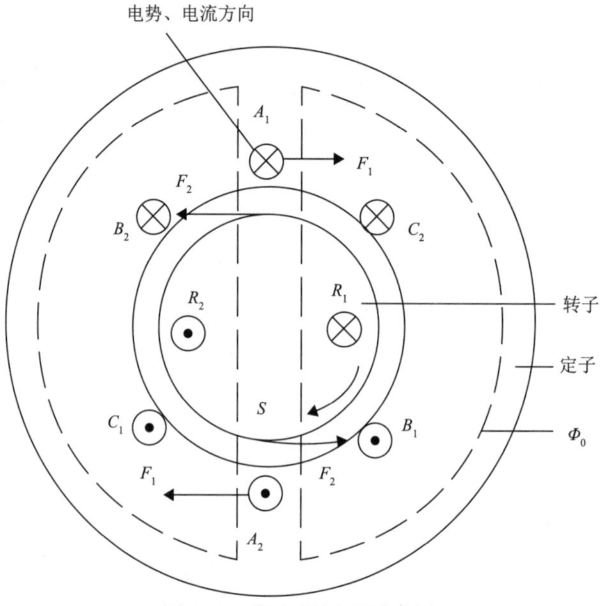

图 9.1　发电机原理示意图

当有功电流流过定子绕组时，定子绕组也产生一个磁场。所以发电机运行时，在气隙里有两个磁场，一个是转子绕组流过励磁电流产生的转子磁场，一个是定子三相绕组流过对称的三相交流电流时合成产生的定子磁场，它们都是旋转的，所以都叫旋转磁场。当定子和转子磁场以相同的方向、相同的速度旋转时就叫同步。定子旋转磁场的转速和发出来的交流电的频率保持严格不变的关系，可以用下面的式子来表示：

$$n=\frac{60f}{P}\text{（}n\text{：转速，}f\text{：频率，}P\text{：极对数）}$$

式中，60 是频率（Hz）与转速（r/min）的单位引起的差值。我国交流电的频率是 50 Hz（工频），对于只有一对磁极的汽轮发电机来说转速 n 应该是 3 000 r/min。

9.1.2　系统组成

发电机主要由转子、内定子、外定子、氢气冷却器等部件组成。定子线圈用水冷却，定子铁芯和转子线圈用氢气冷却。

1. 定子

发电机的定子由定子铁芯、定子绕组、机座、端盖及轴承等部件组成。

（1）定子铁芯

定子铁芯是构成磁路并固定定子绕组的重要部件，通常有 0.5 mm 或 0.35 mm 厚，导磁性能良好的冷轧硅钢片叠装而成。大型汽轮发电机的定子铁芯尺寸很大，硅钢片冲成扇形，再用多片拼装成圆形。

（2）定子绕组

定子绕组嵌放在定子铁芯内圆的定子槽中，分三相布置，互成 120°电角度，以保证转子旋转时在三相定子绕组中产生互成 120°相位差的电动势。每个槽内放有上下两组绝缘导体（亦称线棒），每个线棒分为直线部分（置于铁芯槽内）和两个端接部分。直线部分是切割磁力线并产生感应电动势的有效边，端接部分起连接作用，把各线棒按一定的规律连接起来，构成发电机的定子绕组。中、小型发电机的定子线棒均为实心线棒。大型发电机由于散热的需要，采用内部冷却的线棒，即由若干实心线棒和可通水的空心线棒并联组成。

（3）机座及端盖

机座的作用是支撑和固定发电机定子。机座一般用钢板焊接而成，应有足够的强度和刚度，并能满足通风散热的要求。端盖的作用是将发电机本体的两端封盖起来，并与机座、定子铁芯和转子一起构成电机内部完整的通风系统。

2. 转子

发电机的转子主要由转子铁芯、励磁绕组（转子线圈）、护环和风扇等组成，是汽轮发电机最重要的部件之一。由于汽轮发电机转速高，转子受到离心力很大，所以转子都呈细长形，且制成隐极式的，以便更好地固定励磁机组。

（1）转子铁芯

发电机转子采用高强度、导磁性能良好的合金钢加工而成。沿转子铁芯表面铣有用于放置励磁绕组的凹槽。槽的排列方式一般为辐射式，槽与槽之间的部分为齿。未加工的部分通称大齿，余称小齿。大齿作为磁极的极身，是主要磁通回路。在大齿表面沿横向铣出若干个圆弧形月牙槽，使大齿区域和小齿区域两个方向的刚度相同。

（2）励磁绕组

励磁绕组为若干个线圈组成的同心式绕组。线圈用矩形扁铜线绕制而成。励磁绕组放在槽内后，绕组的直线部分用槽楔压紧，端部径向固定采用护环，轴向固定采用云母块和中心环。励磁绕组的引出线经导电杆接到集电环（滑环）上再经电刷引出。

（3）护环和中心环

汽轮发电机转速很高，励磁绕组端部承受很大的离心力，所以要用护环和中心环来紧固。护环把励磁绕组端部套紧，使绕组端部不发生径向位移和变形；中心环用以支持护环并防止端部的轴向移动。

（4）集电环

集电环分为正、负两个环，由坚硬耐磨的合金锻钢制成，装于发电机的励磁机端外侧。两个集电环分别通过引线接到励磁绕组的两端，并借电刷装置引至直流电源。

（5）风扇

风扇装于发电机转子的两端，用以加快氢气在定子铁芯和转子部分的循环，提高冷却效果。

3. 发电机监测仪表

为了保证发电机安全可靠的运行，表征发电机特性的各种大量物理量必须清楚掌握。发电机的各种检测仪表将提供所必需的信息。同样地，发电机必须采取一系列的保护措施，不仅对于各种瞬变运行和事故状态，而且对于发电机在正常运行时的发生的各种电磁现象也必须予以监测。发电机的监测仪表主要包括对定子线棒，定子端部铁芯及端部磁屏蔽环的温度检测，以监测发电机的运行状态。同样还包括对电机的振动和转速，高压端子上的电流测量。对于设备布线的要求，穿过发电机机座，在保证在发电机内部的冷却回路的密封时，它能提供电气连续性。

9.1.3 发电机辅助系统

发电机转子和定子铁芯的损耗需要由氢气带走，由于氢气和空气混合易发生爆炸，当给发电机充氢时，必需使用中间介质气体，以防止氢气和空气混合，为此采用 CO_2 中间介质进行置换。发电机定子绕组的铜耗产生的热量是依靠在线棒中的去离子水带走。因此，对于发电机必须具备下列辅助系统。

CO_2 供气系统：由于 CO_2 的比重比空气和氢气重，因此，CO_2 必须通过由处于发电机底部的通气管道供给发电机，从发电机底部向上填充。当 CO_2 进入发电机时，CO_2 迫使空气或氢气向上进行置换，然后空气或氢气经由位于发电机顶部的通气管道排出大气。

氢气和空气供气系统：在发电机顶部经由特殊的通气管道与大气相通。当空气或氢气供气系统与发电机氢气管道相连接时，发电机能够将氢气或空气从发电机上部向下填充。由于 CO_2 比这两种气体重，因此 CO_2 被迫经由位于发电机底部的通道排出。

去离子水供水系统：去离子水进入汇流进水管，然后经柔性进水软管，供给定子绕组线棒。然后，它通过每根定子线棒并联连接到出水管，再经过出水软管返回到汇流出水管中。汇流出水管，它通过出水管连接到系统中。

9.2　发电机定子冷却水系统

9.2.1　系统组成与功能

发电机定子冷却水系统是由容积控制箱、水泵、热交换器电加热器、过滤器、离子交换器、气体收集容器以及有关的阀门与管道组成，如图 9.2 所示。其功能是通过一个闭式的低电导率水的循环回路带走发电机定子线圈带负荷运行时产生的热量。

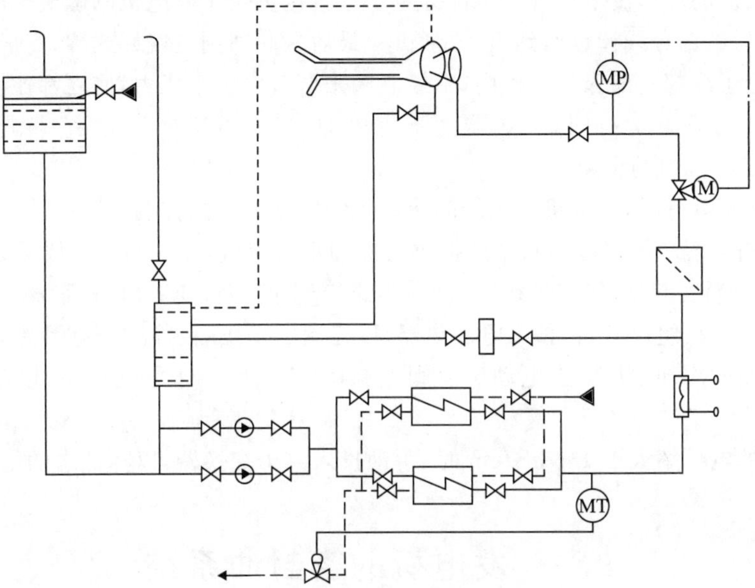

图 9.2　发动机定子冷却水系统

9.2.2　主要设备

主要设备可分为定子线圈冷却水供应单元和其它设备。定子线圈冷却水供应单元包括水泵、水箱、水冷却器、过滤器、离子交换器、电加热器；其他设备指仪表架。

水箱用于储存定子冷却水。该水箱也称为氢气释放罐，由于发电机内氢气压力一般要比绕组内的水压高，所以，当发电机定子冷却水回路有渗漏故障时，氢气就有可能进到定子冷却水中，当定子冷却水在水箱中卸压后，这些氢气被析离出来。为防止氢气空气混合物局部积聚，设置了排氢管线，将混合气体排到厂房外面。

系统设置了两台并联布置的冷却器，正常时一个运行，一个备用。冷却器的功能是冷却定子冷却水，将定子线圈由于电阻损耗产生的热量带走。

两台并联的过滤器布置在冷却器的下游，正常运行时一台运行，一台备用，过滤器的功能是防止固体杂质堵塞定子线圈的空心导线。

离子交换器用来去除水中的杂质，主要是去除水中的离子，降低水的电导率。

电加热器在停机时投入运行以自动维持发电机定子绕组冷却水系统水温，从而避免定子绕组受潮；或者当定子绕组受潮时，电加热器能够把水温加热以干燥发电机的定子绕组。

9.2.3 系统运行与控制

正常运行时，氢气卸放罐中的定子水由水泵压入冷却器，定子水从定子绕组中带走的热量在热交换器中传给冷却水，冷却后的定子水经过一个立式圆筒形电加热器(发电机正常运行时不带电，不起加热作用)接至过滤器，其中一部分在必要时去除盐床进行处理后直接回到氢气卸放罐。经过滤后的定子水由控制阀进行控制与调节，大部分水进入位于发电机本体汽机侧的进水环形母管，再由多根聚四氟乙烯软管流经定子绕组，带有绕组热量的水回到与进水母管同侧的环形出水母管。小部分定子水直接去位于发电机励磁机侧的出线端子和中性端子，然后经部分线棒也回到出水母管中，最后一起回到氢气卸放罐，完成一个循环。

为防止定子冷却水漏入发电机内，由控制阀来调节定子水压力，使之都比发电机内的氢气低 0.4 bar。在正常运行时，加热器是不供电的，当发电机停运时，它将定子水加热到 70 ℃以保证定子绕组的干燥。

核电厂正常运行时，发电机定子线圈冷却系统实现以下的控制：

1) 调节由常规岛闭路冷却水系统提供的冷却水的流量，以控制定子线圈入口的冷却水温，避免定子内温度变化，使定子线棒与铁芯之间产生的相对变形(热膨胀)减少；

2) 汽轮发电机组停机后，投入电加热器，以控制定子线圈水温，避免因受潮而损坏；

3) 定子线圈冷却水压力由电动调节阀控制，它应始终小于氢气压力，以防止冷却水漏到发电机内；

4) 当水的电导率大于 1.8 μS/cm 时，手动投入离子交换器，以降低水的电导率。

9.3 发电机的密封油系统

9.3.1 系统组成与功能

发电机密封油系统由储油箱、油位控制箱、油泵冷油器、过滤器和调节阀门以及回油箱等设备组成，如图 9.3 所示。以保证密封装置所需要的一定压力、温度和流量的密封油。

发电机密封油系统的功能就是防止发电机内部高压氢气从转子与发电机壳体间缝隙泄漏出来，同时防止氢气受到密封油所带空气的污染，此外还可用于带走运行时密封瓦产生的热量。

9.3.2 系统流程

(1) 氢气侧密封油流程

储油箱接收来自密封装置氢气侧的回油，还起到平衡两端密封装置油压的作用，该油箱也向油位控制油箱供油，后者则直接向氢气侧油泵供油。在密封装置的氢气侧安装有两台交流油泵和一台直流油泵，正常运行时，一台交流油泵投入工作，其余油泵备用。密封油经两台并联安装冷油器被冷却至 45 ℃，再经油过滤器过滤，以改善油质。压差调节阀调节氢

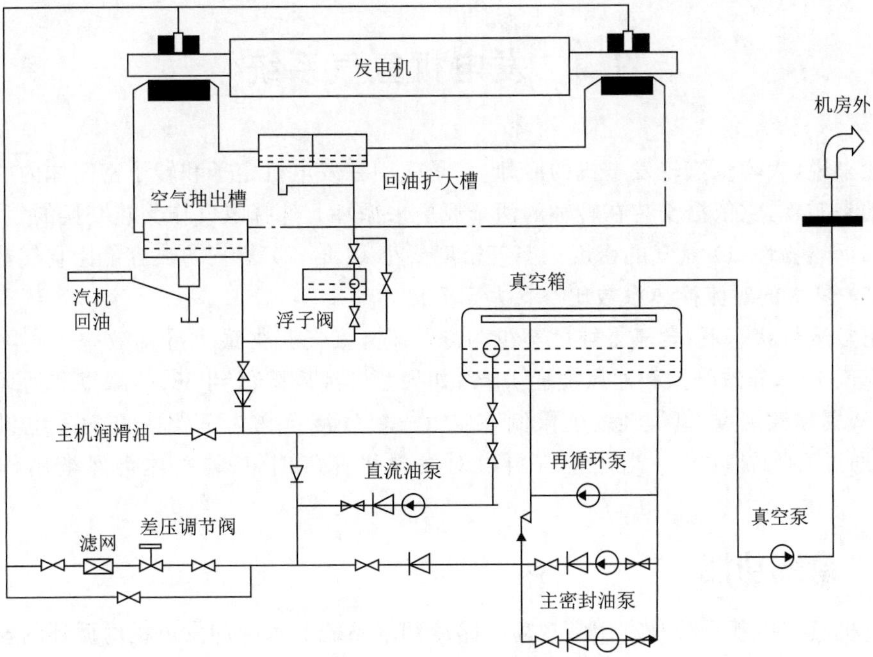

图 9.3　发电机密封油系统

气侧供油压力使之始终等于空气侧油压。

(2) 空气侧密封油流程

空气侧油封正常运行的情况下由汽机润滑油系统(GGR)的主油泵供油,系统内还安装有备用的两台交流油泵和一台直流油泵。空气侧密封油经压差调节阀调节,使其油压比发电机内氢压大 1.4 bar。空侧密封油路设有四台并联安装的冷油器,都为 50%容量。密封油经冷油器被冷却至 45 ℃,再经油过滤器过滤,以改善油质。空气密封油及部分轴承润滑油流至回油箱,回油靠重力回到主油箱。

综上可知:正常运行时,发电机密封油系统的空气、氢气侧密封油是各自独立的,分别有两路供油回路。空侧由 GGR 供油,属于开式,氢侧由一个油箱供油,属于闭式。

9.3.3　系统运行与控制

密封油系统具有四种运行方式,能保证各种工况下对机内氢气的密封。

1) 正常运行时,一台主密封油泵运行,油源来自主机润滑油。

2) 当主密封油泵均故障或交流电源失去时,运行方式如下:油源来自主机润滑油→直流密封油泵→密封瓦→膨胀箱→空气析出箱→主油箱。

3) 当交直流密封油泵均故障时,应紧急停机并排氢,降压直至主机润滑油压能够对氢气进行密封。

4) 当主机润滑油系统停运时,密封油系统可独立循环运行。此时应注意保持密封油真空箱高真空,以利于充分回油。

9.4 发电机氢气系统

一般来说，大容量汽轮发电机的冷却，它是应用在发电机定子和转子密闭体内的高压氢气的流动来实现，它依据安装在转轴的两个风扇来循环。选择氢气作为热交换的气体，基于氢气的如下热物性：1）氢气的密度比空气密度要小14倍；2）氢气的热容量比空气热容量要大7倍；3）氢气的对流换热系数比空气大1.5倍。

在正常运行状态下，含氢量纯度至少为98%时，氢气获得最大冷却效率。实际上氢气纯度每降低1%，导致摩擦和通风损耗10%；如果氢气纯度降低到88%，摩擦和通风损耗增加一倍，从爆炸性观点，氢气纯度值限制在空气—氢气混合物为75%。在对发电机充气以前，空气通过CO_2被吹出。当用空气再次对发电机充气时，CO_2气体仍然被用作为置换媒质。

9.4.1 系统功能

发电机氢气冷却系统是利用常规岛闭路冷却水系统的水冷却发电机内循环的氢气以及励磁机内循环的空气。系统还利用设置在发电机及励磁机内的热电偶，对发电机和励磁机的温度进行连续地监测。核电厂正常运行时，发电机氢气供应系统应保证发电机内氢气压力，监测氢气纯度和干燥氢气，保证发电机工作在允许的限值内。发电机启动时，系统通过中间介质CO_2来排除发电机内的空气而充入氢气；相反，在发电机停机检修前，系统用CO_2排除发电机内的氢气而充入空气。

9.4.2 系统组成

发电机氢气供应系统由氢气、二氧化碳、压缩空气供应管道及手动阀门等组成。如图9.4所示。

9.4.3 系统工作流程

系统的排空气充氢气流程如下：把两个可拆卸移动的U形管接在氢气和二氧化碳气源管上，然后向系统充入二氧化碳，在压差作用下，发电机内空气通过相应的管道从系统内排空，根据取样和监测分析，确认空气已排完时，打开压力调节阀向发电机充氢，同样，在压差作用下，发电机内的二氧化碳从系统向大气排放而排空。根据取样和监测分析，二氧化碳已排完，且发电机内氢气压力、湿度和纯度均符合运行要求时，充氢过程结束，否则，要用干燥器对氢气进行处理，正常运行时，氢是依靠其压差维持循环的。

若发电机要停机检修，排除氢气充入空气的流程是：先把氢气源供应管的U形接管拆装到压缩空气供应管道上，然后向系统充二氧化碳，这时，在压差作用下，发电机内的氢气由相应的管道向大气排放，根据取样和监测分析，氢已排完时，将二氧化碳供应管的U形接管拆装到空气管线上，当两个U形接管同时接上空气管线，即可向发电机内充入空气，二氧化碳在压差作用下向大气排放。为防止意外事故而危及发电机安全，系统设有紧急排气盘，通过它可迅速向发电机内充二氧化碳，使氢气迅速排空，避免爆炸。

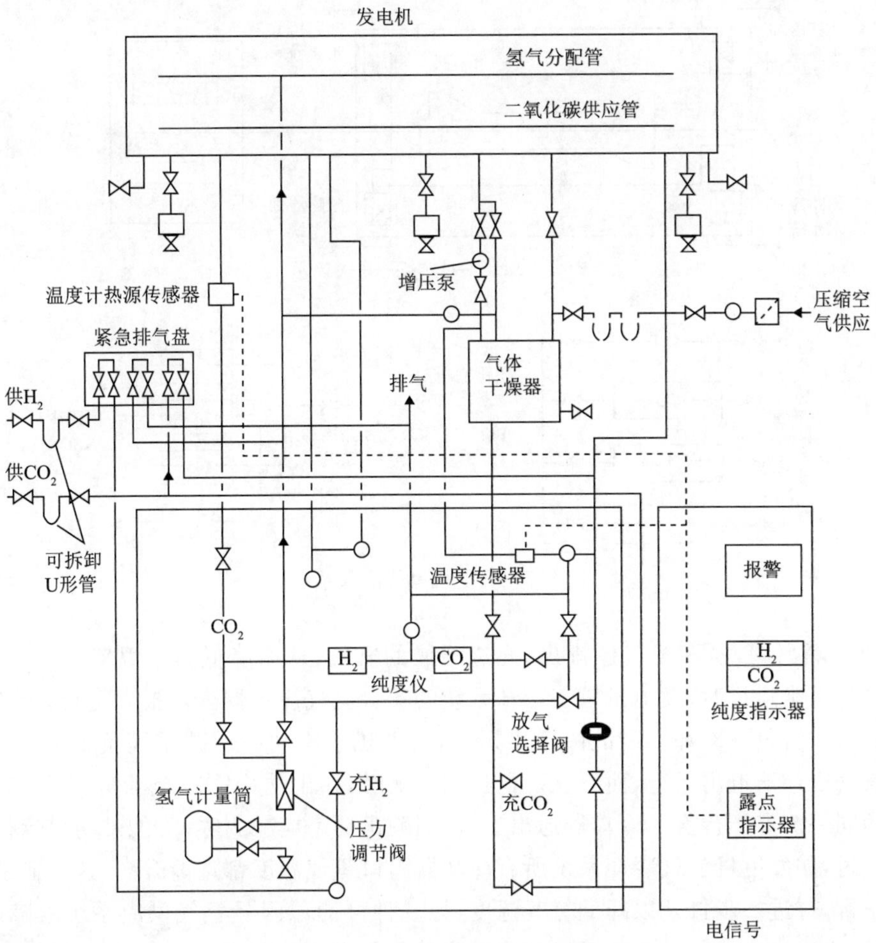

图9.4 发电机氢气供应系统原理图

发电机氢气冷却系统有4台氢气冷却器，每台容量为25%，分装在发电机两端，如图9.5所示。冷却器为管式热交换器，垂直地布置在发电机的上部，氢气靠发电机转子两端的两台离心式风机驱动，由常规岛闭路冷却水系统提供冷却。励磁机空气冷却器有4台，每台容量为50%，分装在励磁机的两侧。正常运行时两侧各有1台冷却器投入运行，另1台备用。冷却器为管式热交换器，空气靠励磁机电枢转动时的鼓风作用而循环，也由常规岛闭路冷却水系统提供冷却。

9.4.4 系统的运行

在正常运行时，发电机氢气供应系统由制氢和分配系统供给氢气，由气体贮存和分配系统供给二氧化碳，由压缩空气分配系统供给空气。氢气压力由氢计量计维持在0.6 MPa左右，不足时由压力调节阀向发电机内补充氢气。氢气纯度应≥98%，其报警值为95%，如氢气纯度下降，应打开主通风隔离阀，把不纯气体排放出去，被排放部分气体将由氢气供应管线自动补给，直到发电机内氢气压力达到规定值为止，发电机内氢气露点温度范围为0～3 ℃，其报警值为5～10 ℃，如氢气露点温度达到报警值时，可手动

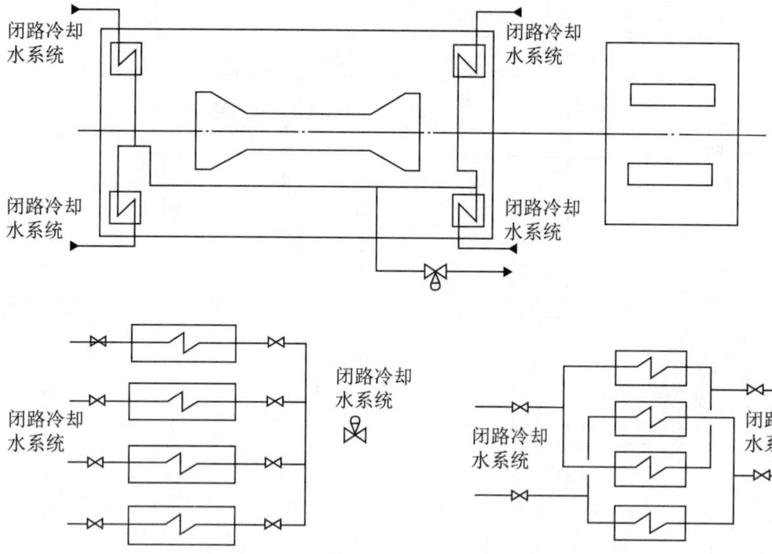

图 9.5　发电机氢气冷却系统

打开主通风隔离阀，使潮湿气体排出，充进干燥的氢气，从而降低露点温度。

发电机正常运行时，发电机氢气冷却系统的 4 台氢气冷却器全部投入运行，无备用。如果发电机有 1 台氢气冷却器因故障退出运行，发电机输出功率应减至满负荷的 70%，如果有两台氢气冷却器退出运行，而不在发电机同一侧时，输出功率需减至满负荷的 65%，如果发电机的同一侧有 2 台氢气冷却器退出运行，则输出功率应减为零，不能带功率运行。

运行时，如发电机氢气冷却系统所有冷却器出口氢气温度都逐渐升高，这可能是调节阀工作不正常，应进一步打开以降低氢气温度，另一种可能原因是氢气供应系统故障，如氢气压力过低，应通过增加氢气压力或减负荷以降低氢气温度。如果 4 个氢气冷却器的氢气温度都迅速升高，这是由于所有氢气冷却器失去了闭路冷却水系统冷却水，这种情况下，发电机维持最大连续输出功率的时间只允许为 90s。冷却器氢气进口温度最高定值为 90 ℃，超出时将导致发电机跳闸。

9.5　发电机励磁系统

9.5.1　系统组成与功能

同步发电机的励磁系统一般由两部分组成。一部分用于向发电机的磁场绕组提供直流电流，以建立直流磁场，通常称为励磁功率输出部分(或称为功率单元)。另一部分用于在正常运行或发生事故时调节励磁电流，以满足运行的需要。这一部分包括励磁调节器、强行励磁、强行减磁和自动灭磁等，一般称为励磁控制部分(或称为控制单元)。该系统主要由主励磁机、副励磁机、晶闸管整流桥、自动励磁调节器、电流互感器、电压互感器、二极管整流桥等部件组成，其系统简图如图 9.6 所示。

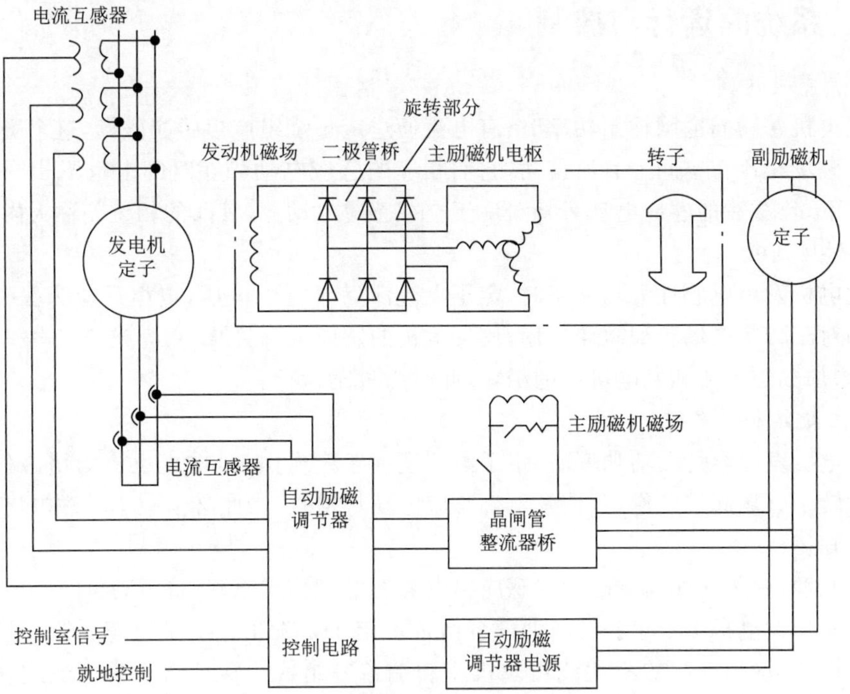

图9.6 发电机励磁系统原理图

根据励磁电源的不同类型,励磁系统可以分为三种方式:

(1) 直流励磁机方式

用具有整流子的直流发电机作为励磁电源。一般该励磁机与同步发电机同轴,一起有原动机带动旋转,因而励磁功率独立于交流电网,不受电力系统非正常运行状况的影响。

(2) 交流励磁机方式

当发电机容量较大时,由于换向困难已不适宜采用直流励磁机,这时用交流励磁机取代直流励磁机,经半导体可控整流后供给发电机励磁。其励磁功率同样独立于交流电网,因此也称他励半导体励磁系统。根据半导体整流器是静止的还是旋转的,该类励磁系统又可分为他励静止半导体励磁系统和他励旋转半导体励磁系统。

(3) 静止励磁方式

用接于发电机出口或厂用母线上的变压器作为交流励磁电源,经半导体整流后供给发电机励磁。因该励磁方式在整个励磁系统中无旋转部件,常称为“全静止式励磁方式”。由于励磁功率取自交流电网本身,故又成为自励半导体励磁系统。它受电力系统中非正常运行状况的影响较大。

励磁系统不但与发电机及其相联的电力系统的运行经济指标密切相关,而且与发电机及其电力系统的运行稳定性能密切相关。其主要作用有:1) 根据发电机负荷的变化相应地调节励磁电流,以维持机端电压为给定值;2) 控制并列运行各发电机间无功功率分配;3) 提高发电机并列运行的静态稳定性;4) 提高发电机并列运行的暂态稳定性;5) 在发电机内部出现故障时,进行灭磁,以减小故障损失程度;6) 根据运行要求对发电机实行最大励磁限制及最小励磁限制。

9.5.2 系统的运行与控制

(1) 偏差及内角

当发电机并网向电网输出功率时，有电流通过定子绕组产生感应磁场，这个磁场与空载时的转子磁场相比在空间上有所偏离，它们相应的感应电动势在时间上也不相同。在感性负载条件下，负载后的感应电动势将滞后于空载感应电动势，其间的相位差称为内角。

(2) 过励运行

当发电机发出电感性无功功率时，定子电流滞后于定子电压，电枢反应为去磁反应，即定子磁场对于转子磁场起到阻碍作用，使发电机的感应电动势减小；为维持发电机感应电动势，必须增加励磁电流和发电机中的磁场，此时为过励运行。

(3) 欠励运行

当发电机发出容性无功功率时，定子电流超前于定子电压，电枢反应为增磁作用，即定子磁场对转子磁场起推动作用，使发电机感应电动势增强，为此必须减小励磁电流。此时发电机为欠励运行。

运行原理：利用导线切割磁力线感应出电势的电磁感应原理，将原动机的机械能变为电能输出。同步发电机由定子和转子两部分组成。定子是发出电力的电枢，转子是磁极。定子由电枢铁芯，均匀排放的三相绕组及机座和端盖等组成。转子通常为隐极式，由励磁绕组、铁芯和轴、护环、中心环等组成。汽轮发电机的极数多为两极的，也有四极的。转子的励磁绕组通入直流电流，产生接近于正弦分布磁场(称为转子磁场)，其有效励磁磁通与静止的电枢绕组相交链。转子旋转时，转子磁场随同一起旋转、每转一周，磁力线顺序切割定子的每相绕组，在三相定子绕组内感应出三相交流电势。发电机带对称负载运行时，三相电枢电流合成产生一个同步转速的旋转磁场。定子磁场和转子磁场相互作用，会产生制动转矩。从汽轮机输入的机械转矩克服制动转矩而做功。发电机可发出有功功率和无功功率。所以，调整有功功率就得调节汽机的进汽量。转子磁场的强弱直接影响定子绕组的电压，所以，调发电机端电压或调发电机的无功功率必须调节转子电流。发电机的有功功率和无功功率几何相加之和称为视在功率。有功功率和视在功率之比称为发电机的功率因数，发电机的额定功率因数一般为 0.85。供给发电机转子直流建立转子励磁的系统称为发电机励磁系统。

思考题

9.1 同步发电机的工作原理是什么？

9.2 发电机有哪些辅助系统，各有什么功能？

9.3 发电机励磁系统有哪些作用？

9.4 氢气冷却汽轮发电机的优点和注意事项有哪些？

第10章　核岛机械操作系统

10.1　装换料系统

装换料系统(FHS)由反应堆装载,新/乏燃料组件存贮所需的所有设备和区域组成。FHS系统设备位于安全壳内和辅助厂房。

安全壳内,换料水池位于靠近反应堆压力容器的地方。换料或者检查时,换料水池提供上部、下部堆内构件移出反应堆压力容器后的存放区域。在安全壳内设有一体化顶盖组件(IHP)的存放架。在换料水池和位于辅助厂房的燃料操作区(FHA)之间连接一条燃料传递通道(FTT),提供新、乏燃料进出安全壳的通道。

FHA位于辅助厂房,包括燃料运输通道(FTC)、乏燃料贮存水池(SFP)、乏燃料容器装料池(CLP)、乏燃料容器清洗池(CWP)和新燃料存放区。在SFP中设有乏燃料贮存格架。FTC紧邻SFP,提供燃料组件进出安全壳的通道。

装卸料机和燃料抓取机分别用来在安全壳内和FHA移动燃料组件。这两部机械设备分别坐落在换料水池和SFP上方的轨道上,移动范围可以覆盖水池的全部区域。在FHA和安全壳内提供了换料工具用于操作燃料和其他堆芯部件。

10.1.1　系统功能

AP1000主要装换料系统具体功能如下:

1）在正常运行和事故工况下,保证储存的燃料组件处于次临界状态;

2）在反应堆运行期间维持安全壳的完整性;

3）在发生安全停堆地震时抗震Ⅰ类设备仍能执行其功能;

4）燃料运输系统系统可以将堆芯内的乏燃料组件运送到乏燃料水池内,并将新燃料组件送入堆芯。

5）在正常运行和事故工况下,贮存新燃料组件和乏燃料组件;

6）在换料期间,提供拆卸、组装及存放压力容器上封头和堆内构件的设备;

7）在换料期间,提供压力容器法兰面和换料水池之间的环形密封。

10.1.2　系统描述

1. 安全壳内部

安全壳内的换料水池在运行时是排空的,换料开始时该区域和FTC内充水淹没。作为机械装卸系统(MHS)一部分的安全壳环吊,用来吊运反应堆压力容器部件并将这些部件存放在相应的存放架上。上部和下部堆内构件分别存放在换料水池内相应的存放架上,IHP的存放位置紧邻着换料水池。换料水池与安全壳内部结构是一个整体,同属于抗震Ⅰ类,设计成在遭受SSE时仍能保持其结构的完整性。

换料水池内设置有可以存放燃料组件和控制棒组件的格架。为了吊离IHP,提供了控制棒组件的脱扣工具。

装卸料机用来在 FTS 和反应堆压力容器之间吊运燃料组件。装卸料机包括直线式桥架和装有垂直桅筒(此桅筒伸入换料水池)的小车。桥架横跨整个换料水池,并沿换料水池边上的轨道移动。通过桥架和小车的移动来将垂直桅筒定位在指定燃料组件、传递装置或其它位置的上方。另外,装卸料机装有一台辅助起重机,用于其他换料相关操作。

2. 燃料传递系统(FTS)

换料水池通过作为 FTS 一部分的 FTT 和辅助厂房的 FHA 相连。位于 FTT 任意一端的燃料倾翻机接收垂直状态的燃料组件,然后将燃料组件翻转到水平位置以便于由传递小车装载穿过 FTT。在 FTT 的另一端,另一台倾翻机将燃料组件翻回到垂直位置。除了在换料操作期间,FTT 在换料水池的一侧利用盲板来关闭。盲板外缘设置两道密封圈,并在这两道密封圈之间设置了泄漏监测装置。在燃料操作区(FHA)一侧,FTT 利用一个隔离阀来关闭。

3. 燃料操作区域(FHA)

SFP、FTC、CLP、CWP 以及 SFP 和 CLP 之间的水闸门、SFP 和 FTC 之间的水闸门都位于 FHA,FHA 本身属于辅助厂房结构一部分。辅助厂房为抗震 I 类设计,设计成在经受 SSE 时能保持其完整性。

乏燃料贮存格架置于 SFP 内,以防止可信的外部飞射物触及 SFP 内贮存的燃料组件。燃料操作设备的设计可避免操作设备掉落在反应堆内的燃料或 SFP 内存贮的燃料上。相关设施设计成重型物体(如乏燃料运输容器)不能移动到 SFP 上方或跌落到 SFP 内。

FHA 内设置一台容器操作吊车,用于在轨道小车、CLP 和 CWP 之间吊运乏燃料容器。吊车轨道长度和轨道行程限位器限制了吊车的行程,防止吊车在紧靠 SFP 区域移动。设置一台旋臂起重机,用于将新燃料从新燃料格架运送到新燃料升降机。在轨道小车隔间设置一台桥式起重机,用于废树脂容器装载站可移动顶盖、废树脂容器及高放滤芯转运桶的操作。

燃料抓取机用来在 FTC、SFP 和 CLP 之间吊运乏燃料组件。燃料抓取机包括直线式的桥架和小车,并带有伸入到 SFP 内的垂直桅筒。高跨区域的设计可以使轨道小车通过滑动门进入此建筑。需要使用轨道小车将乏燃料容器运至 FHA 时,要将轨道小车移动到高跨区域,再将容器吊耳连接到容器操作吊车上。乏燃料容器处于垂直位置时,开始从耳轴脱开,然后经吊具继续上提穿过设备盖板孔,提至操作平台,然后放入 CLP。燃料抓取机或装卸料机每次只能抓取一个燃料组件,吊运燃料组件时为应保持低速,小心谨慎避免燃料组件移动时撞到任何物体。

10.1.3 主要设备

1. 装卸料机

装卸料机位于安全壳内,执行堆芯的燃料装卸功能。

2. 燃料抓取机

燃料抓取机位于辅助厂房内,用于执行燃料操作区域的燃料装卸功能。另外,燃料抓取机也用于执行新燃料的接收功能,它既用于将新燃料运输容器中的新燃料组件运送到新燃料储存池中,也用于将新燃料组件从新燃料储存池运送到新燃料升降机中。

3. 燃料转运设备

燃料转运设备用来在反应堆厂房换料水池和辅助厂房燃料操作区域之间运输燃料组件。燃料组件首先被放在换料小车的燃料篮内，由倾翻机将燃料筛翻转至水平位置，然后由换料小车运输到燃料转运通道的另一端后，位于通道另一端的倾翻机将燃料组件复到垂直位置，便于将其从燃料篮内吊出。

4. 新燃料升降机

新燃料升降机位于辅助厂房的燃料操作大厅内，用于降低新燃料组件在乏燃料水池中的位置，从而使得燃料抓取机可以对新燃料组件进行操作。

5. 乏燃料水池(SFP)

乏燃料水池位丁辅助厂房内，池深约 425 ft(13 m)。乏燃料水池由钢筋混凝土和混凝土填充的结构模块构成，池壁内衬不锈钢。

乏燃料水池冷却泵吸入口位于乏燃料水池正常水位和乏燃料组件屏蔽水层之间。乏燃料水池冷却系统冷却后的回水管道在乏燃料水池冷却系统泵吸入口对面池壁的相同位置进入水池，以保证冷却水和池水充分混和。乏燃料水池的回水管线从上部插入水池，管道出口高于乏燃料组件顶部，进水管线在正常水位以下 2 ft(0.6 m)处开有一个直径为 lin(25.4 mm)的虹吸破坏孔，用于在回水管线破裂情况下防止池水由于虹吸作用而导致的过量损失。

乏燃料水池和燃料转运舱之间通过水闸门连接，而燃料转运舱和安全壳内的换料水池通过燃料转运通道连接。乏燃料运输的操作均在水下完成，乏燃料组件的上方至少有 3m 的水层以保证足够的屏蔽能力。乏燃料水池和燃料转运舱之间的水闸门可以在不降低乏燃料水池水位的情况下将燃料转运舱中的水排干。在正常运行期间水闸门始终开启，只有在燃料转运舱排水时才关闭。

乏燃料水池内安置着乏燃料贮存格架，共有 889 组，其中 884 组用来存放完整的乏燃料组件，5 组用来存放破损的乏燃料组件。乏燃料水池贮存格架的布局如图 10.1 所示，可分为 3 个区。I 区有 3 个 9×9 型式的模块；II 区有 5 个模块，其中 4 个模块为 12×11 型式，1 个模块为 12×10 型式；III 区为 5 个独立的格架，用来存放破损燃料格架。每个格架附带中子毒物 B_4C 和 Al 的混合物。

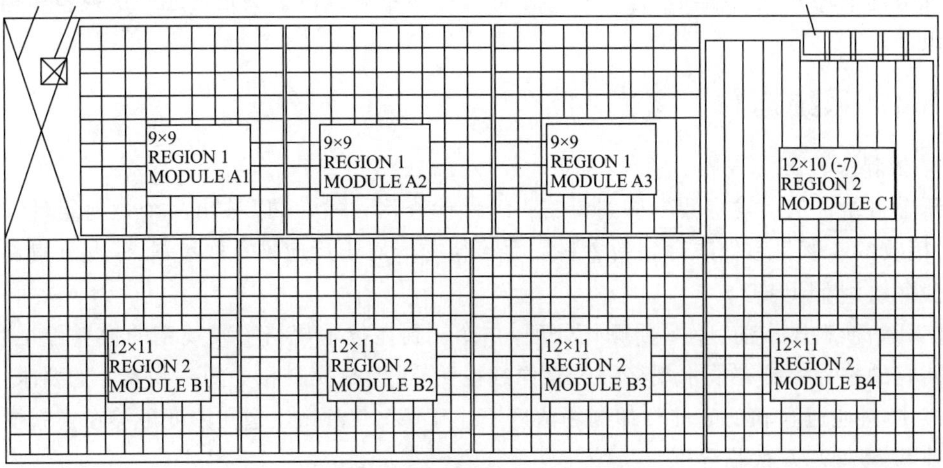

图 10.1　乏燃料贮存格架示意图

6. 燃料转运舱(FTC)

燃料转运舱同样位于辅助厂房燃料大厅内，紧靠乏燃料水池，与反应堆厂房内换料水池的堆内构件隔窜之间有一道传递通道。通道的乏燃料转运舱一侧有隔离阀，而堆内构件存放区一侧有盲板隔离。正常运行时燃料转运通道隔离，换料开始时才打开。燃料转运舱底部有一个排水口，与一条安全相关的管道相连，管道上设置有隔离阀，用来防止地震后管道的意外排水。

7. 乏燃料容器装载阱(CLP)

乏燃料容器装载阱位于辅助厂房内的燃料操作区域，与乏燃料水池通过一个水闸门连接。乏燃料水池和乏燃料容器装载阱之间的水闸门正常情况下关闭，仅在乏燃料装载时才打开。

乏燃料容器装载阱是一个带不锈钢衬里的钢筋混凝土坑，井底部有一个排水口与安全相关的管道相连，管道上安装有隔离阀，用以防止地震后意外排水。另外乏燃料容器装载阱口可用作低压安注水源，在反应堆冷却剂系统压力和水装量下降时，通过正常余热排出系统的泵将可以将乏燃料容器装载阱中的水注入反应堆冷却剂系统。

8. 乏燃料容器冲洗阱(CWP)

乏燃料容器冲洗阱和乏燃料容器装载阱并列位于乏燃料水池同侧，但是乏燃料容器冲洗阱与装载阱相邻而不相通。乏燃料容器冲洗阱也是一个带不锈钢衬里的钢筋混凝土坑，主要用于空燃料运输容器的清洗和燃料运输容器在装载燃料后、从现场发运之前的清洗。燃料运输容器由辅助厂房吊车移入或移出装载阱。

9. 新燃料贮存池

新燃料炉存池是干式、无衬罩的钢筋混凝土池，池深约 17 ft(5.2 m)。新燃料贮存池主要用来安放新燃料炉存格架。正常情况下，新燃料炉存池用可移动项盖盖住，防止外部异物落入新燃料贮存格架。

新燃料贮存在一个密集排列的格架中，格架上安置了中子吸收体来维持所要求的次临界度。新燃料储存格架的设计总量为 72 个，采用 9×8 的布局方式。每组燃料组件之间保持 10.9 in(2 769 mm)的间距。此间距足以保证新燃料组件在任何设计基准事故或被无硼水淹没条件下均处于次临界状态。贮存池的贮存容量可以保证满足堆芯一次换料所需的新燃料组件。

10.1.4 系统运行

1. 换料

新燃料组件从运输容器中移到新燃料组件检查区，一次可以移出一个燃料组件。检查后，将接收的新燃料组件贮存到新燃料贮存格架中。对于反应堆首次装料，一些新燃料组件可能会存放到 SFP 中。

在开始换料操作前，RCS 要硼化处理，并冷却到在技术规格书中规定的换料停堆状态。换料期间的临界保护在技术规格书中有详细说明，下面是换料相关的一些重要的要求：

1）换料通道水和反应堆冷却剂硼浓度不小于 2 500 ppm。这个浓度足够在换料操作中保持堆芯 5%$\Delta k/k$ 次临界度；

2）当燃料组件从堆芯卸料时，换料水池内的水位应足够高，以保证辐射剂量水平在可接受限值内。

换料操作分为4个阶段:准备、反应堆拆卸、换料操作和反应堆组装。贯穿于这四个步骤的典型换料操作概述如下:

(1) 第一阶段——准备

反应堆停堆,硼化处理以建立停堆硼浓度,冷却到换料条件(≤60 ℃),最终 $k_{eff}<0.95$(所有棒都在堆芯底部)。在进行辐射水平测量后,人员进入安全壳厂房。此时,反应堆压力容器内水位比压力容器法兰稍低。将装卸料机控制台从贮存库移出,安装到装卸料机上并接上电缆。然后,确认燃料运输设备和装卸料机可投入使用。

(2) 第二阶段——反应堆拆卸

从IHP上卸下顶盖电缆,以便将压力容器顶盖的吊出。检查水下照明、工具和FTS,为换料水池充水做准备。关闭换料水池排水管线上的阀门,拆下FTT闸门(盲板法兰)。在进行换料水池充水准备的同时,松开压力容器紧固螺栓并用环吊将顶盖提升到高于压力容器法兰面的位置。安全壳内换料水贮存箱的水通过重力和乏燃料池冷却系统注入换料水池。随着换料水池内水位升高的同时,提升顶盖,并保持水位低于顶盖的法兰面。当水位达到安全屏蔽深度,将顶盖吊到其存放架上。进行控制棒驱动轴的脱扣,安装堆内构件的吊具,从压力容器内吊出上部堆内构件(压紧部件)。此时燃料组件处于自由无遮盖状态,准备进行堆芯换料。

(3) 第三阶段——换料操作

换料顺序从装卸料机开始,换料包括部分乏燃料组件在堆内位置的改变和在堆芯内加入新燃料组件。

一般换料操作由以下步骤组成:

1) 将装卸料机定位于堆芯某个燃料组件上方。

2) 下降装卸料机内套筒到燃料组件上方,抓取燃料组件。

3) 装卸料机从堆内抽出一组乏燃料组件,提升到预定的高度,使得燃料组件底端高于压力容器法兰面,同时燃料组件的上方也保持有足够屏蔽水层。

4) 传递小车的燃料容器通过FTT,从燃料存储区运载一个新燃料组件到换料水池(燃料容器有两个燃料组件存放篮),然后用倾翻机将燃料容器翻转至垂直状态。

5) 移动装卸料机,将燃料组件与空的燃料容器对准。

6) 装卸料机将其吊装的乏燃料组件放入燃料容器空余位置。

7) 移动装卸料机到新燃料组件上方(燃料容器的另一个燃料存放篮),从燃料容器中将新燃料组件取出。

8) 装卸料机返回堆芯区域,将该新燃料组件装入第3步中抽出那组乏燃料组件的位置。

9) 燃料容器翻转到水平位置,用传递小车将该组乏燃料组件运送到FHA,并将燃料容器翻转成垂直位置。

10) 用燃料抓取机从乏燃料贮存格架中取出一组新燃料组件,并将其装入燃料容器空置的燃料存放篮。(在换料开始前已通过新燃料升降机将新燃料组件放入乏燃料贮存格架中)。

11) 用燃料抓取机将燃料容器中的乏燃料组件卸出。

12）将乏燃料组件放入乏燃料贮存格架内。

13）将燃料容器翻转到水平位置，经传递小车再次返回安全壳厂房，并翻转到垂直位置。

14）与此同时，装卸料机对部分燃耗的燃料组件进行重新布置，并取出一个需要卸出的燃料组件，将其转运到FTS区域。

15）重复以上过程直到换料操作完成。

换料的同时可能需要进行以下操作：

1）在SFP中，利用长柄控制棒组件更换工具将控制棒组件在不同的燃料组件间更换。此轻便式操作工具挂在燃料抓取机的辅助起重机上，通过操作人员进行操作，可以将控制棒从原燃料组件中取出，并插入另一个需要控制棒组件的燃料组件内。

2）在SFP中，利用长柄阻力塞组件更换工具将阻力塞组件在不同的燃料组件间更换。此轻便式操作工具挂在燃料抓取机的辅助起重机上，通过操作人员进行操作，可以将阻力塞从原燃料组件中取出，并插入另一个需要阻力塞组件的燃料组件内。

（4）第四阶段——反应堆重新组装

换料后，反应堆的重新组装操作与阶段II的步骤相反。在反应堆组装期间，顶盖吊至反应堆上方对准，沿导向柱缓缓下降。此时，水位降低到反应堆压力容器法兰的上表面。

2. 乏燃料运输容器装料

乏燃料组件正常情况下贮存在SFP，当裂变产物的活性降到足够低后，再将乏燃料组件转运到有辐射屏蔽的运输容器中。

下面的程序简要描述了此操作的典型步骤，其中假设了CLP已经事先充满水及装料池和SFP之间的水闸门已移除或打开。

1）将包含一个乏燃料容器的运输容器放置到CWP中，将乏燃料容器取出，准备装入乏燃料。

2）将运输容器/乏燃料容器放到充水的CLP的适当位置。

3）将燃料抓取机定位在要运出乏燃料格架的乏燃料组件上方，吊出燃料组件，然后运入CLP。在吊运过程中，要保持燃料组件的活性段顶部至少在水下2.667 m(8.75 ft)，以保证在水表面处由燃料产生的直接辐射剂量是最小的。

4）燃料吊运过程一结束，在容器上部回装顶盖以提供要求的屏蔽。

5）将运输容器吊到CWP，用除盐水冲洗，进行去污。

6）当容器满足去污要求，将其吊出CWP，准备发运。

操作期间，在人员和移动燃料组件之间有足够的水提供辐射屏蔽，以限制连续职业照射的剂量率水平。

10.2 机械装卸系统

10.2.1 概述

在核电厂的安装、调试和正常运行期间，一些设备、工具需要使用起重机才能够搬运；另外，工作人员进入某些厂房区域也需要借助升降系统才能实现。因此，为满足电厂用户的这些需求，AP1000 核电厂设置了机械装卸系统(MHS)。

10.2.2　系统功能

1) 提升反应堆压力容器顶盖、堆内构件和其他组件行将其放置在相应的存放架上；

2) 在反应堆厂房环吊起吊设备时，防止被吊运设备堕落而导致安全相关部件或燃料组件损坏；

3) 打开或关闭安全壳的设备闸门和人员闸门；

4) 通过辅助厂房吊车将乏燃料运输容器在运输卡车、乏燃料容器清洗阱和乏燃料容器装载阱之间相互转运；

5) 吊运乏燃料运输容器的顶盖，并在乏燃料装载后进行顶盖的复位；

6) 在核电厂正常运行、检查和维护时，吊运所需要的设备和材料。

10.2.3　系统描述

机械装卸系统包括吊车、电梯、主泵维修小车及其他核岛常用工具，它们分布在核岛的各个厂房中。其中，在反应堆厂房内主要有反应堆厂房环吊，在辅助厂房内主要有辅助厂房吊车和轨道车间吊车。

机械装卸系统主要有以下设备。

(1) 反应堆厂房环吊

反应堆厂房环吊是一个桥式起重机，安装在由安全壳结构支撑的一个环行轨道上。

反应堆厂房环吊设有两个电动起升机构，一个主起升机构和一个副起升机构。每一个起升机构由卷筒钢丝绳通过上、下滑轮升降负载。

(2) 辅助厂房吊车

辅助厂房吊车位于辅助厂房的燃料装卸区，用于将乏燃料运输容器在运输卡车、乏燃料容器冲洗阱和乏燃料容器装载阱之间相互转运。辅助厂房吊车轨道上的挡块用于控制辅助厂房吊车行程，防止辅助厂房吊车移动到乏燃料水池上方。

(3) 蒸汽发生器悬臂吊车(每台蒸汽发生器一个)

蒸汽发生器悬臂吊车用于在进行蒸汽发生器检有和维修活动时，吊运部件和维修工具。

(4) 安全壳设备闸门起重设备(每个闸门 1 个)

专用起重设备用于电厂停堆前后起升和安装安全闸门。此起重设备是抗震 I 级设备，因为要求在地震事故后仍能使用。安全壳两个设备闸门各有一套起重设备，用来提升或降落闸门，以实现闸门的开启和关闭。

(5) 安全壳内电梯

安全壳内电梯为人员在地下一层、地面二层、地面二层、地面四层之间移动提供服务。

(6) 屏蔽厂房外电梯

屏蔽厂房外电梯为人员进入安全壳穹顶、非能动安全壳冷却系统阀门及贮存水箱提供方便。

(7) 辅助厂房电梯

辅助厂房内共有两部电梯，在放射 I 生区域和非放射 I 生区域各设置一个。

辅助厂房电梯为人员在地下二层、地下一层、地面一层、地面二层、地面二层之间移动提供服务。

(8) 附属厂房电梯

附属厂房内共有两部电梯,为人员住地面一层、地面二层、地面二层之间移动提供服务。

(9) 轨道车间吊车

轨道车间吊车用于搬运废树脂容器盖、废树脂容器和废过滤器芯子容器。

(10) 附属厂房吊车

附属厂房吊车用来住换料操作开始前,将检修工具或检修设备运往安全壳厂房。

(11) 附属厂房热机车间吊车

附属厂房热机车间吊车是一个单起升机构、跨距为 44 ft(13.4 m)的桥式起重机,它用于提起、安放车间需要去污、维修或需要打包外运的设备。

(12) 硼酸搬运吊车

硼酸搬运吊车用来搬运硼酸桶,为化容系统的硼酸制备箱提供制备硼酸溶液所需的硼酸液体。

(13) HVAC 设备搬运吊车

HVAC 设备搬运吊车用来为维修 HVAC 过滤器和空气处理单元提供服务。

思考题

10.1 乏燃料贮存格架总计可贮存几组燃料组件(其中几组乏燃料组件和几组破损乏燃料组件),格架面板材料为什么?

10.2 装换料系统的功能是什么?

10.3 装换料系统由哪些主要设备组成?

10.4 典型的换料操作的步骤是什么?

10.5 在反应堆拆卸过程中,有哪些操作注意事项?

10.6 乏燃料容器清洗池的作用是什么?

第11章　核电厂放射性废物处理系统

核电厂放射性源项的估计直接涉及放射性废物系统处理能力的确定。在堆芯内产生的放射性物质(裂变产物)可能通过破损的燃料包壳泄漏进入到反应堆冷却剂系统。堆芯辐射场也导致了冷却剂中的氧活化成^{16}N和反应堆冷却剂系统中腐蚀产物的活化。核电厂对各类射线的防护都是基于其与物质的相互作用原理的。在核电厂范围内,参加核辐射的粒子主要是带正电的α粒子,带负电的β粒子,γ射线(光子)以及不带电的中子,核电厂的主要辐射源包括堆芯、冷却剂、压力容器及一回路管道和设备、乏燃料的冷却水池、专用水净化系统及其他与放射性介质接触的设备。

核电厂与其他工业企业一样,也要产生废气、废液和固体废物。虽然核电厂产生的废物量很少,仅为同等规模火电厂的十万分之一,但是核电厂排放的一些废物具有很强的放射性,必须加以妥善处理,以保护环境和人的身体健康。在长期的生产实践过程中,核电厂的“三废”排放确立了尽量回收的原则,即把排放量减至最少。核电厂内固体废物完全不向环境排放,放射性活度较大的液体废物转化成固体废物也不排放。像工作人员淋浴水之类低放射性废水经过处理、检验合格后排放。气体废物经处理和检测合格后排放。

11.1　核电厂的辐射源

1. 安全壳内辐射源

当压水堆核电厂带功率运行时,安全壳内有三种主要辐射源。

中子是由堆芯的裂变过程直接产生的,其中高能中子($E>1$ MeV)约占总发射中子的三分之二,热中子($E\leqslant 0.625$ eV)主要由快中子慢化产生的。

γ射线是在活性区和结构材料内产生的,活性区内的γ射线包括裂变、中子俘获和中子非弹性散射过程的γ源。活性区附近区域的次级γ射线只是由结构材料的中子俘获而产生的。

冷却剂内的氧俘获中子经$^{16}O(n,p)^{16}N$反应而形成^{16}N。^{16}N同位素的半衰期为7.11 s,衰变时放出能量高达6.13和7.12 Mev的γ射线。压水堆停堆后,活性区内或其附近材料的感生放射性成为安全壳内的重要放射源。在这一回路中,腐蚀产物或其他杂质在冷却剂流动时被带到堆内,经中子的辐照成为放射性物质,压水堆一回路设备的材料采用不锈钢,所感生的放射性物质主要是^{56}Ma、^{58}Co、^{59}Fe、^{60}Co和^{65}Ni等,其中^{60}Co寿命最长(半衰期为5.3年)、影响最大。被活化的腐蚀产物往往沉积在易堆积杂质的地方,或沉积在热负荷较高的传热表面,因此这些地方的剂量率很高。

在裂变反应过程产生了大量的放射性裂变产物,当燃料元件的包壳有破损时,裂变产物(主要是气体)透过包壳的破损进入冷却剂系统;有些裂变产物如氚也可以通过包壳扩散出来。此外,由于压水堆核电厂采用氧化铀陶瓷燃料芯块,尽管采取十分严格的组装工艺,但总有极少数燃料芯块产生的粉末沾附在燃料棒的包壳表面,这些粉末中可裂变同位素裂变后的产物进入冷却剂系统，所以在冷却剂中也会有微量的裂变产物。

2. 安全壳外的辐射源

安全壳外的化学和容积控制系统、硼回收系统等一回路系统以及三废处理各系统的设备和管道，由于冷却剂和腐蚀产物被活化，以及含有裂变产物（如元件破损）而带有放射性。从冷却剂系统排放出的冷却剂通过下泄管道和再生热交换器降温，再通过混合床离子交换器去除放射性。所以，净化离子床及过滤器为最强的辐射源。

11.1.1 核电厂放射性源项与类别

核电厂的放射性物质：重元素在中子轰击下产生裂变，在释放核能的同时，产生的裂变碎片大多具有极强的放射性，它们的半衰期在几分之一秒到几千年。反应堆及系统设备的结构材料和冷却剂在辐射环境中产生放射性活化，也具有极强的放射性。

1. 一回路的放射性物质来源

(1) 腐蚀产物

反应堆冷却剂的腐蚀产物活性是以运行电厂的数据为基础并取决于燃料破损的程度，它与燃料包壳破损率无关。

(2) 裂变产物

假设有显著的燃料破损，该破损在正常运行期间是会预期发生的。例如，假设燃料包壳小破损存在于能产生 0.25%的堆芯输出功率的燃料棒中（也称为 0.25%燃料破损），并假设破损时裂变产物均匀地分布在整个堆芯中。

(3) 氚

燃料裂变产生的氚通过燃料包壳扩散或燃料包壳破损处泄漏进入反应堆冷却剂中以及冷却剂中中子与可溶硼的反应是氚的主要来源，此外可燃毒物、冷却剂中中子与可溶锂和氘的反应都可以产氚。反应堆冷却剂中的氚主要以与氢结合的形态存在（氚原子取代了氢原子在水分子中的位置），因此不能轻易通过一般的处理途径把它分离出来。在反应堆冷却剂中最大氚活度应小于 3.5 μCi/g(1.295×10^5 Bq/g)。

(4) ^{16}N

冷却剂中氧的活化导致了^{16}N 的产生。^{16}N 是一个很强的 γ 射线发射体，其半衰期仅为 7.11 s，因此在安全壳外不需要考虑^{16}N 的放射性。停堆后，^{16}N 不是安全壳内部的辐射源。

2. 二回路的放射性物质来源

来自于蒸汽发生器传热管破损，由此引起的二回路中放射性核素的活度与一回路向蒸汽发生器二次侧的泄漏率和蒸汽发生器的排污率有关。

11.1.2 "三废"及其处理设计依据

"三废"是指废气、废液和固体废物，这些放射性源对周围环境除直接产生辐射危害外，还会产生很大的衰变热。然而，目前还没有方法将这些放射性裂变产物转变成无放射性或惰性物质。因此，人们在利用核能的同时，面临着处理这些核电厂废物的严峻任务。

放射性废液和废气系统的处理能力的设计依据建立在对一回路和二回路现实源项估计的基础之上，这个估计使用了美国国家标准 ANSI-18.1 中的模型，并编入了 PWR-GALE 程序中。此现实源项模型反映了大量 PWR 电厂的运行经验。ANSI-18.1 中列出的参考电厂的值被调整到与 AP1000 的参数相一致，此调整因子适用于裂变产物。

11.2　核电厂的放射性废物处理

11.2.1　概述

核电厂废物处理遵循缩小污染范围，浓缩储存和稀释排放的基本原则。在核废料排放和重新使用前，必须进行收集和处理，然后按国家规定的环境排放标准进行排放，废液排入河海，废气排向大气，固体废物压缩后装桶贮存，如图 11.1 所示。压水堆核电厂的放射性废物的处理与排放主要设置核岛排气和疏水系统、废气处理系统、硼回收系统、废液处理系统、废液排放系统和固体废物处理系统。

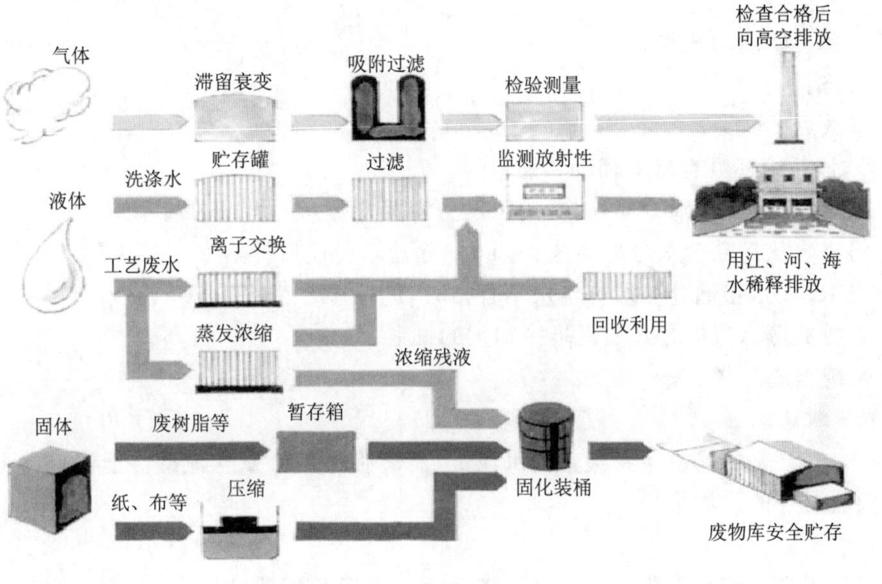

图 11.1　核电厂的废物处理系统

1. 液体排放物

液体排放物主要来自一回路系统的稳态和瞬态排水以及工艺排水，地面排水，化学废水和公用废水。其中一回路系统排水中未被空气污染的排水，含有氢和裂变产物的反应堆冷却水，经处理后可回收利用；一回路系统中暴露于空气的排水，低化学成分的放射性工艺水，被化学物质污染并可能具有放射性的化学废水等属于不可以回收利用，这部分水被送至废液处理系统处理。

2. 气体排放物

气体排放物分含氢废气和含氧废气两种。含氢废气是由稳压器的卸压箱，化学容积与控制系统的容积箱，硼回收系统的前置贮箱和除氧器排出的气体，这些气体中含有氢、氮和裂变气体，送往废气处理系统，贮存衰变后排至大气；含氧废气是来自一回路厂房的通风和通大气的各种水贮存箱的气体，这些气体仅被轻度污染，送至废气处理系统处理，稀释后排向大气。

3. 固体排放物

固体废物主要来自各种处理系统,表现为各种除盐器的废树脂,蒸发器的浓缩液,过滤器的失效滤芯以及被放射性严重污染的零部件、工具和各种现场防护用品,这些废物经固体废物处理系统处理后贮存。

11.2.2 核岛排气和疏水系统

1. 主要功能

排气和疏水系统(RPE)是二代堆专有系统,其中的一部分是每个机组专用,另一部分是两个机组共用。该系统收集由以下情况在核岛产生的全部气体和液体废物:

1) 正常运行。

2) 换料或维修的停机和随后的启动。

3) 事故泄漏。

4) 设备检修前的疏水。

5) 瞬态。

6) 事故后的泄漏。

此外,该系统还具有以下辅助功能:

1) 和 RCV 系统下泄管路连接,用于压力容器开盖前的堆冷却剂除气。

2) 将来自核岛除盐水分配系统(SED)的除盐水脱氧后补给 REA 系统。

3) 当 REA 水箱储存的堆补给水不合格时,进行再处理。

4) 以排放蒸馏液的方式实现堆冷却剂的排氚。

2. 系统组成

(1) 泄漏储罐

“泄漏储罐”是用厚层涂料覆盖的水泥坑,能够确保不会发生泄漏。泄漏储罐通常被用来收集低放射性的排放物。

(2) 污水坑

用于收集来自疏水管路的疏排水。在反应堆厂房和核辅助厂房中,污水坑是一个悬挂的由不锈钢板金属容器构成的坑。

(3) 储罐

储罐 RPE001 和 RPE002B 都是圆柱形的常规储罐,它的气空间经常被监测。反应堆冷却剂疏水罐 RPE001BA 有氮气覆盖,而含氧废气分离罐 RPE002BA 则借助安全壳换气通风系统(EBA)在冷停堆时维持其低压。储罐 RPE003BA 用于收集安全壳内的工艺疏水,它被封闭在主安全壳集水坑(RPE011PS)内,用一根通气管与大气相通。

(4) RPE 泵

RPE001 和 RPE002PO 都是卧式安装的离心泵,RPE014PO 是立式安装的潜水式离心泵。RPE029PO 是用来输送收集在污水坑 RPE004PS 中 APG 样液的,以便通过 APG 除盐装置将其回收。由于可变排量的特殊运行特性,离心泵不能用于 APG 系统。为此,需采用卧式的自动启动注水的正排量泵。污水坑或泄漏储罐的潜水泵都是可以潜水的立式泵,并且可以用悬挂在天花板上的提升链条和吊车进行移动。

3. 系统运行

(1) 排水收集

大亚湾核电厂根据废物是液体(可回收的或不可回收的)还是气体(含氧或含氢)的情况,通过独立的管线将其送到 TEU、TEG 和 TEP 系统(位于核辅助厂房内)。可复用废液通过 TEP 后进行回收,不可复用废液通过 TEU、TER 后排放,含氢废气、含氧废气通过 TEG 后向大气排放,废树脂、废滤芯、浓缩液和其他固体杂物通过 TES 后予以储存。在事故之后,系统将高放射性流体送回到反应堆厂房。

在稳态工况下,一回路的排水有稳压器卸压箱的间断排水、主泵 2 号和 3 号轴封的引漏、压力容器一号密封的引漏、化容系统的过剩下泄和所有未被空气污染的一回路泄漏水。这部分排水的温度如果低于 60 ℃,将被直接收集到冷却剂排水箱 RPE001BA 中,高于 60 ℃的排水则被排入稳压器卸压箱中,经冷却后再转送到 RPE001BA 中。

瞬态工况下,一回路的排水是指反应堆启动与停堆过程中的排水、硼浓度改变过程中的排水或改变负荷时引起一回路平均温度变化过程中的排水。这部分排水将通过化容系统三通阀 RCV030VP 直接排入硼回收系统的前置储存箱。

反应堆厂房内工艺排水汇流管的标高为±2.70 m,它收集反应堆冷却剂系统疏排水的剩余废液、PTR 设备(过滤器和排渣泵)的废液、反应堆换料水池的溢流和 RPE002BA 凝结水等工艺排水。

化学废水包括燃料厂房内乏燃料屏蔽罐冲洗池的最后排水,电气厂房和反应堆厂房连接厂房内的污染工具间和热实验室的废水,核辅助厂房内 TEU 系统酸碱储存箱及其相关泵的疏水和排气,以及其他核辅助系统设备的去污水。所有这些废水均被收集在核辅助厂房内的化学废水污水坑(RPE003PS)中。

(2) 废气收集

含氢废气主要有以下来源:

1) 稳压器卸压箱(RCP002BA)的废气。

2) 容积控制箱(RCV002BA)的排气和扫气。

3) 硼回收系统前置储存箱(TEP001 和 008BA)的排气。

4) TEP 系统脱气装置中的排气冷凝器(TEP001CS)的排气。

1)~4)项含氢废气均被送往 TEG 含氢废气处理分系统的缓冲箱(TEG001BA)。

5) TEP 系统的中间储存箱(TEP002、TEP003 和 TEP004BA)。

6) TEU 系统的工艺排水储存箱(TEU001 和 TEU002BA)。

7) TES 系统的浓缩液和废树脂储存箱(TES001、TES002 和 TES003BA)。

8) TEP、RCV 系统的过滤器和除盐器。

9) TEP 系统的蒸发器(TEU001EV)。

10) RCV 系统通风柜。

11) 一回路通风系统的排气等。

5)~11)项废气被送到含氧废气分系统风机 TEG001 和 TEG002ZV 的吸口,并经 DVN 排到烟囱。

11.2.3 废气处理系统

废气处理系统的功能是防止废气向环境泄漏，保护环境，使废气的排放剂量符合国家环境保护允许的水平。核电厂运行产生的放射性废气主要分为含氢废气和含氧废气(工艺废气)，另外各放射性控制区房间的通风排气也含有一定的放射性，通风排气单独进行收集和处理。含氢废气来自盛装反应堆冷却剂的容器和系统的排气。含氢废气主要含有氢气、氮气，少量的气态裂变产物(Kr、Xe、I 等)和气态活化产物(^{16}N、^{14}C)，放射性水平较高。含氧废气来自盛装与空气接触的放射性介质的容器排气。含氧废气的主要成分为空气、水蒸汽和少量放射性气体和气溶胶。

1. 主要功能

(1) 大亚湾核电厂的废气处理系统功能

大亚湾核电厂的废气处理系统用于处理由核岛排气和疏水系统分类收集的、在两个机组正常运行和预期运行事故中产生的放射性含氢废气和含氧废气。含氢废气经压缩储存，使放射性裂变气体衰变后，排到核辅助厂房通风系统，再经放射性监测、过滤除碘和稀释后排入大气。含氧废气经过滤除碘后排入大气。

(2) AP1000 的放射性废气处理系统(WGS)功能

1) 收集带放射性或含氢的废气。

2) 处理并排放废气，保证厂区放射性的释放在可接受的限值内。

除了通过 WGS 释放外，放射性物质也可通过各类厂房通风系统释放至大气环境。

(3) EPR 核电厂的气态废物处理系统功能

1) 通过排放或注入相应的气体量来补偿蓄水箱中游离气体的偏差量。

2) 通过维持负压系统的压力来避免从连接部件中逃离出来的放射性气体进入建筑物中。

3) 用氮气对冲洗部件中的冷却剂进行脱气处理，处理这些废气。

4) 将系统和冲洗部件中的氢气和氧气的含量各自限制在 4%和 0.1%以下，防止混合物的形成以及氧气被冷却剂吸收，从而防止腐蚀反应堆冷却剂系统。经过处理后，冲洗气体中的氢气浓度约为 0～0.3%，氧气浓度约为 0～0.1%。

5) 在装置启动和关闭的过程中，处理来自与 GWPS 连接的一些系统中过量的气体流速率升高。

6) 为了延迟惰性气体到可以接受的放射性水平，要预先释放这些气体。

2. 系统组成

大亚湾核电厂的废气处理系统由缓冲箱、2 台气体压缩机、2 台冷却器、2 台汽水分离器、6 个衰变箱、气动排气阀及相应的测量仪表、管道和阀门组成。

AP1000 的放射性废气系统是一个直排式、常温型活性炭滞留系统。该系统由 1 个排水池、1 个气体冷却器、1 台汽水分离器、1 台活性炭充填的保护床和 2 台活性炭充填的滞留床、检测仪表组成。系统中还包括了 1 套氧分析子系统和气体取样子系统。

3. 系统运行

(1) 含氢废气处理

1) 压缩贮存衰变处理

含氢废气由管道收集后用气体压缩机压缩至 0.7～0.8 MPa，送到废气衰变箱贮存衰变。含氢废气在衰变箱中的贮存衰变时间为 45～60 天。衰变后的气体的主要放射性核素 ^{85m}Kr、^{133}Xe 等通常衰变到千分之一以下，经检测满足排放要求后送到核辅助厂房通风系统进一步处理和监测排放。

2）氢氧复合后活性炭延迟处理

废气首先进入气体干燥器降低湿度，然后进入氢氧复合器，高温催化作用下氢氧复合成水，使废气中氢气浓度显著下降。经复合器后氢气的体积浓度<0.1%。复合后的气体经过压缩机加压进入预干燥器减少水分含量之后送往活性炭延迟床处理，也可以返回一回路系统复用。气体依次通过干燥器、活性炭延迟床、气体过滤器、气体排放减压阀，监测合格者排放到核辅助厂房通风系统，通过电厂烟囱排往大气。一旦监测发现放射性水平超标，辐射监测仪自动连锁关闭废气处理系统的排放阀停止排放。

3）直接活性炭延迟处理（AP1000 核电机组采用）

在核电机组正常运行期间，不要求对反应堆冷却剂系统除气，此期间没有含氢废气排出。当反应堆冷却剂系统进行调硼和大修时才有含氢废气产生和需要处理。含氢废气收集后先通过气体冷却器去除湿汽，除湿后的废气先经过保护床（防止夹带的水汽或化学物质的污染延迟床），再通过两台串联的活性炭延迟床，如图 11.2 所示。放射性核素（主要是 ^{85m}Kr 和 ^{133}Xe）在活性炭延迟床时不断地被活性炭吸附、解吸和再吸附、再解吸，从而使得某些放射性核素有充足的滞留衰变时间。当这些放射性核素到达活性炭延迟床出口时，其放射性活度浓度已经大大降低（通常小于千分之一）。经活性炭延迟衰变处理后的流出物经放射性监测后通过厂房排风系统排放。

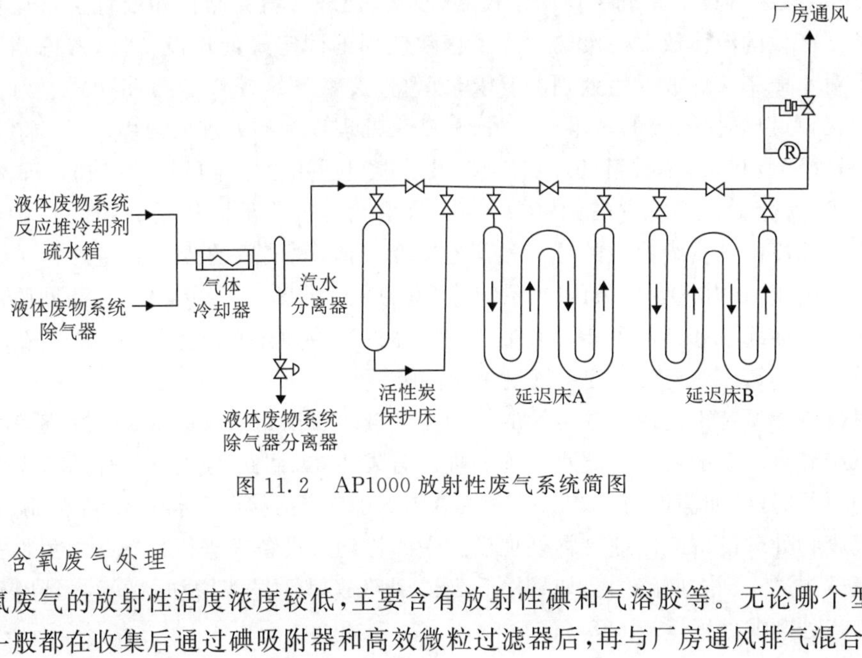

图 11.2　AP1000 放射性废气系统简图

（2）含氧废气处理

含氧废气的放射性活度浓度较低，主要含有放射性碘和气溶胶等。无论哪个型式的核电机组一般都在收集后通过碘吸附器和高效微粒过滤器后，再与厂房通风排气混合处理、监测和排放。

（3）厂房通风排气处理

厂房通风排气的放射性活度浓度更低，主要也是放射性碘和气溶胶等。在收集后通过碘吸附器和高效微粒过滤器处理后排放。

11.2.4 废液排放与处理系统

1. 主要功能

废液排放系统是用于收集核岛和常规岛排放出的放射性废液，对废液进行严格的监测，并有控制地向河海排放；同时，在环境释放能力不足、废液排放放射性超标等情况下贮存放射性废液，必要时将这些不合格废液送至废液处理系统进行处理。

(1) 大亚湾核电厂的废液排放系统功能

大亚湾核电厂的废液排放系统(TER)收集两台机组来自下列各系统的废液，对这些废液进行监测，并有控制地将这些废液向海中排放。

1) 蒸汽发生器排污系统(APG)不可复用的废液。

2) 核岛排气和疏水系统(RPE)。

3) 废液处理系统(TEU)。

4) 固体废物处理系统(TES)。

5) 常规岛废液排放系统(SEK)。

6) 放射性废水回收系统(SRE)。

废液在重要厂用水系统的终端排水沟，按照向环境排放的特性要求进行稀释。当稀释能力不足或废液处理系统不可用，或废液产生量超过正常排放量，或废液放射性水平超标时，TER 系统将对这些废液进行储存，或送回 TEU 进行再处理。

(2) AP1000 的废液排放系统功能

AP1000 放射性废液系统主要用于控制、收集、处理、运输、储存和处置正常运行及预期运行事件下产生的液体放射性废物。除了正常使用的固定式处理设备外，考虑到今后技术的发展和对小概率事件放射性处理的要求，放射性废液系统提供了与移动式放射性废液处理设备的接口，以确保系统的多重性。另外，中央处理设施的处理能力由厂址放射性废物处理设施(SRTF)提供，与单机组处理相比较，其功能更适用于整个厂址的废物处理。

AP1000 废液处理系统中的脱气单元、除盐单元担负着不同的处理功能。真空脱气器用于除去含硼冷却剂及废液中的氢气和其他裂变气体，脱气后的废液经过除盐单元处理进入监测槽。由于 AP1000 没有硼回收系统，这里的脱气器承担 CPR1000 中硼回收系统脱气塔的功能。地面疏水和其他可能含大量悬浮固体的废液同样通过除盐单元而得到净化。离子交换单元是 AP1000 废液处理系统最关键的装置。

放射性废液系统不处理非放射性的二回路废液。二回路系统废液通常由蒸汽发生器排污处理系统和汽轮发电机厂房疏水系统处理。若发生(二回路)凝结水箱污染，需要在排放前处理的情况时(例如假设的 SGTR 事故)，AP1000 有能力接收并暂存凝结水，随后可由厂内固定式废物处理设备或厂址废物处理设施中的移动式设备来进行处理。放射性是由于蒸发器管束破裂进入到二回路的。如果检测到二回路放射性显著增加，排污将转回到废液处理系统进行处理或处置。

2. 系统组成

大亚湾核电厂废液处理系统的主要设备包括：前置储存部分，包括 6 个前置储存箱、3 台循环泵及相应的阀门、管道和测量仪表等；化学中和站，主要作用是在废水送往蒸发器处理前调节其 pH；过滤装置，配置了 2 台相同的过滤器 TEU002FI 和 012FI；除盐装置，由 1 台过滤粒度为 5 μm 的过滤器、1 台阳床除盐器、1 台混床除盐器和 1 台过滤粒度为 25 μm 的过滤器组成；蒸发装置，包括蒸馏液监测箱。

AP1000 核岛液体废物系统由安全壳地坑、反应堆冷却剂疏水箱、流出液暂存箱、废液暂存箱、化学废液箱、监测箱、脱气塔、热交换器、离子交换器、过滤器、泵及相应仪表、管道、阀门等组成，如图 11.3 所示。真空脱气塔用于除去含硼冷却剂级废液中的氢气和其他裂变气体，脱气后的废液经过除盐单元进入监测槽。由于 AP1000 没有硼回收系统，这里的脱气塔承担 CPR1000 中硼回收系统脱气塔的功能。地面疏水和其他可能含大量悬浮固体的废液同样通过除盐单元而得到净化。离子交换单元是 AP1000 废液处理系统最关键的装置。

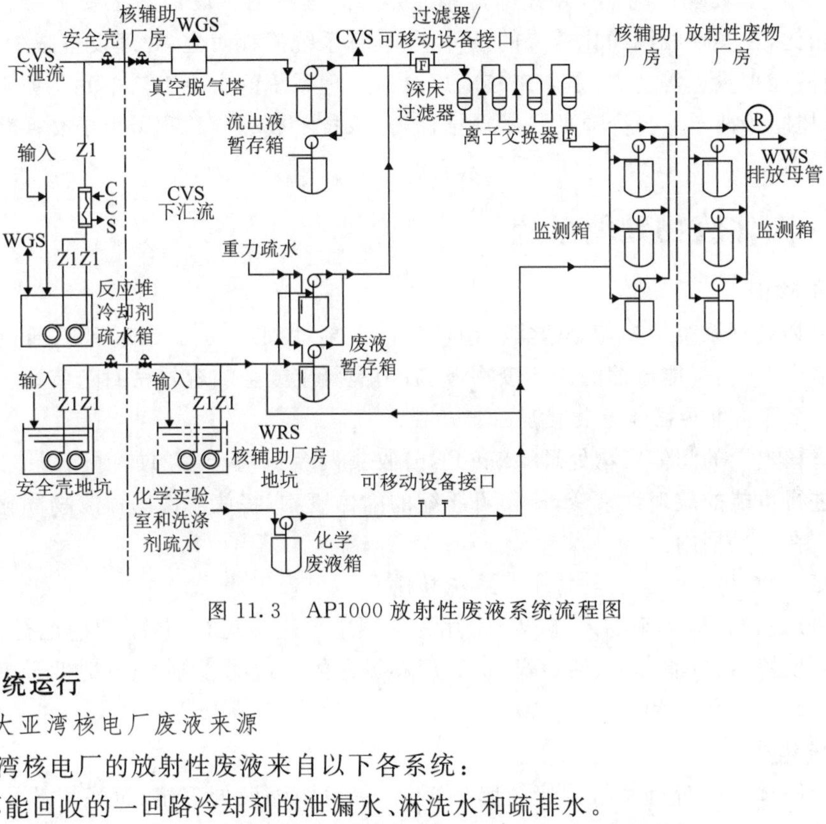

图 11.3　AP1000 放射性废液系统流程图

3. 系统运行

(1) 大亚湾核电厂废液来源

大亚湾核电厂的放射性废液来自以下各系统：

1) 不能回收的一回路冷却剂的泄漏水、淋洗水和疏排水。

2) TEP、TEU、RCP 和 PTR 系统中用于反洗和冲排废树脂的除盐水，以及除盐器和过滤器的疏水和 TEP 系统不能回收的浓缩液。

3) TES 系统的废树脂储存箱中用于清洗废树脂的废水。

(2) AP1000 核电厂废液来源

1) 含硼的反应堆冷却剂疏水废液。这部分废液来自于化学和容积控制系统的下泄流、抽样系统取样槽的疏水和设备泄漏排出的反应堆冷却剂系统疏水。

2) 地面疏水和其他潜在的带有高浓度悬浮固体颗粒杂质的废液。这部分废液由各厂房地面疏水和地坑内收集而来。

3) 洗涤液废液。这部分废液来自电厂热阱(适用于内陆厂址的冷却塔)、淋浴器和一些清洗去污工艺。这些废液放射性浓度较低。

4）化学溶液。这部分废液来自于实验室和其他相对少量的水源。它可能含危险性和放射性废物或其他高溶解性颗粒杂质的放射性废物。

(3) AP1000 放射性废液系统运行模式

AP1000 的放射性废液系统采用了离子交换技术，而不是采用过去的蒸发技术。蒸发技术所使用的多个蒸汽发生器体积大、系统复杂、价格高，而且维护困难。它要求更多的操作人员，并且运行时会产生严重的放射性照射，蒸发的残渣也会产生更多的放射性固体废物。离子交换技术使用则比较简单。离子交换处理技术产生的放射性固体废物较少，通常能够减少至蒸发技术的 1/10。而且，离子交换处理技术所产生的固体废物，处理起来也比较容易，废物可以通过脱水处理后存放在密封容器内待处理。

AP1000 废液处理系统主要使用除盐单元作为处理放射性废液的主要手段。除盐器与蒸发装置相比，在实现相同净化效果的条件下，具有系统流程简化、处理设备减少、运行和维护方便、废液处理量大等特点，是未来核电厂废液处理系统的主要工艺单元。但因其核心部分即沸石、树脂等离子交换介质的技术规格保密，该技术成为制约我国离子交换装置自主制造的瓶颈。

11.2.5 固体废物处理系统

1. 主要功能

固体废物处理系统的功能是收集机组产生的放射性固体废物或浓缩液，通过暂时贮存作放射性衰变，压实可能压缩的固体废物，然后用混凝土或金属容器密封包装。

(1) 大亚湾核电厂固体废物处理系统功能

大亚湾核电厂的固体废物处理系统(TES)收集两台机组产生的放射性固体废物，对其暂时储存进行可能的放射性衰变，压实可压缩的固体废物，将放射性固体废物固化在混凝土桶内或压实在金属桶内。

(2) AP1000 核电厂固体废物处理系统功能

AP1000 放射性固体废物系统(WSS)用来收集电厂正常运行(包括预期运行事件)产生的废离子交换树脂、过滤芯子、活性炭、水处理和暖通的废过滤器芯子、放射性干废物和混合废物。

2. 系统组成

大亚湾固体废物处理系统由废树脂处理站、蒸发浓缩液处理站、过滤器芯子支撑架装卸系统、装桶站、混合物配料站、最终封装站和压缩站组成，系统流程如图 11.4 所示。

AP1000 放射性固体废物处理系统主要由以下设备组成：废树脂箱、除盐水输送泵、树脂混合泵、废物运输容器、移动式脱水系统脱水泵、过滤器转运泵、废物容器、运输容器等。AP1000 固体废物系统位于辅助和放射性废物厂房内。一回路的树脂和过滤器通过固定式设备，从各自固有的工艺容器运送到固定或移动式的容器中。这些废物收集在辅助厂房和放射性废物厂房内，直到它们被送往厂址废物处理设施进行进一步的处理和中间储存。

3. 系统运行

(1) 大亚湾核电厂固体废物处理

浓缩液处理站由浓缩液暂存箱和浓缩液计量箱组成。为防止暂存箱中产生硼结晶，在

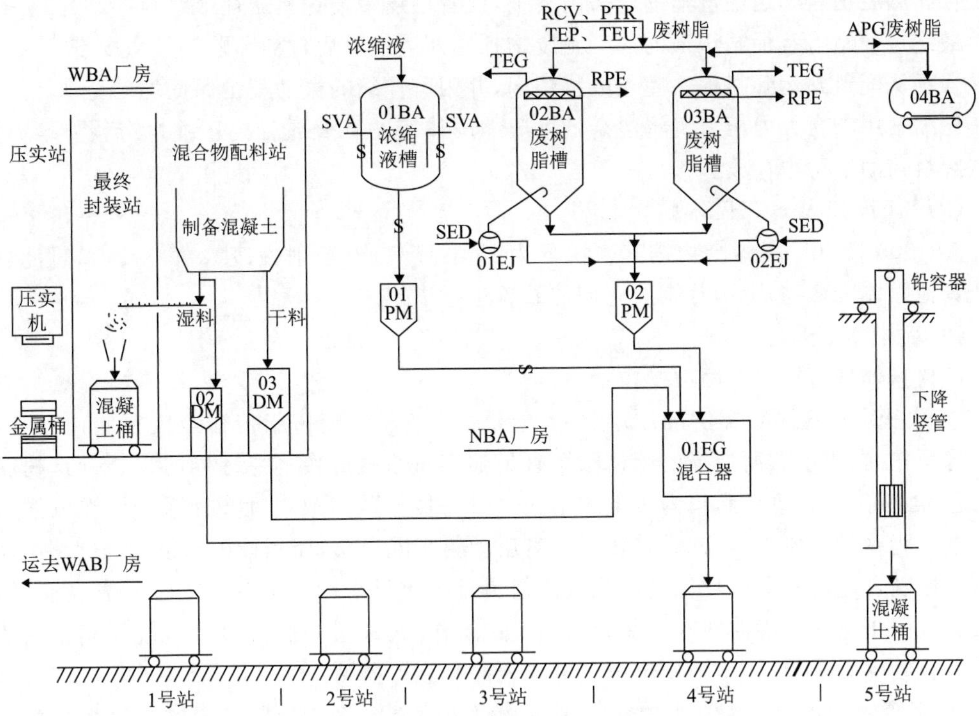

图 11.4　大亚湾固体废物处理系统流程图

暂存箱中设有电加热器，使箱中浓缩液保持在 55 ℃；计量箱用来计量和控制排放量的多少。所有的管道均设有加热器作保温。

废树脂处理站由废树脂贮存箱和计量箱组成。各系统的除盐床的废树脂由除盐水系统的水以 1～2 m/s 的流速冲到废树脂贮存箱，过滤后的排水输送到废液处理系统的工艺排水箱。

过滤器滤芯支撑架由铅屏蔽容器进行运输。铅屏蔽运输容器是个在不锈钢壳内嵌 10cm 厚铅的容器，其底部设有抽屉式拉板，其上部设有用于装卸过滤器滤芯支架的吊车和抓具。在过滤器小室中将滤芯支撑架转入到铅屏蔽容器中，运输到装桶站上部的滤芯输送管座上，然后打开下部拉板将滤芯支撑架放入装桶站内进行装桶，

装桶站是把浓缩液、废树脂和滤芯装入容器的场所。所有操作都是在铅玻璃屏蔽窗后面远距离进行的。装桶站由设在屏蔽走廊内的五个站组成。为目视监测所有的操作，每个站均设有操作控制台和屏蔽窗。在 1 号站与 2 号站之间设有空气闸门(外门 A)，在 2 号站与装桶区之间设有屏蔽闸门(内门 B)，以防止放射性产物和灰尘逸出。废物桶通过在弯曲轨道上行走的运输车从 1 号站送到 2 号站。运输小车可从 2 号站到 3、4、5 号站。

1 号站用于空桶贮存，在装桶前由运输车将空桶通过空气闸门送入 2 号站；2 号站将桶从运输车上吊到运输小车上，以便通过屏蔽闸门送入装桶区；3 号站将滤芯和湿混凝土混合装桶，并在振动台上振实；4 号站用于废树脂或浓缩液与干混合物一起经搅拌后装桶；5 号站用于滤芯从铅屏蔽运输容器内卸入桶内。

配料站固化用于干、湿混合物的配料(水泥、砂子、砾石和石灰)均贮存在 3 个标准容器内。容器安装在废物辅助厂房内进料斗和混合器的上方。物料从称量料斗送入混合器并进

行混合。然后用料车送往核辅助厂房内装桶，或者用皮带输送机送往最终封桶站封装。

最终封桶站将装桶站送来的混凝土废物桶立即进行最后封桶和贮存。由皮带输送机将湿混合物从配料站运到封桶站灌入废物桶内，并用可伸缩的振动喷枪保证均匀充填。

压缩站用一台大力压力机将混杂的可压缩固体废物在金属桶内压缩，然后将废物桶送往核废料辅助厂房中存放。

(2) AP1000 核电厂固体废物处理

AP1000 核电厂固体废物按其来源分为四类：废树脂、放射性废水蒸发残液、过滤器芯子及其他固体废弃物，下面分别对它们的处置进行描述。

1) 废树脂处理

废树脂处理包括以下两项操作：

① 除盐水输送泵。提供加压水将各类离子交换器的废树脂传输至废树脂储存箱内。在输送操作前，先确认所选择的废树脂箱有足够容量来接收废树脂。同时需要确认树脂混合泵已准备好，可将废树脂箱内过量的水通过过滤器排放至放射性废液系统。在输送过程中对废树脂箱的水位进行监测，并在需要时启动树脂混合泵，控制箱内水位。当闭路电视显示位于控制盘监视器上的目视玻璃流量计指示排放水已干净且运输管线上不含树脂时，操作员即可停止输送树脂冲洗水。在废树脂输送操作中，通过树脂混合泵将废树脂箱内的水位降低至废树脂物位以下，其物位由超声波表面监测器监测。

② 将废树脂箱内的废物水力输送到废物运输容器。将废树脂箱内的废物水力输送到废物运输容器时，废树脂箱水位保持在物位高度以上。供给的除盐水用来调节水位高低，同时也作为操作后冲洗树脂运送管线的备用水源。

这项操作可采用压缩空气或在树脂混合模式下由树脂混合泵来进行搅拌和混合。在树脂混合模式下箱内的固体床局部处于流体状态。

2) 废过滤器处理

① 过滤器转运罐用于更换化学和容积控制系统(CVS)和乏燃料系统(SFS)高放射性的废过滤器。废过滤器容器疏水后，远距离开启过滤器的顶盖。取出过滤器顶部的屏蔽塞，将卸下底部屏蔽盖的转运罐吊运至过滤器芯的顶部。

② 远距离放下转运罐内的抓钩，与过滤器滤芯相连接。过滤器滤芯吊入至转运罐中，由塑料包装好的转运罐运送至转运罐底部屏蔽盖上并连接。在连接前由一个长柄探测器来测定过滤器滤芯的剂量，然后转运罐运至辅助厂房轨道车上。

③ 完成取样分析、确定包装要求后，重新将废过滤器滤芯从转运罐中取出倒入废物容器中。表面剂量率低于 14 R/h(1 R=2.58×10^{-4} C/kg)的过滤器能在过滤器屏蔽外，用拉杆工具更换。在核岛放射性废物厂房，中、低放废过滤器滤芯装入低放废物容器内。借助拉杆工具去除塑料覆盖膜，然后将废物容器加盖，并根据需要进行放射性污染检测和去污，并进行计量测定。遥控操作轨道小车区域的起重机将废物容器放入运输容器中。

④ 使用移动式起重机将这些低放废物容器运送到废物收集间的移动式屏蔽罐内储存。

⑤ 当废物容器积累到卡车单次装载量时，废物容器将运送到厂址放射性处理设施。

⑥ 排气通风过滤设备的放射性过滤器采用袋装运输至放射性废物厂房，进行临时储存，然后在厂址放射性处理设施内与其他放射性干废物一起进行压缩处理。

3）干废物处理

干废物根据测量的表面剂量率分类，以确定合适的处理方法。

① 最初废物分类。低放废物表面剂量率应小于 5 mR/h，中放废物表面剂量率应大于或等于 5 mR/h 且无释热。

② 处理原则。为了提高干废物的处理效率并且降低处理时的放射性照射，操作员可根据具体情况对放射性分类进行调整。

将来自放射性控制区域(RCA)中的表面污染区域的废物放入袋中或装入容器，在废物产生地点标注放射性水平、废物类型和处理地点的信息。废物带或容器运至废物厂房，根据中、低放射性水平，使用合适的移动式屏蔽方式分开储存。

进入放射性控制区的材料在复用或释放前，需确认其为非放射性材料。属于个人或承包商的工具、设备在附属厂房放射性控制区出入口需通过检测。如果这些物项不能豁免或去污，则纳入电厂废物总量或干放射性物质进行处理。

在放射性控制区内表面污染区外产生的其他废物收集在废物袋或容器内，然后输送至废物厂房临时储存区。通常，这些废物通过厂址放射性处理设施监测系统检测，确定为非放射性并适合在当地废物掩埋场处置后方可处理。

③ 处理方式。中放废物在厂址放射性处理设施内分类，取出可复用部分，如防护服、工具、有害废物和大型的不可压缩废物。其他废物通常在厂址放射性处理设施内压缩打包。

低放干废物通常含大量非放射性物质。此类废物通常在中央处理设施的剂量监测和分类系统内分离出可供复用或就地处置的非放射性物质。通过放射性检测确定和取出可能清洁的物质，其他放射性废物采用合适的方式压缩或打包后送中间储存。

4）混合废物处理

来自放射性控制区的混合废物收集在合适的容器内并运送至废物厂房，采用单独容器架和收集桶储存固液混合废物。通常将混合废物送至厂址放射性处理设施。

思考题

11.1　核电厂各种放射性射线及其与物质的作用效应是什么？如何防护？

11.2　辐射防护的原则、目标和内容是什么？

11.3　辐射屏蔽的目的与三道辐射屏蔽的具体内容以及它们各自具有的功能是什么？机组停堆和运行期间的污染源是什么？核电厂辐射风险较高的区域有哪些？

11.4　试述内辐射和外辐射的内容、危害以及相关的防护方法，AP1000 的辐射防护方法、辐射的监测与评价、发生事故情况下各种类型人员的辐射防护方法。

11.5　“三废”的具体内容是什么？在一回路、二回路中各种放射性物质及其产生途径是什么？试述核电厂中排气和排水系统的主要功能和废气处理系统的功能、相关组成及废气的来源。

11.6　废液处理系统的功能、相关组成及废液的来源是什么？

11.7　固体废物处理系统的功能、相关组成及固体废物的来源分别是什么？

参考文献

[1] 汤良孙．轻水堆改进设计原理[M].北京：原子能出版社，1992.

[2] 臧希年．核电厂系统及设备(第 2 版)[M].北京：清华大学出版社，2010 年 9 月．

[3] 李基成．现代同步发电机励磁系统设计及应用[M].北京：中国电力出版社，2002.

[4] 王喆．AP1000 电力系统概述[J].黑龙江科技信息，2009(34).

[5] 杜圣华．核电站[M].北京：原子能出版社，1992.

[6] 周涛，盛程．压水堆核电厂系统与设备[M].北京：中国电力出版社，2012.

[7] 林诚格．非能动安全先进核电厂[M].北京：原子能出版社，2008.

[8] 朱继洲．压水堆核电厂的运行[M].北京：原子能出版社，2008 年 8 月．

[9] 吕应中．大规模替代化石及其他有限能源的固有安全高温核动力[J].核能科学与工程，2011，31(1)：1-8.

[10] 广东核电培训中心．900MW 压水堆核电厂系统与设备(上、下)[M].北京：原子能出版社，2005.

[11] Westinghouse Electric Corporation Water Reactor Divisions. The Westinghouse pressurized water reactor nuclear power plant [R]. U. S. A. Pennsylvania Pittsburgh: Westinghouse Electric Corporation, 1984.

[12] 顾军．AP1000 核电厂系统与设备[M].北京：原子能出版社，2010.

附　录

压水堆核电厂专业术语缩写

英文简称	英文全称	中文名称
ACC	Accumulator	安注箱/蓄压箱
ac	Alternating Current	交流电
ACRS	Advisory Committee on Reactor Safeguards	反应堆安全咨询委员会
ACI	American Concrete Institute	美国混凝土学会
AC	Acceptance Criteria	验收准则
ADS	Automatic Depressurization System	自动降压系统
AHU	Air Handling Units	AISI
AISC	American Institute of Steel Construction	美国钢结构协会
ALARA	As-Low-As-Reasonably Achievable	合理可行尽量低
ALWR	Advanced Light Water Reactor	先进轻水反应堆
AMCA	Air Movement and Control Association	空气驱动和控制协会
ANSI	American National Standards Institute	美国国家标准所
ANL	Argonne National Laboratory	阿贡国家实验室
ANS	American Nuclear Society	美国核协会
ASTM	American Society for Testing and Materials	美国实验与材料学会
ASME	American Society of Mechanical Engineers	美国机械工程师学会
ATWS	Anticipated Transient Without Scram	未能紧急停堆的预期瞬态
AWS	American Welding Society	美国焊接学会
BEACON	Best Estimate Analyzer for Core Operations-Nuclear	堆芯核操作最佳估计分析器
BOP	Balance of Plant	核电厂其余部分(除核岛和常规岛外)
BOL	Beginning of Life	寿期初
BTU	British Thermal Unit	英制热单位
CFR	Code of Federal Regulations	美国联邦法规
CAV	Cumulative Absolute Velocity	累积绝对速度
CAS	Compressed Air System	压缩空气系统
CCS	Component Cooling Water System	设备冷却水系统
CDS	Condensate System	凝结水系统
CDM	Certified Design Material	规范认可的设计材料
CFR	Code of Federal Regulations	美国联邦法规
CHF	Critical Heat Flux	临界热流密度
CIV	Containment Isolation Valve	安全壳隔防阀
CL	Cold Leg	(主管道)冷段

续表

英文简称	英文全称	中文名称
CMAA	Crane Manufacturers Association of American	美国起重机制造商协会
CMT	Core Makeup Tank	堆芯补水箱
CNS	Containment System	安全壳系统
COL	Combined Operating License	联合运行许可证
CRDM	Control Rod Drive Mechanism	控制棒驱动机构
CST	Condensate Storage Tank	凝结水储存箱
CSA	Control Support Area	控制支持区域
CVS	Chemical and Volume Control System	化学和容积控制系统
DAS	Diverse Actuation System	多样性触发系统
DAC	Design Acceptance Criteria	设计验收准则
DBE	Design Basis Event	设计基准事件
DBA	Design Basis Accident	设计基准事故
DC	Design Commitment	设计承诺
DC	Direct Current	直流
DCD	Design ControlDocument	设计控文件
DDS	Data Display and Processing System	数据显示和处理系统
DEMA	Diesel Engine Manufacturers Association	柴油发动机制造商协会
D-EHC	Digital Electrohydraulic Control	数字化电动液压控制
DNB	Departure from Nucleate Boiling	偏离泡核沸腾
DNBR	Departure from Nucleate Boiling Ratio	偏离泡核沸腾比
DOS	Standby Diesel and Auxiliary Boiler Fuel Oil System	备用柴油机和辅助锅炉燃油系统
DOE	Department of Energy	美国能源部
DPU	Distributed Processing Unit	分布式处理单元
D-RAP	Design Reliability Assurance Program	设计可靠性保证大纲
DTS	Demineralized Water Treatment System	去离子水处理系统
DVI	Direct Vessel Injection	压力容器直接注入
DWS	Demineralized Water Transfer and Storage System	除盐水输送和储存系统
ECS	Main ac Power System	主交流电源系统
EDS	Non-Class 1E dc and Uninterruptible Power Supply System	非1E级直流和不间断电源系统
EFS	Communication System	通讯系统
EFPD	Effective Full Power Days	等效满功率天数
EIS	Environmental Impact Statement	环境影响报告
EMI	Electromagnetic Interference	电磁干扰
EOF	Emergency Offsite Facility	场外应急设施
EPRI	Electric Power Research Institute	美国电力研究所

续表

英文简称	英文全称	中文名称
EPA	Environmental Protection Agency	美国环境保护署
ERF	Emergency Response Facility	应急响应装置
ER	Environmental Report	环境报告
ESFAS	Engineered Safety Features Actuation System	专设安全设施触发系统
ESF	Engineered Safety Features	专设安全设施
FHS	Fuel Handling and Refueling System	燃料装卸和换料系统
FHM	Fuel Handling Machine	装卸料机
FID	FixedIncore Detector	固定式堆内探测器
FMEA	Failure Modes and Effects Analysis	失效模式和效应分析
FPS	Fire Protection System	消防系统
FWPCA	Federal Water Pollution Control Act	美国联邦水污染控制法
FTS	Fuel Transfer System	燃料传输系统
FWS	Main and Startup Feedwater System	主给水和启动给水系统
GDC	General Design Criteria	设计总则
GSI	Generic Safety Issues	一般安全问题
HFE	Human Factors Engineering	人因工程
HEPA	High Efficiency Particulate Air	高效微粒空气(过滤器)
HL	Hot Leg	(主管道)热段
HVAC	Heating,Ventilation and Air Conditioning	供暖、通风和空调系统
I&C	Instrumentation and Control	仪表与控制
ICEA	Insulated Cable Engineers Association	绝缘电缆工程师协会
IDS	Class 1E dc and Uninterruptible Power Supply System	1E级直流和不间断电源系统
IES	Illumination Engineering Society	美国照明工程学会
IEEE	Institute of Electrical and Electronics Engineers	美国电子和电气工程师协会
IHP	Integrated Head Package	一体化堆顶结构
IIS	In-core Instrumentation System	堆内仪表系统
ILRT	Integrated Leak Rate Test	整体泄漏率试验
INEL	Idaho National Engineering Laboratory	爱达荷国家工程实验室
I/O	Input/Output	输入/输出
IRWST	In Containment Refueling Water Storage Tank	安全壳内置换料水贮存箱
IRC	Inside Reactor Containment	反应堆安全壳内
ISI	Inservice Inspection	在役检查
ISA	Instrument Society of America	美国仪表学会
IST	Inservice Testing	在役试验
ITAAC	Inspections,Tests,Analyses and Acceptance Criteria	检查、试验、分析和验收准则
ITA	Inspections,Tests,Analyses	检查、试验、分析

续表

英文简称	英文全称	中文名称
LBB	Leak-Before-Break	先漏后破
LOCA	Loss of Coolant Accident	失水事故
LOF	Loss-of-Flow with Failure to Scram	失流未能停堆事故
LOFT	Loss of Flow Test	失流试验
LOOP	Loss of Offsite Power	失去厂外电源
LOSP	Loss of System Pressure with Degraded ECCS Operation	应争堆芯冷却系统动作失常的系统失压
LPS	Low Power and Shutdown	低功率和停堆状态
LPZ	LOW Population Zone	低密度人口区
LSB	Last Stage Blade	末级叶片
LWR	Light Water Reactor	轻水反应堆
MAAP	Modular Accident Analysis Programs	模块化事故分析程序
MCR	Main Control Room	主控室
MCC	Motor Control Center	电机控制中心
MCRHS	Main Control Room Habitability System	主控室可居留系统
MFIV	Main Feedwater Isolation Valve	主给水隔离阀
MFCV	Main Feedwater Control Valve	主给水控制阀
M-MIS	Man-Machine Interface System	人机交互系统
MOV	Motor-operated Valves	电动阀
MPC	Maximum Permissible Concentration	最大允许浓度
MSLB	Main Steam Line Break	主蒸汽管破裂
MSIV	Main Steam Isolation Valve	主蒸汽隔离阀
MTBE	Mean Time Between Event	事件间平均时间间隔
MWt	Megawatt,thermal	兆瓦,热功率
MWe	Megawatt,electric	兆瓦,电功率
MW	Megawatt	兆瓦
NAS	National Academy of Sciences	美国科学院
NAE	National Academy of Engineering	美国工程院
NBS	National Bureau of Standards	美国国家标准局
NDE	Nondestructive Examination	无损检验
NEI	Nuclear Energy Institute	美国核能研究所
NFPA	National Fire Protection Association	美国国家防火协会
NI	Nuclear Island	核岛
NPSH	Net Positive Suction Head	净正吸入压头
NRC	Nuclear Regulatory Commission	美国核管会
NSSS	Nuclear Steam Supply System	核蒸汽供应系统

续表

英文简称	英文全称	中文名称
ORE	Occupation Radiation Exposure	职业照射
PCS	Passive Containment Cooling System	非能动安全壳冷却系统
PCCWST	Passive Containment Cooling Water Storage Tank	非能动安全壳冷却水储存箱
PCCWS	Passive Containment Cooling Water Storage	非能动安全壳冷却水贮存
P&ID	Piping and Instrumentation Diagram	测量仪表和管线布置图
PRHR	Passive Residual Heat Removal	非能动余热排出
PRHR HX	Passive Residual Heat Removal Heat Exchanger	非能动余热排出热交换器
PRA	Probabilistic Risk Assessment	概率风险评价
PWR	Pressurized Water Reactor	压水反应堆
PXS	Passive Core Cooling System	非能动堆芯冷却系统
QA	Quality Assurance	质量保证
RAP	Reliability Assurance Program	可靠性保证大纲
RAM	Reliability,Availability,Maintainability	可靠性、可用性和可维护性
RCDT	Reactor Coolant Drain Tank	反应堆冷却剂疏水箱
RCS	Reactor Coolant System	反庆堆冷却剂系统
RFI	Radio Frequency Interference	射频干扰
RG	Regulatory Guide	管理导则
RNS	Normal Residual Heat Removal	正常余热排出
RPV	Reactor Pressure Vessel	反应堆压力容器
RSW	Remote Shutdown Workstation	远程停堆工作站
RV	Reactor Vessel	反应堆压力容器
SER	Safety Evaluation Report	安全评估报告
SFS	Spent Fuel Pool Cooling System	乏燃料水池冷却系统
SFP	Spent Fuel Pool	乏燃料水池
SG	Steam Generator	蒸汽发生器
SRP	Standard Review Plan	标准审查计划
SSCs	Structures,Systems,and Components	构筑物、系统和部件
SSAR	Standard Safety Analysis Report	标准安全分析报告
SSE	Safe Shutdown Earthquake	安全停堆地震
SSI	Soil Structure Interaction	土壤结构相互作用
SSD	System Specification Document	系统说明文件
SUFIV	Startup Feedwater Isolation Valve	启动给水隔离阀
SUFCV	Startup Feedwater Control Valve	启动给水控制阀
SWS	Service Water System	厂用水系统
TSC	Technical Support Center	技术支持中心
TID	Total Integrated Dose	总累积剂量

续表

英文简称	英文全称	中文名称
TMI	Three Mile Island	三哩岛
USI	Unresolved Safety Issue	未解决的安全问题
UPS	Uninterruptible Power Supply	不间断电源
URD	Utility Requirements Document	用户要求文件
WGS	Gaseous Radwaste System	放射性废气处理系统
WCAP	Westinghouse Commercial Atomic Power	西屋报告编号
WSS	Solid Radwaste System	固体放射性废物处理系统
WLS	Liquid Radwaste System	放射性废液处理系统
ZOS	Onsite Standby Power System	厂内备用电源系统